高原环境建筑材料

刘连新 张伟勤 著

中国建材工业出版社

图书在版编目（CIP）数据

高原环境建筑材料/刘连新，张伟勤著.—北京：
中国建材工业出版社，2010.1
ISBN 978-7-80227-645-1

Ⅰ.高… Ⅱ.①刘…②张… Ⅲ.①高原—建筑材料—研究 Ⅳ.①TU5

中国版本图书馆 CIP 数据核字（2009）第 222956 号

内 容 提 要

本书是作者在积累多年的科研和教学成果基础上总结编写的，突出介绍了青藏高原特殊环境下建筑材料的使用特性以及发展前景。书中较全面地反映出目前在国内专门针对青藏高原环境下研制和应用高强混凝土的发展过程和实际状况。

本书内容包括了高原建筑材料概述，东西部建筑材料使用寿命差异分析研究，抗盐渍土侵蚀混凝土的工程实践与试验研究，青藏高原环境高性能混凝土配合比，高原环境生态混凝土，抗盐渍系列混凝土外加剂的复配，高原保温砂浆，矿物外加剂对砂浆强度影响的研究，高原石膏等。对于高原建材工业循环经济也做了初步分析。

本书可作为高等院校土木工程专业补充教材，也可用作土木、建筑等相关专业教学辅助教材，尤其适合土木工程学科研究生参考使用。本书还可供从事土建工作的科研、设计、施工人员以及相关生产企业参考。

高原环境建筑材料

刘连新　张伟勤　著

出版发行：中国建材工业出版社
地　　址：北京市西城区车公庄大街6号
邮　　编：100044
经　　销：全国各地新华书店
印　　刷：北京鑫正大印刷有限公司
开　　本：787mm×1092mm　1/16
印　　张：18.5
字　　数：467 千字
版　　次：2010 年 1 月第 1 版
印　　次：2010 年 1 月第 1 次
书　　号：ISBN 978-7-80227-645-1
定　　价：**39.00 元**

本社网址：www.jccbs.com.cn
本书如出现印装质量问题，由我社发行部负责调换。联系电话：（010）88386906

前　言

在建材工业中，常把墙体材料、建筑防水材料、保温材料、建筑装饰装修材料通称为建筑材料。近几十年来，世界各国的建筑材料发展很快，出现许多新产品，这些新产品称为新型建筑材料。与世界工业发达国家相比，我国新型建筑材料发展缓慢，尤其是西部地区的高原环境建筑材料发展更是滞后。因此，加速发展针对高原严酷环境的新型建筑材料是西部建筑材料科技工作者研究的方向和重点。

与我国东部地区相比，青藏高原自然环境的严酷，使各种建筑材料的使用寿命严重降低。调查表明：大量已建的建筑物在恶劣环境下遭到了不同程度的损毁，其速度正在加快。特别是建在盐湖和超盐渍土地区的混凝土结构工程，在盐碱和其他原因的多重作用下，加剧了对建筑材料的侵蚀，建筑物的正常"运行"受到威胁。因此，在青藏高原兴建各种建筑物，其所用材料的耐久性引起了研究人员和施工技术人员的极大关注。以混凝土结构材料作为研究的出发点，探讨高性能水泥基材料，研发用量大、用途广的建筑材料，以满足在恶劣环境下抵抗侵蚀的工程要求，从而对各种建筑材料具备"六抗"（即抗风沙、抗紫外线辐射、抗盐碱腐蚀、抗冻融破坏、抗温度循环疲劳、抗寒节能）的特性提供理论研究依据，对延长材料使用寿命起到研究示范意义。

本书的编写紧密结合青藏高原独特的自然环境，基于国家"863"计划项目："高海拔、高寒地区抗盐渍建筑材料技术与研究（2002AA335020）"、"青藏高原严酷环境中高性能水泥及材料的研究与应用（2003AA33X100）"；青海省科技攻关项目："高强耐水复合石膏的研制（2005-G-251）"、"透水性生态混凝土的制备及其推广应用（2006-N-551）"、"青藏高原新型路基结构与材料技术研究（2009-G-204）"、青海省发改委项目："青海省发展工业循环经济研究"等，尤其对青藏高原各种建筑物实际运行状况进行了大量的调查，收集了翔实的数据，通过分析整理，展示于书中，以期供同行们探讨和斧正。

本书在编写过程中，得到了青海省建设厅、东南大学、中南大学、青海大学、青海省建筑建材科学研究院等单位有关人员的大力支持和帮助，尤其对李滢、代大虎、蒋宁山等老师付出的辛勤劳动在此一并表示衷心感谢！

作者
2009年10月于高原古城西宁

目 录

第1章 高原建筑材料概述 1
1.1 环境与建筑材料 1
1.2 高原环境建筑材料研究开发的意义 8
1.3 青藏高原环境建筑材料的发展 11
参考文献 21

第2章 东西部建筑材料使用寿命差异分析研究 22
2.1 东西部混凝土的耐久性差异 22
2.2 东西部混凝土的使用寿命差异 27
2.3 混凝土使用寿命评价模型 31
参考文献 36

第3章 抗盐渍土侵蚀混凝土的工程实践与试验研究 37
3.1 建筑物腐蚀现状及目前采取的防腐措施 37
3.2 盐渍土对混凝土的侵蚀试验 41
3.3 对策 43
参考文献 44

第4章 青藏高原环境高性能混凝土配合比 45
4.1 高性能混凝土概述 45
4.2 高性能混凝土拌合物配合比设计 46
4.3 高性能混凝土水化热研究 50
参考文献 55

第5章 高原环境生态混凝土 56
5.1 概述 56
5.2 生态混凝土的研发现状 57
5.3 透水性生态混凝土的制备工艺 59
5.4 现浇生态混凝土的抗冻性 67
5.5 西宁市湟水河示范工程生态混凝土性能和特性 72
5.6 生态混凝土在青藏高原试验研究及工程应用 88

5.7 适应于透水性生态混凝土植物生长的试验研究 …… 95
5.8 透水性生态混凝土在青海的应用推广前景分析 …… 104
参考文献 …… 112

第6章 抗盐渍系列混凝土外加剂的复配 …… 113

6.1 KYZ系列外加剂配制 …… 113
6.2 KYZ复合外加剂对混凝土性能的影响 …… 115
6.3 掺KYZ系列外加剂C80混凝土渗透性试验研究 …… 120
参考文献 …… 129

第7章 高原砂浆 …… 130

7.1 概述 …… 130
7.2 特种保温隔热干粉砂浆 …… 131
7.3 干粉砂浆 …… 135
7.4 纤维在建筑干混砂浆中的应用 …… 137
7.5 青藏高原环境干粉砂浆的试验研究 …… 144
7.6 建筑干混砂浆中常用的外加剂 …… 147
7.7 青海省采用的外墙保温技术 …… 153
参考文献 …… 157

第8章 矿物外加剂对砂浆强度的影响 …… 158

8.1 概述 …… 158
8.2 研究内容及技术路线 …… 167
8.3 试验方法 …… 171
8.4 矿物外加剂的细度对砂浆强度的影响 …… 173
8.5 复合矿物外加剂级配对砂浆强度的影响 …… 182
8.6 结论与展望 …… 201
参考文献 …… 202

第9章 高原石膏 …… 205

9.1 石膏资源 …… 205
9.2 石膏开发需解决的问题 …… 206
9.3 适合于高原环境的高强耐水复合石膏 …… 209
9.4 特殊防水剂对耐水石膏力学性能指标的影响 …… 217
9.5 纤维补强增韧耐水性复合石膏 …… 220
9.6 高强耐水石膏的工程应用 …… 223
参考文献 …… 228

第10章 高原建材循环经济 ·· 229

10.1 青海省建材工业发展现状及循环分析 ·· 229
10.2 青海省建材工业发展循环经济的难点和制约因素分析 ································· 261
10.3 建材工业发展循环经济的总体思路和重点方向 ·· 263
10.4 循环经济发展的指标评价体系的构建 ·· 275
10.5 青海省建材工业发展循环经济的重要项目 ·· 278
10.6 青海省建材工业发展循环经济的政策建议 ·· 281
参考文献 ·· 287

第1章 高原建筑材料概述

1.1 环境与建筑材料

1.1.1 青藏高原环境简述

青藏地区位于我国西南部，北起昆仑山、阿尔金山及祁连山，南抵喜马拉雅山。南北最宽处约1400km，东西介于青藏高原东缘与国境线之间，东与西南地区、华北地区相接，北与西北地区为邻，西部和南部与哈萨克斯坦、吉尔吉斯斯坦、塔吉克斯坦、阿富汗、巴基斯坦、印度、尼泊尔、不丹、缅甸等国家毗连。在行政区域上包括青海和西藏的全部以及甘肃、新疆、四川、云南的部分地区。因以青海、西藏两省、区为主，所以称为青藏地区。东西长达2700km，面积约250万km²，占我国总面积的1/4以上，但居民稀少，不及全国总人口的1%。

本地区东、北、西三面均远离海洋，虽然南面距印度洋孟加拉湾较近，但喜马拉雅山脉的屏障作用十分显著，削弱了海洋对高原内部地区的影响。由于地势高峻，虽地处中低纬度的亚热带和暖温带位置上，但自然景观与东部的华中、西南、华北地区有着明显的差异，成为一个独特的自然区。

1.1.2 影响建筑材料使用寿命的几大独特高原环境特征

1.1.2.1 海拔高

青藏高原是全世界最高的高原，同时也是世界上最年轻的高原。从第三纪末期至今大约300~400万年的时间内，由于印度板块和亚欧板块之间大规模的相向运动、碰撞，促使青藏高原大面积、大幅度急剧抬升到今日举世无双的高度，从而形成了"世界屋脊"。

青藏地区地势高峻，地面海拔3500~5000m，平均海拔4500m以上，有"世界屋脊"之称，是全世界最高的高原，构成我国地势的最高一级阶梯。高原上还分布着多条山脉，并有许多耸立于雪线之上高逾6000~8000m的山峰。世界第一高峰珠穆朗玛峰和第二高峰乔戈里峰均分别位于青藏高原上喜马拉雅山中尼边境和喀喇昆仑山中巴边境，青藏高原四周，高山环抱，壁立千仞，北、东、南三面与塔里木盆地、河西走廊、四川盆地和恒河平原相接，其相对高差分别达4000m、3000m和6000m，愈加衬托出高原的雄伟挺拔气势。

青藏高原的强烈隆起，使气候由低海拔的热带—亚热带环境向高寒环境发展，成为地球上中低纬度地带的高寒中心。

1.1.2.2 昼夜温差大

气温低，年较差小，日变化大。

青藏高原地高天寒，气温比同纬度的东部平原地区低得多，年平均气温除高原东南部的谷地较高外，大都低于5℃，藏北高原和山脉上部均在0℃以下。冬季气温低，1月均温大部在-2℃~15℃间，夏季气温不高，7月均温8℃~18℃，藏北高原大部分地区低于8℃，成为我国盛夏温度最低的区域。

由于夏季气温低，冬季多晴天，白昼不阴冷，因此气温年较差较小，大多在18℃~20℃间，比同纬度的武汉、南京低6℃~8℃。但日较差大，年平均日较差拉萨、西宁等地为14℃~16℃，而成都、长沙、南昌为7℃。不少地方绝对日较差可以达到30℃以上，因此，人们常用"一年无四季，一日见四季"来形容气温年较差小、日变化大的高原气候特色。

冬季漫长、日较差大、年较差小，青海全省冬长无夏，春秋不分。冬长6个月及全年。海拔2000m以下地区冷期4个月以下，主要分布靠近甘肃省的青海东部少数地区。2000~4000m的青海中西部地区，占全省总面积的90%左右，冷期4~6个月，4000m以上地区冷期6个月以上。

青海是我国气温日较差最大的地区之一。气候干燥，白天接收大量太阳辐射热，近地面层的气温迅速上升，夜间少云，地面散热快，温度剧烈下降，夏秋季节清晨有时气温还降到0℃以下，形成霜冻。日较差，以冬季一月最大，-13℃~23℃，夏季七月最小9℃~16℃。主要分布：柴达木盆地最大，川谷其次。气温详细情况见表1-1、表1-2。

表1-1 青海省各地区月平均气温及年平均气温 ℃

地区	一月平均气温	二月平均气温	三月平均气温	四月平均气温	五月平均气温	六月平均气温	七月平均气温	八月平均气温	九月平均气温	十月平均气温	十一月平均气温	十二月平均气温	年平均气温
冷 湖	-12	-9	-2	4	10	14	16	16	10	2	-6	-11	2
大柴旦	-16	-12	-6	2	6	12	12	12	8	0	-9	-14	0
察尔汗	-14	-8	0	5	12	16	19	20	12	4	-5	-9	4
格尔木	-12	-8	-2	6	10	14	16	16	10	2	-6	-11	4
德令哈	-14	-10	-5	3	8	12	15	14	9	1	-7	-13	2
都 兰	-12	-8	-2	4	10	12	15	14	9	2	-6	-10	2
茶 卡	-14		-4	4	8	10	11	11	8	1	-7	-11	1
青海湖	-14	-11	-4	3	5	9	13	11	7	2	-7	-10	0
江西沟	-14	-11	-4	3	7	9	11	11	7	1	-6	-11	0
刚 察	-14	-12	-6	0	4	7	10	9	5	1	-8	-11	-2
海 晏	-14	-12	-4	1	5	9	11	11	6	1	-7	-11	0
贵 德	-8	-4	4	8	12	16	18	17	12	6	-2	-6	6
玛 多	<-16	-14	-9	-2	0	5	7	7	2	-3	-11	<-16	-4
曲麻莱	-15	-12	-7	-2	3	6	9	8	5	-3	-11	-14	-3
五道梁	小于-16	-16	-10以下	-4	0以下	2	4	4	0	-4以下	-12以下	-16以下	-4
湟 源	-13	-10	-2	4	8	10	12	12	8	4	-6	-11	2
兴 海		-14	-10	-4	2	4	8	10	10	6	-1	-8	-12	-1
治 多	-14	-11	-4	-1	3	7	9	8	5	-3	-9	-12	-1

续表

地区	一月平均气温	二月平均气温	三月平均气温	四月平均气温	五月平均气温	六月平均气温	七月平均气温	八月平均气温	九月平均气温	十月平均气温	十一月平均气温	十二月平均气温	年平均气温
玉树	-10	-7	-2	3	6	9	12	11	7	1	-5	-9	1
野牛沟	-17	-15	-7	-1	4	7	10	9	5	-3	-11	-17	-3
祁连	-16	-12	-6	0	6	9	11	10	5	-1	-9	-14	-2
湟中	-12	-9	-2	4	9	11	13	11	8	3	-4	-10	2
贵南	-12	-8	-2	5	8	10	12	12	8	2	-6	-11	2
同德	-13	-9	-3	4	7	9	12	11	7	1	-7	-12	0
西宁	-10	-6	0	6	10	14	16	14	10	5	-2	-8	4
门源	-14	-11	-4	2	5	9	11	11	5	1	-7	-13	-1
乐都	-8	-4	2	8	14	15	18	16	12	7	-1	-7	6
同仁	-10	-8	0	4	10	12	15	12	8	3	-3	-9	3
民和	-7	-3	3	10	14	17	22	19	14	9	0	-5	7
化隆	-8	-6	0	8	12	14	18	15	10	6	0	-7	4
循化	-7	-2	4	10	14	18	20	19	15	9	1	-5	8
互助	-10	-7	0	5	9	13	15	14	9	5	-3	-9	3
班玛	-10	-6	-2	1	5	9	11	11	7	3	-3	-7	2
久治	-10	-8	-3	2	6	8	11	11	7	3	-3	-11	0

表1-2　气温统计表　　　　　　　　　　　　℃

地区	年地面极端最低温度	年地面极端最高温度	日最低气温≥-10℃的日数	年极端最低温度	年极端最高温度	年气温日较差
冷湖	-36	66	140	-32	32	16
大柴旦	-38	68	160	-34	28	16
察尔汗	-30	66	130	-28	34	18
格尔木	-34	68	130	-30	32	16
德令哈	-43	64	150	-34	30	16
都兰	-34	68	120	-28	32	11
茶卡	-38	62	150	-30	28	16
青海湖	-38	61	150	-30	25	12
江西沟	-39	62	150	-31	27	14
刚察	-39	60	150	-31	24	14
海晏	-39	61	150	-31	25	16
贵德	-32	67	80	-23	32	15
玛多	-44	56	170	-40	24	14
曲麻莱	-41	56	170	-31	24	15

续表

地区	年地面极端最低温度	年地面极端最高温度	日最低气温≥-10℃的日数	年极端最低温度	年极端最高温度	年气温日较差
五道梁	-42	50	200	-34	22	14
湟 源	-36	61	130	-30	28	14
兴 海	-38	64	160	-30	24	14
治 多	-41	58	160	-32	24	18
玉 树	-36	66	110	-27	28	15
野牛沟	-43	59	170	-34	26	16
祁 连	-38	62	150	-30	28	16
湟 中	-34	62	120	-28	28	14
贵 南	-34	68	140	-30	30	16
同 德	-36	66	150	-32	29	16
西 宁	-30	64	100	-24	31	14
门 源	-38	61	140	-31	25	16
乐 都	-28	67	80	-23	33	14
同 仁	-32	63	120	-26	30	14
民 和	-26	67	60	-22	34	14
化 隆	-30	66	100	-26	32	14
循 化	-28	68	70	-20	34	14
互 助	-32	63	110	-28	29	14
班 玛	-36	60	110	-30	27	15
久 治	-36	56	130	-36	24	16

1.1.2.3 太阳辐射强、日照时数多

青藏高原地势高，空气稀薄，含尘量少，透明度好，当太阳透过大气层时，能量损失小，成为全国太阳辐射量最丰富的地区。太阳总辐射值大都在 67.2 亿 $J/(m^2 \cdot a)$ 以上，远比同纬度的东部地区高得多。如拉萨的年总辐射量为 84.8 亿 J/m^2，但纬度相近的上海为 49.9 亿 J/m^2，而成都仅 37.2 亿 J/m^2。青藏高原日照时数全年在 2200~3600h 之间，由东南向西北逐渐增加。拉萨年日照时数 3021.6h，比东部纬度相近的重庆（1188h）高出 1800 多小时，故有"日光城"之称，柴达木盆地西部的冷湖，全年日照时数更达 3620h。太阳辐射强，光照时间长，大大弥补了高原温度低的不足，不少地方已突破"高寒禁区"，把冬小麦种植到 4320m 的高度，青稞种植更达 4900m，创世界最高农业种植上限的纪录。丰富的光能资源，为开发新能源展示了广阔前景。

青海省总辐射量为 585.2~752.4kJ/$(cm^2 \cdot a)$。由于地势高、空气稀薄干燥、透明度大、日照长、辐射过程能耗损失小的原因，以同纬度的华北平原、黄土高原地区相应偏高 41.8~167.2kJ/$(cm^2 \cdot a)$。总辐射量的年变化，青海南部地区 5 月辐射最大，其他地区多以 6 月最大，月总辐射量达 58.52~87.78kJ/cm^2，就季度而言，6~8 月总辐射量为 167.2~250.8kJ/$(cm^2 \cdot 季)$，地区差大（见表 1-3）。

表 1-3　青海省太阳辐射量统计　　　　　　　　　　　　　　kJ/cm²

地区	一月辐射总量	二月辐射总量	三月辐射总量	四月辐射总量	五月辐射总量	六月辐射总量	七月辐射总量	八月辐射总量	九月辐射总量	十月辐射总量	十一月辐射总量	十二月辐射总量	年总辐射量
冷 湖	35.53	41.8	60.61	71.06	83.6	83.6	83.6	79.42	66.88	54.34	39.71	33.44	731.5
大柴旦	33.44	39.71	58.52	68.97	77.33	79.42	79.42	75.24	62.7	54.34	39.71	33.44	710.6
察尔汗	35.53	41.8	60.61	68.97	79.42	77.33	79.42	73.15	62.7	54.34	39.71	33.44	
格尔木	35.53	41.8	58.52	68.97	77.33	75.24	77.33	71.06	60.61	54.34	39.71	33.44	
德令哈	33.44	39.71	58.52	66.88	75.24	77.33	77.33	71.06	60.61	52.25	39.71	33.44	668.8
都 兰	35.53	39.71	58.52	66.88	75.24	75.24	75.24	71.06	58.52	52.25	39.71	33.44	
茶 卡	35.53	41.8	58.52	66.88	71.06	75.24	75.24	68.97	56.43	52.25	39.71	33.44	
青海湖	35.53	41.8	58.52	64.79	71.06	73.15	73.15	68.97	54.34	50.16	39.71	33.44	
江西沟	35.53	41.8	58.52	64.79	71.06	73.15	73.15	68.97	54.34	50.16	39.71	33.44	
刚 察	35.53	41.8	56.43	64.79	71.06	73.15	71.06	66.88	54.34	50.16	39.71	33.44	647.9
海 晏	35.53	39.71	56.43	64.79	71.06	73.15	68.97	66.88	52.25	50.16	37.62	33.44	
贵 德	33.44	39.71	56.43	60.61	68.97	73.15	73.15	68.97	54.34	48.07	37.62	33.44	
玛 多	37.62	39.71	58.52	64.79	71.06	66.88	66.88	66.88	56.43	52.25	41.8	37.62	
曲麻莱	35.53	37.62	54.34	64.79	75.24	66.88	68.97	66.88	56.43	54.34	41.8	35.53	
五道梁	35.53	37.62	54.34	64.79	73.15	68.97	68.97	66.88	56.43	54.34	41.8	33.44	
湟 源	35.53	39.71	56.43	62.7	68.97	73.15	66.88	64.79	50.16	45.98	37.62	33.44	627
兴 海	35.53	39.71	56.43	62.7	66.88	66.88	64.79	62.7	52.25	48.07	39.71	33.44	
治 多	35.53	37.62	54.34	62.7	73.15	64.79	68.97	66.88	54.34	54.34	43.89	35.53	
玉 树	37.62	37.62	54.34	62.7	68.97	60.61	64.79	62.7	54.34	50.16	41.8	35.53	
野牛沟	31.35	37.62	52.25	60.61	64.79	66.88	64.79	62.7	52.25	45.98	35.53	29.26	
祁 连	33.44	37.62	54.34	60.61	66.88	71.06	68.97	64.79	54.34	48.07	37.62	31.35	
湟 中	33.44	39.71	54.34	60.61	64.79	71.06	64.79	62.7	48.07	41.8	35.53	33.44	606.1
贵 南	35.53	39.71	54.34	62.7	64.79	64.79	64.79	62.7	50.16	45.98	39.71	33.44	
同 德	35.53	39.71	54.34	62.7	64.79	62.7	62.7	60.61	50.16	48.07	39.71	33.44	
西 宁	33.44	39.71	52.25	58.52	66.88	68.97	66.88	62.7	45.98	41.8	35.53	31.35	
门 源	33.44	37.62	50.16	58.52	64.79	66.88	64.79	62.7	48.07	45.98	35.53	31.35	
乐 都	33.44	39.71	54.34	58.52	66.88	68.97	66.88	64.79	48.07	41.8	35.53	31.35	
同 仁	33.44	39.71	54.34	60.61	64.79	66.88	62.7	60.61	48.07	43.89	37.62	31.35	606.1
民 和	33.44	37.62	52.25	58.52	66.88	68.97	66.88	64.79	45.98	43.89	35.53	31.35	
化 隆	33.44	39.71	52.25	58.52	64.79	66.88	64.79	62.7	48.07	43.89	35.53	31.35	
循 化	33.44	39.71	52.25	58.52	64.79	66.88	64.79	62.7	48.07	43.89	35.53	31.35	
互 助	33.44	37.62	50.16	58.52	64.79	68.97	64.79	62.7	48.07	43.89	35.53	31.35	
班 玛	37.62	37.62	52.25	60.61	62.7	56.43	60.61	58.52	48.07	48.07	39.71	37.62	585.2
久 治	37.62	39.71	52.25	60.61	60.61	52.25	58.52	58.52	43.89	48.07	41.8	37.62	

1.1.2.4 干旱少雨

干湿季分明,降水地域差异明显。青藏高原降水主要来自印度洋的西南季风,5~9月为湿季,10月到翌年4月为干季。干季长,降水量很少,90%以上的降水量集中于湿季。如拉萨5~9月降水量占全年总降水量的97%,而10月至次年4月仅占3%,干湿季十分明显。

青藏高原降水分布的地区差异极为悬殊,东南部的察隅以南,降水丰沛。雅鲁藏布江源头海拔在5200m以上,而位于国境线的巴昔卡,海拔仅为300m,年降水量高达4495mm,是全国最多的降水中心之一;而北部柴达木盆地的西端,年降水量极少,仅13.5mm。降水量最多地区是最少地区的300多倍。但大部分地区年降水量在50~900mm之间,从东南向西北递减,年降水量梯度约为100mm/100km,与我国东部平原地区相当。喜马拉雅山横亘于高原南缘,对南来北上的湿润气流有明显的屏障作用,迎风坡年降水量达2000mm以上,但背风坡的米林年降水量为660mm,仅为南坡的1/3左右。愈向西北高原腹地,年降水量南北坡的差异越大。

1.1.2.5 四季风频风大,灾害频繁

高原上辐射强,对流旺盛,经常出现雷暴和冰雹天气,尤以那曲、丁青以北,唐古拉山以南地区出现最多,全年雷暴和雹日达100d。高原终年在高空西风急流控制下,常出现大风,阿里地区全年8级以上大风日数在150d以上,改则更多达200d。冬春为大风季节,改则大风经常连刮3d以上,连续大风日数最长达40d,最大风速达40m/s以上,为全国所罕见。可见,多雷暴、冰雹和大风也为青藏高原特殊的气候特色。

1.1.2.6 风多、风速大、含氧量少

青海大风日数特多,是全国大风最多的地区之一。西南部多于100d,东南部多于50d。大风多的年份达186d。风向:青海湖以西、以南主要为偏西大风;以北主要为偏北或西北大风;以东主要为偏东或偏西大风。风速:经常出现30m/s的风速(表1-4)。含氧量少:海拔3000m高度的含氧量为海平面的73%。

表1-4 青海省风速、风压情况统计表

地区	年最大风速(m/s)	年大风日数(d)	风压分布(kg/m²)
冷湖	30	25	35
大柴旦	30	25	35
察尔汗	25	25	40
格尔木	25	25	45
德令哈	25	25	35
都兰	20	25	45
茶卡	30	80	50
青海湖	30	30	40
江西沟	30	25	45
刚察	30	30	35
海晏	25	25	35
贵德	18	25	30

续表

地区	年最大风速（m/s）	年大风日数（d）	风压分布（kg/m²）
玛多	25	60	45
曲麻莱	25	110	40
五道梁	34	100	60
托托河	30	150	60
湟源	20	25	35
兴海	30	25	40
治多	20	100	38
玉树	18	60	30
野牛沟	20	60	32
祁连	18	30	30
湟中	18	25	35
贵南	20	25	33
同德	22	25	35
西宁	20	25	30
门源	20	25	30
乐都	20	25	30
同仁	20	25	30
民和	16	25	30
化隆	18	25	30
循化	18	25	30
互助	19	25	30
班玛	19	75	30
久治	16	75	30

1.1.2.7 冻融循环剧烈

冰川、冻土广布。青藏高原是世界中低纬度的低温中心，其上分布着许多高于雪线以上的山脉和山峰，现代冰川非常发育，冰川面积约 4.7 万 km^2，占全国冰川总面积的 80% 以上，冻土分布范围更为广泛，也是本地区的显著特点。

高原上冰川的分布和规模取决于山地所处的地理位置、山体的大小、高度及气候的配合，而气候状况中的降水量更具有重要意义。喀喇昆仑山和喜马拉雅山受西南季风影响，降水丰沛；西昆仑山山峰耸峙，阻挡西风环流，降水量也比较多，为高原上现代冰川最多、冰川规模最大的分布区域。喀喇昆仑山在我国境内的冰川面积为 4650.24 km^2（冰川总面积为 6076 km^2），乔戈里峰北侧的苏音盖堤冰川长约 42km，是我国目前已知的最大山谷冰川。喜马拉雅山在我国境内的冰川面积达 11000 多平方千米，其中珠穆朗玛峰地区有冰川 217 条，面积 772 平方千米，以长约 22.2km 的绒布冰川为最大。昆仑山和帕米尔高原冰川分布广泛，冰川面积分别为 11639 平方千米和 2258 平方千米，均系中低纬度地区的冰川作用中心。高原内部山地冰川规模不大，甚至有些高于雪线的山峰也无冰川发育。

高原上的现代冰川按性质分属海洋性冰川和大陆性冰川两类，大致以丁青—嘉黎—工布江达—措美一线为界。界线以南为海洋性冰川，雪线低，气温高，冰川主要依靠丰富的降水而生存，冰川温度高，运动速度快，消融强烈，冰川作用活跃；大陆性冰川，雪线高，气温低，冰川主要依赖低温而保存，冰川温度低，运动速度慢，消融弱，冰川作用不太活跃。

青藏高原也是世界中、低纬度面积最大的多年冻土区，以藏北高原连续分布的冻土范围最广，宽度达500km。冻土厚度以数米到100多米不等，随海拔高度的增加而增厚。冻土区内由于表层季节性融化与冻结交替进行，常形成冻胀丘、冰锥、冻胀裂缝、多边形土、冻融滑塌、热融沉陷等特殊地貌现象，对交通、工程建设等有很大影响。

1.1.2.8 腐蚀性强

在盐湖和盐渍土地区，土壤具有不同程度的腐蚀性。盐渍土特征：强烈的蒸发使土壤产生盐化现象，且土层中可溶盐含量甚高，表土含盐量常大于下层。此带地面平坦，地形坡度约6‰~2‰。由于厚层盐壳的覆盖，地表经风蚀而呈现波状起伏形态。根据含盐量的多少可分为：盐壳、盐土、盐渍土等，它们的含盐量依次递减。盐渍土根据盐化的程度不同可划分为：非盐渍化、轻盐渍化、中盐渍化、重盐渍化等土质，它们在0~0.3m表层土中含全盐量分别为：0.3%、0.3%~0.5%、0.5%~1.0%、1.0%~2.0%；其0~0.3m表层土中氯根含量分别为：0.03%、0.03%~0.06%、0.06%~0.5%、0.5%~0.7%。对建筑物的腐蚀情况分别为：非盐渍化土对建筑物基本无盐渍侵蚀；轻盐渍化土矿化度有所增高，地表有反盐现象，对建筑物有较轻微的腐蚀；中盐渍化土矿化度明显增高，地表反盐现象严重，有些耕地已经弃耕，对建筑物具有较强的腐蚀；重盐渍化土（超盐渍土）矿化度极高，土质多黏重，而且较紧密，地表盐结皮及盐壳较厚，目前不便耕植，对建筑物腐蚀严重。除了以上所述盐渍土对建筑物有严重的腐蚀外，靠近盐湖地段多为盐沼地段，其全含盐量是超盐渍土的数十倍，含全盐量在10%~30%之间，潜水埋深很浅，径流不通畅，水质高度矿化。土壤大多为粉砂及淤泥质的粉土。地表盐壳盐结皮较厚，低洼处积水有盐卤水，对建筑物的腐蚀更为严重。

1.2 高原环境建筑材料研究开发的意义

1.2.1 研究开发的意义

与我国东部地区相比，青藏高原自然环境的严酷，使各种建筑材料的使用寿命严重降低。调查表明：大量已建的建筑物在恶劣环境下遭到了不同程度的损毁，其速度正在加快。特别是建在盐湖和超盐渍土地区的混凝土结构工程，在盐碱和其他原因的多重作用下，加剧了建筑材料的侵蚀，建筑物的正常"运行"受到威胁。因此，在青藏高原兴建各种建筑物，对所使用材料的耐久性引起了研究人员的极大关注。以混凝土结构材料作为研究的出发点，研制高性能混凝土，以满足在恶劣环境下抵抗侵蚀的工程要求，从而对其他建筑材料具备"六抗"（即抗风沙、抗紫外线辐射、抗盐碱、抗冻融破坏、抗温度循环疲劳、抗寒节能）的特性提供理论研究依据，对延长材料使用寿命起到示范意义。

1.2.2 材料产业在青海省国民经济中的地位和作用

改革开放30多年来，青海的经济发展活力显著增强，经济总量连续上了几个台阶。经济发展速度加快，综合实力增强。在"九五"期间，全省国内生产总值年均增长8.8%，2000年达到263亿元，提前一年实现了翻两番的目标。经济增长长期落后于全国平均增长速度的状况得到扭转。2003年达到390亿元。2008年，全省实现生产总值961.53亿元，按可比价计算，比上年增长12.7%，比上年增速高0.2个百分点，是1985年以来增速最高的一年；人均生产总值17389元，增长12.1%。全年第一产业完成增加值105.58亿元，增长3.9%；第二产业完成增加值529.4亿元，增长16.5%；第三产业完成增加值326.55亿元，增长10.0%。第一、第二和第三产业对GDP的贡献率分别为3.06%、66.72%、30.22%。三次产业结构由2007年的10.6∶53.3∶36.1转变为11∶55∶34。

以2008年统计数据为例：全省工业增加值442.85亿元，按可比价格计算，比上年增长19.5%，其中，规模以上工业增加值增长21.5%。在规模以上工业增加值中，非公有制工业企业完成增加值117.51亿元，增长37.0%。从经济类型看，在规模以上工业完成增加值中，股份制企业增长20.4%；国有企业增长34.0%；集体企业下降1.1%；股份合作企业增长9.3%；外商及港澳台投资企业增长16.1%。从轻重工业看，轻工业增长18.4%；重工业增长21.8%。四大支柱产业创造增加值297.01亿元，比上年增长18.1%。四大优势产业创造增加值66.90亿元，增长16.8%。规模以上工业企业产品销售率为95.2%，比上年下降2.2个百分点。

在规模以上工业中，煤炭开采和洗选业完成增加值比上年增长1.2倍，石油和天然气开采业增长9.8%，纺织业增长1.2倍，化学纤维制造业增长1.6倍，交通运输设备制造业增长1.2倍，有色金属矿采选业增长67.8%，电子及通信设备制造业增长56.5%，其他矿采选业增长53.7%，造纸及纸制品业增长48.1%，交通运输制造业增长1.2倍。六大高耗能行业增加值比上年增长17.8%。其中，非金属矿物制品业增长12.0%，黑色金属冶炼及压延加工业增长19.8%，化学原料及化学制品制造业增长22.5%，有色金属冶炼及压延加工业增长21.4%，电力热力的生产和供应业增长11.4%，石油加工及炼焦化业增长11.0%。主要产品产量保持增长，增长速度见表1-5。

表1-5　2008年主要工业产品产量及增长速度

产品名称	单位	产量	比上年增长（%）
发电量	亿kW·h	297.67	3.1
水电	亿kW·h	202.96	3.2
原煤	万t	1182.93	31.5
天然原油	万t	220.35	−0.1
天然气	亿m³	43.80	27.7
原盐	万t	235.72	45.8
粗钢	万t	115.07	0.3
钢材	万t	113.59	4.2
生铁	万t	92.28	2.4
焦炭	万t	114.18	72.0
十种有色金属	万t	113.32	7.3
原铝（电解铝）	万t	102.38	8.2

续表

产品名称	单 位	产 量	比上年增长（%）
铝材	万 t	2.98	-58.4
水泥	万 t	457.75	5.0
碳酸钠（纯碱）	万 t	115.50	13.1
钾肥（折含 K2O 100%）	万 t	236.81	-0.1
中成药	吨	754	70.8
乳制品	万 t	6.43	39.2
碳化钙（电石）	万 t	22.31	1.8 倍
食用植物油	万 t	2.62	1.0 倍
饮料酒	万 t	10.46	50.3
铬铁	万 t	23.54	1.1 倍

规模以上工业经济效益综合指数达 331.55，比上年提高 31.67 个百分点；实现利润 179.84 亿元，比 2007 年增长 34.5%，见表 1-6。

表 1-6 2008 年规模以上工业企业实现利润及增长速度

指 标	利润总额（亿元）	比上年增长（%）
规模以上工业利润	179.84	34.5
国有及国有控股企业	135.48	13.9
集体企业	0.84	44.7
股份合作企业	0.76	2.2 倍
股份制企业	122.36	36.0
外商及港澳台投资企业	16.43	-28.2
私营企业	13.97	94.7
规模以上工业亏损企业亏损额	6.70	85.0

2008 年全社会建筑业创造增加值 86.55 亿元，按可比价计算，比上年增长 4.3%。具有资质等级的总承包和专业承包建筑企业 424 个，实现利润总额 6.36 亿元，比上年增长 1.3 倍。

固定资产投资与房地产开发促进了建材工业的快速发展。

2008 年全社会固定资产投资 582.18 亿元，比上年增长 19.4%。从城乡看，城镇完成固定资产投资 513.38 亿元，增长 15.7%；农村完成固定资产投资 68.8 亿元，增长 57.5%。从投资类型看，国有及国有控股投资 363.22 亿元，增长 19.5%；民间投资 207.83 亿元，增长 20.1%；港澳台及外商投资 11.12 亿元，增长 5.9%。

在 50 万元以上（含 50 万元）固定资产投资中，四大支柱产业全年完成固定资产投资 213.41 亿元，比上年增长 22.7%。其中，盐湖化工业投资 51.59 亿元，增长 11.5%；有色金属工业投资 46.39 亿元，增长 42.0%；电力工业投资 77.31 亿元，增长 17.8%；石油和天然气开采业投资 38.13 亿元，增长 29.7%。四大优势产业完成固定资产投资 38.73 亿元，比上年增长 31.5%。其中，畜产品加工业增长 18.0%；建材工业增长 63.1%。

全年房地产开发投资 50.38 亿元,比上年增长 47.3%。施工房屋面积 707.28 万 m^2,增长 21.6%;竣工房屋面积 221.99 万 m^2,增长 32.7%。商品房销售面积 136.26 万 m^2,下降 10.4%;商品房销售额 32.75 亿元,下降 7.2%,其中,现房和期房销售额分别占商品房销售额的 22.7% 和 77.3%。全年新开工经济适用房施工面积 23.01 万 m^2,比上年增长 71.0%;竣工经济适用房面积 12.54 万 m^2,增长 46.2%。

固定资产投资大幅度增加,基础设施建设力度加大。在"九五"期间,全省固定资产投资累计完成 574 亿元,年均增长 25.2%,比"八五"期间增长 1.9 倍,是青海省历史上投入增加最多的时期,投资增长有力地拉动了经济增长。农田水利、交通通信、城乡电网、市政设施等生产生活条件明显改善。

产业结构调整取得进展,国民经济素质得到提高。种植业扩大了油料、蔬菜、豆类、薯类等作物面积。畜牧业畜群、畜种结构进一步改善。农业产业化有了良好的开端。工业结构经过调整,水电、石油天然气、盐化工、有色金属四大支柱产业发展壮大,冶金、医药、建材、农畜产品加工等优势产业有了新的发展,工业生产技术水平有所提高,建设了一批高新技术产业项目。第三产业继续保持快速增长。

"十五"期间,国内生产总值年均增长 10%,其中第一产业年均增长 4%,第二产业年均增长 11.5%,第三产业年均增长 10.5%。按 2000 年价格计算,到 2005 年国内生产总值达到 417 亿元,人均国内生产总值 7570 元,经济增长质量提高。地方一般预算收入年均增长 13%。固定资产投资总规模 1100 亿元,年均增长 13%。青海省建材工业经过四十多年的发展,已初具规模。"十五"期间,青海省逐步淘汰了 20 条落后的水泥生产线、近 60 万 t 的生产能力,加快发展新型干法水泥、新型建筑材料和石棉精细产品,建材行业通过多元化的投资结构和资本市场,重点培育了 1～2 家上市企业和 2～3 个大型水泥集团,并且按照"两点一线"(以西宁、格尔木市为中心,沿青藏铁路线)的产业布局,扶持骨干企业做强做大,中小企业已向专、精、特、新的方向发展,形成了与大企业、大集团分工协作、专业互补的关联产业群体,全面提升了全省建材工业的运行质量。

青海省建材工业经过四十多年的发展,已初具规模。截至 2006 年年底,全省建材行业国有及国有控股和年销售收入超过 500 万元以上非国有工业企业共有 70 户。其中大型企业 1 户,中型企业 4 户,从业人员 1.47 万余人,资产总额 26.9 亿元,完成工业增加值 7.4 亿元。已形成了水泥制造业、非金属矿采选业及其制品、金属制品业和墙体材料制造为主的建筑材料工业。在全省 GDP 中,建筑材料工业产值约占 80% 以上,已成为青海省四大优势产业中的重要组成部分。由此可见,对青海省的优势产业——建筑材料的研究与开发存在很大潜力。

1.3　青藏高原环境建筑材料的发展

1.3.1　国内外建筑材料的发展现状

在建筑工业中,通常把墙体材料、建筑防水材料、保温材料、建筑装饰装修材料通称为建筑材料。近几十年来,世界各国的建筑材料发展较快,出现许多新产品,这些新产品称为新型建筑材料。与世界工业发达国家相比,我国新型建筑材料发展缓慢,尤其是西部地区的高原环境建筑材料发展更是滞后,因此,加速发展针对高原严酷环境的新型建筑材料是西部建筑材料科技工作者研究的方向和重点。

1.3.1.1 发达国家新型建筑材料的发展趋势及我国的差距

（1）发达国家新型建筑材料的发展特点及趋势

①墙体材料。发达国家由于工业和技术水平的优势及对墙体材料产品的性能与使用要求较高，新型墙体材料的发展起步较早，"二次世界大战"后，因房荒及石油危机，各国制定的节能政策刺激了发达国家墙体材料工业的发展，使新型墙体材料在短期内迅速的发展起来。但由于墙体材料的地方性、区域性很强，其发展受国家的自然条件、工业和科学技术水平、建筑风格、民族习俗所影响，发达国家墙体材料发展情况也各不相同，纵观发达国家墙体材料的发展，总的趋势是：产品结构趋向合理。以黏土为原料的产品大幅度减少，并向空心化和装饰化方向发展；石膏制品增长迅速，并以纸面石膏板为主；建筑砌块将成为墙体材料的主流，并向系列化方向发展，复合墙板（体）特别是轻质、功能性复合墙板（体）将迅速发展，低层或多层建筑的复合墙体将以各种砌块与保温材料和内墙贴面板为主。生产技术向高层次发展。生产设备向大型化、规模化发展，生产过程向机械化、自动化发展；劳动生产率大幅度提高；生产节能、建筑节能与再生能源的开发利用并举；充分利用废弃物生产建筑材料，使粉煤灰及其他工业废渣、生活垃圾等废弃物得到有效利用。

②建筑涂料。建筑涂料向无公害、功能性方向发展。水乳性涂料将成为建筑涂料的主流；无机高分子涂料因省资源、低公害，将得到大量发展。

③建筑塑料。塑料管道因质轻、耐腐蚀、不结垢等优点，在工业发达国家已广泛应用于住宅建筑、工程建筑和农业中，从生产到应用技术都已成熟，已成为建筑塑料中应用量最大的品种。塑料门窗因具有气密性好、隔热、隔声、防结露等优点，在国外发展很快，欧洲和美、日等国家已将发展塑料窗定为节约能源的一项基本国策。塑料地板是国外应用最广泛的铺地材料，弹性塑料地板又是塑料地板的主要产品之一，国外塑料地板的市场已趋于稳定，今后一个时期的发展趋势主要是花色品种的更新。

④建筑胶黏剂。国外建筑胶黏剂的发展趋势是：从溶剂型向非溶剂型和水基型方向发展；从低固体含量向高固体含量以及热溶剂型方向发展；热固性体系从慢固化向瞬间固化方向发展；相关技术和包装容器进一步细化、简易化和实用化。

⑤建筑防水材料。发达国家屋面防水材料以改性沥青油毡和高分子卷材为主。防水涂料在西方工业国家所占比重不大，只有少数国家比重超过10%。纵观各国目前建筑防水材料的发展情况，总的趋势是渐进式的，即在现有材料的基础上不断取得技术发展。改性沥青防水卷材在美、法、意、日等国家仍占主导地位；高分子卷材因其优良的性能和施工简便、污染少，应用量呈增长趋势，并向复合卷材方向发展；防水涂料以橡胶类为主，并向功能性发展。生产设备向大型化、正规化发展。高分子卷材的设备以挤出机及压机为主，设备的发展是大型化；高档防水涂料生产设备正规化，除可控制温度、速度和搅拌装置外，还有研磨、生产预处理、自动称量、自动灌装等装置，设备型号、功能越来越全。

⑥保温材料。工业发达国家玻璃棉用量较大，膨胀珍珠岩和蛭石产量不高，但泡沫塑料应用十分普遍如：聚苯乙烯泡沫塑料、聚氨酯泡沫塑料，PVC泡沫塑料等。从今后发展看，现场发泡的PU泡沫塑料、高密度的膨胀PS泡沫塑料和PU泡沫塑料、具有防火性能的各种泡沫塑料、无CFC(氯氟烃)的健康型保温板，高耐水性的泡沫塑料等将作为性能良好的保温材料得到优先发展。

(2) 我国建筑材料工业与世界先进水平的主要差距

①总体水平分析

我国建筑材料就产量而言，可以称为世界大国。但无论是产品结构、产品品种、档次、质量、性能、配套水平，还是工艺、技术装备、管理水平等均与世界先进水平差距甚远，是一个"大而不强"，甚至是"大而落后"的典型产业。

建筑装饰装修材料发展虽然起步较晚，但是起点较高，主要生产能力是在20世纪80年代引进国外先进生产技术和装备的基础上发展起来的，因此，相对其他几类材料而言，水平较高，与世界先进水平差距不很突出。保温材料再生产能力增长的同时，技术装备水平也有较大提高，与世界先进水平的差距相应缩小。通过引进国外先进技术，我国防水材料工业的技术设备水平有了较大提高，大中型企业基本实现了机械化连续生产，并且有了沥青氧化处理的能力。

建筑防水材料、保温材料虽然有了较大进步，并且有了一定的先进生产能力，但就整体水平看与国际先进水平尚有差距。

在防水材料方面，虽然国际市场上现有的主要产品国内都有生产，但先进产品的量并不大（表1-7），而且防水材料生产企业中，小企业占了总数的85%，这些小企业生产技术、装备水平都十分落后，很多仍处于手工作坊式的生产方式。

表1-7 部分国家防水材料的产品构成　　　　　　　　　　　　　　　　%

产品名称	德国	法国	意大利	挪威	瑞士	荷兰	美国	日本	中国
改性沥青油毡	46	50	85	95	65	50	20	47	3
高分子防水卷材	40	30	2	2	30	40	55	30	2
其他	14	20	13	3	5	10	25	23	95

在保温材料方面，国际上通用的矿棉、玻璃棉、泡沫塑料，在我国保温材料总产量中仅占四分之一左右，其余的绝大部分都是生产技术落后、产品性能较次的膨胀珍珠岩。无论就其产品结构、产品质量、还是技术水平等方面的差距都十分明显。

②建材工业与世界先进水平的差距

我国是墙体材料的生产大国，但又是黏土砖的生产王国，就整体而言，与世界先进水平差距很大。主要表现在：

产品落后，结构很不合理。世界工业发达国家墙体材料产品结构早已变革，新型墙体材料基本取代了黏土制品。而我国小块实心黏土砖仍占墙体材料总产量的75%左右，居绝对统治地位。这种产品结构不仅毁坏土地、浪费能源，而且不利于施工机械化、提高施工效率。轻质、高强、多功能的新型墙体材料虽然在我国已开始发展应用，但产量不大，发展缓慢，更新换代能力弱，不能适应现代化建设的需要。这种产品结构与国外相比要落后几十年。我国与部分国家墙体材料产品构成见表1-8。

装备陈旧落后、机械化程度低、劳动生产率低。世界工业发达国家墙体材料生产从原料处理到成品包装全面实现了机械化、自动化，但是我国多数企业还处于人工操作或半机械化阶段，尤其是乡镇企业、个体企业则完全是人工劳动。我国制砖实物劳动生产率一般不超过10万块/（人·a），最高的也只有30万块/（人·a），与发达国家的劳动生产率200～400万块/（人·a）相差十几倍至几十倍。

表 1-8　发达国家与我国墙体材料产品构成　　　　　　　　　　　　　　　%

种类 国别	黏土砖		混凝土砌块	各种轻板	混凝土墙板	灰砂砖	天然石材及其他
	实心砖	空心砖					
日本	3		33	64			
波兰	13.30		26.50	17.50	29.40	13.30	
美国	0.75	14.25	34.00	41.90			9.10
前西德	2.23	20.07	39.80	12.30		25.60	
前苏联	37.90		2.40	4.20	29.20	20.00	6.30
中国	93.40	0.79	0.66	0.50	0.01		4.64

产品强度低、质量差。我国现行生产的砖一般只有 MU10～MU15，有的还不到 MU7.5，这与国际上一般为 MU20～MU30，高的达 MU40～MU50 差距很大。同时，我国生产的砖外观质量差，普遍尺寸不准、色泽不匀、缺棱掉角、挠曲、压花等；而国外的砖外观整齐、尺寸稳定、色泽均匀、好看，其本身就有装饰作用。

1.3.2　我国国民经济发展对新型建筑材料的要求

建筑业的高度发展要求建筑材料走向高档化、多功能化、配套化、轻质、高强，建筑业已成为我国国民经济的支柱产业。国家经济与社会发展对建筑业的要求是持续旺盛和多方面的，规模巨大的城乡住宅建设，一大批国家重点工程建设以及城市化带来的新的城镇建设，都将促进我国建筑业的高度繁荣与发展，同时也对建筑业提出了更高的要求。墙体、防水、装饰装修等材料直接服务于建筑业，是建筑业生产活动中使用的最重要、最基本的原材料，其产品的好坏，决定了建筑产品的质量、功能与水平。因此，为适应建筑业高度发展的需要，建筑材料工业必须有一个大发展，彻底改变低档、质次、功能不全、产品不配套的落后面貌，积极发展新材料，努力走向优质高档化、多功能化和配套化，并做到轻质、高强，施工方便，在配套化的同时，实现规范化，满足建筑业施工技术进步的需要。

随着环境保护和人民生活水平的提高，要求新型建筑材料向绿色建材与生态建筑方向发展。绿色建材是指那些无毒无害的建筑材料，防火或阻燃的安全建筑材料；耗能低的节能型建筑材料；以工业废渣和农业废料为原料的生态型建筑材料。绿色建材从本质上讲，突出它与大自然和环境相和谐一致的品性，并以此而构成生态建筑。进入 21 世纪，伴随着中国经济的巨大变化，人民生活从小康走向中等富裕，消费水平与需求结构将发生很大变化。环保意识和健康意识的双双强化，会使人们对绿色建材的消费需求不断增加。提高生活质量，改善和美化居住、工作、休闲环境，改造城市基础设施和景观，赋予房屋以一定的功能，长效、低耗、健康、安全、舒适的住房已成为解决温饱之后人民生活追求的主要目标，择优需求将成为人们消费与投资的热点。这就要求各类新型建材在保证质量的前提下，具有很好的装饰性能，并且品种、花色、规格、档次灵活多样，适用性、可选性强；同时也要求具有高效能，兼有防火、防水、保温、隔热、装饰、健康、安全等性能。

能源、资源的短缺，人类生存环境的改善，要求改造传统材料。我国是一个能源短缺、土地资源不足的国家，每年人均能源消耗量不足世界人均能源消耗量的 1/2，人均耕地不足世界人均水平的 1/3，而耕地人均净减量却是世界的两倍。我国建筑材料工业是耗能大户，

2003年仅墙体屋面材料及石灰生产能耗占全国能源消费量的8.57%。目前，全国砖瓦企业占地600多万亩左右，砖瓦生产对土地的占用和破坏相当严重。因此，从节约能源、保护土地资源的角度出发，要求改造传统材料，加快新型建筑材料的发展。

1.3.3 加快新型建筑材料发展的措施

加快新型建筑材料的发展，改变传统的建筑材料是建材工业实现现代化的难点和重点之一，这不仅关系到对国民经济发展和人民生活提高的满足程度，而且关系到人类可持续发展的生存环境、资源保证。为了发展新型建筑材料，为了做好这项有益于国计民生，有益于子孙后代的事业，作者认为应采取以下措施：

加大政策法规的调控力度。由于整个建筑材料工业落后，尤其是墙体材料工业直接涉及到土地、能源的严重浪费，粉尘、废气的严重污染，国家必须采取必要的行政干预，严格贯彻国家的有关规定，把节约土地、能源提高到法律、法规的层次进行宏观管理，提高其可操作性，从严掌握，严格执行。

给新型墙体材料发展予以一定优惠政策。为了发展新型建筑材料，取代落后产品，对于社会效益好，公益性强的行业和产品在一定时期内，要在税收、信贷等方面给予必要的优惠和倾斜。扶植其发展，待新型建材工业发展较成熟时再完全进入市场，平等竞争。

继续执行并强化利废政策。鼓励排废单位利废，鼓励其他生产单位利废，凡利废应享受同样鼓励政策。要把鼓励利废和节约土地、保护环境结合起来，作为一项基本国策纳入法制轨道。

加强技术、装备、产品研究开发，提高产品质量，推动新型建筑材料发展。新型建筑材料的发展，其根本在于自身的技术水平、装备水平和产品性能与质量，因此要着力进行新工艺、新装备、新产品的开发研究，把国内攻关和引进借鉴有机地结合起来，提高新产品质量和配套供应能力，以其优异的产品质量、性能、合理的价格，提高其竞争力，占领市场，取代落后材料。

坚持各部门合作，抓好新型建筑材料的推广应用。新型建筑材料的研究开发，组织生产，推广应用是一个系统工程，必须由有关部门协同努力。要把新材料生产同建筑设计、施工紧密结合起来，紧密配合建筑业发展和建筑体系改革，住宅产业现代化、建筑节能及建筑功能改善的要求和需求。把利废同加强土地管理紧密结合起来，把推广新材料和能源管理结合起来，充分发挥各部门的作用，促进新型建筑材料的发展。

1.3.4 青海建材工业发展现状

"十五"期间，青海省已淘汰了20条落后的水泥生产线、近60万t的生产能力，加快发展了新型干法水泥、新型建筑材料和石棉精细产品。建材行业通过多元化的投资结构和资本市场，重点培育了1~2家上市企业和2~3个大型水泥集团，并且按照"两点一线"（以西宁、格尔木为中心，沿青藏铁路线）的产业布局，扶持骨干企业做强做大，中小企业向专、精、特、新的方向发展，形成与大企业、大集团分工协作、专业互补的关联产业群体，全面提升了青海省建筑工业的运行质量。

"十一五"期间，青海省积极推广新型干法水泥，浮法玻璃等先进生产工艺，加快新型墙体材料的生产、使用，加快建材生产技术升级步伐。通过建设海西水泥项目，青海湟水水泥有限公司扩建、青海乐天玻璃制品有限公司扩能等项目，使全省实现1000万t水泥、1000万重量箱玻璃生产能力。

青海省建材矿产资源丰富、能源充足，具有很强的成本竞争优势。但是，作为经济欠发达地区，这种资源优势并没有转化为经济优势，主要存在着以下几个方面的问题：一是总量小，投入不足；二是产品结构性矛盾突出，地区发展不平衡；三是建材工业整体运行质量不高，行业盈利能力差。

对此，青海省建材工业正在面临着前所未有的发展机遇。一是西部大开发战略的深入实施，一大批基础设施建设项目和大型工业建设项目将相继开工建设，预计到"十一五"末，全省水泥市场的需求量将达到1000万t，其中特种水泥250万t。二是随着国家小城镇建设和城市化进程的加快，人们对房屋居住和公共活动环境的要求越来越高，城乡居民住宅及公共设施建筑投资逐步提高，为建材工业的发展提供了广阔的空间。三是国家计划在西部地区新增1500万t新型干法窑外分解水泥熟料生产能力，这为实现省内水泥产品的结构调整和优化升级创造了条件。

"十一五"期间，青海省加快了淘汰落后生产力的步伐，为防止东部地区落后设备工艺梯度性转移，坚持走高起点建设、规模化发展的路子，坚持资源开发和环境保护相统一，实现建材工业的可持续发展。2006～2008年实施了一批建材工业的重点建设项目，加大资金投入的力度，形成了较大的经济增长点，按照"严格禁止除新型干法之外的其他水泥生产工艺建设项目"的产业政策，要求新建的新型干法水泥生产线在西宁、海东、海西地区规模为日产熟料2000t以上，其他地区日产熟料1000t以上，新型墙体材料重点发展生产6000万块空心砖、5万m^3混凝土砌块、10万m^3加气混凝土砌块、15万m^2轻质墙板等新建生产线，扩大建材企业生产规模，促进产业结构调整，解决建材产品结构性短缺的矛盾。近几年通过资本运营及招商引资，整合省内建材工业生产力，扶持发展了几个生产上规模、产品上档次、市场竞争力强的大企业、大集团，从而带动了行业的整体发展。同时加快了政府职能的转变，建立健全了各专业性的行业协会组织，实施行业管理，增强了建材行业发展的自律性。

1.3.5 青海省新材料产业发展面临的形势分析

1.3.5.1 青海省与建筑材料产业相关工业的基本情况

（1）冶金工业

青海省的冶金工业是在1958年全国大炼钢铁时先后办起西宁钢铁厂、古城炼铁厂等10个钢铁企业的基础上发展起来的。"三五"时期，国家在青海建设了西宁特殊钢厂，在此基础上青海省的冶金工业才有了较大的发展。特别是"八五"、"九五"时期发展较快。经过四十多年的建设，已初步形成了从采掘、冶炼到压延、加工等较齐全的工业门类。冶金工业已成为青海省国民经济的支柱产业。2007年，实现工业产值11.44亿元，生产粗钢114.71万t，钢材109.53万t，生铁90.09万t。产品畅销国内并出口到国外。青海省铁合金生产已具规模，除西宁特殊钢股份有限公司、青海山川铁合金集团外，大部分为集体、个体企业。产品主要以硅铁为主，另有少量铬铁和其他品种，除国内销售外，还有相当一部分出口国外。"山川"牌、"民硅"牌等硅铁在国外已享有盛誉，成为畅销产品，为青海省出口创汇做出贡献。

(2) 有色金属工业

青海省有色金属工业是 20 世纪 50 年代末期开始发展的,"四五"时期为充分利用察尔汗盐湖的镁资源,国家在青海投资建设了民和镁厂。"六五"时期以后,青海的有色金属工业得到新的发展,国家先后投资建设了年采矿 100 万 t 的锡铁山铅锌矿、年产 20 万 t 的青海铝厂,青海的有色金属工业上了一个新台阶。"八五"、"九五"期间,国家十分重视青海有色金属资源的开发,在人才、资金、技术等方面采取了一系列扶持政策,使青海的有色金属工业得到了空前的发展。青海省现有青海铝厂、民和镁厂、锡铁山矿务局、祁连山铜矿、青海有色炼厂等中央和地方企业 20 多家,其中青海铝厂、民和镁厂等已成为青海省的利税大户。

2002 年,青海省有色金属工业完成工业总产值(1990 年不变价)49.91 亿元,十种有色金属完成产量 113.32 万 t,其中:铝锭 26.27 万 t、镁锭 4432t、锌锭 13084t、粗铅 4353t。各项指标均创历史上最高水平。目前青海铝厂、民和镁厂已步入全国电解铝、金属镁主要的生产企业行列,工业硅的生产也在全国占有一席之地。

青海省有色金属工业不仅产量大,品种多,在全国占有一定的地位,而且产品质量在国内外市场上都享有较高的声誉。青海铝厂的铝锭、民和镁厂镁锭及工业硅在国内外市场上有较强的竞争能力,成为青海省重要的出口创汇产品。冶金(含黑色、有色金属冶炼)工业发展迅速。1978 年,青海的冶金工业主要产品产量,钢 18.2 万 t、钢材 13.62 万 t、八种有色金属 0.37 万 t、铜精矿含铜量 703t、黄金 0.65kg。经过 30 年的发展,到 2008 年,全省冶金工业主要产品产量是:钢 44.68 万 t、钢材 113.59 万 t、铝锭 26.27 万 t、电解镁 4432t、多晶硅 8303t、黄金 1500kg、铁合金 16.39 万 t。

全面提升有色金属工业素质,做长做优有色金属产业链。立足省内水电优势,大力发展有色金属加工业,推动有色金属工业由生产电解铝、电解镁等初级产品向生产合金新材料转型。大力发展铝合金、铝板带箔、铝型材、镁合金等精深加工产品,建成铝、镁工业基地。在切实加强环境保护的前提下,进一步扩大铜、铅、锌采选冶炼能力,实现采、选、冶、加工联合发展。

"十一五"期间,青海省有色金属工业重点建设项目有:铝加工项目、铝及铝合金铸锭项目、镁合金压铸件项目、德尔尼铜矿开发项目、甘河滩电解铜项目等。

(3) 化学工业

①发展概述

新中国建立后,随着察尔汗盐湖钾矿和大柴旦湖硼矿的开发利用,1956 年和 1957 年海西州先后建设了大柴旦化工厂和察尔汗钾肥厂,揭开了青海省化学工业发展的序幕。"三五"初期,青海第二化工厂、青海第一化肥厂和青海电化厂开始建设。1965 年国家调整工业布局,进行"三线"建设,在青海省兴建了两座现代化化工企业即光明化工厂、黎明化工厂,从而结束了青海省没有大型化工企业的历史。"四五"时期,随着对各骨干厂生产能力的形成,青海第一化工厂、西宁油漆厂、西宁油脂化工厂等企业相继建成,使青海省化学工业跃上了一个新台阶,青海省化学工业的基本格局初步形成。随着盐湖资源的开发利用,青海化学工业在"五五"、"六五"时期得到了进一步发展。1985 年国家批准青海钾肥厂年产 20 万 t 钾肥一期工程,标志着柴达木盆地的盐湖资源进入了大规模开发阶段。"八五"期间,青海省的化学工业又有了新的发展,相继建成了青海钾肥厂一期工程、德令哈纯碱厂、格尔木炼油厂、光明化工厂碳酸锶工程、青海第一化肥厂合成氨工程、青海第二化肥厂磷铵工程、青海电化厂金属钠工程、青海铝盐厂、海西硫化碱厂、青海化工厂氟化盐工程、大柴旦化工厂硼酸工程、格尔木钾镁厂氯化钾工程等一批骨干化工企业。经过多年的发展,青海省的化学工业已形成了初具规模、具有地方特色的化学工业体系。

青海省化工产业经过多年磨砺与发展,目前已经形成一定规模。石油天然气工业方面——全省石油资源总量约为21.5亿t,探明储量为3.05亿t,占资源总量的14.2%,可采储量为3609万t;天然气资源总量约为2.5万亿m^3,探明储量为3046亿m^3,仅占资源总量的10%,可采储量为1250亿m^3。经过几十年的发展,石油天然气已基本形成了一定的规模,是全省经济发展的支柱产业之一。2008年,石油天然气行业完成工业增加值86.47亿元,较上年增长5.8%。建成涩—格、涩—仙—敦、涩—宁—兰和仙—翼共4条天然气输气管线,其中涩—宁—兰输气管线途径西宁,年设计输气能力20亿m^3。青海油田不断加快柴达木盆地化工产业的步伐,2006年生产聚丙烯2.2万t,甲醇14.7万t,MTBE(甲基叔丁基醚)1.5万t,经营收入达到4.7亿元,化工产品产量和收入均创历史新高。青海油田在抓好油气生产的同时,为格尔木炼油厂制定了"做精做特炼油、做大做强化工"的目标,充分发挥柴达木盆地资源优势,发展深加工产品,加大项目投入,提升化工建设速度,增强油田的发展后劲。目前,格尔木150万t油气升级改造项目正在紧张进行,形成了年产60万t甲醇的生产能力,具备了发展的产业基础。盐湖资源是青海最重要的矿产资源,以此为基础的化学工业已成为支撑青海省工业经济发展的重要产业,也是今后一个时期产业调整和振兴的重点领域。化工产业与上游资源开采和下游轻工、冶金等行业的关联度很高,加快发展化工产业对于带动多种相关产业发展、改善基础设施条件、发展地方经济具有重要意义。

②盐湖资源开发

柴达木盆地的盐湖资源已探明储量中氯化钾、氯化钠、氯化镁、天青石、氯化锂、硫酸钠均居全国第一位。察尔汗盐湖是我国最大的钾镁矿床,已探明钾盐总储量为5.4亿t,镁盐总储量31.6亿t,钠盐总储量533.1亿t,是巨大的无机盐资源宝库。2008年,全省盐湖化工工业完成工业增加值达到78.64亿元,较上年增长22.9%。盐湖集团100万t钾肥已全面达产,盐湖资源综合利用一、二期项目投产或部分投产,三期项目正在逐步展开。以盐湖化工产业为龙头的柴达木循环经济试验区已初具规模,这对建材行业的发展奠定了化工原料基础。

盐湖资源具有三大特点:①储量大,钾、镁、锂、锶等储量均占中国第一。②品位高,如卤水中锂含量高达2.2~3.12g/L。③类型全,分布相对集中,资源组合好,多种有用组分共生。察尔汗盐湖是中国最大的钾镁盐矿床,也是世界上大型盐湖矿床之一;大柴旦盐湖是一个以硼锂为主,伴生钾、镁、芒硝等资源的大型固液矿床,以硼资源最为丰富。五十年来,中央和地方为开发盐湖资源投入了大量人力、物力、财力,盐湖资源开发利用取得了重大进展,先后有18个盐湖、盐矿得到不同程度的开发利用,建成大中小型项目50多个。在开发利用盐湖资源方面积累了丰富的经验,为大规模开发打下了基础。

(4) 建筑材料工业

青海建材工业经过五十年特别是改革开放以来的发展,已初步形成适应青海经济、符合建材工业特点的较为合理的工业布局。产品有建筑材料、非金属矿产及其制品两大部类,30多种。产品产量、品种和质量基本可满足青海省经济发展和人民生活的需要。水泥制造业、非金属采矿业、黏土砖制造业具有一定的规模。以青海水泥厂、茫崖石棉矿、祁连石棉矿为骨干的水泥、石棉产品，已成为青海建材工业的支柱。1999年，全省拥有乡及乡以上建材企业322家，固定资产净值6.56亿元，从业人员3.5万人；全年完成工业总产值6.15亿元。建材企业在大部分州县已成为当地的骨干和财政支柱。2007年，全省生产水泥436.85万t、石棉12.74万t、水泥制管184km、砖12.9亿块、平板玻璃92.95万重量箱。产品科技含量不断提高，新产品开发初见成效。高强石膏粉、粉刷石膏粉、抗盐卤水泥（AS胶凝材料）、道路水泥、黏土空心砖、玻璃纤维、轻质墙材等新材料广泛应用。企业规模、效益、技术、产量质量都上了一个新档次。

青海省建材工业主要集中在海东、西宁市、海西和格尔木等地。小水泥和小砖瓦厂大都集中在海东地区，其他州县主要是一些小型砖瓦厂。建材工业主要以乡镇企业为主，大中型企业有4户。

青海省有着丰富的建材矿产资源，现已探明的矿种有20多种，其中石棉、玻璃用石英岩的保有储量居全国首位，硅灰石、石膏、砖瓦用黏土及岩棉、玄武岩等矿种的储量也列在全国前几位。石棉储量占全国的60%以上，茫崖、祁连石棉在国内外十分畅销。石膏保有储量27亿t，矿石品位高，产品销往全国各地。此外，石灰石、大理石、石英岩等矿种储量大，可以为玻璃制造业、水泥制造业和建筑、装饰用材料等提供优质原料。丰富的建材资源成为青海省发展建材工业的一大优势，发展潜力很大。

2009年7月，青海省政府印发了化工、有色金属、钢铁、纺织业、轻工业、新材料、装备制造业七个产业调整和振兴实施意见。

七个产业调整和振兴实施意见立足青海省实际，结合产业特点和现状，明确提出了实施期限间的发展目标和要求、产业发展主要任务、产业布局、主要措施及政策。为确保各产业调整和振兴政策的顺利实施，实施意见对各有关部门工作分工及进度进行了明确，要求各有关部门要按照意见分解任务，制定具体措施，加大协调配合力度，提高工作效率，转变服务理念，强化监督，积极为意见的顺利实施创造良好的环境。

七个产业调整和振兴实施意见的提出，是当前青海省工业经济保增长、调结构、促发展的工作要求，也是加快产业结构调整步伐，推动工业经济持续快速发展的要求，将对青海省调结构、保增长、保企业、稳发展，进一步转变经济发展方式，全面推进产业结构调整和优化升级，大力推动科技创新和技术改造，加快实施优势资源转化战略，积极培育重点特色产业，实现工业经济又好又快发展起到重要的推动作用。

加快发展新型建材工业，积极推广干法水泥、浮法玻璃等先进生产工艺，发展节能、环保的新型墙体材料。重点发展的项目有：格尔木铁矿开发项目、硅系列新材料项目、新型干法水泥项目、浮法玻璃项目等。

1.3.5.2 青藏高原建材与内地建材发展的主要差距

（1）材料产业发展中存在的突出问题

青藏高原的自然环境十分恶劣，气候严寒、干燥、多风，年温差和日温差很大；许多地区的土壤和空气中盐碱含量很高。在这样的环境中，现在广泛使用的普通钢筋混凝土建筑将受到严重侵蚀，很快遭到破坏。青藏高原地区大量已建成的工程的损毁程度是惊人的。特别是建在盐湖地区的混凝土结构工程，受到冻融和盐碱的双重作用，所使用的建筑材料在严重的侵蚀性环境中很快遭到破坏，使建筑物的有效使用寿命大为缩短，在建成后两三年内就需要大修；一些构筑物在数年后就不得不报废。由于构筑物的实际使用寿命远远短于设计使用寿命，由此而增加的资金、材料和人力的投入非常巨大；同时还极大地影响了构筑物的使用功能正常发挥，降低了构筑物的使用效能，限制了相关的生产活动的正常进行。

青藏高原地域辽阔，工业基础薄弱。建筑材料的生产点少量小，常需要长途运输，使其价格较高。高原地区适宜施工期短，常与工厂的最佳生产期冲突。构筑物频繁的维修，无论资金投入或是生产安排都是很大的矛盾。青藏高原是生态脆弱地区，在当地大量生产需要消耗大量自然资源的普通水泥等产品，对于当地的生态环境具有潜在的威胁。由于人类的过度垦殖放牧、矿山开采等活动，使高原植被遭到破坏，土地容易沙化。如果在西部开发过程中对于生态环境保护不给予应有的重视，一旦环境受到破坏，再要恢复生态原状是十分困难的。而在平原地区有效的生物固沙材料，在高原地区的效果可能很不一样。

随着国家西部大开发战略的实施，青藏铁路、钾肥二期工程、西气东输、西电东送、黄河上游水资源开发等一系列重大工程的启动，支撑这些工程建设的建筑材料的需要量很大，对其性能的要求也很苛刻。对于工程建设中所用的混凝土，配套设施用的房建材料的耐久性和安全性提出了更高的要求。以青藏铁路为例，有547km的多年冻土段，其中昆仑山段，气候多变，四季不分，空气稀薄，气压低，寒冷干旱，一年冻结期长达7~8个月。蒸发量远远大于降水量。年平均气温-3.6℃，极端最高气温23.7℃，极端最低气温-27.7℃，年平均降水量220.9mm，年平均蒸发量1469.8mm，相对湿度平均为44.8%，最大风速23.0m/s。其施工难度、工程的病害数量及整治难度将大幅度提高。因此，选择适用于高寒地区的、对环境无污染、耐久性好的建筑材料进行西部重点工程建设，是目前迫切需要解决的问题。青海省已经认识到现有建筑材料的性能不适应青藏高原的严酷环境，开始进行适宜高盐卤环境的水泥的开发。但由于青海省自身的财力所限，其支持力度有限，研究的深度和范围尚不能满足大规模工程建设的需要。关于在建设期间如何保护植被，固沙固土，避免土地沙化，尚未开展系统研究。

(2) 高原建筑材料的发展趋势

21世纪，青藏高原环境对新型建筑材料应满足"六抗"要求，即：抗风沙、抗紫外线辐射、抗盐碱、抗冻融破坏、抗温度循环疲劳、抗寒节能。

传统的硅酸盐水泥及混凝土材料是价格低廉、用量最大的建筑材料，但在高原地区的严酷环境条件下应用，有许多问题需要解决，如负温下的水化硬化性能、抗冻性、耐腐蚀性、体积稳定性、施工性等。在青藏高原，由于处于高寒地区，硅酸盐水泥的水化速度受到很大的抑制，因此，目前青藏铁路采用现场加热砂、石料、水，混凝土中大量掺加防冻剂，用电热毯加热成型的混凝土、外加很厚的保温材料保温的方法解决负温恶劣环境中的混凝土施工问题。这些方法可保证混凝土的强度发展，但成本很高，劳动强度大；许多措施是以损害混凝土的长期性能为代价。为了更好地满足西部建设的需要，避免重蹈过去青藏高原地区许多工程"建了坏、坏了修、修了又坏"的覆辙，急需系统研究、开发和推广应用适用于青藏高原地区特殊环境的高耐久性的环境友好型建筑材料，使所建工程具有满足设计使用寿命的耐久性。所研发的新材料应该性能优良、施工简便、综合费用低、"绿色"环保；同时适合西部人烟稀少、交通不便、气候严酷和地质复杂的特点。开发适用于青藏高原地区特殊环境的防沙固土材料，也是非常急迫的。

参考文献

[1] 王永兴. 新疆宏观生态的空间分异与变化 [J]. 干旱区地理, 2002, 25 (1): 4~9.
[2] 付宗斌, 王强. 气候突变定义和检测方法现象 [J]. 大气科学, 1992, 482~493.
[3] 汤懋苍, 白重瑗, 冯松, 等. 本世纪青藏高原的三次突变及天文因素的相关 [J]. 高原气象, 1998, 17 (3): 250~257.
[4] 杜军. 西藏高原近40年的气温变化 [J]. 地理学报, 2001, 56 (6): 682~690.
[5] 李生辰, 唐红玉. 青藏高原冬夏季月平均气温异常分析研究 [J]. 高原气象, 2000, 19 (44): 520~529.
[6] 缪启龙. 中国近半个世纪最高气温变化特征分析 [J]. 气象科学, 1998, (2): 103~111.
[7] 唐红玉, 李锡福. 青海高原近40年来最高最低温度变化的初步分析 [J]. 高原气象, 1999, 18 (2): 230~235.
[8] 胡汝骥, 樊自立, 王亚俊. 近50年新疆气候变化对环境影响评估 [J]. 干旱区地理, 2001, 24 (2): 97~103.
[9] 任家勇, 季中元. 最近10年气候变暖的主要特征 [J]. 干旱, 1991, 14 (4): 42~47.64 干旱区地理27卷.
[10] 青海省建材工业"十五"规划, 2006.1.
[11] 青海省冶金工业"十五"发展规划, 2006.1.
[12] 2008年中国统计年鉴, 2009.
[13] 青海统计, 2008.3.

第2章 东西部建筑材料使用寿命差异分析研究

东部海洋环境和西部盐湖环境都属于氯盐环境，混凝土或钢筋混凝土结构在这些环境中存在的常见破坏因素有：化学腐蚀、冻融破坏和氯离子对混凝土中钢筋的锈蚀等。这些破坏因素既有共同之处，在南方与北方又有一定的差异，在东西部环境中遭受破坏程度的差别更大。例如，混凝土在海洋环境中的破坏，北方沿海以冻融破坏和钢筋锈蚀为主，东南沿海以钢筋锈蚀为主，在青海盐湖地区则主要是盐湖卤水的化学腐蚀作用和钢筋锈蚀作用，并不存在盐湖卤水对混凝土的冻融破坏问题。除钢筋锈蚀机理都是因氯离子扩散渗透导致钢筋表面钝化膜破坏引起的以外，其他破坏机理也是不同的。本章结合实验室研究、现场调查和文献检索，对比分析了混凝土或钢筋混凝土结构在东西部环境中的耐久性和寿命问题。

2.1 东西部混凝土的耐久性差异

东部沿海地区。我国有2000多km的海岸线，从南到北由于气候等条件的差异，造成地区间的海工钢筋混凝土结构的破坏速度和破坏程度不同，其中也不乏经久耐用的混凝土工程，但主要还是以破坏的居多。由于在不同时期，海工混凝土的设计和施工要求不同，不同时代建造的海洋混凝土结构表现出不同的破坏特征，在20世纪50年代以前，混凝土的破坏特征是：北方比南方严重，钢筋混凝土比素混凝土严重，潮差区、浪溅区比大气区和水下区严重，背阳面比向阳面严重，迎风面比背风面严重。在20世纪80~90年代，北方的海工混凝土掺加引气剂后，南方的混凝土钢筋锈蚀破坏比北方严重。南京水利科学研究院等于1956~1962年曾先后调查了我国华北、华东和华南等地的海港、护坡等几十处港工建（构）筑物，发现：（1）1912年建成的上海某码头，历时40余年完好无损；（2）上海某码头在使用几年后即发生保护层成片剥落、钢筋锈断；（3）北方某护坡安放的重达几十吨的混凝土大方块，9年后因严重的冻融，破坏成十几公分的碎块。20世纪80年代以后，南京水利科学研究院又会同有关单位对我国南方使用了3~25年的海工混凝土建筑物进行了深入调查，发现造成耐久性问题的工程中有80%是钢筋锈蚀引起的。其中，1980年建成的宁波北仑港1万t级矿石码头和1988年建成的连云港木材码头在使用3~7年后处于海洋浪溅区的混凝土已经出现钢筋锈蚀引起的顺筋开裂现象。1976年建成的连云港杂货1号、2号码头使用4年就发生裂缝和钢筋锈蚀，使用9年后上部结构已经普遍出现顺筋开裂；1979年建成的天津港客运码头使用不到10年就发现前承台面板有50%左右出现钢筋锈蚀破坏。根据天津港湾工程研究所陈蔚凡报道，混凝土建筑物在天津滨海地区的盐渍土中腐蚀严重，基本上是使用7~8年需要进行大修，甚至报废。例如，1978年投产的投资10亿元的天津大港发电厂，其箱型钢筋混凝土基础在1986年发现遭到强烈腐蚀破坏，被迫重新选址建厂；天津滨海地区钢筋混凝土电杆埋设7~8年即在根部交界面处发生严重的腐蚀破坏、断裂，甚至大量倒塌；天津塘沽经济开发区在盐渍土地域埋设的钢筋混凝土排水管（$\phi 60cm \times 270cm$），在埋设后投产半年即发生强烈腐蚀破坏。调查显示，在采用港工技术规范《混凝土和钢筋混凝土》JTJ 220—82（设计部分）、JTJ 221—82（施工部分）设计建造的海洋混凝土工程，由于浪溅区混凝土的最大水灰比限定在 0.5~0.55、最小保护层厚度为 45~50mm，工程一般在运行 8~10 年就出现钢筋锈蚀引起的顺筋开裂破坏。为此，《港工混凝土与钢筋混凝土施工规范》（JTJ 221—87）提高了设计标准，并增加了控制指标，在浪溅区混凝土的最大水灰比限定在 0.5（北方）~0.45（南方）、最小水泥用量为 360（北方）~400kg/m³（南方）、北方混凝土的含气量控制在 3%~5%。原交通部《水运工程混凝土施工规范》（JTJ 268—96）再次提高了设计标准，在浪溅区混凝土的最大水灰比限定在 0.5（北方）~0.4（南方）、最小保护层厚度为 50（北方）~65mm（南方）、最小水泥用量为 360（北方）~400kg/m³（南方）、北方混凝土的含气量分别控制在 3%~5%（石子最大粒径 63mm）、3%~6%（石子最大粒径 40mm）、3.5%~6.5%（石子最大粒径 31.5mm）、4%~7%（石子最大粒径 20mm）、5%~8%（石子最大粒径 10mm），并规定允许掺加粉煤灰、硅灰和矿渣来改进混凝土的性能。

　　西部盐湖地区青海察尔汗盐湖位于青藏高原昆仑山、巴颜喀喇山以北，祁连山系以南，茶卡以西，阿尔金山以东，是柴达木盆地东南部最低洼地区中的一个干涸湖，其海拔高度为 2676~2680m，位于东经 94°~96°，北纬 36°40′~37°13′，南北宽 20~40km，东西长 168km，总面积为 5856km²，是世界上最大的内陆干盐湖。察尔汗盐湖表层有几十厘米厚的由盐、泥土和沙子组成的盐壳，在盐壳下面埋藏着 8~20m 厚的晶体岩盐，最深处达 30m 左右，盐层晶间充满了高矿化度的卤水，最高含盐量达 400g/L 以上。目前，我国正在大规模开发该盐湖，年产 100 万 t 钾肥的青海盐湖钾肥集团就建在察尔汗。格尔木市位于盐湖的西南方向，距钾肥一期厂区约 70km。由于我国在盐湖开发时最早在察尔汗盐湖地区使用水泥混凝土，因此，我们重点调查了青海盐湖钾肥一期厂区附近的混凝土与钢筋混凝土结构的耐久性现状。调查发现，察尔汗盐湖地区使用的建筑材料有混凝土、石材、黏土砖、木材和钢材等，其中，木材的防腐效果最好，花岗岩一般不发生腐蚀，有的建筑花岗岩基础使用 30 多年未发生侵蚀，但是，我们发现也有使用仅 10 多年的电力铁塔花岗岩基础发生物理结晶性破坏的事例。图 2-1 是青海盐湖钾肥一期厂区的管线和钢柱的混凝土基础腐蚀，图 2-2 是该厂区钢筋混凝土结构和钢结构的混凝土基础腐蚀。根据厂区的车间工人师傅介绍，工厂一般每隔 3~5 年需对混凝土构造柱靠近地面处的腐蚀部位修补一次。图 2-3 是青海盐湖钾肥一期厂区的一个钢筋混凝土结构腐蚀后，不正确地采用了粘钢加固，加固后混凝土梁和钢板都发生了严重腐蚀，其中 ±0.000 圈梁混凝土已腐蚀完全粉化，钢筋截面尺寸减小甚至发生锈断。图 2-4 是该厂的混凝土结构储盐罐，上部混凝土受到化工盐类的严重腐蚀，钢筋锈断。图 2-5 是 1995~1996 年建成的格尔木至察尔汗淡水管线检查井毛石结构的砂浆腐蚀。调查还发现，西宁铁路局 2000 年在铁路沿线建的 10kV 西格线的 258 号电杆根部也存在明显的混凝土腐蚀（图 2-6），该电杆由碱矿渣混凝土制成。图 2-7 是青海省格尔木钾镁厂和青海茶卡盐湖的混凝土腐蚀破坏情况，格尔木钾镁厂主要利用察尔汗盐湖卤水生产硫酸钾和硫酸镁，其车间的钢筋混凝土大梁底部因钢筋锈蚀冒出大量锈水，青海茶卡厂主要利用茶卡盐湖卤水生产闻名全国的青盐（食盐），该厂混凝土的腐蚀破坏也是非常严重的。根据调查发现，在盐湖地区，普通混凝土在盐湖卤水干湿交替条件下，2~3 年即发生严重腐蚀，其破坏位置主要在地面以上 30cm 以内，被侵蚀部位的混凝土从表面开始粉化剥落，而位于地上部分则一般腐蚀不严重。普通混凝土在盐渍土条件下 3 年左右开始粉化，即使混凝土采用环氧漆涂层或环氧玻璃钢保护措施以后，由于受到强烈的紫外线辐射影响，有机保护层发生老化，内部混凝土同样发生了严重腐蚀。在其他地区以盐湖卤水为原料的盐湖化工企业中，其生产车间和办公楼的混凝土与钢筋混凝土结构也发生类似的腐蚀破坏。可见，与海洋环境的 7~10 年发生腐蚀或钢筋锈蚀造成的顺筋开裂相比，盐湖地区的混凝土耐久性破坏更加严重（图 2-8～图 2-15）。

图 2-1　青海盐湖钾肥一期厂区的管线和钢柱的混凝土基础腐蚀
（a）淡水管道的基础混凝土腐蚀；（b）钢结构的混凝土基础腐蚀

图 2-2　青海盐湖钾肥一期厂区的钢筋混凝土结构和钢结构的混凝土基础腐蚀
（a）淡水管道的基础混凝土腐蚀；（b）钢结构通讯塔的混凝土基础腐蚀；（c）钢结构的混凝土基础腐蚀

  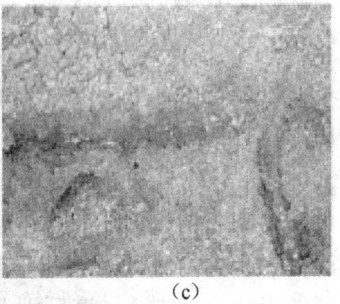

图 2-3　青海盐湖钾肥一期厂区的露天钢筋混凝土结构的腐蚀破坏与错误的粘钢加固
（a）露天钢筋混凝土结构全貌；（b）混凝土腐蚀与加固钢板的锈蚀；（c）±0.000 圈梁腐蚀与钢筋锈蚀

图 2-4 青海盐湖钾肥一期厂区的露天钢筋混凝土储盐罐混凝土腐蚀破坏

(a) 上部混凝土受到化工盐类腐蚀;(b) 钢筋锈蚀与保护层腐蚀剥落;(c) 混凝土基础因腐蚀膨胀而松散

图 2-5 1995～1996 年建的格尔木至察尔汗淡水管线检查井毛石结构的砂浆腐蚀

图 2-6 2000 年建铁路局 10kV 西格线的 258 号碱矿渣混凝土电杆根部腐蚀

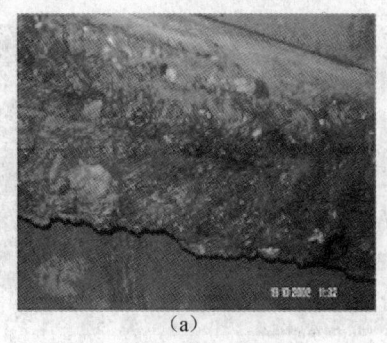 

图 2-7 青海格尔木钾镁厂和青海茶卡盐湖的钢筋混凝土腐蚀

(a) 青海格尔木钾镁厂钢筋混凝土梁;(b) 青海茶卡盐厂的混凝土腐蚀

图 2-8 都兰长城电站进水口及厂房腐蚀

图 2-9　青藏公路 109 国道大水桥桥墩腐蚀

图 2-10　青藏公路 109 国道大水桥桥梁腐蚀

图 2-11　香日德大桥桥墩迎水面剥蚀

图 2-12　315 公路波门河桥墩腐蚀

图 2-13　达布逊盐湖电线杆基础及管道镇墩腐蚀

图 2-14　察尔汗盐湖房屋腐蚀　　　　　　图 2-15　草原网围栏固定桩腐蚀

2.2　东西部混凝土的使用寿命差异

东部沿海地区海工钢筋混凝土结构发生严重破坏的主要原因是浪溅区的钢筋锈蚀,因而也决定了海工钢筋混凝土结构的使用寿命。表 2-1 是南京水利科学研究院等单位调查的 1949 年前我国正常施工的沿海港工混凝土建筑物的耐用年限。结果表明,对于正常施工情形,在北方沿海地区,钢筋混凝土结构的使用寿命一般能够达到 25~45 年,素混凝土可达到 30~50 年;在南方沿海地区,钢筋混凝土结构可达到 40~50 年,素混凝土可达到 50~60 年。但是,由于原材料、设计和施工等种种原因,现在的海洋混凝土结构的使用寿命却不如从前,以至于国内外学术界都出现了"现在的混凝土比 50 年前更加不耐久"的惊呼!

表 2-1　1949 前正常施工的沿海港工混凝土建筑物的耐用年限

地区	建筑物位置	结构类型	耐用年限（年）
受冻区	港外	钢筋混凝土	25~35
		素混凝土	30~40
		钢筋混凝土梁板式结构	25~30
	港内	钢筋混凝土	30~45
		素混凝土	40~50

续表

地区	建筑物位置	结构类型	耐用年限（年）
不冻区	港外	钢筋混凝土	40
		素混凝土	50
	港内	钢筋混凝土梁板式结构	40
		钢筋混凝土	50
		素混凝土	60

东南大学有关科研人员采用32.5级普通硅酸盐水泥、I级粉煤灰、矿渣和HLC型防渗抗裂剂（含有减水成分），研究了不掺、单掺粉煤灰、单掺矿渣、双掺粉煤灰和矿渣的混凝土在我国南方气温高的沿海环境（高温时间长，夏季地表实际温度可达50℃以上）浪溅区混凝土的氯离子扩散规律。试验时，将密封四面、保留两个对称面的混凝土试件浸泡在浓度为3.5%的氯化钠溶液中1d，再在60℃温度下烘干13h，进行快速干湿循环试验，经过8个循环以后分析不同深度混凝土砂浆粉末样品的水溶性和酸溶性氯离子浓度，据此计算混凝土在海洋环境中的使用寿命。表2-2是混凝土的配合比和根据Fick's第二定律计算的混凝土在海洋环境中的使用寿命。计算时，混凝土的保护层厚度为65mm，以水溶性氯离子浓度为依据，混凝土暴露表面的氯离子浓度可取为2.4%（按胶凝材料重量计），钢筋腐蚀开始时的临界氯离子浓度取为0.5%（按胶凝材料重量计）。结果可见，在海洋环境中处于浪溅区的混凝土结构物，当干燥时表面温度达60℃的条件下，普通混凝土抗氯离子侵蚀的使用寿命只有3~4年，单掺粉煤灰或矿渣后混凝土的使用寿命达6~9年，双掺18%的粉煤灰和矿渣的D35混凝土试件抗氯离子侵蚀的使用寿命比普通混凝土有明显提高，可达14~15年，将近提高了4倍。但是，海洋混凝土的使用寿命还是不长的，没有达到50年。

表2-2 不同混凝土的配合比及其在南方海洋浪溅区的使用寿命预测结果

编号	配合比							扩散系数 ($\times 10^{-8} cm^2/s$)	使用寿命（年）
	水泥	粉煤灰	矿渣	砂	碎石	水	HLC		
D01	0.92			1.76	2.64	0.38	0.08	11.84	3.6
D11	0.55	0.37		1.69	2.54			6.34	6.8
D21	0.52		0.40	1.73	2.60			5.51	7.8
D22	0.32		0.60	1.72	2.59			5.00	8.6
D31	0.52	0.15	0.25	1.75	2.62			5.14	8.3
D32	0.37	0.28	0.27	1.71	2.57			4.46	9.6
D33	0.37	0.18	0.37	1.72	0.58			4.07	10.5
D34	0.27	0.28	0.37	1.68	2.53			3.36	12.8
D35	0.27	0.18	0.47	1.70	2.55			3.02	14.2

为了保证海洋混凝土结构能够安全使用50年，有关人员在深圳赤港湾和连云港进行了长达9年的现场暴露试验，提出了"在控制水胶比不大于0.4和保护层厚度不小于65mm的基础上，在混凝土中掺加6%~12%含硅灰的外加剂"的技术措施，试验结果见表2-3。表2-3中还同时列出了不同表面层的使用效果。可见，要保证南方沿海港口浪溅区的钢筋混凝

土设计使用寿命达到50年以上，最有效的措施是在混凝土中掺加硅粉剂。对于华南地区的深圳赤湾港来说，在 JTJ 221—87 规范基础上，掺加 5% 硅灰外加剂即可，对东部地区的黄海、东海海区来说，需要掺加 12% 硅灰外加剂。

表2-3 采用不同技术措施的混凝土在南方海港的使用寿命预测结果

地点	技术方案	水泥用量 (kg/m^3)	硅灰外加剂掺量（%）	水胶比	暴露时间（年）	不同保护层时的使用寿命（年）	
						$X=50mm$	$X=60mm$
赤湾港	普通混凝土	401	0	0.52	9	2.9	4.9
	涂丙乳砂浆					139	234.9
	涂3200涂料					5.2	8.8
	涂3200胶泥					14	23.6
	普通混凝土	345	0	0.45	6	12.4	20.9
	掺5%硅灰	312	5	0.53		67.8	114.5
	掺5.5%硅灰	272	5.5	1.58		34.3	57.9
连云港	普通混凝土	315	0	0.52	3.4	4.5	7.6
	掺6%硅灰	317	6	0.48		21.3	35.5
	掺12%硅灰	312	12	0.46		44.1	74.5
	掺6.5%硅灰	254	6.5	0.61		6.5	11

我国的海洋混凝土工程的使用寿命同国际先进水平相比，还存在不少差距。在国际上，已经设计建造了许多长寿命的海洋工程，例如：英国北海采油平台和日本明石跨海大桥设计寿命为100年，加拿大联盟大桥设计寿命为120年，沙特阿拉伯——巴林高速公路的跨海大桥设计寿命为150年，荷兰东谢尔德海闸设计寿命为250年。尽管我国香港青马大桥混凝土设计寿命为120年，澳门观光塔主体混凝土设计寿命为150年，但都是由国外设计的。从2003年开始建设的杭州湾跨海公路大桥混凝土设计寿命在100年以上，但是设计理念与国际先进水平有较大的差距，使用寿命的预测存在许多具体的技术问题。2004年规划的青岛胶州湾跨海大桥也将按照100年寿命设计，但是在如何计算工程的设计寿命以及如何确保100年的使用寿命等方面，学术界尚存在争议。

对在盐湖环境条件下钢筋混凝土的破坏现状简述如下。

1982年6~10月架建的格尔木—察尔汗钾肥厂35kV供电线路，在普通土壤和轻盐渍土地带，使用了293号基础钢筋混凝土电杆，其中230号基础系用 $\phi 90 \times 12m$ 锥形杆，混凝土强度为300号（相当于C28），配筋为 $14\phi 16$，对电杆根部以上3m使用环氧漆与无捻玻璃布进行防腐处理。1983年5月发现电杆纵向裂缝。1984年5月检查时发现：位于轻盐渍土地带的166号基础12m锥形杆，不同程度存在纵向裂纹和螺旋筋外露、锈蚀等现象，在迎风面钢筋锈蚀、开裂较严重。该工程建成不到两年即报废。图2-16是混凝土电杆在盐湖地区大气环境条件下暴露19年后破坏的情况。调查发现，电杆的裂缝宽度普遍达到1~2mm。最大裂缝宽度为15mm以上，钢筋保护层空鼓开裂严重，部分保护层脱落，钢筋外露，其中纵钢筋断面减少很多，环筋已经锈断。前述的图2-3和图2-4也说明除电杆以外的其他钢筋混凝土结构同样发生了非常严重的破坏。调查发现，一般钢筋混凝土结构在盐湖地区使用3~5年就会发生钢筋锈蚀开裂现象。这与海洋环境的8~10年相比，要严重得多。目前，通过沈阳建筑大学和青海电力设计院的多年研究,已经能够在青海盐湖地区设计使用寿命50年的抗腐蚀钢筋混凝土电杆,并已经投入了工程应用,仅2003年下半年就在青海察尔汗盐湖地区的察尔汗—格尔木青水河35kV电力线路应用了50km,该工程已于2003年10月竣工交付使用,图2-17(a)显示抗腐蚀电杆在青海盐湖地区的运行良好。由于化工设计部门的原因,同期建筑的青海钾肥二期工程的生产设备基础,采用的仍然是30年前的老办法——"普通混凝土外包沥青油毡",上部混凝土结构仍然裸露在盐湖环境的大气中(图2-17b),其使用寿命必然要大大缩短。

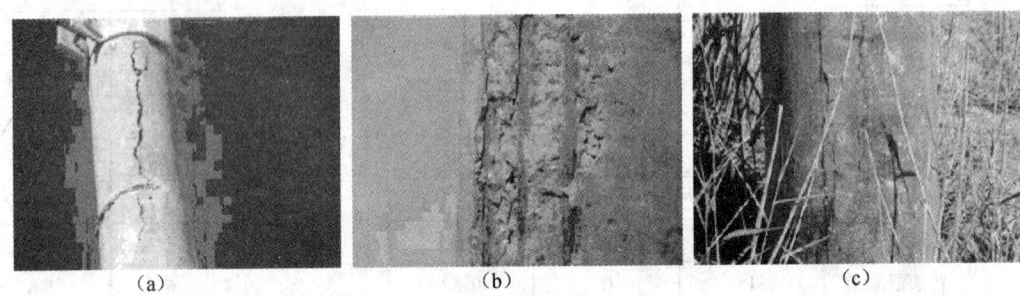

图2-16 1982年建35kV格察线混凝土电杆的破坏现状(2001年拍摄)
(a)混凝土电杆的梢部开裂;(b)电杆下部空鼓脱落与钢筋锈蚀;(c)电杆的根部裂纹与锈斑

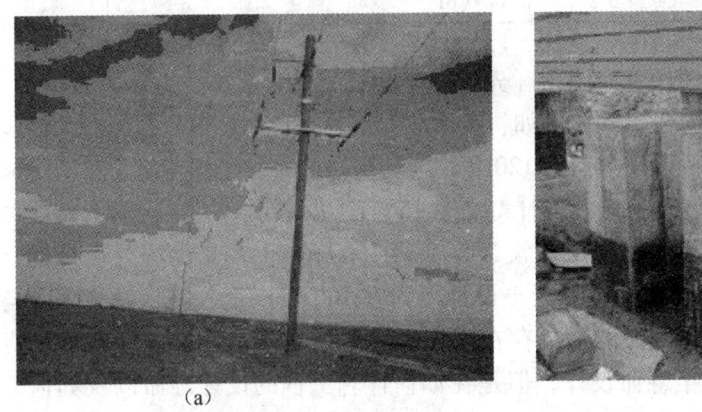

图2-17 青海盐湖地区电力和化工工程中采用的不同防腐方案
(a)察尔汗—格尔木青水河35kV电力线路;(b)青海钾肥二期工程

本节结论:

(1)普通混凝土在西部的青海盐湖地区2~3年即发生严重腐蚀,在东南沿海地区7~10年发生腐蚀或钢筋锈蚀造成的顺筋开裂。

(2)普通的钢筋混凝土结构在青海盐湖地区使用3~5年会发生钢筋锈蚀开裂,在东南沿海地区的使用寿命可以达到8~10年。

(3)东南沿海地区的海洋混凝土结构已经能够实现50年的设计寿命,并已经开始进行100年设计寿命的探索和工程试点。

(4)在西部盐湖地区,《西部高海拔、高寒地区抗盐渍侵蚀建筑材料技术与研究》(863计划)项目组的试验承担单位之一(沈阳建筑大学)等已经提出了50年设计寿命的技术措施,并且进行了工程应用。

2.3 混凝土使用寿命评价模型

2.3.1 氯离子扩散新方程的建立

推导出混凝土氯离子扩散新方程，建立了混凝土服役寿命的预测理论模型，完善了基于氯离子扩散理论的混凝土服役寿命的预测方法。在深入探讨当前混凝土氯离子扩散理论存在的八个问题的基础上，对Fick's第二扩散定律进行了有效的理论修正，推导出综合考虑混凝土的氯离子结合能力、扩散系数的时间依赖性、结构微缺陷和荷载影响的氯离子扩散新方程：

$$\frac{\partial c_f}{\partial t} = \frac{KD_0 t_0^m}{1+R} \cdot t^{-m} \frac{\partial^2 c_f}{\partial x^2} \tag{2-1}$$

针对有限大体与无限大体、齐次边界条件与非齐次边界条件、线性氯离子结合与非线性氯离子结合问题的Ⅰ维、Ⅱ维与Ⅲ维氯离子扩散新方程的解析解，得到适应不同条件的氯离子扩散理论新模型。基于Ⅰ维无限大体氯离子扩散理论的基准模型为：

$$c_f = c_0 + (c_s - c_0)\left[1 - \mathrm{erf}\left(\frac{x}{2 \times \sqrt{\frac{KD_0 t_0^m}{(1+R)(1-m)} \cdot t^{1-m}}}\right)\right] \tag{2-2}$$

式中　t——时间；

x——混凝土内部距离表面的深度；

D_0——混凝土龄期t_0时的氯离子扩散系数；

c_f——混凝土内深度x处的自由氯离子浓度；

c_0——混凝土内初始氯离子浓度；

c_s——混凝土暴露表面的氯离子浓度；

K——混凝土氯离子扩散性能的劣化效应系数；

R——混凝土的氯离子结合能力；

m——氯离子扩散系数的时间依赖性参数。

提出了模型参数的测定方法，确定了关键参数的取值规律和建立基本数据库。该模型适用于我国西部、中部、东部及沿海地区等氯离子侵蚀环境中重大混凝土结构工程的服役寿命预测和耐久性设计。在理论上充实与发展了Fick's第二扩散定律，并扩大了应用领域。其前期研究成果已被同行多次引用，并被《EI》收录。

2.3.2 混凝土的典型氯离子扩散规律和氯离子结合规律

通过测试，得到HSC80在3.5% NaCl溶液的不同浸泡条件下氯离子扩散规律和氯离子结合规律的典型结果，如图2-18所示。

2.3.3 寿命预测模型的基础数据

混凝土服役寿命预测模型的基础数据包括：OPC30和HPC80在东北除冰盐环境、青海盐湖环境和东部海洋环境的五个参数——氯离子扩散系数及其时间依赖性指数和劣化效应系数、氯离子结合能力、暴露表面自由氯离子浓度（表 2-4 ~ 表 2-8）。

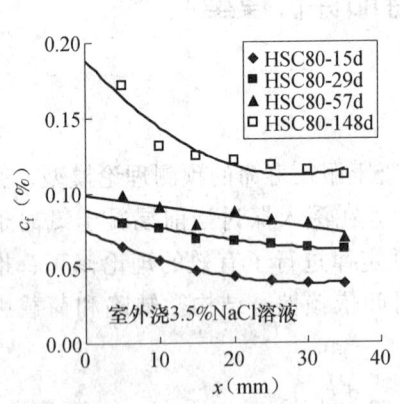 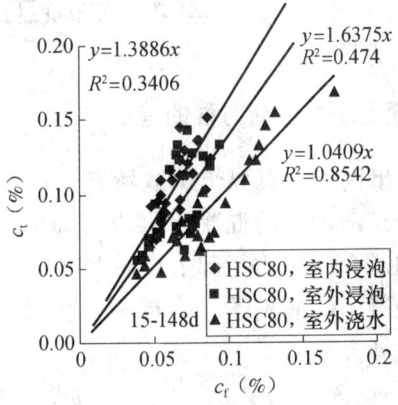

图 2-18　HSC80 在 3.5% NaCl 溶液的不同浸泡条件下氯离子扩散规律和氯离子结合规律的典型结果

表 2-4　不同混凝土的氯离子扩散系数 D ($\times 10^{-7} \text{cm}^2/\text{s}$)

暴露环境		东北除冰盐	辽宁渤海湾			青海盐湖		
		沈阳地区	大气区	水下区	浪溅区	卤水区	盐渍土区	大气区
混凝土种类	OPC30	6.4689	6.4689	6.4689	6.4689	2.98	2.98	2.98
	HPC80	5.6655	5.6655	5.6655	5.6655	1.19	1.19	1.19

表 2-5　不同混凝土氯离子扩散系数的时间依赖性指数 m

暴露环境		东北除冰盐	辽宁渤海湾			青海盐湖		
		沈阳地区	大气区	水下区	浪溅区	卤水区	盐渍土区	大气区
混凝土种类	OPC30	0.7462	0.7462	0.7462	0.7462	0.4521	0.4521	0.4521
	HPC80	0.64	0.7045	0.8987	0.6384	0.8585	0.8585	0.8585

表 2-6　不同混凝土氯离子扩散系数的劣化效应系数 K

暴露环境		东北除冰盐	辽宁渤海湾			青海盐湖		
		沈阳地区	大气区	水下区	浪溅区	卤水区	盐渍土区	大气区
混凝土种类	OPC30	1.8039	1.4006	1.6247	1.9555	1	1.1779	1.04
	HPC80	1.02	4.3287	3.6743	2.9276	1	2	1.67

表 2-7　不同混凝土的氯离子结合能力 R

暴露环境		东北除冰盐	辽宁渤海湾			青海盐湖		
		沈阳地区	大气区	水下区	浪溅区	卤水区	盐渍土区	大气区
混凝土种类	OPC30	0.3287	0.1782	0.1782	0.1782	0.5279	0.2769	0.2769
	HPC80	1.1477	1.1702	1.1702	1.1702	0.1258	0.1258	0.1258

表 2-8　不同混凝土的暴露表面自由氯离子浓度 c_s　　　　　　%

暴露环境		东北除冰盐	辽宁渤海湾			青海盐湖		
		沈阳地区	大气区	水下区	浪溅区	卤水区	盐渍土区	大气区
混凝土种类	OPC30	0.1733	0.0886	0.0935	0.1539	2.7873	0.2503	0.2016
	HPC80	0.1224	0.070	0.0737	0.067	0.544	0.315	0.253

2.3.4 混凝土在东西部严酷的氯盐环境中的服役寿命和最小保护层厚度

根据现场暴露实验，经过 Mathematica 5.0 软件计算，当钢筋混凝土结构的保护层厚度为 50mm 时，OPC30 和 HPC80 在东部海洋环境、北方除冰盐环境和西部盐湖环境中服役寿命的预测结果如图 2-19 和图 2-20 所示。可见，OPC30 的服役寿命规律是：在除冰盐环境中不足 1 年，在盐湖环境中为 4 年以内，在海洋浪溅区不足 1 年、海洋水下区可以达到 15 年、在海洋大气区接近 50 年。HPC80 的服役寿命规律为：在除冰盐环境中接近 50 年，在海洋环境能够达到 100 年以上，在盐湖卤水和大气环境可以达到 40～50 年，在盐湖强盐渍土环境不足 5 年（如果保护层厚度为 60mm 时接近 50 年）。

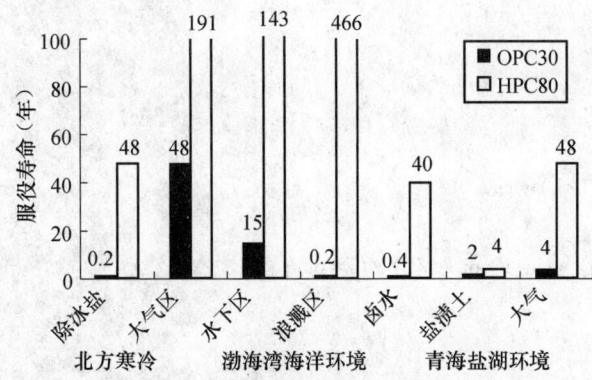

图 2-19 OPC30 和 HPC80 在我国严酷的氯盐环境中服役寿命的比较（保护层厚度 50mm）

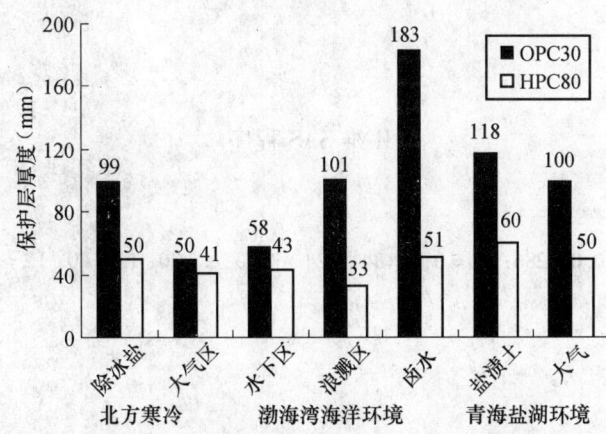

图 2-20 OPC30 和 HPC80 在我国严酷的氯盐环境中达到 50 年服役寿命的最小保护层厚度

在严酷的氯盐环境中，混凝土达到 50 年服役寿命要求的最小保护层厚度如图 2-20 所示。可见，OPC30 除了在海洋大气区和水下区的最小保护层厚度在 50～60mm 以外，在其他环境中均超过 100mm，没有实际应用价值。HPC80 在海洋环境中的最小保护层厚度为 30～45mm 之间，在除冰盐和盐湖环境中为 50～60mm。

2.3.5 混凝土氯离子扩散系数的分析软件与计算机程序

采用 The SAS System for Windows v6.12 分析软件，分别编制了氯离子扩散系数的 I 维、II 维和 III 维计算程序。

I 维 SAS 程序

```
data n1D;
input Cf y;
m = 4001; Cs = 0.007286; Co = 0; t = 341 * 24 * 3600; x = 20; L = 40; pi = 3.14159;
cards;
0.007286    0
0.003649    2.5
0.000403    7.5
0.000168    12.5
0.000112    17.5
run;
proc nlin data = n1D;
con = 0;
do i = 1 to m by 2;
term1 = D * (i * i * pi * pi/L/L) * t;
term2 = exp( - term1);
term = 4 * term2 * (Co - Cs) * sin(i * pi * x/L) /(i * pi);
con = con + term;
end;
end;
model Cf = Cs + con;
parms D = 10E - 12;
run;
```

II 维 SAS 程序

```
data n2D;
input Cf y;
m = 2001; n = 2001; Cs = 0.007286; Co = 0; t = 341 * 24 * 3600; x = 20; L1 = 40; L2 = 40; pi = 3.14159;
cards;
0.007286    0
0.003649    2.5
0.000403    7.5
0.000168    12.5
0.000112    17.5
run;
proc nlin data = n2D;
con = 0;
do i = 1 to m by 2;
do j = 1 to n by 2;
term1 = D * (i * i * pi * pi/L1/L1 + j * j * pi * pi/L2/L2) * t;
term2 = exp( - term1);
term = 16 * term2 * (Co - Cs) * sin(i * pi * x/L1) * sin(j * pi * y/L2)/(i * j * pi * pi);
```

```
con = con + term;
end;
end;
model Cf = Cs + con;
parms D = 10E - 12;
run;
```

Ⅲ 维 SAS 程序

```
data n3D;
input Cf y;
m = 101; n = 101; p = 101; Cs = 0.028625; Co = 0; t = 434 * 24 * 3600; x = 30; z = 30; L1 = 400; L2 = 100; L3 = 100; pi = 3.14159;
cards;
0.028625    0
0.017052    2.5
0.005916    7.5
0.004029    12.5
0.003281    17.5
run;
proc nlin data = n3D;
con = 0;
do i = 1 to m by 2;
do j = 1 to n by 2;
do k = 1 to p by 2;
term1 = D * (i * i * pi * pi/L1/L1 + j * j * pi * pi/L2/L2 + k * k * pi * pi/L3/L3) * t;
term2 = exp( - term1);
term = 64 * term2 * (Co - Cs) * sin(i * pi * x/L1) * sin(j * pi * y/L2) * sin(k * pi * z/L3)/(i * j * k * pi * pi * pi);
con = con + term;
end;
end;
end;
model Cf = Cs + con;
parms D = 10E - 12;
run;
```

2.3.6 混凝土服役寿命的分析软件与计算机程序

采用 Mathematica 5.0 分析软件，分别编制了混凝土服役寿命的Ⅰ维和Ⅱ维计算程序。常用的Ⅰ维计算程序如下：

$C_f = 0.05$;
$C_s = 0.1733$;
$C_0 = 0$;

$t_0 = 28\,365$;

$D_0 = 2040$;

$K = 1.803919$;

$s = 1$;

$m_0 = 0.7462$;

$R = 0.3287$;

$x = 100$;

$$EQ = -C_f + C_0 + (C_s - C_0)\left[1 - \mathrm{erf}\left(\frac{X}{2 \times \sqrt{\frac{KD_0 \times t_0^{m_0}}{(1+\theta R)(1-m_0)}t^{(1-m_0)}}}\right)\right]$$

FindRoot[EQ = 0, (t, 0.001, 100000)]

{t 54.8548}

参考文献

[1] 王潘劳,刘连新,张伟勤. 青藏高原高海拔、高寒地区建筑材料使用寿命研究 [J]. 青海大学学报, 2005 (1).

[2] 王潘劳,张伟勤等. 青海察尔汗盐湖地区水泥混凝土的腐蚀破坏调查分析 [J]. 青海大学学报, 2003 (6).

[3] 余红发,刘连新,曹敬党. 东西部氯盐环境中混凝土的耐久性和服役寿命 [J]. 沈阳建筑大学学报, 2005, 21 (2).

[4] 孙伟,余红发等. 在盐湖卤水环境中混凝土的应力腐蚀行为 [J]. 哈尔滨工业大学学报, 2005 (8).

[5] 孙伟,余红发. 弯曲荷载对混凝土在盐湖环境中抗卤水冻蚀性的影响 [J]. 武汉理工大学学报, 2005, 27 (8).

[6] 慕儒,孙伟,余红发,缪昌文. 弯曲荷载、化学腐蚀和碳化作用及复合对混凝土抗冻性的影响 [J]. 硅酸盐学报, 2005, 33 (4).

[7] Youjun Xie, Mingxia Shi, Baoju Liu. The resistance of salt crystallization of cement containing ultraine fly ash mortar in sulfate solution, Advances in concrete and structures [J]. Proceedings of the international conference 《ICAC》, 2004.5, 974~981.

[8] 马昆林,谢友均,许辉. 混凝土固化氯离子影响因素的研究 [J]. 混凝土, 2004 (6): 20~22.

[9] 马昆林,谢友均等. 粉煤灰掺量对砂浆固化氯离子性能的影响 [J]. 粉煤灰, 2004 (4): 5~7.

[10] 石明霞,谢友均,刘宝举. 水泥-粉煤灰复合胶凝材料抗硫酸盐结晶侵蚀性 [J]. 建筑材料学报. 2003 (4): 350~355.

[11] 谢友均,刘伟. 青藏铁路低温早强混凝土抗压强度试验研究 [J]. 桥梁建设. 2003 (2) 27~30.

[12] 张伟勤,刘连新,戴大虎. 混凝土在卤水、淡水中的干湿循环腐蚀试验研究 [J]. 建筑技术. 2005 (8).

[13] 刘连新,解宏伟,戴大虎. 高原干冷、干热环境下混凝土渗透性的试验研究 [J]. 青海大学学报. 2005 (8).

第3章 抗盐渍土侵蚀混凝土的工程实践与试验研究

通过盐渍土对建筑物混凝土及钢筋混凝土的腐蚀情况调查、工程实践及试验研究，结合现有防腐效果，提出新的防腐处理措施，旨在解决目前青海高原地区建筑物受盐渍土强烈腐蚀的问题。

盐湖资源是青海的特色资源，盐湖产业是青海经济的四大支柱之一。随着西部大开发战略的实施，青海省高盐卤、盐渍土地区的国家重点建设项目越来越多，建设规模也随之扩大。建筑材料，尤其是水泥混凝土的需求量倍增，青藏铁路桥梁、盐湖资源开发中的厂房、住宅楼均建在侵蚀严重的地区，卤水、盐碱、盐渍土对建筑材料的侵蚀，直接影响着建筑物的使用寿命及安全运行。

3.1 建筑物腐蚀现状及目前采取的防腐措施

3.1.1 盐湖地区

经对盐湖地区具有代表性的区域中的典型建筑物进行调查，发现一般未设防护隔离措施的砖墙，使用1~2年后，在建筑标高±0.00以上20~50cm范围内均遭严重破坏，墙体中的混凝土石子外露，轻敲即溃，墙体抹面砂浆剥落；钢筋混凝土柱、梁（钾镁厂硫酸钾生产车间）保护层破坏，有些地方钢筋几乎外露，甚至被锈蚀；有些"旱桥"、"旱涵洞"的基础及桥墩出现不同程度的腐蚀破坏；青藏公路沿线的水泥电线杆，甚至连花岗石里程碑亦遭到侵蚀破坏；青藏公路路面的侵蚀、干裂十分严重（寿命最短的只有两年时间）；木材基本不被腐蚀，仅发生材质变脆。典型腐蚀如图3-1~图3-8所示。

3.1.2 西宁地区

（1）小桥大街26号景瑞花园小区地下水及基础土腐蚀概况

①地下水腐蚀性：地下水水位在-4.2~-4.9m，采取地下水进行水简分析，pH=8.5，属弱碱性，地下水中 SO_4^{2-} = 494.2~894.3mg/L，地下水对混凝土具中等腐蚀性；当 $0.25\ SO_4^{2-} + Cl^-$ = 302.6~548.9mg/L，场地为干湿交替时，地下水对钢筋混凝土中钢筋具有弱—中等腐蚀；当pH=8.5，$SO_4^{2-} + Cl^-$ = 673.3~1080.5mg/L 时，对钢结构具有中等腐蚀。地下水对混凝土结构防护措施采取二级防护，水泥采用普通硅酸盐水泥，水灰比为0.5，最少水泥用量为360~380kg/m³，C_3A<8%，防护层厚度为30mm。

图 3-1 茶卡盐场（运盐道路旁的钢筋混凝土墙）

图 3-2 民和镁厂氯化车间（顶棚钢筋混凝土盖板）

图 3-3 格尔木钾镁厂生产办公室砖墙的侵蚀情况

图 3-4 格尔木钾镁厂生产车间上料机座（钢筋混凝土）

图 3-5 茶卡盐场（生产车间旁的砖）

图 3-6 格尔木钾镁厂生产线露天涂有防腐材料混凝土机座

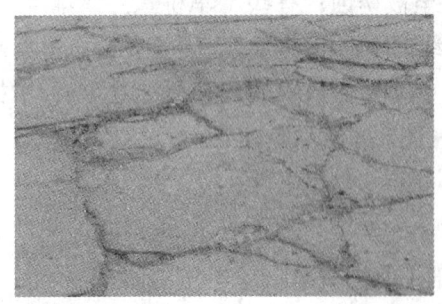

图 3-7 盐沼地段路面损坏情况

图 3-8 钾肥集团生产车间屋顶（钢筋混凝土）

②土的腐蚀性：场地土经室内易溶盐含量分析，含盐总量为 0.31%～0.41%，属非盐渍土。据《岩土工程勘察规范》（GB 50021—2001）判定：场地环境类别属Ⅱ类，土中 SO_4^{2-} = 8.24～1647mg/kg，对混凝土结构具有弱腐蚀；土中 $0.25SO_4^{2-} + Cl^-$ = 876.75～1456.5mg/kg，对钢筋混凝土结构中钢筋具有中等腐蚀；土的 pH = 7.8，对钢筋不具腐蚀性。

③防护措施：土对混凝土结构的腐蚀应采取一级防护措施，水泥采用普通硅酸盐水泥、

矿渣硅酸盐水泥，水灰比为 0.65，最少水泥用量为 330~350kg/m³，$C_3A<8\%$，混凝土强度等级为 C30。

（2）西宁市南山路粮贸公司院内工程腐蚀概况

①二级自重湿陷性黄土地基土的腐蚀性评述：据易溶盐分析试样结果查明：易溶盐 pH=7.3~8.05，场地土为非盐渍土。易溶盐含量区间值为 0.13%~0.14%，SO_4^{2-} 含量为 330.00~3000.00mg/kg，Cl^- 含量（Cl^-+1/4SO_4^{2-}）为 222.5~930.0mg/kg。据《岩土工程勘察规范》（GB 50021—2001）判定，在Ⅱ类环境条件下（无干湿交替），土对混凝土结构具中等腐蚀性，在干湿度为湿与潮条件下对混凝土结构中的钢筋具中等腐蚀性。

②防护措施：地面以下土对混凝土结构应采取二级防护，采用普通硅酸盐水泥等，水灰比为 0.55，最少水泥用量为 350~370kg/m³，$C_3A<8\%$，防护层厚度 30mm，混凝土强度等级为 C25。

（3）青海省民委职工住宅楼及西川监狱地质详察土的腐蚀性评价及防护措施

拟建场地环境类别为Ⅱ、Ⅲ类，西宁地区属高寒、干旱气候区，土层特征属干湿交替，处于冰冻区段，根据民委 1 号、4 号、11 号、16 号，西川监狱 1 号、6 号、7 号探井在 1.50~6.50m 取样的"易溶盐检测实验报告"（分别见表 3-1、表 3-2），经判定：

表 3-1 青海省民委职工住宅楼易溶盐实验报告　　工程编号：YK2002—163

试样编号			1 号		4 号		11 号		16 号
取土深度（m）			4.5	5.5	4.5	5.5	1.5	2.5	2.5
pH 值			7.85	7.90	7.85	7.80	8.25	8.18	7.80
含量	HCO_3^-	mg/kg	240.00	280.00	280.00	240.00	240.00	240.00	240.00
		质量分数(%)	0.024	0.028	0.028	0.024	0.024	0.024	0.024
	Cl^-	mg/kg	57.00	220.00	49.00	16.00	90.00	66.00	110.00
		质量分数(%)	0.0057	0.022	0.0049	0.0016	0.0090	0.0066	0.011
	SO_4^{2-}	mg/kg	4300.00	2900.00	3200.00	2600.00	4500.00	3700.00	3100.00
		质量分数(%)	0.43	0.29	0.32	0.26	0.45	0.37	0.31
	Ca^{2+}	mg/kg	2700.00	1300.00	1600.00	2000.00	1500.00	1400.00	1400.00
		质量分数(%)	0.27	0.13	0.16	0.20	0.15	0.14	0.14
	Mg^{2+}	mg/kg	420.00	420.00	440.00	480.00	470.00	410.00	230.00
		质量分数(%)	0.042	0.042	0.044	0.048	0.047	0.014	0.023
	K^+	mg/kg	27.00	30.00	29.00	40.00	22.00	26.00	24.00
		质量分数(%)	0.0027	0.0030	0.0029	0.0040	0.0022	0.0026	0.0024
	Na^+	mg/kg	150.00	140.00	160.00	170.00	200.00	330.00	190.00
		质量分数(%)	0.015	0.014	0.016	0.017	0.020	0.033	0.019
	含盐总量	mg/kg	7894.00	5290.00	5758.00	5546.00	7022.00	6172.00	5294.00
		质量分数(%)	0.79	0.53	0.58	0.55	0.70	0.62	0.53
按含盐量分类			中盐渍土	中盐渍土	中盐渍土	中盐渍土	中盐渍土	中盐渍土	中盐渍土
按含盐性质分类			硫酸盐渍土	硫酸盐渍土	硫酸盐渍土	硫酸盐渍土	硫酸盐渍土	硫酸盐渍土	硫酸盐渍土

表 3-2 西川监狱易溶盐实验报告　　工程编号：YK2003—003

试样编号			1号		6号		7号	
取土深度（m）			1.5	4.5	1.5	6.5	1.5	6.5
pH 值			7.38	7.48	7.58	7.55	7.75	7.75
含量	HCO_3^-	mg/kg	280.00	270.00	250.00	220.00	280.00	280.00
		质量分数(%)	0.028	0.027	0.025	0.022	0.028	0.028
	Cl^-	mg/kg	290.00	170.00	110.00	170.00	130.00	64.00
		质量分数(%)	0.029	0.017	0.011	0.017	0.013	0.0064
	SO_4^{2-}	mg/kg	2600.00	1500.00	4400.00	3000.00	5400.00	2200.00
		质量分数(%)	0.26	0.15	0.44	0.30	0.54	0.22
	Ca^{2+}	mg/kg	810.00	520.00	2700.00	1400.00	2500.00	650.00
		质量分数(%)	0.081	0.052	0.27	0.14	0.25	0.065
	Mg^{2+}	mg/kg	280.00	240.00	250.00	540.00	420.00	130.00
		质量分数(%)	0.028	0.024	0.025	0.054	0.042	0.013
	K^+	mg/kg	21.00	27.00	140.00	34.00	13.00	110.00
		质量分数(%)	0.0021	0.0027	0.014	0.0034	0.0013	0.011
	Na^+	mg/kg	240.00	260.00	310.00	330.00	130.00	150.00
		质量分数(%)	0.024	0.026	0.013	0.033	0.013	0.015
	含盐总量	mg/kg	4747.05	3136.35	8568.00	5978.70	8873.00	3584.00
		质量分数(%)	0.47	0.31	0.86	0.60	0.89	0.36
按含盐量分类			中盐渍土	中盐渍土	中盐渍土	中盐渍土	中盐渍土	中盐渍土
按含盐性质分类			硫酸盐渍土	硫酸盐渍土	硫酸盐渍土	硫酸盐渍土	硫酸盐渍土	硫酸盐渍土

①腐蚀性评价：盐渍土对混凝土结构：$SO_4^{2-} = 470 \sim 7000 mg/kg$，属无—中等腐蚀性；盐渍土对钢筋混凝土结构中的钢筋：$Cl^- + 0.25 SO_4^{2-} = 263.5 \sim 1465 mg/kg$，属无—中等腐蚀性；盐渍土对钢结构：$pH = 7.38 \sim 7.82$，属无腐蚀性。

②防护措施：民委工程建议对混凝土结构宜采用三级防护措施，选用抗硫酸盐水泥，水灰比 0.45，最少水泥用量 $370 \sim 400 kg/m^3$，$C_3A < 3\%$，防护层厚度不小于 40mm，混凝土强度等级为 C30。西川监狱工程按盐渍土对混凝土结构宜按中等腐蚀性考虑，盐渍土对钢筋混凝土结构中的钢筋按中等腐蚀性考虑，盐渍土对建筑材料腐蚀的具体防护，均要求符合《工业建筑防腐蚀设计规范》（GB 50046—95）的规定，其防腐措施效果明显。

(4) 青海星火化工有限责任公司（原青海铬盐厂）

青海铬盐厂于 1995 年开始建设，到 1999 年由于大部分厂房和车间的基础、梁、柱、墙体以及地坪的混凝土被严重腐蚀，迫使工程停建，无法正常投入生产，经济损失惨重。导致混凝土严重腐蚀的原因如下：厂址原为沼泽，约 50 亩，地下水位高，离地面的距离小于 1.3m；地下水中硫酸盐类含量很高，Na_2SO_4 和 $CaSO_4$ 的含量达到 476mg/L；由于地下水位高，冻胀问题十分突出，厂址处冻土层深度超过 1.4m，而地下水位高于 1.3m，因此基础和地坪很容易冻胀破坏；混凝土结构未采取防腐保护措施；在混凝土配合比设计时，未采用抗硫酸盐水泥，而只采用普通水泥。

①针对上述情况，采取以下措施进行处理：

厂房梁柱部分：清除腐蚀面，外包普通碳素钢板，内部浇灌 C30 混凝土。

基础部分：采用大通高抗硫水泥配制混凝土，以抵抗硫酸盐类对混凝土的腐蚀，实践证明效果非常好。

砖混结构：采用 M10 砂浆重新抹面。

地坪：采取排水降低地下水位的措施，解决冻胀问题。

②在此地区考虑防腐问题时应注意以下几点：

a. 承台和桩基腐蚀较轻，这是由于它们都属于预制构件，也就是说硬化以后的混凝土腐蚀比较弱。

b. 地下水中硫酸盐类（Na_2SO_4 和 $CaSO_4$）含量的高低，对水泥的凝结硬化速度有很大影响。

c. 西宁市杨沟湾一带的地下水中都含有大量的硫酸盐类，因此，在这个地区兴建建筑物时，要特别重视基础的防腐蚀问题。

3.2 盐渍土对混凝土的侵蚀试验

3.2.1 混凝土试件的制作

（1）混凝土配合比设计

采用不同的水泥品种、掺合料及外加剂，配制不同的强度等级的普通混凝土和高性能混凝土，进行抗盐渍土侵蚀能力的对比试验（表3-3、表3-4）。

表3-3 高性能混凝土配合比设计（试验方案）　　$D_m = 10 \sim 25$ mm

强度等级	水胶比	坍落度(mm)	水泥(P·O 52.5)	粉煤灰(Ⅰ~Ⅱ级)	硅粉	矿渣	水	砂(M_x=2.6~2.7)	石子(碎石)	高效减水剂(FDN)	缓凝剂	膨胀剂	28d强度(MPa)
C50	0.36	30~40	510	—	—	—	185	640	1080	—	—	—	56.4
	0.35		434	91	—	—	185	640	1080	—	—	—	61.2
	0.36		434	48	32	—	185	640	1080	—	—	—	60.1
C60	0.32	30~40	545	—	—	—	175	630	1090	—	—	—	65.8
	0.31		463	98	—	—	175	630	1090	—	—	—	66.4
	0.32		463	52	33	—	175	630	1090	6.3	—	—	70.1
C70	0.29	30~50	564	—	—	—	165	620	1100	9.75	—	—	65
	0.28		479	102	—	—	165	620	1100	—	—	—	74.3
	0.35		505	60	—	—	195	630	1030	—	—	—	78.2
C80	0.27	30~50	491	60	35	—	155	610	1100	10.2	3.5	—	83.5
	0.35		513	43	—	—	195	685	1080	15.7	—	2.8	86.4
	0.37		451	—	—	—	165	745	1100	11.25	4.5	—	81.2
	0.25		435	87	58	—	145	670	1070	9.8	—	—	90.3
	0.32		370	108	54	—	172	610	1134	—	—	3.0	83.1

续表

强度等级	水胶比	坍落度 (mm)	混凝土材料用量（kg/m³）									28d 强度 (MPa)
			水泥 (P·O 52.5)	粉煤灰 (Ⅰ~Ⅱ级)	硅粉	矿渣	水	砂(M_x=2.6~2.7)	石子（碎石）	高效减水剂 (FDN)	缓凝剂	膨胀剂	
C90	0.24	30~50	493	64	36	—	145	600	1120	—	1.8	—	119.8
	0.27		500	—	30	—	145	700	1100	14.0			93
	0.30		315	—	36	137	145	745	1130	9.0			83
C100	0.22	30~50	496	117	—	—	135	590	1130	12.8	3.5		123.5
	0.23		496	68	37	—	135	590	1130				128.9
	0.25		513	—	43	—	140	685	1080	15.7			119

表 3-4 普通混凝土配合比设计（试验方案）

强度等级	水灰比	坍落度 (mm)	各项材料用量（kg/m³）				28d 强度 (MPa)
			水泥 (P·O 42.5)	水	砂子 (M_x=2.7~3.1)	石子（碎石） (D_m=10~20mm)	
C25	0.40	30~50	488	195	567	1150	28.6
	0.49		398	195	651	1156	27.1
	0.60		308	185	697	1188	26.4
C30	0.43	30~50	489	210	594	1102	40.1
	0.45		443	195	599	1163	35.6
	0.48		419	200	530	1234	32.8

（2）试件埋设

试件埋设在盐渍土现场和实验室同时进行。试件尺寸分别为：100mm×100mm×100mm、150mm×150mm×150mm、100mm×100mm×400mm 三种形式。

3.2.2 现场埋设

选择有代表性的典型地段，在轻盐渍土、强盐渍土、超强盐渍土三种环境中分别暴露 180d、360d、540d、720d 共四个龄期，36 块试件；距地表面的分析深度采用：0~5mm，5~10mm，10~15mm，15~20mm，20~25mm，25~30mm，30~35mm 共七个深度；分析内容：自由氯离子浓度 1 个指标。

实验室埋设：为更好地了解自然侵蚀情况，制作的试验床必须放在实验室外面的露天环境下。将盐湖原盐渍土取样运至试验床，模拟现场埋设的方法进行试验研究。埋设情况如图 3-9、图 3-10 所示。

3.2.3 初步试验结论

盐渍土在青海分布较广，盐湖地区大部分是超盐渍土，西宁和东部农业区有少量盐渍土，并且主要以中盐渍土为主。基本建设中的"盐害"防治问题具有现实意义。

图 3-9　察尔汗盐湖盐渍土现场埋设试验　　图 3-10　试验床盐渍土埋设试验

（1）高性能混凝土（C50 以上）对盐渍土侵蚀有很强的抵抗作用，而普通混凝土（C30 以下）则较弱；尤其同时掺有粉煤灰和硅粉的高性能混凝土抗侵蚀作用十分明显。

（2）抗硫酸盐水泥配制的混凝土和密实性好的混凝土具有明显的抗侵蚀作用。

（3）盐渍土含盐量及含盐种类有很大差别，其腐蚀性也有差异。氯盐主要腐蚀混凝土中的钢筋，从而引起结构破坏；硫酸盐主要是通过物理、化学作用破坏水泥水化产物，使混凝土粉化、脱落和丧失强度。这与洪乃丰的研究结果是一样的。

（4）试件埋设试验表明：盐渍土对混凝土构件的严重侵蚀部位发生在混凝土构件与盐渍土面的结合处（图 3-10）。

（5）盐渍土对建筑物的腐蚀破坏能造成重大经济损失，防护工作是至关重要的。目前对氯盐危害的认识尚有不足，而防硫酸盐的技术措施尚需进一步研究探讨。

（6）防盐渍土腐蚀应立足于基本措施，即提高混凝土密实性和施工质量，同时有针对性地选择特殊措施。

3.3　对　　策

3.3.1　采用高性能混凝土

对于地处超盐渍土、盐渍土、冻融循环环境的建筑物，受侵蚀非常严重，这在上述的内容中已经提到。为了提高建筑物的使用寿命和耐久性，建议采用高性能混凝土对策。具体做法：

①采用低强度高密实混凝土；
②采用低强度高抗渗混凝土；
③采用抗盐渍侵蚀混凝土；
④采用高耐久性混凝土；
⑤C50 以上的混凝土虽然抗盐渍土侵蚀性能较强，但成本较高，使用时应考虑经济性。

3.3.2　选择性能适应环境的原材料、采用满足环境要求的配合比及掺合料

为了提高建筑物的使用寿命和耐久性，建议在修建时，针对环境特点选择原材料。如在

制备混凝土时，可以选择适当品种的水泥（主要是性能的选择）、骨料岩性、掺合料种类等进行适当的调整，以适当的配合比配制混凝土，可以提高混凝土抵抗外界侵蚀的能力以增加混凝土结构的使用寿命和耐久性。

3.3.3 建筑物表面采用防腐涂层

在建筑物表面，尤其在与盐渍土面的结合部位喷涂防腐涂层，防腐涂层可以保护盐渍侵蚀和水等侵蚀介质侵入建筑物，防腐效果也是比较明显的。防腐涂层视环境条件选择不同的固化类型和成分，以保证涂层自身的稳定，从而起到保护混凝土的作用。

3.3.4 降低地下水位

可以在建筑物基础的周边打集水井进行排水。打集水井的形式可以视地下水的侵蚀情况而定，可以采用管井法、井点法或集水坑法等来降低地下水位，以保证建筑物不被侵蚀。

3.3.5 采用地基开挖换土

把原来带有腐蚀性成分及渗透性较大的基土，采用开挖的方法挖去，回填人工配合的土料以消除基础对建筑物的腐蚀。如采用三合土、水泥灰土、无腐蚀性土等回填。

参考文献

[1] 张伟勤，刘连新，王潘劳，黄梓平. 青海高原盐渍土对建筑物腐蚀性的研究 [J]. 建筑技术，2004（4）.

[2] LIU Lianxin. Brief introduction on the study of erosion and prevetion of concrete in salt lake and saline soil are of Chaerhan, Chaidamu [J]. 2004年在《EI》杂志上收录（收录号：02096873950）.

[3] 刘连新，张伟勤，戴大虎. 抗盐渍土侵蚀混凝土的工程实践与试验研究 [J]. 青海大学学报，2004（6）.

[4] 黄梓平，杨桂英. 察尔汗盐湖晶间卤水中氯离子含量测定方法探讨 [J]. 青海大学学报，2003（5）.

第4章 青藏高原环境高性能混凝土配合比

4.1 高性能混凝土概述

4.1.1 对高性能混凝土的认识

目前，对高性能混凝土的认识不一，国外代表观点有：（1）1990年美国国家标准与技术研究所（NIST）和混凝土协会（ACI）定义高性能混凝土为：高性能混凝土必须采用严格的施工工艺，采用优质材料配制的，便于浇捣，不离析，力学性能稳定，早期强度高，具有韧性和体积稳定性等性能。（2）1998年美国ACI又发表了一个定义为：高性能混凝土是符合特殊性能组合和均质性要求的混凝土，采用传统的原材料和一般的拌合、浇筑与养护方法，往往不能大量地生产出这种混凝土。ACI所指特性为：易于浇筑、振捣，不离析，早强，长期力学性能，抗渗性，密实性，水化温度，韧性，体积稳定性，恶劣环境下的较长寿命。（3）以冈村为代表的一部分日本学者的观点认为：高流态、免振捣、自密实的混凝土就是高性能混凝土。

在我国，对高性能混凝土的含义也有争论。国内代表观点如下：冯乃谦在其1996年出版的《高性能混凝土》著作中明确指出，高性能混凝土必须是高强的，因为一般情况下高强对耐久性有利，同时他认为高性能混凝土发展的物质基础是现在有了好的混合材料和高效减水剂，因此高性能混凝土必须掺混合材料。冯乃谦的这些观点代表了当时我国大多数混凝土学者对高性能混凝土的认识。吴中伟高度重视耐久性，并早在1986年就提出高强未必一定高耐久，低强也不一定就不耐久的观点。以上各观点对青藏高原高性能混凝土研究与开发奠定了理论基础。

4.1.2 青藏高原高性能混凝土应具有的基本特性

高性能混凝土不是一个混凝土的品种而是强调混凝土的"性能"，或者质量、状态、水平，或者说是一种质量目标。对不同的工程，高性能混凝土有不同的强调重点。青藏高原高性能混凝土要求整个工程全部环节协调配合，共同得到的耐久的可持续发展的混凝土，这不是只有配合比就能生产的，而是由包括原材料控制、拌合物生产制备与整个施工过程来实现的。由于要求混凝土结构具有抵抗严酷环境的耐久性，混凝土首先必须是体积稳定的，最大限度地节省能源、资源，保护环境，并且，耐久性本身也包含可持续发展的意义——减少修补和拆除的建筑垃圾和重建的能源资源消耗。为满足青藏高原自然环境条件下，确保混凝土结构的长期耐久性，减少混凝土的水化温升对冻土的扰动，混凝土除了应具有一般意义的物理力学性能外，还必须具有良好的耐低温、负温和早强性能以及优越的抗冻融破坏能力；在腐蚀环境中，要特别考虑抗腐蚀性能，用以提高混凝土的耐久性，延长工程使用寿命。

4.2 高性能混凝土拌合物配合比设计

4.2.1 高性能混凝土配合比设计

4.2.1.1 高性能混凝土（High-perfermance concrete，简称 HPC）概述

随着社会的发展、科学技术的进步，被认为耐久性最好的传统建筑材料——混凝土材料的内涵也发生着日新月异的变化，尤其是其性能，即为适应现代化施工需要的拌合物的性能，在严酷环境条件下的耐久性以及它的各种物理力学性能，都达到了一个新水平。高性能混凝土以耐久性作为设计的主要指标，针对不同用途要求，保证混凝土的适用性和强度并达到高耐久性、高工作性、高体积稳定性和经济性。因此，高性能混凝土在配制上的特点是低水胶比，选用优质原材料，并除水泥、水、骨料外，必须掺加足够数量的磨细矿物掺合料和高性能外加剂。在青藏高原严酷环境中使用的高性能混凝土应该高度重视满足"六抗"条件，尤其对高性能混凝土的综合技术应进行深入的研究和实践，并在工程中推广应用。

4.2.1.2 高性能混凝土配合比设计方法

由于高性能混凝土的强度高，水灰比低，影响因素诸多，因此，通常作为混凝土配合比设计基础的鲍洛米（Bolomey）公式已不再适用。但是，迄今为止，世界上尚无适合高性能混凝土配合比设计的统一方法，各国的研究人员也都是在各自的试验基础上，粗略地计算具体的配合比，然后通过试配，确定最终配合比。

4.2.2 高性能混凝土配合比设计的基本要求

高性能混凝土配合比设计的任务，就是要根据原材料的技术性能、工程要求及施工条件，合理地选择原材料，确定能满足工程要求和技术经济指标的各项组成材料的用量。高性能混凝土配合比设计的基本要求如下：

（1）高耐久性。针对盐湖和盐渍土地区，高性能混凝土配合比设计与普通混凝土不同，首先要保证耐久性要求。因此，须考虑的主要因素有抗渗性、抗冻性、抗化学侵蚀性、抗碳化性、体积稳定性及碱－骨料反应等。

（2）强度。根据设计要求，配制出符合一定强度等级要求的混凝土。

（3）高工作性。一般新拌混凝土的施工性用工作性评价，亦即混凝土在运输、浇筑以及成型中不分离、易于操作的程度，这是新拌混凝土的一项综合性能。

（4）经济性。混凝土配合比的经济性，是配合比设计时需要着重考虑的一个问题。在高性能混凝土中不能单独考虑经济问题，应在满足性能要求的前提下考虑经济问题。

4.2.3 高性能混凝土配合比设计参数

4.2.3.1 水胶比定则

普通混凝土的强度是由水灰比定则来确定的。水灰比定则可由《普通混凝土配合比设计规程》（JGJ 55—2000，J 64—2000）中的公式表示：

$$\frac{W}{C} = \frac{\alpha_a \cdot f_{ce}}{f_{cu,0} + \alpha_a \cdot \alpha_b \cdot f_{ce}} \tag{4-1}$$

式中 W/C——水灰比；

α_a、α_b——回归系数；

f_{ce}——水泥实际强度；

$f_{cu,0}$——混凝土配制强度。

在高性能混凝土中水灰比应称之为水胶比，"胶"应是水泥和超细掺合料重量的总和。与普通混凝土不同的是当水胶比低于 0.4 和超细掺合料的"微粒效应"共同作用下，水胶比与强度不再是一条直线，而是一条曲线，水胶比越小，曲线越陡，其斜率越大。

4.2.3.2 绝对体积法则

绝对体积法则是以粗骨料为骨架，其空隙由细骨料来填充；而细骨料的空隙由水泥浆体和微气泡来填充，配合比设计就是按这一法则来确定混凝土各组分的数量。绝对体积可用《普通混凝土配合比设计规程》中的公式来表示：

$$\frac{m_{c0}}{\rho_c} + \frac{m_{g0}}{\rho_g} + \frac{m_{s0}}{\rho_s} + \frac{m_{w0}}{\rho_w} + 0.01\alpha = 1 \tag{4-2}$$

式中 m_{c0}、m_{g0}、m_{s0}、m_{w0}——分别表示每立方米的水泥、粗骨料、细骨料、水的用量，kg；

ρ_c、ρ_g、ρ_s、ρ_w——分别表示每立方米的水泥、粗骨料、细骨料、水的视密度，g/cm^3；

α——表示混凝土的含气量百分数，%。

在高性能混凝土中，为满足各种特定性能的要求，水泥、粗骨料、细骨料及含气量的体积比也有特定的要求。如既要满足耐久性、强度、弹性模量、收缩等要求，也要满足施工的要求，与普通混凝土配合比设计相比要复杂多了。

4.2.3.3 最小用水量法则

最小用水量法则不但适用于普通混凝土，同样也适用于高性能混凝土。即要使混凝土拌合物流动性在满足施工要求的前提下，用水量尽量小，以求得到最高的强度、密实度和最好的耐久性。

4.2.3.4 最小水泥用量法则

对于高性能混凝土，最小水泥用量法则尤其重要，这是保证混凝土体积稳定性的一条重要技术措施。减少水泥用量不但可以减少水泥水化热，减少混凝土收缩，而且还能减少能源的消耗，使高性能混凝土成为可持续发展的绿色环保建材。

4.2.3.5 确定高性能混凝土配合比的简易方法

高性能混凝土配合比的简易确定方法是在原有配合比的基础上，进一步加以优化，对优化后的配比加以检验，最后确认是否为高性能混凝土。在普通混凝土配合比中存在的问题是混凝土原材料的质量、外加剂和水泥的适应性、超细掺合料掺量对混凝土性能的影响以及合理的混凝土配比。当然即使混凝土配合比优化了，搅拌、质量管理和质量控制上不去，还是得不到高性能混凝土，所以混凝土配合比只是第一步。

4.2.3.6 原材料的优化选择

对外加剂、水泥、掺合料、砂、石等原材料进行选择和优化时，其目标是如何改变原有混凝土的性能缺陷，有针对性地选择优化。水泥应选择质量稳定、含碱量低、C_3A 含量少、强度富余系数大的 52.5 级硅酸盐水泥或普通硅酸盐水泥，即使是配制强度等级低的 C20 混凝土也应如此。

4.2.4 适用于高原环境高性能混凝土配合比设计

4.2.4.1 设计思路

从目前的国内外各种设计方法可以看出，高性能混凝土配比设计是一个复杂的过程，没有统一的条条框框。选择合适的原材料，优化配比参数，或是根据合理的性能－配比参数关系模型，有目的地进行少量的试配，然后由试配结果使关系模型中的参数具体化，便是高性能混凝土配合比设计的合理途径。

混凝土是由各种形状和大小的骨料颗粒和水泥浆凝结硬化而成的水泥石所组成的，可以把它看作是水泥石与粗细骨料组成的复合材料。因此，混凝土的强度、耐久性主要取决于水泥石的强度及耐久性、骨料的强度以及水泥石与骨料之间的黏结强度与耐久性。选择合适的原材料、优化配比参数以提高这三者强度、耐久性和混凝土的工作性是高性能混凝土配合比设计的关键。

4.2.4.2 正确选择原材料

从混凝土技术进展过程看，混凝土材料体系组成正在由四元体系（水泥、水、砂、石）向多元体系发展（水泥、水、砂、石、矿物外加剂、化学外加剂等），高性能混凝土必须同时具有好的施工性能、满足结构设计的物理力学性能和优异的耐久性。因而其混凝土组成体系的多元化是必然的，这种多元化研究体系使得正确选择原材料尤其重要。

4.2.4.3 胶结材料的选择

(1) 水泥

除水泥的等级外，水泥矿物组成和细度都对高性能混凝土的性能有影响。一般说来，配制高性能混凝土用的水泥，C_3A 含量（质量分数）应低（一般不应超过 8%），而水泥中游离的氧化钙、氧化镁和三氧化硫等有害成分应尽可能的少。高细度水泥早期强度增长很快，但后期强度很少增加，而且水化热大，所以细度应合适。高性能混凝土为确保其高流动性、高强度、高耐久性，水泥必须与所用高效减水剂相容性好，使混凝土拌合物在满足工作性条件下用水量尽可能的低，坍落度损失小。试验时采用了青海水泥股份有限股份公司生产的 52.5MPa 硅酸盐水泥、42.5 级普通硅酸盐水泥和 42.5 级抗硫酸盐水泥。

(2) 掺合料

高性能混凝土是以综合耐久性为主要设计指标的，普通硅酸盐水泥混凝土很难满足 HPC 综合性能要求，因为硅酸盐水泥的混凝土早期水化热较大，混凝土坍落度损失大，界面区的 CH 取向及其抗侵蚀性能差等弊端是硅酸盐水泥混凝土自身难以克服的问题。而粉煤灰等掺合料对混凝土工作性、力学性能及混凝土内部组成、结构的改善，大大提高了混凝土的耐久性，克服了硅酸盐水泥混凝土存在的许多潜在的及现实的问题，因而这类能显著改善混凝土耐久性和工作性的活性矿物掺合料是配制高性能混凝土必不可少的组分，高性能混凝土只是在绝对必要时才单独使用硅酸盐水泥而不加任何掺合料。通常在普通混凝土中掺加活性矿物掺合料时，会影响混凝土的强度发展，且影响程度随掺量的增加而加大。配制高性能混凝土时，宜采用优质掺合料。如对于粉煤灰，一般希望采用粒径为 $10\mu m$ 的分级灰，其比表面积约为 $7850cm^2/g$。按 GB 1589—88 规定的一级粉煤灰也可。应特别指出，优质粉煤灰和矿渣的需水量比小于 100%，具有明显的减水增强作用；而硅粉虽增强效果更好一些，但其需水量比大于 100%，高达 135% 左右，随着硅粉的掺入，则高效减水剂的用量也应相应增加才能保证用水量不发生变化。在配合比设计时采用了青海民和镁厂、青海山川铁合金集团生产的加密硅粉和未加密的微硅粉；同时掺加了青海桥头电厂生产的Ⅰ级粉煤灰。

（3）骨料

对骨料的要求与普通混凝土相比，高性能混凝土强度高，用水较少（水胶比一般小于0.35），骨料的性能对混凝土的强度、工作性等将起到极其重要的作用。粗骨料的强度、骨料-水泥浆界面黏结强度对高强混凝土的强度影响很大。粗骨料强度一般宜为混凝土强度的1.5~2倍，或压碎指标宜低于10%。一般宜选密实坚硬的石灰岩或深成火成岩，在各种类型的碎石中，通常以石灰岩为最佳，这可能是石灰岩的矿物成分能与水泥浆有较好的结合所致。骨料的表观密度、吸水率对高性能混凝土影响很大。配制高强混凝土的粗、细骨料的表观密度应在2.65g/cm³以上，粗骨料的吸水率应在1.0%左右，细骨料的饱和吸水率应低于2.5%。对于普通混凝土，适当加大粗骨料的最大粒径可在同一坍落度下稍许减少水的用量，对混凝土的工作性和强度有利。但对高性能混凝土来说，加大骨料尺寸可使混凝土性能下降。因此，高性能混凝土应使用最大粒径小的粗骨料。我国高强混凝土委员会制定的《高强混凝土结构设计和施工指南》规定，C60~C80的混凝土所用石子最大粒径≥25mm，表4-1为选择粗骨料最大粒径提供参考。试验所采用的西宁北川河砂石料基本能满足上述要求。

表4-1 高性能混凝土粗骨料的最大粒径（D_m） mm

强度等级	C50~C60	C70~C80	C90~C100	C100以上
粗骨料的最大粒径	≥30	≥20	≥15	≥10

（4）外加剂

配制高性能混凝土的关键之一是选择与水泥相容性好的外加剂。外加剂与水泥的适应性较好时表现为：新拌混凝土工作性能得到明显的改善，根据需要能有效控制混凝土凝结时间，坍落度损失小，混凝土密实性好，各龄期强度有较大的提高，混凝土耐久性指标有较大提高。普通减水剂在正常掺量下减水率约8%~10%，用量过大则又会导致过度缓凝或离析等现象。经大量反复试验，发现用同为萘系高效减水剂的不同厂家产品按比例复配后（命名为SN）用于混凝土，可收到既具有高减水率又不离析的效果。这是因为不同萘系高效减水剂的产品，原材料来源不同，使其分子结构中有杂环存在，还由于磺化程度或中和剂的差别，影响了产品组分、分子结构和杂质存在的方式。将两种萘系高效减水剂按比例配合使用，会使掺合后的产品各组分间的作用相互调节，发挥其各自的优势，这也就是吴中伟称之为"超叠加效应"（Super Synergistic Effect）的一种表现。除选用坍落度损失小的新型高效减水剂（如载体流化剂）外，实践中还可通过采用多种复合外加剂（如高效减水剂与普通减水剂或缓凝减水剂等复合使用），掺入部分活性掺合料，改变外加剂的掺入时间（如采用后掺法），适当增加外加剂的掺量、增加混凝土中外加剂残留率等途径来改善外加剂与水泥的相容性问题。高性能混凝土是与高效减水剂大剂量相联系的。高效减水剂的掺量（占胶凝材料质量百分比）一般为1%~2%。由于高性能混凝土一般为低水灰比和低用水量，在某种情况下，混凝土坍落度的加大是以增加高效减水剂的掺量来实现。经过上述试验、分析，针对盐湖和盐渍土地区腐蚀性强的特点，采用自己研制的抗盐渍系列外加剂。

4.2.5 确定合理配合比参数

4.2.5.1 水胶比

水泥要达到完全水化所需的用水量约为水泥用量的25%，此外由于物理吸附作用还要有约15%的水被限制在胶体空隙中而不能参与化学作用,所以至少要有0.40倍水泥重量的水才能达到完全的水化作用。但实践表明,当水灰比降到0.40以下时,随水胶比的降低强度却能继续提高。其原因是,尽管水泥水化不完全,但较低的水灰比能够降低混凝土的孔隙率并减小了孔隙尺寸,而未水化的水泥颗粒则作为一种坚硬的细微骨料发挥其作用。在比较低的水灰比(0.4)范围内,水灰比的稍许变化可使强度有较大的变化,所以严格控制水灰比是保证高性能混凝土质量的一个关键。表4-2为高性能混凝土的水胶比确定提供参考。

表4-2 水胶比的选择

混凝土强度等级	C50	C60	C70	C80	C90	C100
水胶比	0.37~0.33	0.34~0.30	0.31~0.27	0.28~0.24	0.25~0.21	0.23~0.19

4.2.5.2 单位用水量

在混凝土的配比设计中,确定单位用水量是必须的。对普通混凝土,这一问题较为简单,可通过坍落度、骨料最大粒径及粗骨料类型进行确定。而高性能混凝土由于掺入高效减水剂,坍落度的大小在很大程度上可通过高效减水剂的性质和掺量来控制,此外,用于配制高性能混凝土的骨料其最大粒径波动范围很小(一般为25mm),对用水量的影响并不大,同时矿物掺合料的加入也将影响坍落度一定时的用水量。因此,不能用确定普通混凝土用水量的方法来确定高性能混凝土的单位用水量。通过考察国内外现有的一些高性能混凝土施工实例,发现用水量与强度通常成反比,故可根据这一关系与强度等级估算初次试配的用水量(表4-3)。

表4-3 混凝土单位用水量的确定

混凝土强度等级	C50	C60	C70	C80	C90	C100
单位用水量 (kg/m³)	185	175	165	155	145	135

4.2.5.3 砂率

高性能混凝土中的粗骨料用量应该比中低强度等级混凝土中多一些,当水泥用量较大时,粗骨料用量可增多。大量试验表明,高性能混凝土中砂率约为0.33时的混凝土强度在多数情况下要比砂率为0.4和0.5时高些。更低的砂率还可能使强度增长,但是这将损害工作性,尤其是对泵送不利。目前,可根据混凝土中总胶结材料用量,粗细骨料的颗粒级配及泵送要求等因素确定砂率,见表4-4。

表4-4 砂率的选用

砂子类型		胶结料用量 (kg/m³)				
		<360	360~420	420~480	480~540	>540
细砂	细度模数:1.6~2.2	0.38	0.36	0.34	0.32	0.30
中砂	细度模数:2.3~3.0	0.40	0.38	0.36	0.34	0.32
粗砂	细度模数:3.1~3.7	0.42	0.40	0.38	0.36	0.34

4.3 高性能混凝土水化热研究

高性能混凝土是一种多组分复合材料,各组分性能的叠加效应表现得十分明显。试验通过配制C65混凝土,分析了所用各项材料对水化热的影响因素与机理,结果如下:低水胶比明显降低混凝土的总水化热。水泥用量不再是影响混凝土温升的单一因素，它与水胶比、掺合料、外加剂等有密切关系，但它仍然是主要因素，这是由于 HPC 的水泥用量还是偏大，因此，为降低温升，应当尽量减少水泥用量，以矿物掺料取代之。如果单纯掺加硅粉，对混凝土的水化速度及温升控制效果不明显，在前 3d 反而起加快作用，但最终使混凝土的总水化热有所降低。硅粉对抑制早期水化加速的效果，是掺加的高效减水剂与硅粉共同作用的结果。粉煤灰掺量越大，混凝土早期的水化热和温升就越小，掺量超过 25%（以水泥质量计）时，效果趋于明显。高效减水剂不影响混凝土的总水化热，但可以明显改变混凝土的早期放热速度，尤其与硅粉共同作用，能够抑制混凝土总水化热增加过大，当掺量 >1% 时，效果十分明显。

青海属于高寒地区，一般海拔在 2500~4500m，年平均温度在 -5℃~8℃，日温差可达 30℃ 以上。高原环境的严酷，使工程技术人员和研究人员对建筑物的使用寿命，尤其对混凝土工程的耐久性要求倍加关注。随着西部大开发战略的实施，省内各种建筑物（如：桥梁、道路、机场、大跨度厂房、高层建筑、大型水利工程等）将会越来越多，其中，混凝土工程占有相当大的比例。高性能混凝土由于具有高耐久性、高工作性和高强度等特性，用它来代替传统的混凝土结构物和建造在严酷环境中的特殊结构，具有显著的经济效益。目前，国内许多专家学者对 HPC 的研究已经很广、很深，但对高寒地区 HPC 的应用研究还远远不够。本书对掺有硅粉、粉煤灰和高效减水剂的混凝土的水化热进行实验研究，以期对 HPC 的强度和耐久性研究作一些探讨。

由于水泥水化热是放热反应，硬化混凝土构件中存在温度梯度。该梯度产生热应力，加之受高寒地区外界温度变化的影响，于是可能造成热开裂。通常认为热裂缝是影响大体积混凝土构件的主要问题。除大体积构件外，高强混凝土（High-sfbength concrete，简写 HSC）构件也容易出现早期热裂缝。即使在体积不很大的情况下，HSC 构件中也可能产生很大的温度梯度。其中主要原因可能是大量使用超早强高等级硅酸盐水泥，于是在硬化期间放热速度很快，尽管大体积 HSC 构件的早期强度很高，它也可能产生严重的温度裂缝。与普通混凝土比较，HPC 中通常水胶比很低，高效减水剂（超塑化剂）用量大，并且使用硅粉、粉煤灰等。由于它们都不同程度地影响水泥水化，因此 HPC 的水化热和强度发展与普通混凝土有所不同。不同点在于：对于普通混凝土而言，当水灰比（W/C）相同时，其绝热温升随水泥用量的增加而提高；对 HPC 而言，水泥用量不再是单一的影响因素，而与外加剂、掺合料等有密切关系。因此研究 HPC 的水化热问题，对防止混凝土构件早期出现热裂缝、导致混凝土质量存在隐患是很有必要的。

4.3.1 试验用原材料

水泥：甘肃永登水泥厂 52.5 级普通硅酸盐水泥。实测 $\rho_0 = 3.15$，比表面积为 3360cm²/g。

硅粉：青海民和镁厂生产的微硅粉，其主要技术指标见表 4-5。

表 4-5 硅粉主要技术指标

SiO₂ (%)	烧失量 (%)	强度比 (%)		含水量 (%)	火山灰活性 (%)	平均粒径 (μm)	堆积密度 (kg/m³)	密度 (g/cm³)	比表面积 (m²/kg)
		抗压	抗折						
94.82	3.98	112	106	0.66	115.5	0.1~0.2	280	2.2	500

粉煤灰：青海大通桥头电厂Ⅰ级粉煤灰。主要技术指标见表4-6。

表 4-6 粉煤灰主要技术指标

SiO_2 (%)	Al_2O_3 (%)	SO_3 (%)	烧失量 (%)	需水量比 (%)	细度（45μm 方孔筛余）(%)	密度 (g/cm^3)	比表面积 (m^2/kg)	微珠含量 (%)
45	32	2.5	2.06	95	11.5	2.1	356	92.5

高效减水剂：武钢浩源生产的 FDN 9001 萘系减水剂，减水率为23%。

骨料：粗骨料系用石灰岩碎石，粒径 10~20mm；细骨料：河砂，$M_x = 3.1$，含泥量小于1.5%。

4.3.2 配合比设计

4.3.2.1 设计法则及参数选择的原则

在试验中，根据 HPC 的特点，遵循了"水灰比法则，混凝土密实体积法则、最小单位加水量法则，最小胶凝材料和最小水泥用量法则"四项主要设计法则。因此，在试验中考虑 HPC 配合比的主要参数有：水胶比、水胶比确定下的浆集比（反映一定水胶比下的胶凝材料总用量或用水量）、水胶比和浆集比确定下的砂石比（反映一定浆集比下的砂率或粗骨料体积）、掺合料用量和高效减水剂用量等。具体计算过程不在此赘述。

4.3.2.2 参数确定及各项材料用量

根据法国路桥实验中心推荐的高强高性能混凝土配合比确定的方法，通过计算初步确定预选参数，在预选参数的基础上，经过试配确定基本参数如下：

试验的混凝土强度等级为：C65（目前，我国研究 HSC 和 HPC 的强度值大部分在 50~120MPa 之间，在此只选定 C65，目的仅在于主要研究水化热问题）。坍落度25mm。水胶比采用了 0.30，0.32，0.35 三种。粉煤灰掺量分别为 25%，20%，15%；硅粉掺量为 10%，9%，8%；FDN 9001 高效减水剂掺量为 1.5%，1.0%，0.5%（均以水泥重量计）。最后确定的各项材料用量如表4-7。

表 4-7 C65 高性能混凝土试验配合比

编组号	水胶比	水 (kg/m^3)	水泥 (kg/m^3)	硅粉 %	硅粉 kg/m^3	粉煤灰 %	粉煤灰 kg/m^3	碎石 (kg/m^3)	砂子 (kg/m^3)	FDN 9001 %	FDN 9001 kg/m^3
A	0.30	172	425	10	42.5	25	106.2	1050	690	1.5	6.4
		172	445	9	40.0	20	89.0	1050	690	1.0	4.5
		172	465	8	37.2	15	69.8	1050	690	0.5	2.2
B	0.32	183	425	10	42.5	25	106.2	1050	690	1.5	6.4
		183	445	9	40.0	20	89.0	1050	690	1.0	4.5
		183	465	8	37.2	15	69.8	1050	690	0.5	2.2
C	0.35	200	425	10	42.5	25	106.2	1050	690	1.5	6.4
		200	445	9	40.0	20	89.0	1050	690	1.0	4.5
		200	465	8	37.2	15	69.8	1050	690	0.5	2.2

4.3.3 试验方法

根据《高强混凝土结构技术规程》（CECS 104：99）的有关规定，参照《混凝土结构工程施工质量验收规范》(GB 50204—2002)试验时,选择了合适的拌合程序,这种拌合程序及时间与中国工程学会高强混凝土委员会在《高强混凝土设计与施工指南》中建议的搅拌流程基本一致。近年来,由于高层建筑的发展,厚度超过1m的基础,断面边长超过1m的梁柱等大体积混凝土日渐增多。为更好地模拟实际,便于测试混凝土内部温度,在试验时,作了尺寸为1000mm×1000mm×1000mm的大体积立方体试件,使用这种尺寸的试件,基本符合《普通混凝土配合比设计规程》(JGJ 55—2000)中的第2.1.10条关于大体积混凝土尺寸的定义范围(这种试件在国外研究中早有使用,国外也有制成直径1000mm×1200mm的圆柱体试件进行试验),在标准养护条件下,分别测量0.5h、1h、2h、3h、6h、12h、1d、2d、3d、5d、7d、10d、14d、28d的浆体及混凝土试件中心的绝热温升,以供分析。

4.3.4 试验结果

试验表明:普通混凝土的水化热只与W/C和水泥用量有关,随着水泥掺量的增高,温升增快、增高,而高性能混凝土水化热将与水胶比、水泥用量、所掺的硅粉和粉煤灰均有密切关系,见表4-8。

表4-8 水胶比、水泥用量、掺合料、外加剂对混凝土绝热温升的影响

编组号	水胶比	水 (kg/m³)	水泥 (kg/m³)	硅粉 (kg/m³)	粉煤灰 (kg/m³)	FDN 9001 (kg/m³)	快速升温时间 (h)	温升开始稳定时间 (h)	最高温升时间 (h)	最高温升 (℃)
A	0.30	172	425	43	106	6.4	18	23	31	41.54
			445	40	89	4.5	22	24	37	45.88
			465	37	70	2.2	22	27	216	52.00
B	0.32	183	425	43	106	6.4	14	19.8	65	46.25
			445	40	89	4.5	16	21.5	71.5	50.00
			465	37	70	2.2	16	22	216	53.70
C	0.35	200	425	43	106	6.4	13.5	19.5	86	54.20
			445	40	89	4.5	15	20	120	56.50
			465	37	70	2.2	15	22	144	59.65
NSC	0.50	250	500	0	0	0	6.5	180	200	82.3
		200	400	0	0	0	7.0	170	193	75.0
		150	300	0	0	0	9.5	150	178	59.8

4.3.5 试验分析

4.3.5.1 水胶比对水化热的影响

HPC的水泥量较大(一般为450~550kg/m³),人们总认为大体积混凝土的温升直接与水泥用量成正比,而忽略了水胶比的影响。试验表明:水胶比的大小影响水泥的水化速率和水化程度,因此也影响放热速率的水化程度和影响放热速率和放热量。如图4-1所示,水胶比变化对初始温度的影响较明显,1d以后影响幅度随龄期的增长而增长,变化最大的是在6h以后。

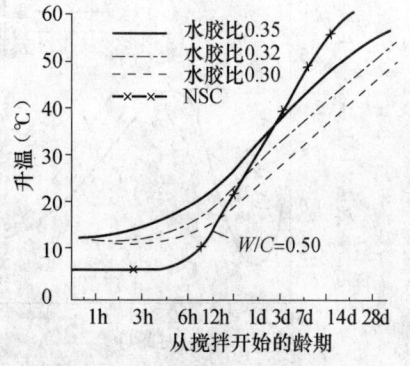

图4-1 水胶比对混凝土绝热温升的影响

4.3.5.2 水泥用量对水化热的影响

一般而言，混凝土中的水泥用量越大，总发热量越大。在绝热状态下，每100kg水泥可使混凝土升温12℃。对于普通混凝土，当水灰比相同时，其绝热温升随水泥用量的增加而提高。但对于HPC，水泥用量不再是影响温升的单一因素，由于掺加的硅粉和粉煤灰取代了部分水泥，减少了水泥用量，则温升和总水化热得到了控制。

4.3.5.3 硅粉对水化热的影响

在试验中，部分水泥由硅粉代替后，可使3d的水化速度和温度升高加快，但最终水化热有所降低，特别是水胶比低时更显著，这在表4-8中已表明。尽管硅粉混凝土的水化热量小，但在混凝土浇筑以后的0~20h之内，温升却一般较高（见图4-2），其原因是它早期放热速度快。如A组混凝土，硅粉掺量为10%时，快速温升时间为18h；当掺量为8%时，快速升温时间推迟了4个小时，为22h，在试验中还发现：硅粉对早期水化的效果总受到外加剂的影响。当不掺FDN 9001时，运用硅粉并不能控制早期水化速度，使用高效减水剂则对放热速度有明显的影响。试验表明：硅粉对早期水化加速效果的控制作用，是FDN 9001和硅粉共同作用的结果，其效果比普通混凝土要显著。

4.3.5.4 粉煤灰对水化热的影响

在相同的条件下，粉煤灰的掺量不超过20%时，对混凝土的其他性能（如强度等）影响不明显，只是混凝土的温升稍有降低。但当掺量达到和超过25%时，对混凝土的强度和温升影响则十分明显。掺用30%粉煤灰的水泥比100%的硅酸盐水泥的温升降低7℃。这是由于粉煤灰的水化或化学反应速率迟于普通硅酸盐水泥；因此其产生水化热更慢，这就意味着掺粉煤灰后混凝土早期温升小，温峰也有所降低。在这点上，粉煤灰与硅粉对早期水化热的影响是完全不同的，一般而言，粉煤灰掺量越大，混凝土的早期水化热和温升越小。

4.3.5.5 FDN 9001高效减水剂对水化热的影响

高效减水剂对早期水泥水化有两种作用，一是推迟水化开始时间；二是加速硬化后的水化。但高效减水剂不影响混凝土中水泥的总水化热，但可以明显改变早期放热速度，尤其和硅粉共同作用，能够抑制混凝土总水化热增加过大。试验显示：当掺量<1%时（以水泥重量计），FDN 9001对推迟水化作用不太明显；当掺量>1%到1.5%时，推迟效果十分明显。如图4-3所示。掺量为0.5%和1%时，水化开始时间（温升迅速提高时间）推迟了，但推迟幅度不大；当达到1.5%时，22h后才开始水化。由于高效减水剂的化学组成、水泥性质的变化，硅粉和粉煤灰的掺量不同等因素的影响，它推迟水泥水化时间的长短还不能十分准确地描述，应当结合其他因素来综合考虑。

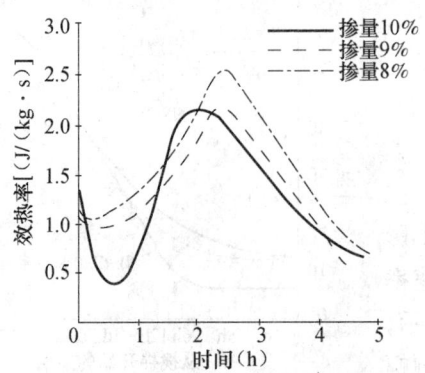

图4-2 硅粉和FDN 9001在最初数小时对水化热的影响

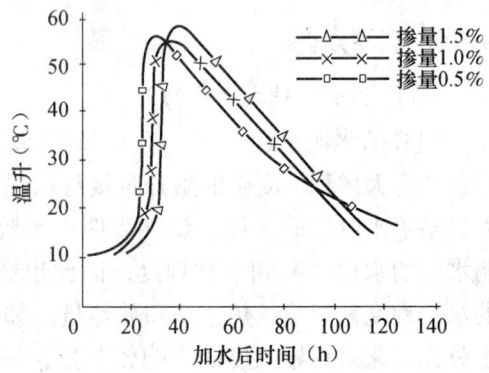

图4-3 FDN 9001对水化速度温升的影响

4.3.5.6 结论

HPC 是一种多组分复合材料,各组分性能的叠加效应表现得十分明显。对 HPC 的工作性和耐久性研究,是 HPC 可持续发展的重要课题之一,其中控制水化速度和水化热、防止混凝土产生温度裂缝将具有重要的现实意义和应用价值。本试验通过配制 C65 混凝土,对其所用材料影响水化热的因素与机理作了分析研究,结论如下:

(1) 低水胶比明显降低混凝土的总水化热。

(2) 水泥用量不再是影响混凝土温升的单一因素,它与水胶比、掺合料、外加剂等有密切关系,但它仍然是主要因素,这是由于 HPC 的水泥用量还是较大。因此,为降低温升,应当尽量减少水泥用量,以矿物细掺料取代之。

(3) 如果单纯掺加硅粉,对混凝土的水化速度及温升控制效果不明显,在前 3d 反而起加快作用,但最终使混凝土的总水化热有所降低。硅粉对抑制早期水化加速的效果,是掺加的高效减水剂与硅粉二者共同作用的结果。

(4) 粉煤灰掺量越大,混凝土早期的水化热和温升就越小,掺量超过 25% 时,效果趋于明显。

(5) 高效减水剂不影响混凝土的总水化热,但可以明显改变混凝土的早期放热速度,尤其与硅粉共同作用,能够抑制混凝土总水化热增加过大。当掺量 >1% 时,效果十分明显。

参考文献

[1] 刘连新,张伟勤,戴大虎. 青藏高原地区高性能混凝土技术研究 [A]. 高强与高性能混凝土及其应用 [C]. 北京:中国建材工业出版社,2004.4.
[2] 谢友均,刘宝举等. 矿物掺合料对高性能混凝土抗氯离子渗透性能的影响 [J]. 铁道科学与工程学报 [J]. 2004 1 (2):46~51.
[3] 刘连新,黄世敏. 高性能混凝土水化热试验研究 [J]. 建筑技术. 2003 (1).
[4] 翁智财,余红发,孙伟等. 西部地区高性能混凝土的强度影响因素研究 [J]. 青海大学学报. 2005 (6).

第5章 高原环境生态混凝土

5.1 概 述

随着人口的增加、城市化进程的加快、工业化的推进以及全球气候变化的影响，我国城市目前所面临的区域范围内不断加剧的水短缺、水资源破坏以及污染问题，将成为21世纪所面临的最紧迫的环境问题。当前，进一步提高城市水环境质量和水体生态功能，加强水景观建设，已经越来越为全社会所关注。对此，我们应以欧、美、日等发达国家的发展过程及所面临的环境问题为教训，结合青海省的省情和具体环境气候，走出一条能消除青海社会经济发展与环境保护相矛盾的新思路、新途径。其中，生态型新材料、新技术的研究和开发就显得十分重要。

混凝土作为人类使用量最大的建设材料，除了要满足现代人的需求外，更要注重降低环境负荷、改善环境，使其具有优良的环境协调性，考虑自然循环、生物保护和景观保护等生态学问题，实现人类的可持续发展。日本混凝土工学协会于1995年提出了生态混凝土(EnvironmentallyFriendly Concrete/Eco-concrete) 的概念。所谓生态混凝土，就是通过材料研选、采用特殊工艺制造出来的具有特殊的结构与表面特性的混凝土，能减少环境负荷，与生态环境相协调，并能为环保做出贡献。目前，国际上开发的生态混凝土的主要功能有护坡、路面排水、植生、净化水质、降低噪声、空气净化（如除NO_x）等。吴中伟院士于20世纪90年代提出了绿色高性能混凝土的概念，其具有良好的环境协调性能。"生态"混凝土与"绿色"混凝土概念类似，但"绿色"的重点在于对环境的"无害"，而"生态"强调的是直接"有益"于生态环境。这里，提出的考虑环境因素透水性生态混凝土，它是将单一粒度的粗骨料（例如：JIS A5001 道路用标准7、6、5号碎石）、水泥、水（少量）及混合剂（材）进行适当的调和（必要时可使用细骨料），然后进行搅拌、加固及保养之后，呈米花糖状并有大量间隙的混凝土。它的最大特点就是存在非常多的单独或连续的空隙，在保证一定强度的前提下具有良好的透水性能，由于该生态混凝土拥有了以往一般混凝土难以达到的机能，因此不仅仅在混凝土领域，而且在材料、环境等其他领域都受到了广泛的关注。另外，由于存在大量的间隙，该生态混凝土还可以实现表面的植物种植，可以实现促进自然环境、改善生态平衡的优越能力。

本研究是支援青海留日博士专家团在考察青海的基础上，拟结合青海的实际情况，利用日本JCK株式会社、镇江久久生态材料有限公司、江苏大学、青海大学以及江苏华东建设基础工程总公司的开发经验和技术，研究、制备出适用于青海地区严寒、干旱以及盐湖环境的透水性生态混凝土，利用该生态混凝土具有的过滤（主要功能是保证只让水安全渗透而土质细颗粒不流出）、生物共生、植生绿化、净化水质等良好的生态亲和性能及特征，实现恢复和保护青海地区的自然生态环境，促进该地区的人文、环境、生态的和谐、健康发展。

研究紧密结合青藏高原的特殊环境特点和青海护坡工程的实际要求，在充分调研和大量试验的基础上，找出了提高护坡工程耐久性的主要途径。从坡面的稳定性上考虑，针对不同坡面的材质，重点进行了粗、细骨料粒径配合比的设计，并添加特殊配方的生态混凝土添加剂，使之成为拥有细小直径和连续的空隙，并具有过滤功能的透水性生态混凝土；从坡面的整体景观效果上考虑，设计出运用适合于青海省特定区域的植生植被技法、草种的筛选；作为淹水区，如湖泊、河流、水库以及蓄水池等坡面上的透水性生态混凝土，其周边的各种微生物可以附着其表面和空隙内，可使水中的有机物和氨、磷等有害成分进行分解和无机化，使河道、湖泊等的水质达到间接净化效果。

在生态混凝土的研究工作和工程应用中主要解决了以下技术问题：

（1）选择影响配合比设计及品质安定的粗、细骨料、水泥、混合剂（材）。而且，要尽可能地局限于采用国内和省内的现有材料，进行室内试验，确立出适合上述透水性生态混凝土要求的标准配合设计方法。

（2）注意通过振动及辊压使水泥浆悬垂、空隙的偏倚，通过场外试验，确立出适合于上述透水性生态混凝土的施工方法。

（3）对于质量管理，主要有：①设计出合适的透水试验法。②针对不同地基材料，探讨研究过滤功能的评价方法。③研究评价形成良好植被的空隙直径、连续空隙率及绝对空隙率的方法。④强度试验参照普通混凝土进行。

（4）对于河流中的流速与强度的关系，以及流速与水质净化能力的关系，还有通过冻结融解试验确定耐久性的评价指标等，将作为长期的课题加以研究开发。

（5）确定了 20m 长的西宁市湟水河河道治理工程项目，合理选择影响配合比设计及品质安定的粗、细骨料、水泥、添加剂（材）的种类和数量；而且要尽可能地局限于国内和省内建材市场现有材料，进行室内试验和室外施工试验相结合，包括力学性能、透水性以及耐久性试验，得出适应青海地区环境、具有护坡功能和植物生长的透水性生态混凝土配方设计方法，成功配制了透水性生态混凝土并付诸工程实践。

5.2 生态混凝土的研发现状

5.2.1 国外研究情况

国外在生态混凝土方面的研究相当早。据 V. M. Malhortra 的文献中记载，1852 年在英国建造两幢房子的时候，在很难取得细骨料的情况下，开发了不含细骨料混凝土（No-fines concrete：NFC）。后来，这种混凝土在 1950 年被作为 5 层建筑的预制混凝土构件的建筑材料加以使用，得到了发展。由于这种混凝土是由普通混凝土中去除细骨料而成的，水灰比介于 0.38 至 0.52 之间比较恰当。因此，不含细骨料混凝土的强度介于 1.4MPa 至 13.7MPa 之间，比普通的混凝土低，只能当做隔断材料使用。但是，这项技术传到北欧后，在挪威及瑞典等寒冷地区使用含有很多独立空隙的轻型骨料从而降低其导热率，在建筑中可作为壁材使用。随后，这项技术因其在资源、能源方面的有效性，于 1968 年左右传到加拿大等北美地区。1973 年，由 CANMET 制定了关于不含细骨料混凝土的规范。V. M. Malhortra 将自己的研究以及过去文献上所记载的归纳起来，为世界提供了有关各种强度、静弹性系数、干燥收缩、冻结融解、透水性、热的性质及不含细骨料混凝土的最合适的文献。

在美国，关于透水性混凝土的研究始于1956年。G. W. Washa 应用了使用轻型骨料的透水性混凝土，有效地发挥了其绝热性及透水性并进行了报道。此外，Krystian H. Eyman 于1963年研讨了普通混凝土及透水性混凝土的配方法。1988年，Richard C. Meininger 提出了为了保持透水性所要求的空隙率、恰当水灰比的范围，并对人行道用混凝土及停车场用混凝土使用例子进行了报道。1995年，南伊利挪伊大学的 Nader Ghafoori 阐述了不含细骨料混凝土的概要，讨论了这种单位水泥量少的混凝土作为铺路材料的使用技巧。同年，Nader Ghafoori 对各种各样混合的不含细骨料混凝土的物理及力学性能及状态，特别是对冲击加固法进行了探讨研究，讨论了加固时的冲击能量、效果、调配以及制造时的技术等对硬化后的物理性能所产生的影响。并且，还在磨耗性状及耐冻融性方面进行了阐述，其强度特性与加固能量有依存性。在骨料：水泥为4.5:1（或以下）的情况下，加固能量若为165J/m^2，那么就获得29.7MPa 的强度。通过割裂试验可知抗拉强度与压缩强度之比与普通混凝土是相同的。由单粒级骨料构成的不含细骨料混凝土与普通的混凝土相比具有不同的优点，尤其是其具有显著的绝热性及透水性。由于单粒级粗骨料混凝土拥有这些性能，作为各种建筑的承重墙、挡土墙和透水性的材料是合适并可能的。另外，Nader Ghafoori 还研究了关于由均质的骨料和水泥浆构成的透水性混凝土的特性。

在日本，20世纪80年代初，生态混凝土只在少数的私营企业中得到了实际的应用：即小泽混凝土（株式会社）的预制品制造商（渗透·汇水 Porakon 混凝土）、佐藤道路（株式会社）与铺路相关联 Pa-miakon 方法、亚洲产业（株式会社）的现场浇筑透水性生态混凝土边坡保护方法。但是，21世纪是以人类可持续发展为目标的时代，改掉人类在20世纪中犯下的浪费化石资源及破坏自然生态等错误，把目标转向发起修复与创造地球环境的行动。作为典型代表的日本混凝土工学协会，于1995年设立了生态混凝土研究委员会，开始了正式的基础研究。2001年4月20日出版了《透水性混凝土河流护岸方法的手册》，但它只是有限领域的技术与研究。此后，在2001年度成立了名为"关于确立透水性混凝土的设计及施工方法的研究委员会"的新组织。到现在为止，对在土木及建筑两方面的领域开展的关于透水性混凝土的研究及技术开发的成果进行系统性的收集与整理。今后将以全面普及透水性混凝土为目的，开展更多的研究活动。

5.2.2 国内研究情况

混凝土作为人类使用量最大的建设材料，除了要满足现代人的需求外，更要注重降低环境负荷、改善环境，使其具有优良的环境协调性，考虑自然循环、生物保护和景观保护等生态学问题，实现人类的可持续发展。20世纪90年代吴中伟院士最早提出的绿色高性能混凝土，就具有良好的环境协调性能。"生态"混凝土与"绿色"混凝土概念类似，但"绿色"的重点在于对环境的"无害"，而"生态"强调的是直接"有益"于生态环境。

我国在这方面的研究起步较晚，但也进行过一些开创性的研究，如同济大学陈志山研究了大孔透水性混凝土的净水机理以及用其处理生活污水等。从我国最近的发展动向来看，国家渐渐重视了生态材料、技术方面的研究，启动了作为国家研究课题的"863"计划，投入了大量的资金，集中了全国15所著名大学，在8个基地进行着开发研究。如国家"863"计划"十五"重大科技专项"镇江城市水环境质量改善与生态修复技术研究与示范"（以下称镇江项目）就是其中之一。相信在国家有关部门的高度重视、关心下，今后在这方面的研究将会更加活跃。

镇江项目所提出的一种用于淹水区边坡（如滨水地带、河道、大坝、水库、蓄水池等）治理和保护，并考虑环境因素的新型混凝土，即现浇透水性生态混凝土，它是将单一粒度的粗骨料（例如：JIS A 5001 道路用标准7、6、5号碎石）、水泥、水（少量）及混合剂（材）进行适当的调整（必要时可使用细骨料），然后进行搅拌、加固及养护之后，呈米花糖状并有空隙的多孔混凝土。它的最大特点就是存在非常多的单独或连续的空隙，拥有了一般混凝土不具有的功能。因此，该混凝土不仅仅在混凝土领域，而且在环境保护，特别是创造良好的生态环境等其他领域也受到了广泛的关注。由于该生态混凝土自身的多孔性，使其具有自然净化水质、实现植物生长（植生）以及防波浪冲刷、自然排水透水（护堤）等促进自然生态环境以及营造城市景观等突出的优点。

5.2.3 生态混凝土的发展前景

生态混凝土从它的利用形态主要可分为环境负荷降低型和生物共存型两种。对于环境负荷降低型生态混凝土，它的核心技术的开发研究起源于欧洲，是以其具有的透水、排水及保水等性能用于铺路构造物（排水性、透水性以及保水性铺路），同时吸声隔声墙、断热墙、煤气吸收、调湿以及空气净化等领域的也在应用。而对于生物共存型生态混凝土，它的核心技术是由日本独自开发和研究的，主要用于护坡、绿化植生、水质净化、藻场营造并创造良好的水生物栖息环境等方面。

镇江项目提出的透水性生态混凝土侧重于后一种类型，即用于淹水区边坡的（如滨水地带、河道、大坝、水库、蓄水池等）治理和保护，并考虑环境因素（创造良好的水生动植物的生存环境）的新型生态混凝土。它的配方、相关添加剂以及施工工艺拥有独立的知识产权、相关技术也已经申请专利。在国内外，该项目组已经进行了300多个施工实例，证明该透水性生态混凝土在淹水区生态护坡方面具有良好的作用，在改善自然环境方面有其独特的效果。长期的现场跟踪调查结果表明其耐久性与国内外同等产品相比更优越，具有独特的竞争优势。

目前，我国越来越关注社会发展和生态环境保护之间的关系，努力构建一个人文、生态和谐，可持续发展的社会。因此，透水性生态混凝土在青海乃至全国的各种河湖、道路、大坝、蓄水池等生态型护坡工程以及水景观建设等方面都具有很大的应用空间和极其广泛的应用前景。

5.3 透水性生态混凝土的制备工艺

从青海当地原材料、自然条件、试验条件和工程条件等方面考虑，探讨了透水性生态混凝土的制备工艺。

5.3.1 骨料的选定

透水性生态混凝土力学性能的主要影响因素是粗骨料，与新拌混凝土工作性要求相反，混凝土强度要求粗骨料表面粗糙，从而可以增大与水泥浆体的黏结力。对有耐磨要求的坡面、路面用混凝土，水泥浆体的强度和粗骨料与浆体间的黏结力，比粗骨料的硬度更为重要。粗骨料的表面粗糙程度、弹性模量及其最大粒径都能影响粗骨料与水泥浆体的机械黏结力，从而影响混凝土的强度，因此良好的混凝土粗骨料应具备适当的粗糙度、较高的弹性模量及较小粒径。另外，骨料中掺入的有机杂质、黏土等会阻碍水化反应，削弱水泥浆的黏结力，所以要使用清洁的骨料配制生态混凝土。

粗骨料的体积存在不稳定性，骨料体积稳定性的根本问题是抗冻融循环。粗骨料对冻融循环与混凝土一样敏感。骨料的抗冻融循环的能力取决于骨料内部孔隙中水分冻结后引起体积增大时是否产生较大的内应力，内应力的大小与骨料内部孔隙的连贯性、渗透性、饱和程度及骨料的粒径有关。从骨料的抗冻融性来分析，骨料有一个临界粒径是骨料内部水分流至外表面所需要的最大距离的度量，小于临界粒径的骨料将不会出现冻融危险。大部分骨料的临界粒径都大于粗骨料本身的最大粒径，但某些固结性差并具有高吸水性的沉积岩，其临界值可能小于粗骨料本身的最大粒径（在 12~25mm 范围内）。

生态混凝土在淹水区坡面受到波浪冲击磨损时，粗骨料必然起着主要作用，因此，有耐磨性要求的混凝土工程，可采用一些坚硬、致密和耐磨性的骨料。另外，水泥浆体与骨料的黏结力也决定了混凝土的耐磨性能。

骨料的化学性质也对混凝土产生影响，最常见也最主要的是碱-骨料反应。如黄铁矿和白铁矿在骨料中是最常见的膨胀性杂质，这些杂质中的硫化物与水及空气中的氧起反应生成硫酸铁，而后，当硫酸根离子与水泥中的铝酸钙反应时，会分解生成氢氧化物。特别是在湿热条件下，会引起膨胀，使水泥浆体膨胀剥落。此外骨料中也不应含有石膏或其他硫酸盐，否则也会产生上述的后果。

生态混凝土由于需要具有较好的透水性和较大的孔隙率，其骨料级配比较特殊，特意采用级配不连续或单一级配的骨料，使堆积骨料中含有较大的空隙，实现混凝土的透水性。骨料可以采用普通碎石，也可以采用浮石、陶粒等轻骨料，甚至也可以采用废弃的碎砖、混凝土等。骨料的粒径不宜过大，一般在 5~20mm 较好。研究表明：骨料粒径越小，堆积空隙率越大且颗粒间接触点越多，配制的混凝土的强度越高。但是具有植生功能的透水性混凝土，由于对内部的孔结构有严格的要求，需要满足空隙的合理分布，粒径不能太小。表 5-1 是几个国家推荐的透水性混凝土的骨料级配。

表 5-1 国外透水性混凝土骨料级配表

英国	筛孔（mm）		14	10	6.3	3.3	0.075
	通过率（%）		100	90~100	95~45	10~20	2~5
法国	筛孔（mm）	25	19	12.5	6.3	3	0.075
	通过率（%）	100	90	40	25	20	4
南非	筛孔（mm）		13	10	6.73	3.36	0.074
	通过率（%）		100	90~100	40~45	22~28	2~5
日本	筛孔（mm）		13	5	2.5	1.25	
	通过率（%）		100	50~100	8~25	0~6	

本试验所研究的生态混凝土的首要功能是透水和护堤。江堤坡面的侵蚀主要来自两个方面：一是外在条件的风浪、降雨、温度等引起的侵蚀；另一方面是由于内在条件的水位下降

而造成堤体堆土的流失（管涌）。因此，该类型的生态混凝土除了具有一定的强度外，还必须具有过滤性能——保证只让水安全渗透而土质细颗粒不流出。所以，由过滤性法则，可得到该类型生态混凝土的基础材料颗粒大小与受保护土体级配之间的关系如下：

(1) $\dfrac{\text{生态混凝土材料的 15\% 颗粒直径}}{\text{受保护土体 15\% 颗粒直径}} \geq 5$；

(2) $\dfrac{\text{生态混凝土材料的 15\% 颗粒直径}}{\text{受保护土体 85\% 颗粒直径}} \leq 5$；

(3) 生态混凝土材料颗粒大小曲线与受保护土体颗粒大小曲线越接近平行越好；

(4) 被保护土体材料如果含有粗颗粒的话，其中颗粒直径在 25mm 以下的部分适用于关系 (1) 和 (2)；

(5) 混凝土属于非黏性材料，原则上颗粒直径在 0.75mm 以下细颗粒部分的总量在 5% 以下；

(6) 若被保护层属于土质或沙质，生态混凝土中粗骨料颗粒的最大直径应在 25mm 以下；

(7) 生态混凝土材料应具有受保护材料的 10~100 倍的透水性。

其中，关系 (1) 是为使生态混凝土的透水性大于受保护材料的透水性而设定的；关系 (2) 是为确定防止管涌而设定的。

综合上述情况，实现生态混凝土的护堤、透水和植生功能等，结合我国建筑材料的实际情况，一般应选用粒径范围为 5~13mm 的粗骨料，视具体被保护坡面的土体影响有所差异，细砂的粒径比较自由。

5.3.2 水泥砂浆配合比设计及试验内容

当混凝土骨料级配确定后，水泥砂浆的性能以及所选择的施工方式对生态混凝土性能的影响极为关键；硬化水泥砂浆的强度、体积稳定性直接影响着混凝土的强度、耐久性以及砂浆与骨料之间的过渡区的性能。总结以前混凝土试验方面的经验，在不影响透水性和抗冻性的前提下，着重找到能使硬化水泥砂浆抗压强度和抗折强度最优的水灰比和外加剂的用量。

5.3.2.1 水泥砂浆配方设计

(1) 试验材料

水泥（C）：青海大通水泥集团生产的 42.5 级普通硅酸盐水泥；

外加剂：SR-3（生态混凝土专用外加剂）、FDN（高效减水剂）；

砂（S）：ISO 基准砂；

水（W）：一般自来水。

(2) 材料配合比

考虑透水性混凝土的性能和内部结构特征，在低水泥用量的情况下，水灰比不宜太小，试验采用三种不同水灰比；试验从 0.4 开始进行，逐步增大水灰比。用两种外加剂单掺和不掺三种情况，按照《水泥胶砂强度检验方法（ISO 法）》（GB/T 17671—1999）和《水泥胶砂流动度测定方法》（GB/T 2419—2005）检测试样的强度及流动度。砂浆配合比设计见表 5-2。

表 5-2 砂浆配合比设计

组号	添加剂	重量	C	S	W	W/C
			材料配合比（g）			
1-1	SR-3（15%）	60	400	1200	100	0.4
1-2	高效减水剂（1.5%）	6	400	1200	160	0.4
1-3	无		400	1200	160	0.4
2-1	SR-3（15%）	67.5	450	1350	157.5	0.5
2-2	高效减水剂（1.5%）	6.75	450	1350	225	0.5
2-3	无		450	1350	225	0.5
3-1	SR-3（15%）	67.5	450	1350	202.5	0.6
3-2	高效减水剂（1.5%）	6.75	450	1350	270	0.6
3-3	无		450	1350	270	0.6

（3）评价指标

①物理性能

表面状况、标准稠度需水量、凝结时间和安定性。

②流动性

微型坍落度试验测定砂浆的流动度，并且测定流动度随着时间延长的变化。

③力学性能

硬化水泥砂浆（水泥石）的力学强度（抗折、抗压）。

5.3.2.2 试验步骤及结果

（1）试件制作

按照 GB/T 17671—1999 和 GB/T 2419—2005 试验规定及按表 5-2 称取或量取规定的材料，在 JJ-5 型水泥胶砂搅拌机的搅拌锅中放入水泥慢转，在慢转的过程中缓慢地加入水和 SR-3，30s 后放砂→慢转 30s→快转 30s→停 90s→快转 60s→测混合材料的流动性（手动跳桌 28 次后测定）→在 ZS-15 型水泥胶砂振实台进行振实成型（先装满模具的 1/2 振实 60 次，再装满再振）。在不同的水灰比条件下，每组制作三块试件（40mm×40mm×160mm）共九组，每组试模中分三条试体，自然养护 24h 后取出脱模；试块脱模后放入水槽中养护 6d（SR-3 具有早强剂的功能，养护龄期 7d 后则进行强度试验）。

（2）试验方法

取出养护后的混凝土试块，擦干试块表面的水分再进行试验。按照 GB/T 17671—1999 和 GB/T 2419—2005 检测试样的强度及流动度。

试验仪器：水泥胶砂搅拌机（无锡）、水泥胶砂振实台（无锡）、电动抗折试验机（DKZ-5000 型）、压力机。

（3）试验结果

测试的各项技术指标见表 5-3、表 5-4，图 5-1、图 5-2。

表 5-3 流动度试验结果数据

试件编号	流动度（mm）	试件编号	流动度（mm）	试件编号	流动度（mm）
1-1	102	2-1	150	3-1	208
1-2	171	2-2	245（泌水）	3-2	280（严重泌水）
1-3	101	2-3	151	3-3	206

表 5-4　抗折强度、抗压强度试验结果数据

种类	抗折强度（MPa）	抗压强度（MPa）	种类	抗折强度（MPa）	抗压强度（MPa）	种类	抗折强度（MPa）	抗压强度（MPa）
1-1	3.8	15.3	2-1	6.6	53	3-1	5.3	39
1-2	8.2	57.8	2-2	5.8	46.8	3-2	5.3	41
1-3	4.0	21	2-3	6.4	51.5	3-3	5.2	34.4

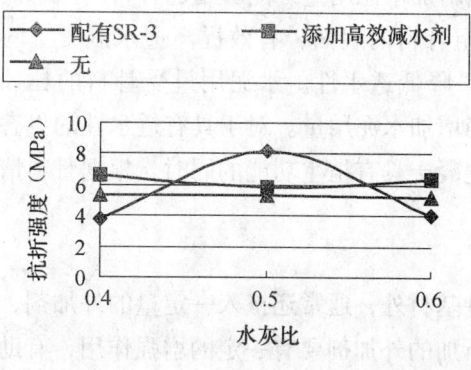

图 5-1　水灰比与抗折强度关系

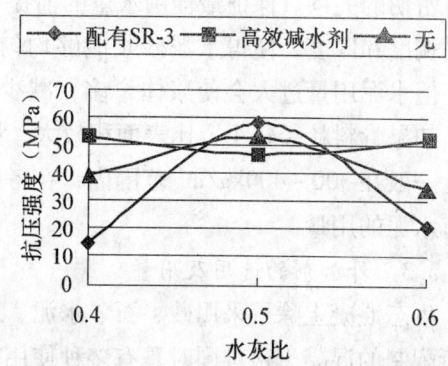

图 5-2　水灰比与抗压强度关系

(4) 试验结果分析

由表 5-3 的流动度测定可知：当水灰比大于 0.5 并加高效减水剂的时候，砂浆的流动度为 245mm，产生泌水现象；水灰比大于或等于 0.6 时，流动度为 280mm。由此可见，水灰比过大，对砂浆的结构稳定性将产生影响。

抗压强度、抗折强度试验是最普通的试验项目，也是十分重要的，不仅提供了抗压强度、抗折强度指标，而且也是材料全面质量的标志，常用来作为其他一些重要性能的标志。本研究不同配方的聚合物水泥砂浆用 40mm×40mm×160mm 棱柱做强度试验。测试方法按 JIS 规程，抗折强度测试跨距为 100mm，中点加荷。抗压强度可用抗折试验折断的一半试件来测得，承压面积为 40mm×40mm，试验结果见表 5-4 所示。不同配方的聚合物水泥砂浆立方体抗折强度与水灰比的关系曲线如图 5-1 所示，抗压强度与水灰比的关系曲线如图 5-2 所示。

由表 5-4 的数据和图 5-1、图 5-2 的折线图分析可得，不同的水灰比，减水剂的引入与否都存在一个抗折强度和抗压强度的最大值。在考虑抗折强度和抗压强度的取值和水灰比的关系，可得掺 SR-3 与基准对照宜选用 0.5 的水灰比，掺高效减水剂宜选用 0.4 的水灰比。水灰比为 0.4~0.5 范围内，在生态混凝土中加入 SR-3 后，SR-3、水泥和水之间的反应，生成的水化产物对混凝土的强度最有利。

5.3.3　透水性生态混凝土组成成分的配合比

根据生态混凝土所要求的孔隙率和结构特征，可以认为 1m³ 混凝土的表观体积由骨料堆积而成。配合比设计的原则是将骨料表面用水泥砂浆包裹，使之互相黏结起来，形成一个整体，不需要将骨料间的空隙填充密实。1m³ 生态混凝土的重量应为骨料的紧密堆积密度加

单方水泥用量及用水量之和，在 1700~2200kg 的范围内。根据此原则可以初步确定生态混凝土配合比。

5.3.3.1 骨料的用量

$1m^3$ 生态混凝土所用的骨料总量取骨料紧密堆积密度值，主要采用粗骨料，细骨料用量控制在粗骨料量的 20% 以内。

5.3.3.2 水泥的用量

通过水泥砂浆试验表明，水泥砂浆的流动度和养护后的力学强度与水灰比、外加剂的选取有密切的关系。保证最佳用水量的前提下，适当增加水泥用量，能够增加骨料周围水泥砂浆的稠度和厚度，使得水泥砂浆能够均匀附着在粗骨料的表面，有效提高透水混凝土的强度。但水泥用量过大会使浆体增多，减少孔隙率，降低透水性。水泥用量受骨料的粒径影响，如果骨料粒径较小，比表面积较大，则应适当增加水泥用量。对于具有透水性的生态混凝土一般在 $300~400kg/m^3$ 范围内，在考虑生态混凝土具有植生功能的同时，根据骨料情况调节水泥的用量。

5.3.3.3 外加剂的选用及用量

生态混凝土除了采用砂、石、水泥、水这四种基材外，通常还掺入一定量的外加剂，否则所配制的混凝土很难同时具有多种使用功能。所加的外加剂要有一定的增强作用，有助于增强浆体与骨料之间的黏结强度；外加剂还应起到增稠的作用，改善砂浆的流动性，使砂浆可以均匀包裹在骨料的周围；作为一种生态环保材料，外加剂还应使混凝土具有早强性，加速水泥水化、混凝土硬化的功能，为施工养护提供便利。

生态混凝土要具有植生功能，能为生物的生长提供一定的生存空间，其内部的 pH 值必须呈现出低碱性。该混凝土表面凸凹相间，因内部表面积相当大，在降雨或坡面经常被水冲刷时，游离石灰的溶出非常显著，还可能劣化涂在骨料上结合材料薄薄的皮膜，降低耐久性，必须通过掺加一定量的外加剂来控制这种现象的出现。

在研究过程中，通过与镇江特密斯混凝土外加剂公司的共同研制，制备出了一种新型的适合生态混凝土的外加剂 SR-3，这种外加剂是以碳酸钙、硅石粉为主要成分的黑褐色的无机质的悬浮液。

5.3.4 不同配合比的生态混凝土性能指标分析

参考上述的生态混凝土中原材料之间的配比关系，在一个基准的配合比范围内，进行配合比试验。通过不同的变化，来测定生态混凝土的各项性能指标，从而找出它们之间相互的内在联系，并对此进行分析，从而找到适合实际情况的配合比。

5.3.4.1 试验原材料及配方

水泥（C）：青海大通水泥集团生产的 42.5 级普通硅酸盐水泥；

外加剂：SR-3（生态混凝土专用外加剂）；

粗骨料（G）：采用 5~13mm 碎石；

砂（S）：西宁北川河砂，中砂，细度模数 2.6；

水（W）：一般自来水。

根据性能要求，具体采用的试验配方见表 5-5。

表5-5 试验配方表

试件组号	水灰比 W/C	水泥用量 C(kg)	砂 S(kg)	石 G(kg)	水 W(cm³)	SR-3 (cm³)
1	0.4	300	139	1471	75	45
2	0.45	300	136	1456	90	45
3	0.5	300	132	1480	105	45
4	0.4	250	—	1678	62.5	37.5
5	0.45	250	—	1645	75	37.5
6	0.5	250	—	1612	82.5	37.5
7	0.4	250	165	1550	62.5	37.5
8	0.45	250	160	1517	75	37.5
9	0.5	250	157	1505	87.5	37.5

5.3.4.2 试验步骤

称取所需要的粗骨料,再将粗骨料人工搅拌,此过程中在表面喷洒少量的水(考虑粗骨料的吸水性、搅拌过程中水分的挥发);再称取细骨料。将粗、细骨料逐一放入搅拌机中搅拌30s,然后把所需要的水泥、量好的水及SR-3外加剂倒入搅拌机中再次进行搅拌,2min后卸下搅拌后的生态混凝土,进行人工拌合。

当混凝土表面比较光亮时开始装模,说明此时水泥砂浆的附着比较均匀。冻融试件为100mm×100mm×400mm;抗压试件为100mm×100mm×100mm;透水系数测定试件为直径100mm,高200mm。抗压、抗冻试件分两层装模,抗渗试件分三层。每装一层人工用振捣棒振捣11下,装入模内的生态混凝土的高度应高出模板顶部2~3cm,最后用光滑的平板玻璃把生态混凝土压实,与试模顶部相平。

用木槌轻敲抗压试模内的混凝土,使其进一步下降1cm左右,但顶部保持平整。在抗压试件上,混凝土上面铺上一层水灰比为0.35的水泥净浆并抹平,使得这种表面凸凹的多孔性混凝土表面平整(在抗压试验中,表面受力均匀)。其试验的测定原理和方法将在以后的章节中具体介绍。

5.3.4.3 性能指标测定结果

测定这些生态混凝土试件的抗压强度、冻融循环次数、透水系数(其测定方法在后面将重点介绍)。测定结果见表5-6。

表5-6 生态混凝土性能指标测定结果表

试件组号	孔隙率 (%)	抗压强度 (MPa)		冻融次数 (水冻水融)	透水系数 (cm/s)
		7d	28d		
1	17.3	13.7	15.5	33	0.678
2	16.5	12.4	14.8	30	0.453
3	14.7	13.0	17.5	35	0.311
4	25.4	7.3	9.7	15	1.324
5	24.3	8	10.4	17	1.204
6	22.8	10.4	13.5	21	1.075
7	21.7	14.3	16.8	33	0.874
8	19.5	15.6	18.1	39	0.978
9	18.7	15.1	17.2	35	0.765

5.3.4.4 结果分析

应用多元统计的方法,借助上面的生态混凝土的配合比和几项性能指标的结果,对两者可以进行相关分析。

上述的九组试样设为 $X_{(1)}$,…,$X_{(9)}$ 为样本,每个样品测量两组指标,分别为 $X^{(1)} = (X_1, …, X_6)'$,$X^{(2)} = (X_7, …, X_9)'$。

$X^{(1)}$ 中为水灰比、粗骨料用量、砂用量、水泥用量、水用量及水泥外加剂(SR-3),其用量与水泥存在一个比例关系不予考虑。

$X^{(2)}$ 中为孔隙率、抗压强度、冻融循环次数、透水系数。原始资料矩阵为:

$$X = \begin{bmatrix} 0.4 & 0.45 & 0.5 & 0.4 & 0.45 & 0.5 & 0.4 & 0.45 & 0.5 \\ 300 & 300 & 300 & 250 & 250 & 250 & 250 & 250 & 250 \\ 139 & 136 & 132 & 0 & 0 & 0 & 165 & 160 & 157 \\ 1471 & 1456 & 1480 & 1678 & 1645 & 1612 & 1550 & 1517 & 1505 \\ 17.3 & 16.5 & 14.7 & 25.4 & 24.3 & 22.8 & 21.7 & 19.5 & 18.7 \\ 15.5 & 14.8 & 17.5 & 9.7 & 10.4 & 13.5 & 16.8 & 18.1 & 17.2 \\ 33 & 30 & 35 & 15 & 17 & 21 & 33 & 39 & 35 \\ 0.678 & 0.453 & 0.311 & 1.324 & 1.204 & 1.075 & 0.874 & 0.978 & 0.765 \end{bmatrix} \tag{5-1}$$

其相关的系数阵

$$R = (r_{ij})_{8 \times 8} \tag{5-2}$$

$$r_{ij} = \frac{\sum_{\alpha=1}^{n}(x_{\alpha i} - \overline{x_i})(x_{\alpha j} - \overline{x_j})}{\sqrt{\sum_{\alpha=1}^{n}(x_{\alpha i} - \overline{x_i})^2 \times \sum_{\alpha=1}^{n}(x_{\alpha j} - \overline{x_j})^2}} \tag{5-3}$$

得到的相关系数阵为:

$$\begin{array}{c} \quad X_1 \quad\quad X_2 \quad\quad X_3 \quad\quad X_4 \quad\quad X_5 \quad\quad X_6 \quad\quad X_7 \quad\quad X_8 \\ \begin{matrix} X_1 \\ X_2 \\ X_3 \\ X_4 \\ X_5 \\ X_6 \\ X_7 \\ X_8 \end{matrix} \begin{bmatrix} 1.00 & 0 & -0.05 & -0.18 & -0.54 & 0.06 & 0.17 & -0.21 \\ 0 & 1.00 & 0.70 & -0.72 & -0.80 & 0.26 & 0.34 & -0.77 \\ -0.05 & 0.70 & 1.00 & -1.60 & -1.40 & 1.63 & 1.80 & -1.07 \\ -0.18 & -0.72 & -1.60 & 1.00 & 0.96 & -0.78 & 0.71 & 0.71 \\ -0.54 & -0.80 & -1.40 & 0.96 & 1.00 & -0.72 & -0.79 & 0.82 \\ 0.06 & 0.26 & 1.63 & -0.78 & -0.72 & 1.00 & 0.93 & -0.53 \\ 0.17 & 0.34 & 1.80 & -0.87 & -0.79 & 0.93 & 1.00 & -0.57 \\ -0.21 & -0.77 & -1.07 & 0.71 & 0.82 & -0.53 & -0.57 & 1.00 \end{bmatrix} \end{array} \tag{5-4}$$

把原材料和性能指标分别看做矩阵 R_1 和 R_2,将 R 剖分为

$$R = \begin{bmatrix} R_{11} & R_{12} \\ R_{21} & R_{22} \end{bmatrix} \tag{5-5}$$

求得 $\overline{A} = R_{11}^{-1} R_{12} R_{22}^{-1} R_{21}$ 的特征值及相应的特征向量,从而得出典型相关系数。

$$\overline{A} = \begin{bmatrix} 0.05 & 0.08 & -0.2 & 0.05 \\ 0 & -0.35 & -0.6 & 0.34 \\ 1.12 & 2.2 & 8 & -4.8 \\ 0.74 & 0.33 & -3.8 & 1.36 \end{bmatrix} \tag{5-6}$$

典型相关系数为 $\lambda_1 = 0.752$，$\lambda_2 = 0.714$，$\lambda_3 = 0.610$，$\lambda_4 = 0.575$。经检验后得出 λ_1，λ_2 符合显著性检验。

分别对应的典型变量为：

$$U_1 = 0.4471X_1 + 0.327X_2 + 0.5873X_3 + 0.6271X_4 \tag{5-7}$$

$$V_1 = -0.107X_5 + 0.460X_6 + 0.561X_7 - 0.833X_8 \tag{5-8}$$

$$U_2 = 0.204X_1 - 0.954X_2 + 0.397X_3 + 0.580X_4 \tag{5-9}$$

$$V_2 = -1.120X_5 - 0.602X_6 - 0.078X_7 + 1.071X_8 \tag{5-10}$$

第一对典型变量中，U_1 受粗细骨料的影响比较大，V_1 受冻融循环次数和透水系数的影响比较大，透水系数刚好和骨料的用量成反比关系。

第二对典型变量中，U_2 受水泥用量的影响比较大，而 V_2 受孔隙率和透水系数的影响较大。

由上述分析可得，水泥用量、粗细骨料的用量与所制备的生态混凝土是一种交叉对应的关系。针对生态混凝土不同的使用要求和实际工程情况，使生态的四项性能指标均符合使用要求，应通过一系列的试验和上述的理论分析来判定各性能指标最大的影响因素，合理控制原材料之间的配合比。

5.3.5 结论

通过已有的混凝土研究资料和对生态混凝土的一系列性能对比试验，分析得出如下结论：

(1) 透水性生态混凝土对粗骨料有严格要求，粗骨料应采用比较圆滑的碎石；结合青海省实际建筑材料的情况，粗骨料的粒径范围应为 5~13mm，细砂的粒径比较自由。

(2) 硅粉和碳酸钙粉末等混合物配制成无机质 SR-3 水泥外加剂，能加加快水泥水化的速度，具有早强剂的作用；除此之外，还能够改善水泥砂浆的力学性能，使其抗压强度和抗折强度得以提高。

(3) SR-3 无机质水泥外加剂最佳用量为水泥用量的 15%，当水灰比控制在 0.4~0.5 时，硬化水泥砂浆能获得最大抗压强度和抗折强度；当采用 FDN 高效减水剂时，水灰比应相应降低。

(4) 透水性生态混凝土孔隙率、透水系数、抗压强度、能承受的冻融循环次数受水灰比、粗骨料用量、含砂率、水泥用量的影响很大（外加剂与水泥用量成比例）。增加抗压强度和冻融循环次数，能通过增加水泥用量或粗骨料用量来获得，而此时的孔隙率和透水系数将降低。

5.4 现浇生态混凝土的抗冻性

通过实验室及示范基地的一系列试验，主要考虑骨料级配、水灰比、水泥用量、外加剂的选用及掺量比例对现浇生态混凝土性能的影响，模拟工程实际情况，进行了气冻水融和水冻水融耐久性试验，分析了动弹性模量和质量随冻融循环的变化规律。在试验研究与理论分析的基础上，开发出具有护堤植生功能的透水性生态混凝土。该生态混凝土具有自然净化水质、实现植物生长（植生）并具备一定的抗冻耐久性、防波浪冲刷以及自然排水透水（护堤）等促进自然生态环境改善等突出的优点。

混凝土作为人类使用量最大的工程材料，除了要满足现代人的需求，更要注重降低环境负荷、改善环境，使其具有优良的环境协调性。如果它能加快自然循环、解决生物和景观保护等生态学问题，便可实现人类社会的可持续发展。所谓生态混凝土，就是通过材料合理的选取、采用特殊工艺制造出来的具有特殊结构与表面特性的混凝土，它在满足建筑工程需要的同时，还能减少环境负荷，与生态环境相协调，并能为环保做出贡献。生态混凝土在美国、日本等国已被广泛使用，而在我国的研究时间并不长，其相应的应用则更少见。针对青藏高原特殊的自然气候条件，对制备的生态混凝土进行研究，阐述透水性生态混凝土的制备工艺，并对其抗冻性进行试验及理论分析。

5.4.1 透水性生态混凝土的制备

5.4.1.1 配合比设计及结果

根据不同使用目的，可以设计相关配合比的透水性生态混凝土。为便于对比分析，试验用两种外加剂单掺和不掺三种情况进行配合比设计，结果参见表5-7、图5-3和图5-4。其中SR-3为生态混凝土专用外加剂，是以碳酸钙、硅石粉为主要成分的无机质悬浮液。

表5-7 流动性试验结果

试件编号	水灰比	外加剂	流动度（mm）
1-1	0.4	SR-3	102
1-2	0.4	高效减水剂	171
1-3	0.4	无	101
2-1	0.5	SR-3	150
2-2	0.5	高效减水剂	245（泌水）
2-3	0.5	无	151
3-1	0.6	SR-3	208（严重泌水）
3-2	0.6	高效减水剂	280
3-3	0.6	无	206

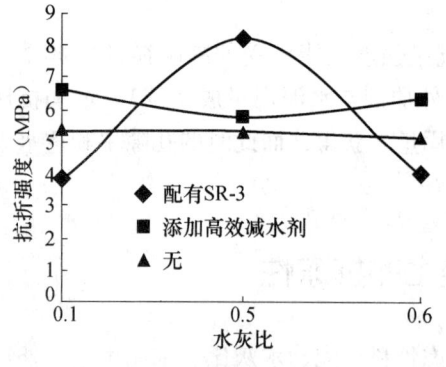

图5-3 水灰比与抗折强度关系

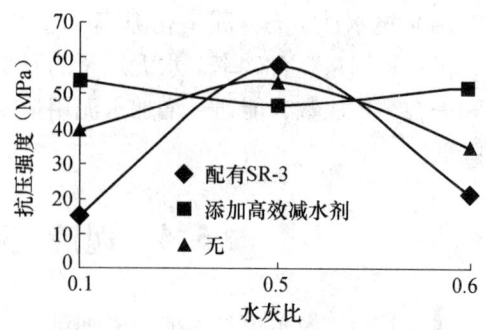

图5-4 水灰比与抗压强度关系

5.4.1.2 评价指标与结果分析

评价指标包括物理性能、流动性及力学性能。由表5-7可知：当水灰比大于0.5并加高效减水剂时，砂浆的流动度较大为245mm，产生泌水现象；水灰比大于或等于0.6时，流动度为280mm。水灰比过大，对砂浆的结构稳定性将产生影响。

由图5-3和图5-4分析可得，不同的水灰比、外加剂的引入与否都存在一个抗折强度和抗压强度的最大值。考虑抗折强度和抗压强度的取值和水灰比的关系可得：掺SR-3与基准对照宜选用0.5的水灰比，掺高效减水剂宜选用0.4的水灰比。水灰比为0.4~0.5范围内，在生态混凝土中加入SR-3后，SR-3、水泥和水之间发生反应，生成的水化产物对混凝土的强度最有利。

5.4.2 透水性生态混凝土的抗冻性

5.4.2.1 冻融试验

参考普通混凝土抗冻试验方法和模拟实际工地中混凝土所处的情况进行试验，通过用现场浇筑的生态混凝土制作试块在实验室进行水冻水融和气冻水融两种快冻法试验。冻融循环试验按照《普通混凝土长期性能和耐久性能试验方法》（GBJ 82—85）的快冻法进行。

冻融循环试验中，当质量损失超过5%或者相对动弹性模量小于等于60%，就认为试件已经破坏。相对动弹性模量与冻融循环次数的结果如图5-5~图5-8所示。

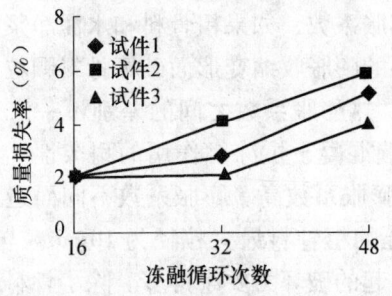
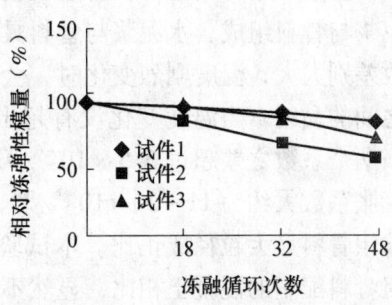

图5-5 气冻水融质量损失率与冻融循环次数的关系　图5-6 气冻水融相对动弹模量与冻融循环次数的关系

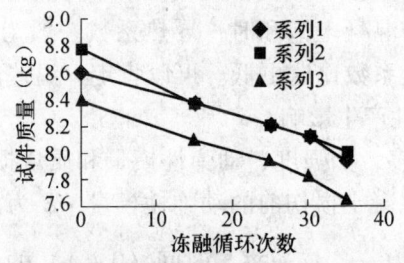
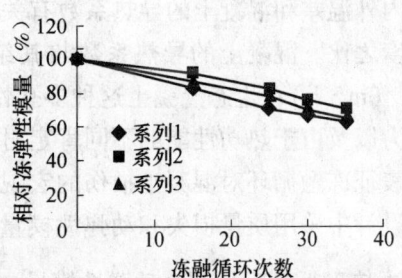

图5-7 水冻水融相对动弹模量与冻融循环次数的关系　图5-8 水冻水融质量与冻融循环次数的关系

从图5-5和图5-6可以看出，当混凝土的质量损失超过5%（破坏标准）时，三个试件的相对动弹性模量约高于60%，则此时的三块试件抗冻标号为40，43，50，说明在经过这些次的冻融循环过程后混凝土才被破坏。由图5-5和图5-6可知，在气冻水融中，质量损失达到破坏标准时，动弹性模量仍然符合要求。说明生态混凝土的内部破坏并没有超过失效标准，表面的石子脱落比较严重，属于局部损伤。生态混凝土水冻水融和气冻水融破坏机理是一样的，但是所能承受的冻融循环周期有很大差别。这与冻胀过程中产生的破坏力大小有关，冻胀力的产生受整个混凝土的孔结构影响。

5.4.2.2 冻融损伤的机理分析

生态混凝土为多孔型混凝土，内部的孔隙率比较大，孔径的大小及孔隙分布在混凝土内部比较广泛。在气冻水融中，按照静水压假说，混凝土内部的孔隙缩短了受压迫的孔隙水的流程长度，减少了静水压力，从而使混凝土的抗冻性大大提高。很多论文也报道过多孔混凝土的抗冻性明显提高，但是，从我们的气冻水融试验中得出的结果并非如此，生态混凝土还是很快就被冻坏。这说明在冻融过程中的破坏机理是多方面的，在反复的温度应力作用下，加速了混凝土的破坏。

水冻水融和气冻水融的结果有明显不同。据江苏建筑科学院研究发现：普通混凝土在快速冻融试验中，水冻水融的循环次数大约是气冻水融的两倍。而生态混凝土冻融过程中，产生破坏的力不同于普通混凝土，两者之间的对应关系有待于进一步通过建立理论模型和具体试验去研究。混凝土放入水槽中进行冻结的时候，混凝土外面的水开始结冰。然后，混凝土内部的饱和孔隙水由外到内逐步冻结，在这中间也是大孔先结冰，逐渐扩展到较细的孔。按照静水压和渗透压假说，水转变为冰时体积膨胀9%；冰水饱和蒸汽压差，迫使未结冰的孔溶液从结冰区向内迁移，产生静水压力，中间的孔隙全部充水饱和，没有缓冲的孔隙存在，这样将产生很大的拉力，使混凝土产生拉应变。

和大多数工程材料一样，普通混凝土具有正的热膨胀系数13%左右。因为混凝土主要由水泥浆与骨料组成，水泥浆与骨料具有不同的热膨胀系数，如果粗骨料和水泥净浆的热膨胀系数差别太大，温度剧烈变化时，会引起两种材料的膨胀收缩变形而破坏骨料颗粒和周围浆体之间的黏结。当温度变化没有超出一定范围时，热膨胀系数之间的差别不一定造成破坏。当两个系数之差超过 $5.5 \times 10^{-6}/℃$ 时，就会影响混凝土抗冻融作用的耐久性。水泥浆的热膨胀系数大约为 $11 \sim 20 \times 10^{-6}/℃$，比骨料的热膨胀系数高。膨胀系数不同而造成的破坏力与粗骨料最大粒径成正比。本试验中芯样混凝土的粗骨料最大粒径为10mm，与20mm以上粗骨料配制的混凝土相比，显然不均匀膨胀所引起的破坏力要小得多。除了骨料和浆体的热膨胀影响混凝土的抗冻性，冻融循环过程中混凝土试件本身的温度也是不均匀的，这与试件内外温差和混凝土的导热系数有关，导热系数表征材料传导热量的能力，是热流与其温度梯度之比。混凝土的导热系数与其组成有关，当混凝土饱和时，导热系数一般为 $1.4 \sim 3.6W/(m \cdot K)$；生态混凝土这种多孔性材料的导热系数比这更低。可以肯定：温差产生的拉应力以及由于热功性能的不同肯定对混凝的抗冻性产生影响。

表征冻融循环对混凝土损伤的宏观性能指标很多，如强度、动弹性模量和质量损失等，试验设计中采用质量损失和动弹性模量。设 E_0 为混凝土损伤前的动弹性模量，E 为混凝土经 N 次冻融循环后的剩余动弹性模量，其衰变速率为 $\dfrac{dE}{dN}$，该速率与时间 $(0 \sim N)$ 的动弹性模量衰减量成正比。根据 Isaac Newton 的"物质冷却定律"，得到如下动弹性模量衰减模型：

$$\frac{dE}{dN} = C(E - E_0) \tag{5-11}$$

式中 N——冻融循环次数；

C——常数（与冻融过程中的温度变化、介质、材料本身等参数有关）。

由上式得：

$$\frac{dE}{E - E_0} = CdN \tag{5-12}$$

$$\int_{E_0}^{E} \frac{dE}{E - E_0} = \int_{0}^{N} CdN \tag{5-13}$$

整理得：

$$E = E_0 e^{CN} \quad (5\text{-}14)$$

建立如下指数方程：

$$D = \frac{E}{E_0} = ae^{bN} \quad (5\text{-}15)$$

实验室冻融试验结果以及一年后的冻融试验结果如图 5-9 和图 5-10 所示。

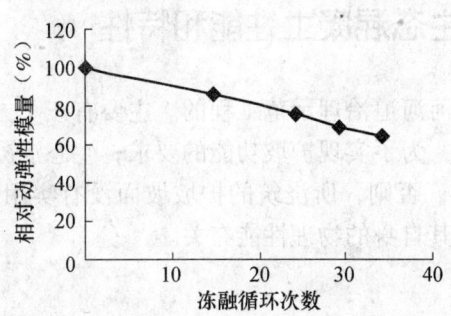

图 5-9　水冻水融相对动弹模量与冻融关系　　图 5-10　应用一年后相对动弹模量与冻融关系

对图上的数据结果进行拟合，得

$$D = 101.5 e^{0.0136N} \quad (5\text{-}16)$$

根据损伤力学的基本理论，将混凝土冻融循环后混凝土损伤度 D 定义为式（5-17），即混凝土损伤程度（损伤变量 D）由其相对动弹性模量来表征：

$$D = 1 - \frac{E_i}{E_0} \quad (5\text{-}17)$$

式中　D——混凝土损伤度；

E_i——剩余动弹性模量，混凝土冻融循环后相对动弹性模量越低，意味着损伤程度越大。

根据上述定义，混凝土冻融循环累积损伤的损伤度是冻融循环次数的函数，其损伤模型可用指数函数的形式建模，对上述数据进行拟合得到的累积损伤模型为：

$$D = 1.07 e^{0.0729N} \quad (5\text{-}18)$$

式（5-16）和式（5-18）为混凝土冻融破坏的不同表现形式，前者按相对动弹性模量达到 60% 时为标准使用寿命，后者为损伤达到 40% 作为破坏标准。从拟合的结果可以看出：在相对动弹性模量预测式中，$a = 101.5$，这与实际的 100 基本吻合；式（5-18）中的 1.07 与 1 也基本吻合。上述的预测分别为 38 次和 49 次，可见直接由动弹性模量预测的精度比较高。

5.4.3　结论

生态混凝土在满足建筑功能的同时，能够减轻环境负荷、与自然环境协调共生，能够为人类构造舒适的生活，实现社会的可持续发展。以上研究结合青海实际制备的现浇生态混凝土实现了有益于生态环境、美化自然的预期效果，主要结论如下：

（1）将单一粒度的粗骨料、水（少量）及专用外加剂进行适当的调整（必要时可使用细骨料），可制备呈米花糖状并有空隙的多孔混凝土。

（2）生态混凝土在满足护堤所需的抗压、抗弯等基本力学功能外，由于其自身的多孔性，具有排水透水、净化水质、实现植物生长及防波浪冲刷等促进自然生态环境改善的优点。

(3) 在混凝土中加入硅石粉、二氧化钙为主要成分的 SR-3 外加剂，能增强混凝土的力学性能，提高抗压强度和抗折强度，当水灰比控制在 0.4~0.5 时，能获得最大强度。

(4) 根据实际工程和透水性生态混凝土自身的特征，影响其耐久性的主要因素为冻融破坏。用动弹性模量损失来反映生态混凝土冻融循环作用下的劣化程度更加合理，建立的寿命预测模型较符合实际情况。

5.5 西宁市湟水河示范工程生态混凝土性能和特性

本节所介绍的生态混凝土是应用于西宁市湟水河河道治理示范工程的。主要有三个方面的功能：一是透水性；二是护堤；三是植生。其中，为了实现护坡功能的要求，生态混凝土的力学强度、孔隙率和耐久性必须满足一定的要求；否则，所浇筑的护坡坡面没有实用性，并存在安全性隐患。混凝土的透水性和植生功能与其自身的物理性能有关。

5.5.1 示范工程概况及内容

西宁市地处青海东部，黄河支流湟水河中上游，四面环山，三川会聚，扼青藏高原东方之门户。地理坐标为东经 101°49′17″，北纬 36°34′3″。湟水干流、南川河、北川河，分别由西、南、北三个方向汇合于市区，后东流至小峡口出境，形成东、南、西、北向河川谷地及东北、西北、西南、东南向山岭十字形谷地。西宁市分布在河川两岸，总面积为 $350km^2$，海拔高程 2168~2826m。河谷漫滩和阶地面积为 $147.5km^2$，海拔高程 2168~2400m 之间。市区坐落在河漫滩的一、二级阶地上，海拔高程 2168~2235m，城市中心海拔 2261.2m。

湟水河是黄河的一级支流，贯穿西宁城区 20km，将西宁城区分为南北两大部分，形成了"一水横穿、南北两山对峙"的独特地形地貌。根据史料记载，历史上的西宁曾是森林密布、绿水环绕的秀美之地，后来由于生态环境日趋恶化和一些人为活动破坏因素，造成湟水河的水体污染，沿河两岸生态环境质量变差，特别是湟水河城区河段历年倾倒城市生活垃圾和上游河床掘坑采砂，使原有的河床因淤积与河道两侧一级阶地高差变小，主河道变窄，加之上游河道河床比降大，水流湍急，河床冲淤失衡，两岸山洪暴发后，致使沿岸低洼地带遭到区域性洪灾。根据统计，仅 1979 年至 1998 年的二十余年间，因暴雨、洪水形成较大的灾害就有 7 次之多。同时建筑垃圾严重影响了城市面貌和人居生态环境。

按照河道防洪工程必须遵循流域总体规划和城市总体规划的原则，本示范工程的设计工作主要依据《青海省湟水流域综合治理规划——防洪规划报告》、《青海省西宁市防洪规划报告》、《西宁市城市总体规划》、《西宁市城市绿地系统规划》，同时参考了城区已建段防洪工程设计报告。湟水河治理范围是：湟水河干流城区东段湟中桥—宁湖段，长度为 4.4km，本示范工程是在已建河堤的基础上，把湟水河河道城区剩余未建防护堤的河道进行治理并与建成的护堤相连接，形成一体，使城区段湟水河河道联合发挥其整体作用，提高主城区防洪能力，同时形成以河道为主轴的绿化林带，形成完整的工程防洪、绿化体系。

为体现人与自然和谐共处的治水理念，河湖应充分体现山水城市的文化特点，与文明城市建设有机结合，为现代化城市生活创造轻松、舒适的环境，为市民和游客提供旅游观光、休闲健身的好场所，示范工程设计采用生态治河理念。

5.5.1.1 流域概况

湟水河发源于祁连山系大板山南麓，上游正源为麻皮寺河，流经海晏、湟源、湟中，在西宁市区与大通流来的北川河汇合后，称为湟水河。湟水干流河道长355km，在青海省境内长300km，河床一般宽100~200m，峡谷地带仅有30~50m。河道平均比降14.4‰~3.39‰，上游及峡谷区较陡，下游较缓。

5.5.1.2 气象

主要工程所在地西宁市区属高原半干旱气候，其特点为：降雨量少而集中，蒸发量大；日温差大，年温差小，冬季漫长寒冷，夏季凉爽，冬长夏短，春秋相连。海拔高，气压低，冻土期长，无霜期短，日温差大，紫外线强。平均年降水量为368.2mm；最大年蒸发量为2095.8mm，最小年蒸发量1535.9mm。年平均气温为5.7℃，极端最高气温33.9℃，极端最低气温-24.4℃。最大冻土深度110cm，属于寒冷地区。年平均风速1.97m/s，最大风速15.7m/s，常年最大风向为东南风。具体参数见表5-8。

表5-8 西宁气象站气象特征值统计表

项目	单位	1	2	3	4	5	6	7	8	9	10	11	12	年
平均气温	℃	-8.9	-5.1	2	7.36	11.8	15.1	17.2	16.3	12	6.2	-1.1	-7	5.5
平均最高气温	℃	0.2	3.8	10.4	15.7	19.2	22.5	24.5	23.4	18.8	13.6	6.8	1.8	13.4
平均最低气温	℃	-16	-12	-4.5	1.3	5.7	8.6	11.4	10.6	7.1	1	-4.4	-13	-0.6
相对湿度	%	50	47	45	52	56	59	66	68	66	66	59	55	58
降水量	mm	1.3	1.2	45	22.8	50.3	46.9	71.9	87	55	26.9	2.8	0.9	372
日照时数	h	218	213	4.7	233	244	250	244	245	206	220	215	218	2742
日照百分数	%	71	69	238	59	56	57	55	59	56	63	70	73	62
平均风速	m/s	1.5	2.1	64	2.6	2.2	1.9	1.8	1.8	1.8	1.7	1.7	1.4	1.9

5.5.1.3 径流

经分析，湟水干流西宁站多年平均径流量为130840.5万m^3/s、民和站为197199.2万m^3/s，南川河多年平均径流量为4848.7万m^3/s，北川河桥头站多年平均径流量为63853.1万m^3/s。

本次设计治理河道范围：湟水河湟中桥至宁湖段段长4.4km。根据设计流量及河道底坡对上述河道的典型断面进行水力计算，其水位—流量关系曲线如图5-11所示。

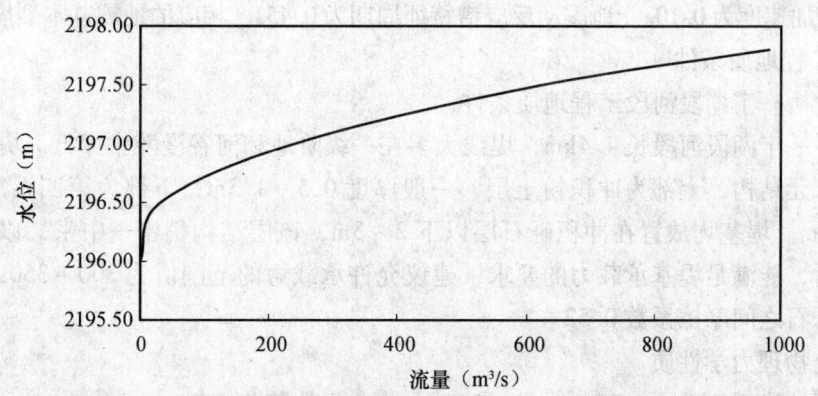

图5-11 湟水河典型断面水位-流量关系曲线

5.5.1.4 设计洪水

湟水流域的洪水主要由暴雨形成，具有山区型陡涨陡落的特征，暴雨和洪水在时间上对应性极强，洪水多出现在6~9月份，一次洪水过程历时多在24h左右。最大洪峰流量和洪水总量主要取决于上游暴雨分布情况。洪水的特点是：峰值高、总量小、历时短。关于湟水河防洪工程的规划报告、工程设计报告很多，都对河流洪水进行了分析，但实际采用值均为1986年《西宁市防洪规划报告》的数据，原因是该规划报告经过了政府的批准，而设计洪水流量均大于以后分析值。1986年规划报告数据采用的实测洪水系列较短，其间又有东大滩水库、大南川水库等骨干工程建设和水土保持建设，对洪水均有一定的调蓄作用。示范工程的洪水系列已延长到2001年，长达49年，湟中桥—宁湖段防洪标准为100年一遇，设计洪水流量768m^3/s。

5.5.1.5 泥沙

湟水流域泥沙来源主要是每年的6~9月汛期洪水挟带的泥沙，6~9月河道来沙量也占全年的85%左右。尤其是由暴雨形成的洪水所挟带的泥沙更多。多年平均悬移质平均粒径、中数粒径分别为0.04mm和0.028mm。根据实测资料，湟水河西宁站多年平均输沙量为329×10^4t，多年平均输沙率104kg/s，多年平均推移质3.87kg/m^3，多年平均侵蚀模数为364.7t/km^2。

5.5.1.6 冰情

西宁水文站及下游几公里内河道，冬季不存在封冻问题，每年11月~来年3月份，仅有少量岸冰存在。

5.5.1.7 工程地质

(1) 区域地质概况

工程区位于西宁盆地边缘低山丘陵区、湟水河流域西宁城区段。区内海拔高程2250~2600m，相对高差100~200m，河谷宽阔，呈"U"型，谷底宽300~800m。河道两岸发育有不对称的三级阶地，阶面平坦开阔，多具二元结构，其中一、二级阶地为基座阶地，三级阶地为堆积阶地。一级阶地高于河床1.0~2.5m，阶面宽100~200m，略倾向于河床；二级阶宽50~100m，阶地多具二元结构。

工程区内出露地层由老至新有：上第三系橘黄色砂砾岩、砂岩、泥岩夹泥灰岩、粉砂岩夹砾岩、黏土岩及石膏；第四系上更新统（Q_3）黄土状土和下部砂砾石层；全新统（Q_4）地层有冲积的卵砾石层及粉土、黏土、洪积泥质砂砾石、人工堆积土。

根据《中国地震动峰值加速度区划图》和《中国地震动反应谱特征周期区划图》，工程区地震动峰值加速度为0.10g。地震动反应谱特征周期为0.45s，相应的地震基本烈度为7度。

(2) 工程地质条件

①湟中桥—宁湖段河段工程地质条件

湟中桥—宁湖段河段长4.4km，堤线大多在一级阶地和河谷漫滩中穿行。堤防线所经一级阶地具二元结构，上部为冲积粉土层，一般厚度0.5~1.3m；下部为第四系冲积砾石层，厚度大于5m。堤基均放置在冲积砾石层以下2~3m，该层结构稍密—中密，以该层作为地基持力层时，能满足堤基承载力的要求，建议允许承载力的范围值为300~350kPa，河堤基础底面与砾石之间摩擦系数0.52。

②岩土物理力学性质

砾石层的渗透系数（4.78~9.6）$\times 10^{-2}$cm/s，平均值为6.55×10^{-2}cm/s，属强透水性。允许承载力可取320~360kPa，变形模量50~60MPa。

③水质分析

阶地地下水矿化度均大于1g/L，高于河谷漫滩的地下水属微咸水或半咸水，有碳酸型弱腐蚀,河谷漫滩以下的潜水不具任何腐蚀性,高阶地深埋地下水具结晶类硫酸盐型中~强腐蚀。

④天然建筑材料

河道沿线砂砾料丰富,初选堤防内基础开挖砾石料及河道中部分砾石料作为混凝土骨料,不足部分可从附近的砂石料场中拉运,质量和储量满足设计要求。

本次河道治理的主要建设范围为:湟水河城区东段的湟中桥—宁湖段,长4.4km。

(3) 主要任务

①河道防洪及河道疏浚,根据原河流流态,对河道狭窄行洪不畅的地段进行局部整治疏浚,沿河道两岸修筑堤防,将城市防洪标准提高到百年一遇或五十年一遇,并与西宁市城市规划相协调。

②以生态型河道整治为重点,在充分利用空间和水体的前提下,采取工程措施与生态措施相结合方式,增加绿地,改善城市景观,为居民提供条件较好的休闲娱乐场地。

5.5.1.8 河道工程

湟中桥—宁湖段为重点治理段,长4.4km,平均比降4.9‰。防洪标准100年一遇,设计洪水为768m³/s,自然河道宽在60~100m之间。采用对称或不对称复式河槽,主河槽底宽60m,深3.0m,副槽深1.0m,安全超高为1.0m。主堤采用分离式结构,底部采用碎石蜂巢网箱防冲基础,基础埋深1.5m,岸坡采用厚0.3m柔性碎石蜂巢护垫,1.5m高处设一道1.5m亲水平台,副河堤为土堤,采用植物防护。

主河槽每200~300m设一潜没式防冲坎,以防河流下切,减小基础埋深。

工程区内地下水的补给主要受河水、大气降水及灌溉水补给影响,又排泄于河流,地下水以潜水的形式贮存在含漂砂砾石中,第三系黏土岩为良好的相对隔水层,地下水在河谷漫滩埋深较浅,一般在0.3~1.0m之间,由于地下水更替较快,运移途径短,根据水质分析测定,地下水矿化度 $M=0.4~0.7$g/L,阶地地下水埋深3m左右,由于含水层较薄,其内地下水运移过程中和下第三系含铁、钙质及石膏层的泥岩发生离子交换,使地下水中含盐量较高。环境水的腐蚀判定见表5-9。

表5-9 环境水腐蚀判定标准

腐蚀性类型		腐蚀性特征判定依据	腐蚀程度	界限指数	分析结果	腐蚀性评价
分解类	溶出型	HCO_3^-含量(mmol/L)	无腐蚀	$HCO_3^->1.07$	3.5~4.25	无腐蚀
			弱腐蚀	$1.07\geq HCO_3^->0.7$		
			中等腐蚀	$HCO_3^-\leq 0.7$		
			强腐蚀	—		
	一般酸性型	pH值	无腐蚀	pH>6.5	8.21~8.44	无腐蚀
			弱腐蚀	$6.5\geq pH>6.0$		
			中等腐蚀	$6.0\geq pH>5.5$		
			强腐蚀	$pH\leq 5.5$		
	碳酸型	侵蚀性CO_2含量(mg/L)	无腐蚀	$CO_2<15$	0	无腐蚀
			弱腐蚀	$15\leq CO_2<30$		
			中等腐蚀	$30\leq CO_2<60$		
			强腐蚀	$CO_2\geq 60$		

续表

腐蚀性类型	腐蚀性特征判定依据	腐蚀程度	界限指数	分析结果	腐蚀性评价
分解结晶复合类	硫酸镁型 Mg^{2+}含量（mg/L）	无腐蚀	$Mg^{2+}<1000$	24.49~36.22	无腐蚀
		弱腐蚀	$1000\leq Mg^{2+}<1500$		
		中等腐蚀	$1500\leq Mg^{2+}<2000$		
		强腐蚀	$2000\leq Mg^{2+}<3000$		
结晶类	硫酸盐型 SO_4^{2-}含量（mg/L）	无腐蚀	$SO_4^{2-}<250$	河水、Ⅰ级阶地地下水 120.59~211.03，Ⅲ级阶地地下水 619.2~655	河水、Ⅰ级阶地地下水无腐蚀，Ⅲ级阶地地下水强腐性
		弱腐蚀	$250\leq SO_4^{2-}<400$		
		中等腐蚀	$400\leq SO_4^{2-}<500$		
		强腐蚀	$500\leq SO_4^{2-}<1000$		

根据室内水质分析，Ⅲ级阶地地下水中矿化度均大于 1g/L，为微咸水，Ⅰ级阶地及河谷漫滩地下水及河水矿化度为 0.4~0.7g/L，为淡水。Ⅲ级阶地地下水中 SO_4^{2-} 含量为 500~700mg/L，对混凝土具有结晶类硫酸盐型强腐蚀性，河水及Ⅰ级阶地地下水对混凝土无腐蚀性。

5.5.2 西宁市目前河道护堤的主要形式

5.5.2.1 目前城区河道护堤的主要形式

目前，西宁市对城市中心区的部分河段进行了治理，分别为湟水海湖桥—湟中桥河段长 12.1km，宁湖—小峡口 3.2km，南川河洪水桥—河口 3.2km，北川河门源桥—河口长 1km，合计治理或正在治理河道总长 19.5km。主要治理断面形式如下：

（1）复式断面

西宁市近几年已治理河道主要采用复式断面，南川河河口段、湟水河报社桥—建国桥均采用此种断面形式，主堤主要是直立形式，材料一般为浆砌石或混凝土，副槽内种植树木或绿地，设置了一定的休闲场地，极大地改善了西宁市的市貌。

（2）直立式

主要材料采用浆砌石或混凝土，一道高墙形成了河岸，绿化也以岸堤种植为主，形式较简单，北川河河口段采用此种形式。

（3）自然式坡岸

主要为宁湖段，因河道水质和土质条件较差，且洪水期冲刷严重，滑坡与泥土流失的现象严重。

5.5.2.2 存在的主要问题

（1）对生态环境的影响：西宁市治理段河道除宁湖段为自然土岸外，其他河段均为浆砌石或混凝土护岸，这种传统的护坡和护岸结构用一层坚硬的护坡结构隔绝了生物和微生物与大地的接触，使河道中的生物和微生物失去了赖以生存的环境，很难生存下去，破坏了河流生态系统的整体平衡，致使河道天然的自净能力遭到破坏，加上多处修建橡胶坝，使得城市河道的水动力极差，水流不顺，水体不能得到及时的调换，更使河流生态系统遭到极大的破坏。

（2）对人类生存环境的影响：在天然河道中修筑人工材料防汛墙不仅代价昂贵，而且破坏了人们赖以生存的自然环境，这样做的结果是对天然河道的水质和水环境产生了负面影响，继而对人们的生活质量和身心健康带来很大影响。在这种结构保护下的河道远离了生活在其附近的现代人，人们也失去了娱乐、休闲和亲水的绝佳场所，城市也因之失去了灵气和精神。

（3）对景观环境的影响：现代都市的河道断面整齐划一、走向笔直，虽然有整洁美，也富有现代都市的气息，但是它违背了现代人们追求的回归自然、返璞归真的需要。人们只有越过灰白高耸的混凝土挡墙才能看到河道，这显然是与人们的要求不相称的，与周围环境也极不协调，而且一旦这些结构遭到破坏以后，就更显得斑斑驳驳、破乱不堪，极大地影响了整个城市的市容市貌。

5.5.3 堤防及河道整治

5.5.3.1 河道堤防

湟中桥—宁湖段河段采用对称或不对称复式断面修建河堤，因河道两岸基本为林地或滩地，居民居住点和工矿企业均位于高级阶地之上，基本不受百年一遇洪水的影响，主河槽底宽60m，主河槽最大下泄流量为773.54m^3/s，主河槽河堤允许越浪，安全超高为1.0m，主堤深3.0m，副槽高1.0m。副河堤采用植物防护，不做工程防护。河堤填方段采用砂砾石填筑，设计密度为2000kg/m^3。

主堤采用分离式结构，为防止洪水对堤脚的冲刷，底部采用蜂巢格网挡墙基础，网箱型号是GBS-80，结构尺寸为4.0m×1.5m×1.5m、4.0m×1.0m×1.0m（长×宽×高），基础埋深1.5m。岸坡采用厚0.3m柔性碎石蜂巢格网护岸，网箱型号GMS-80，结构尺寸为4.0m×2.0m×0.3m（长×宽×高），碎石规格一般为10~25cm，网格与网格间可种植柠条等植物。格网底部采用无纺土工布，防止施工初期洪水对底部的淘刷。碎石蜂巢格网上部覆土进行绿化，边坡1:2。河道每隔200m可做成台阶状，以利行人下河嬉水，左右岸交错布置。河道每300m设置碎石、块石蜂巢格网冲砂坎，以减少对河堤的冲刷。

5.5.3.2 河堤绿化设计

截至2008年，西宁市森林覆盖面积为202693公顷，森林覆盖率为26.5%，人均公共绿地面积为8.05m^2，各指标均低于全国平均水平，缺林少绿，是西宁生态环境建设中的突出问题。西宁市城区河道长44km，现已治理段长度15.2km，增加河道两侧绿地26667公顷。

《西宁市城市总体规划》中指出加强主城区内"三河六岸"自然绿地景观轴线的建设，两侧形成30~100m的绿地走廊。根据以上规划，本次设计根据实际地形及河道两侧红线范围，采用复式河槽，布置一定的绿化设施，河道南北两岸人行道间隔种植垂柳、丁香等灌木，间距5.0m，中间栽种1.5m×1.5m的乔灌木行道树，主堤斜坡种植柠条等植物，采用育苗移植，副河堤内设草坪绿化带，并分区布置各种适于老年、成年、儿童娱乐和休闲活动的主题游园草坪和地被植物作为绿色覆盖材料。适用西宁市的草坪品种可根据《西宁市城市绿地系统规划》选用。工程增加绿化面积14.16公顷。

在上述基础上，此淹水区坡面采用生态护坡，以防止坡面的侵蚀为主要目的，并且具有施工上的迅速性、经济性和对生态环境的保护性等优点。

5.5.4 示范工地中护坡面材料的选定

5.5.4.1 原材料

结合示范工地的实际情况和5.3部分中原材料与生态混凝土各性能的相互关系，采用了下面一系列材料，如表 5-10 所示的生态混凝土配合比。

表 5-10　生态混凝土配合比

粗骨料 G	细骨料 S	水泥 C	外加剂 SR-3	水泥的水灰比 (SR-3 + W)/C	水 W
1400kg	300kg	250kg	37.5L	42%~46%	67.5~77.5kg

水泥（C）：青海大通水泥集团生产的 42.5 级普通硅酸盐水泥；
外加剂：SR-3（生态混凝土专用外加剂）；
粗骨料：采用 5~13mm 碎石；
砂（S）：河砂，中砂细度模数为 2.6；
水（W）：一般自来水。

5.5.4.2　植生材料

包括植生母体材料的选择及配方（如种子、有机缓效性肥料、有机营养材料、纤维类材料等），表 5-11 有详细说明。

表 5-11　植生材料标准配方表

材料	有机缓效性肥料（kg/m³）	有机营养材料（l/m³）	纤维类材料（kg/m³）	现场土、砂（m³）	土壤调整安定剂（kg/m³）	种子（袋）	水（L/m³）
标准量	10	880	13.3	0.4	15	1.0	480

5.5.4.3　坡面混凝土框架及内部充填生态混凝土用量

为了保证护坡面的稳定，坡面所浇筑混凝土框架的重量满足 Hudson 公式：

$$W = \frac{W_r H^3}{K_b \left(\dfrac{W_r}{W_0} - 1\right)^3 \cot\alpha} \tag{5-19}$$

式中　W——淹水区坡面框架上所需混凝土的最小重量；
　　　W_r——混凝土每单位体积重量，t/m^3；
　　　W_0——水的密度，t/m^3；
　　　α——坡面与水平面的角度；
　　　H——波浪在坡面上行进的高度；
　　　K_b——由被覆盖的材料所决定的定数。

通过研究得到：淹水区的坡面由风引起的浪高 $H = 0.5~1.0$m，坡面的坡度为 1:3，W_r 为 2.3t/m^3，$K_b = 5$。代入上式得出 $W = 46$kg。生态混凝土密度为 1.8t/m^3，按图 5-12 所示的浇筑的平面图混凝土框架的厚度取 13cm，生态混凝土的厚度取 10cm 时，完全能满足上述要求。

5.5.5　示范工程坡面工程的标准构造和断面图

5.5.5.1　框架构造及跨度大小

框架是由现场浇筑的混凝土构造物。框架的主要作用是防止坡面表面风化，将坡面和生态混凝土形成一体化的构造。考虑到生态混凝土的厚度和前面的计算，框架的断面宽度取为 20cm，高度取 13cm。

框架（竖、横框）的跨距大小是充分考虑混凝土施工、坡面长度、水位等因素后确定的。框架的布置及淹水区坡面的平面如图 5-12 所示。

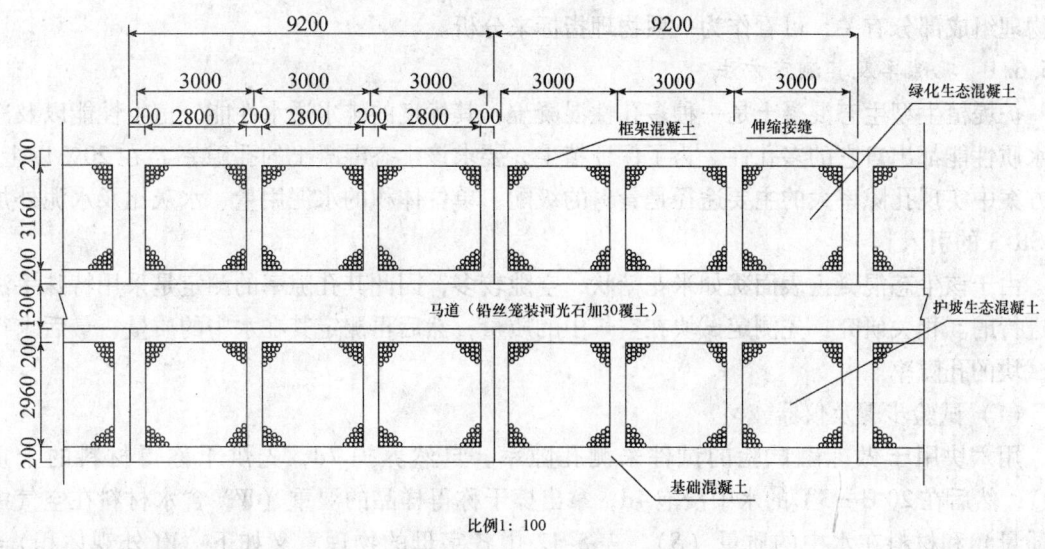

图 5-12 框架布置及淹水区坡面的平面图（mm）

5.5.5.2 坡面覆盖工程形式

在图 5-13 中，各层材料在护坡中的功能也不一样；砂层：保持坡面平整度的同时，稍起一定的反滤效果。植生材料：可在土砂、混凝土、河岸、河底及各种岩石壁面上实现植生、绿化环境的作用。

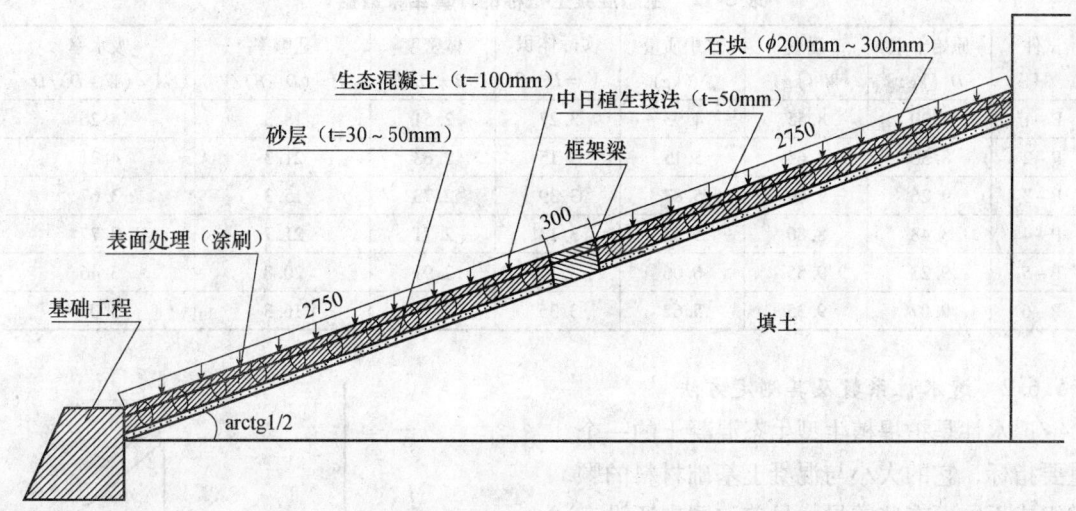

图 5-13 生态护坡设计方案（mm）

透水性生态混凝土除起到护坡功能外，还具有过滤性和植生性，自身很大空隙使得植物、生物、微生物等在其中生长、生存。另外通过特殊表面强化剂进行生态混凝土表面处理（涂刷），使得生态混凝土表面强度超过钢板，从而具有长期性的抵抗由波浪冲刷、淘刷而引起的表面磨损及风化作用等功能。

5.5.6 透水性生态混凝土的物理性能指标

研究生态混凝土的物理性能主要包括混凝土的孔隙率、透水系数、pH 值。在普通混凝土中把透水性当成耐久性研究的一个部分，但在这种透水性生态混凝土中，透水性和混凝的物理组成部分有关，可看作为一项物理指标来分析。

5.5.6.1 孔隙率及其测定方法

护堤植生型生态混凝土是一种多孔性混凝土，其优良的排水透水性能、植生性能以及净化水质性能都出自它的多孔性。为了保证植生，要求该生态混凝土的孔隙率 P 在 20% 以上。本方案中实现孔隙率大的主要途径是骨料的级配、单位体积的水泥用量、水灰比及水泥外加剂 SR-3 的引入。

由于该生态混凝土表面犹如米花糖状，空隙较多，因此其孔隙率的测定是采用特殊手法来进行的。相关研究：先测定试块在空气中的质量，然后再测定其在水中的质量，最后求得该试块的孔隙率。

(1) 试验步骤及仪器

用六块用于做冻融试验的试件来测孔隙率。自然养护 7d，先烘干称得材料的干重 (D)，然后在 20℃±3℃ 的水中浸泡 4d，拿出擦干称得样品的湿重 (W，含水材料在空气中的质量) 和材料在水中的质量 (S)。表 5-12 中各字母的物理意义如下：V(外观体积) $= W-S$；B(体积密度) $= D/V$；P(视孔隙率) $= (W-D)/V$；V_i(不可渗透物质的体积) $= D-S$；T(视密度) $= D/(D-S)$；A(吸水率) $= (W-D)/D$。

试验仪器：CF-B 型自控恒温水浴箱、磅秤、细绳、吊秤。

(2) 试验结果（表 5-12）

表 5-12 生态混凝土指标的计算结果数据

试件编号	原始干重 D (kg)	湿重 W (kg)	水中质量 S (kg)	实际体积 $V_i = D-S$	体密度 $B = D/V$	孔隙率 $P = (D-S)/V$	吸水率 $A = (W-D)/D$
P-1	8.20	8.55	4.93	3.27	2.51	18.3	4.26
P-2	8.30	8.65	5.15	3.15	2.63	21.3	4.21
P-3	9.26	9.60	5.87	3.39	2.73	15.3	3.67
P-4	8.48	8.80	5.35	3.13	2.71	21.7	3.77
P-5	9.23	9.55	6.06	3.17	2.91	20.8	3.46
P-6	9.07	9.35	5.62	3.35	2.71	16.3	3.08

5.5.6.2 透水性系数及其测定方法

透水性是护堤植生型生态混凝土的一个重要指标，它的大小与混凝土基础材料的颗粒组成不同而有些差异。目前，国内还没有制定测定这种多孔混凝土透水性的标准方法，本文参照《日本混凝土协会多孔性混凝土施工指南》所规定的试验方法和试验仪器来测定该生态混凝土的透水系数。所采用的测试透水性装置如图 5-14 所示。

多孔性生态混凝土透水性的透水系数测定为：在一定的水头下，单位时间内透过混凝土的水量与混凝土透水面积成正比，与混凝土透水厚度成反比。

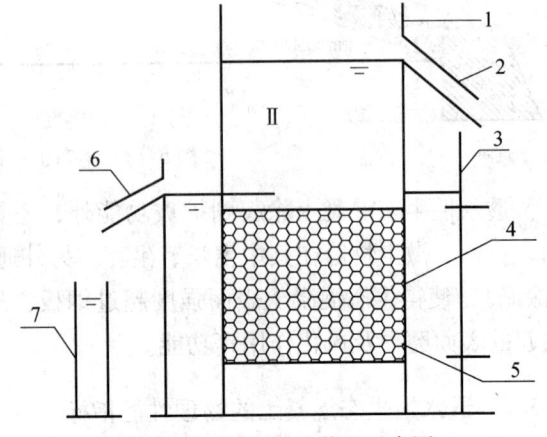

图 5-14 透水试验装置示意图
1—透水圆筒套；2—溢水管；3—定位水桶；4—透水圆筒；5—生态混凝土；6—出水管；7—量筒

$$K_{\mathrm{T}} = \frac{Q \times D}{A \times H \times (t_2 - t_1)} \tag{5-20}$$

式中 K_{T}——水温 $T℃$ 时的透水系数，cm/s；

Q——从时间 t_1 到 t_2 透过混凝土的水量，cm^3；

D——生态混凝土试件的厚度，cm；

A——生态混凝土试件的面积，cm^2；

H——水头，cm；

$t_2 - t_1$——测定时间，s。

混凝土的透水系数与水的温度有关，温度之间有一定的换算关系。下面的试验结果是在 21℃ 水温下测得的。数据结果见表 5-13。

$$K_{\mathrm{TM}} = \frac{\eta_{\mathrm{N}}}{\eta_{\mathrm{M}}} K_{\mathrm{TN}} \tag{5-21}$$

式中 η_{N}、η_{M}——对应不同水温时的换算系数；

K_{TM}、K_{TN}——对应温度下的透水系数。

表 5-13 透水系数测定数据

试件	测定时间（s）	水位差（cm）	水温（℃）	透水量（cm^3）	透水系数（cm/s）
1	120.28	0.5	21	202.8	7.817×10^{-1}
	120.31	0.5		203.4	
2	120.27	1.00	21	393.7	9.478×10^{-1}
	120.30	1.00		394.3	
2	120.34	2.00	21	723.8	8.69×10^{-1}
	120.33	2.00		720.1	

5.5.7 生态混凝土 pH 值及碳化深度的测定

普通混凝土由于其组成材料之一的水泥在水化时，将产生占水泥石体积 20%～25% 的 $Ca(OH)_2$，使得混凝土呈强碱性，pH 值高达 13 左右，这种碱性对用于结构物的钢筋混凝土来说是有利的，具有保护钢筋不被腐蚀的作用。但对于道路、港湾、护堤用混凝土材料等，这种碱性不利于植物和水中生物的生长，因此植生型生态混凝土的 pH 值必须维持在不影响植物生长的水平，即低碱度生态混凝土。

5.5.7.1 试验方法

生态混凝土 pH 值的测定是将达到一定龄期的混凝土破碎，充分研磨、过滤（0.08mm 方孔筛），称取 10g，然后加入到 10 倍质量的蒸馏水中，用橡皮塞塞紧以防碳化，每隔约 5min 振动均匀 1 次，2h 后用酸度计测定 pH 值。经初步测定，掺加了 SR-3 外加剂，龄期为 7d 的植生型生态混凝土的 pH 值维持在 10 左右。

所用到的试验仪器：0.08mm 方孔筛、电子天平（感量为 0.1g）、酸度计。

5.5.7.2 试验结果

（1）自然养护 7d 后测定结果见表 5-14。

表 5-14　pH 值数据

编号	S-1	S-2	S-3
pH 值	10.2	10.5	10.7

（2）自然养护 7d，在碳化 28d 后测定结果见表 5-15。

表 5-15　碳化深度结果

编号	CS-4	CS-5	CS-6
pH 值	9.8	9.9	9.8

5.5.7.3　结果分析

本方案中的生态混凝土比普通混凝土的 pH 值小，碱度偏低。碳化后，空气中的 CO_2 进一步地中和水泥砂浆中的 $Ca(OH)_2$，pH 值进一步降低，更加接近中性。生态混凝土自然养护 7d 后的碱性比一般混凝土低的重要原因是单位体积的混凝土中水泥的用量减少，则得到的 $Ca(OH)_2$ 量偏低，由 $Ca(OH)_2$ 电离出的决定 pH 值的 OH^- 离子就自然没有普通混凝土多。混凝土碳化的研究本应该在混凝土耐久性中考虑，但是本方案中的生态混凝土在工程应用中内部没有配置钢筋，属于素混凝土，不涉及混凝土内部呈现一定的碱性对钢筋的锈蚀起阻碍作用。混凝土的碳化对耐久性的影响甚微。因此，混凝土碳化只是在本节中讨论才有一定的意义。

5.5.8　生态混凝土的力学性能

多孔透水性混凝土由于内部结构的原因，其主要的力学指标抗压强度、抗折强度一般比普通混凝土低。本试验中的生态混凝土也是一种多孔透水性混凝土，生态混凝土护堤技法要实现护堤这一基本功能，必须要有一定的强度做保证，其抗压强度要在 $10N/mm^2$（10MPa）以上。

生态混凝土强度的测定与普通混凝土强度的测定方法一致，在示范工地现场浇筑四组 150mm×150mm×150mm 试件；每组三块，自然养护（在阴暗处自然养护即可），然后分别通过压力机测定 7d 和 28d 的抗压强度。

5.5.8.1　计算公式

$$N(强度) = \frac{P(压力)}{A(表面积)} \tag{5-22}$$

5.5.8.2　试验现象及结果分析

抗压立方体试验的抗压破坏面并不全是在过渡区的薄弱面，这其中与粗骨料的粒径和质量有关。当粗骨料比较圆滑、干净时，破坏面发生在砂浆与粗骨料之间的过渡区。当粗骨料中存在一些碎石片，外形并不均匀时，断裂面就存在于这些碎石片中间，生态混凝土中的最先被压碎的就是这些粗骨料。为了提高生态混凝土的力学强度，对骨料的体形和质量要严格地控制。

从表 5-16 可以看出：添加了 SR-3 的多孔生态混凝土，虽然孔隙率较高（一般在 20% 以上），但其 7d 标准立方体抗压强度在 $18N/mm^2$（18MPa）以上，通过上面的试验结果可知，此种生态混凝土为一种早强的混凝土。水泥添加剂 SR-3 的加入，提高了水泥水化的速度和水化环境，7d 和 28d 的抗压强度没有太大的区别，并且无须蒸汽养护即可使水泥的水化比较充分，为现场施工带来了方便。

表 5-16 抗压强度数据

编号		压力 P(kN)	表面积 A(m²)	强度 N(MPa)	
7d（自然）	S-1	470.0		20.89	22.30
	S-2	490.0		21.78	
	S-3	545.0	2.25×10^{-2}	24.22	
28d（自然）	S-4	392.5		17.44	17.59
	S-5	410.0		18.22	
	S-6	385.0		17.11	
7d（蒸汽）	Z-1	531.0		20.89	22.30
	Z-2	507.0		21.78	
	Z-3	512.0	2.25×10^{-2}	24.22	
28d（蒸汽）	Z-4	523.0		17.44	17.59
	Z-5	498.0		18.22	
	Z-6	501.0		17.11	

5.5.9 生态混凝土冻融试验

我国目前混凝土抗冻试验方法是快冻法和慢冻法并存。慢冻法是以冻融试验后混凝土的强度损失和重量损失作为评定指标。多年来的实践证明，慢冻法试验不仅费工费时，而且试验成果质量差，评定指标与实际混凝土的冻融破坏状态不一致。快冻法以相对动弹性模量损失率和重量损失率作为评定指标，现已普遍采用快冻法代替慢冻法。护堤植生型生态混凝土参考普通混凝土抗冻试验方法和模拟实际工程中混凝土所处的情况进行试验，通过用现场浇筑的生态混凝土制作试验试块在实验室进行水冻水融和气冻水融两种快冻法试验。

5.5.9.1 试验概况

（1）试验说明

由于这类空隙率较大的透水性混凝土国内还没有相应的试验标准，因此生态混凝土冻融循环试验按照《普通混凝土长期性能和耐久性能试验方法》(GBJ 82—85) 的快冻法进行。GBJ 82—85 规定：混凝土快速冻融试件浇筑后养护至 28d 龄期时开始试验。提前 4d 将试件浸泡在温度为 15℃~20℃的水中，试验前测试动弹性模量和重量，每次冻融循环应在 2~4h 内完成，其中用于融化的时间不得少于整个冻融时间的 1/4，一般每隔 50 次循环作一次动弹性模量测试。在冻结和融化终了时，试件中的温度应分别控制在 -17℃±2℃ 和 20℃±2℃，遇到以下几种情况之一即可停止试验：

①已达到 300 次循环；
②相对动弹性模量下降到 60% 以下；
③重量损失率达 5%。

采用西宁市当地材料，在生态混凝土浇筑工地现场制作两组试件，每组三块，尺寸为 100mm×100mm×400mm。混凝土搅拌完毕后立即装入试模浇制试件，用人工成型，分两层装入试模,每层用金属棒插捣11下。由于此种混凝土的早强性,将试件自然养护7d后,在20℃±2℃的水中浸泡4d,模拟护堤上不同位置混凝土的实际情况做气冻水融和水冻水融试验。冻融试验的试块如图5-15和图5-16所示,此种混凝土呈米花糖状并有间隙(空隙率为20%左右)。

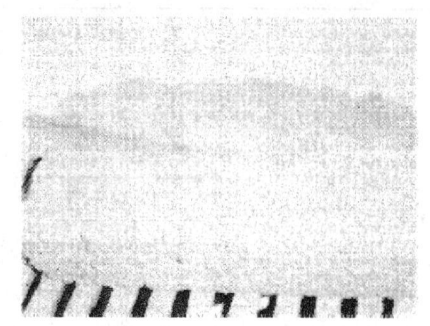 

图5-15 混凝土试件气冻试验

(2) 试验方案

冻融试验仪器:TDR1型混凝土快速冻融试验机、低温冰箱、CF-B型自控恒温水浴箱、共振仪以及台秤。

气冻水融具体操作如下:将浸泡后的三试块,擦去表面水,称其质量,并测横向基频;试块进行气冻水融冻融循环试验时,在低温冰箱中进行,4h冻,在冻的过程中把三个试件并排放入冰箱中,试件之前用橡皮条隔开留有一定的空隙,2h融。进行冻结试验的冰箱温度控制在-25℃±2℃,融化在20℃±2℃的水箱中进行,每次融化结束进行下一次循环之前擦干试件表面的水,考虑这类多孔性混凝土受冻融劣化速度较快,每16次循环后测三块试件的质量以及横向基频。

水冻水融:采用TDR1型混凝土快速冻融试验机(图5-17),试件在饱水状态下进行快速冻融试验;把试件放入冻融试验箱的胶皮桶中,再将桶中注入水,水面浸没试件顶部2~3cm。冻融过程的制冷和加热由试验箱内桶周围的乙二醇防冻液传导热量。每个冻融循环温度上限为8℃±1℃,温度下限为-17℃±1℃,每一冻融循环时间为4h。温度的控制由插入试件中的温度传感器测量。可编程的SPC1500微处理器采集温度数据,并由该处理器控制温度,按照上述温度上下限进行自动切换制冷和加热。考虑多孔混凝土内部饱和孔隙水冻胀过程中将加速混凝土的劣化,将每隔50次循环测试一次改为15次或更少循环来测试动弹性模量和重量,并进行外观评级或进行外观照相,破坏情况如图5-18所示。

 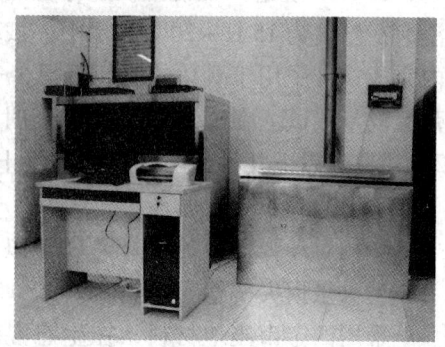

图5-16 冻融试验用的混凝土试块　　图5-17 水冻水融试验装置图

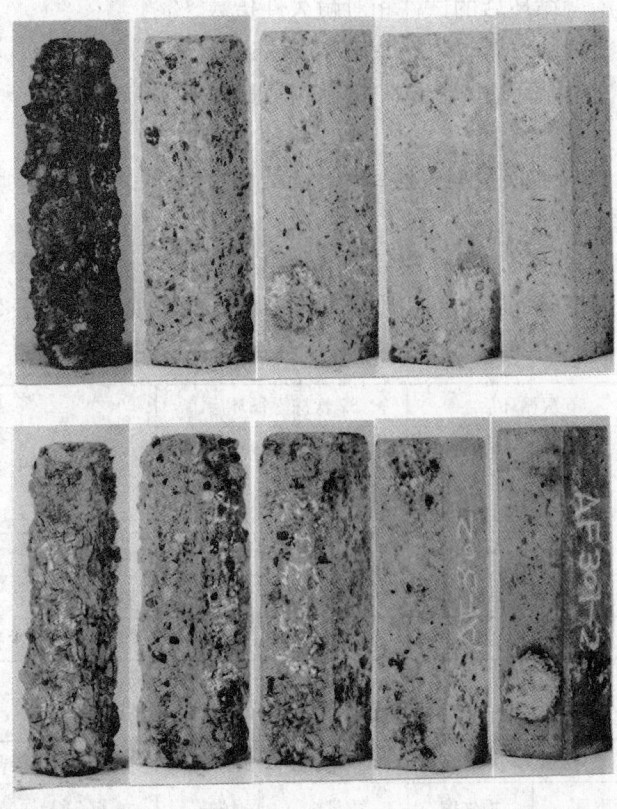

图 5-18 试件水冻水融破坏图

5.5.9.2 试验计算公式

(1) 质量损失率 W_0 按下式计算

$$W_0 = 100 \times \frac{(m_0 - m_n)}{m_0} \tag{5-23}$$

式中 W_0——0 次冻融循环后的试件质量损失率；
　　　m_0——试件冻融试验前的试件质量，kg；
　　　m_n——n 次冻融循环后的试件质量，kg。

判断标准：质量损失率超过 5% 时，就认为该试件已经破坏。

(2) 相对动弹性模量 P 按下式计算

$$P = 100 \times \frac{f_n^2}{f_0^2} \tag{5-24}$$

式中 P——经 n 次冻融循环后试件的相对动弹性模量，%；
　　　f_n——冻融 n 次循环后试件的横向基频率；
　　　f_0——试验前的试件横向基频。

判断标准：相对动弹性模量 $P \leqslant 60\%$ 时，就认为该试件已经破坏。

(3) 相对耐久性指数 K_n 按下式计算

$$K_n = p \times \frac{n}{300} \tag{5-25}$$

式中　K_n——经 n 次冻融循环后的试件相对耐久性指数,%;

　　　　n——达到 n 次试件破坏时的冻融循环次数;

　　　　P——经 n 次冻融循环后 3 个试件的相对动弹性模量的平均值,%。

（4）抗冻等级

当 P 小于或等于60%或质量损失达5%时,就认为试件已经破坏,此时的冻融循环次数 n 即为试件的抗冻等级。

5.5.9.3　试验结果

试验中气冻水融的横向基频结果和质量变化情况分别见表5-17、表5-18、表5-19。

表5-17　气冻水融破坏前后的横向基频

试件	初始横向基频（Hz/s）	16 次循环后		32 次冻融循环后		试件破坏时	
		横向基频（Hz/s）	相对动弹性模量 $P(\%)$	横向基频（Hz/s）	相对动弹性模量 $P(\%)$	横向基频（Hz/s）	相对动弹性模量 $P(\%)$
P-1	1825.0	1778	94.91	1718.5	90.33	1700.0(43次)	86.77
P-2	1812.5	1678	85.71	1531.7	71.41	1443.7(40次)	63.44
P-3	2012.5	1970	95.82	1886.9	87.91	1643.8(53次)	66.72

表5-18　气冻水融试验中试件质量

试块	初始质量 m_0（kg）	冻融16次		冻融32次		试件破坏时	
		质量（kg）	损失率（%）	质量（kg）	损失率（%）	质量（kg）	损失率（%）
P-1	8.55	8.35	2.34	8.30	2.92	8.10(43次)	5.26
P-2	8.65	8.45	2.31	8.28	4.28	8.20(40次)	5.20
P-3	9.60	9.40	2.08	9.38	2.29	9.20(53次)	4.17

表5-19　水冻水融破坏前后的质量和横向基频变化表

性能指标	试件编号		冻融循环次数				
			0 次	15 次	25 次	30 次	35 次
横向基频（Hz/s）	P-1	横向基频	2127	1945	1793	1735	1671
		相对动弹模（%）	100	83.6	71	66.5	61.7
	P-2	横向基频	1832	1745	1658	1593	1537
		相对动弹模（%）	100	90.7	81.9	75.6	70.4
	P-3	横向基频	2190	2065	1930	1834	1750
		相对动弹模（%）	100	87.2	77.6	70.1	63.8
质量（kg）	P-1		8.60	8.386	8.20	8.107	7.934
	P-2		8.75	8.370	8.215	8.132	8.015
	P-3		8.40	8.098	7.95	7.820	7.658

5.5.9.4　试验结果分析

试件表面有砂子脱落现象,随着循环次数的增加,脱落数量增大,其中试件四角砂子脱落尤为明显。在冻融过程中三块试件表面脱落原因就是混凝土冻融循环产生的一种破坏,反映出来的就是冻融循环过程中试件质量减少；而另一种冻胀开裂现象在混凝土试件表面并不明显。

从图 5-19 和图 5-20 可以看出：当混凝土的质量损失超过 5%（破坏标准）的时候，三个试件的相对动弹性模量约高于 60%，则此时的三块试件抗冻标号为 40，43，50；说明在经过这些次的冻融循环过程后混凝土才被破坏。由图 5-19 可知，生态混凝土的质量损失在前 16 次冻融循环后和在接近冻融破坏时的质量损失率的曲线的斜率比较大。即在此范围内，随着冻融次数的增加，质量损失速度较快。由图 5-20 得出：混凝土的相对动弹性模量随着冻融循环次数的增加基本上保持一种直线型的减少关系。

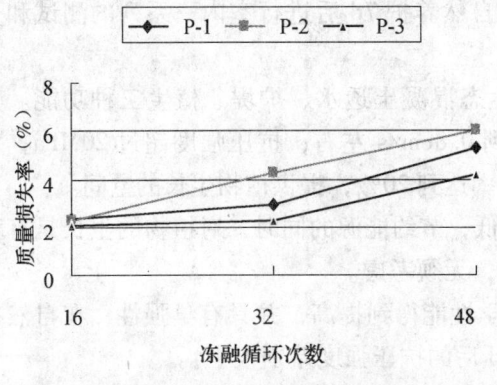 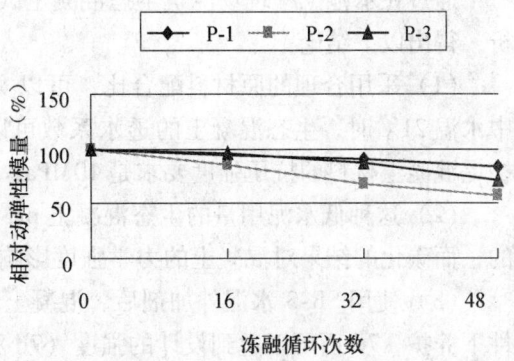

图 5-19　质量损失率与冻融循环次数的关系　　图 5-20　相对动弹性模量与冻融循环次数的关系

在水冻水融中，由图 5-21 和图 5-22 得出：质量损失达到破坏标准时，动弹性模量仍然符合要求；这说明生态混凝土的内部破坏并没有超过失效标准，表面的石子脱落比较严重，属于局部的损伤。40 次冻融循环后试件整体发生断裂，无法从冻融槽中取出试件进行基频的测定，此时的试件已完全冻坏，几乎没有力学强度。

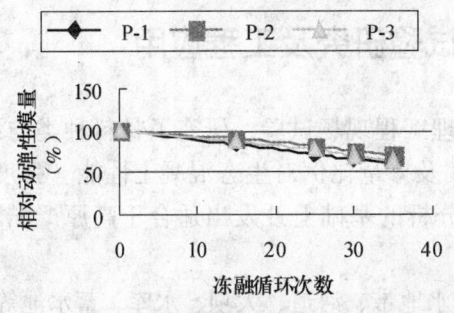 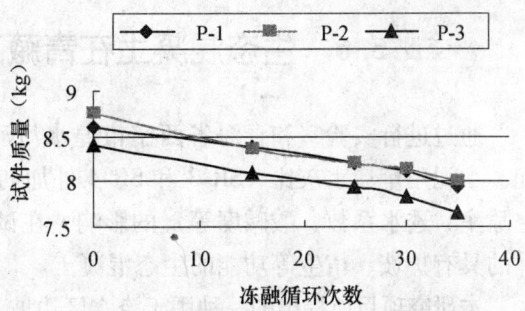

图 5-21　水冻水融相对动弹模与冻融关系图　　图 5-22　水冻水融质量和冻融关系图

生态混凝土水冻水融和气冻水融破坏机理是一样的，但是所能承受的冻融循环周期有很大的差别。这与冻胀过程中产生的破坏力的大小有关。冻胀力的产生受整个混凝土的孔结构影响，其内部的冻胀力的分析将在后面重点研究。

5.5.9.5　试验结论

本试验通过描述示范工程所用生态混凝土冻融试验概况，全面地介绍了这种多孔型混凝土的冻融循环试验的步骤，测试方法、指标，以及评价冻融破坏的参量，并得出以下结论：

（1）无机质外加剂 SR-3 的引入，改善了混凝土的孔结构和力学性能，提高了混凝土内部骨料和砂浆的黏结力和冻融循环次数，可以满足工程的要求。以动弹性模量损失为参考指标，最低温度为 -23℃，混凝土在气冻水融循环中，达到破坏时可以经受的冻融循环次数为 55 次左右；水冻水融循环中，达到破坏时可以经受的循环次数为 35 次左右。

（2）在冻融循环过程中，表面的剥蚀程度和动弹性模量损失率随着冻融次数的增加而逐渐增大。在气冻水融循环中，质量损失达到破坏标准时，动弹性模量还没达到；试件在水冻水融循环中，内部损伤程度比表面剥蚀程度大，最后整个试验试件在冻融筒内发生断裂。气冻水融和水冻水融产生的破坏机理有很大的差别。

5.5.10 结论

通过在示范工程现场浇筑生态混凝土试件，自然养护 7d 后进行室内一系列的测试和分析，得出以下结论：

（1）采用合理的原材料配合比，可以实现生态混凝土透水、护堤、植生三种功能。其中水温 21℃时，生态混凝土的透水系数可以达到 0.8cm/s 左右；抗压强度超过 20MPa，对护堤混凝土材料的抗压强度要求是 10MPa；空隙率达到 20%，提供植物生长的空间。

（2）这种低水泥用量的生态混凝土 pH 值偏低，节约能源的同时，对植物的生长是有利的；而碳化的结果对混凝土的力学强度影响不大，无须考虑。

（3）使用 SR-3 水泥外加剂后，混凝土的力学性能得到提高，并具有早强性；在自然条件下养护，7d 后可以达到设计的强度（7d 和 28d 后的抗压强度差别很小）。

（4）此种生态混凝土在施工中应特别注意搅拌的时间，采用人工振捣，注意振捣的次数和频率，使水泥砂浆均匀附着在骨料周围。

（5）无机质外加剂 SR-3 的引入，提高了混凝土内部骨料和砂浆的黏结力和冻融循环次数，可以满足工程的要求。示范工程上所用生态混凝土达到破坏时可以经受的气冻水融循环次数为 55 次左右；水冻水融循环中，达到破坏时可以经受的循环次数为 35 次左右。

5.6 生态混凝土在青藏高原试验研究及工程应用

通过进行实验室和青海省西宁市湟水河河道治理工程现场试验，研究了骨料种类与级配、水泥用量、水灰比、SR-3 和 SR-4 外加剂的选用及掺量比例对生态混凝土性能（强度、空隙率、透水系数、酸碱度等）的影响，在试验和分析的基础上开发出适合于高原严酷环境的具有护坡、植生等功能的生态混凝土。

本研究项目所提出的一种用于淹水区边坡（如滨水地带、河道、大坝、水库、蓄水池等）治理和保护，并考虑环境因素的新型混凝土，即现浇透水性生态混凝土，它的最大特点就是存在非常多的单独或连续的空隙，拥有了一般混凝土不具有的功能。因此，该混凝土不仅仅在混凝土领域，而且在环境保护，特别是创造良好的生态环境等其他领域都受到了广泛的关注。由于该生态混凝土自身的多孔性，使其具有自然净化水质、实现植物生长（植生）以及防波浪冲刷、自然排水透水（护堤）等促进自然生态环境以及营造城市景观等突出的优点。

研究中结合青海的实际情况，利用日本 JCK 株式会社开发经验和技术，研究、制备出适用于青海地区严寒、干旱以及盐湖环境的透水性生态混凝土，利用该生态混凝土具有的过滤（主要功能是保证只让水安全渗透而土质细颗粒不流出）、生物共生、植生绿化、净化水质等良好的生态亲和性能及特征，实现恢复和保护青海地区的自然生态环境，促进该地区的人文、环境、生态的和谐、健康发展。

5.6.1 试验用原材料

5.6.1.1 材料的选定

（1）水泥：青海省水泥集团股份责任公司 P·O 42.5，技术指标符合《硅酸盐水泥、普通硅酸盐水泥》(GB 175—1999）的规定。

（2）细骨料：西宁湟水河中砂，细度模数 M_x = 2.30 ~ 2.60，级配较好。

（3）粗骨料：西宁湟水河碎石，粒径为 5~15mm、5~20mm 两种级配。

（4）拌合用水：饮用水。

（5）生态混凝土专用外加剂：SR-3，SR-4 两种。

5.6.1.2 材料的物理与化学性质的测定

在实验室对使用骨料的表观密度、吸水率、堆积密度及空隙率进行了测定。同时，对无机质外加剂 SR-3、SR-4 的密度、pH 值等指标进行了复测。

（1）骨料性能测试：结果见表 5-20、表 5-21。

表 5-20　护坡用生态混凝土细骨料、粗骨料性能测试表

性能指标	细 骨 料	粗 骨 料（7号）
表观密度（g/cm³）	2.62	2.80
吸水率（%）	—	—
堆积密度（kg/m³）	1510	1460
空隙率（%）	42.4	47.9
细度模数	2.31	

表 5-21　种植用生态混凝土细骨料、粗骨料性能测试表

性能指标	细 骨 料	粗 骨 料（6号）
表观干密度（g/cm³）	2.62	2.51
吸水率（%）	—	—
堆积密度（kg/m³）	1510	1430
空隙率（%）	42.4	43.0
细度模数	2.31	

（2）外加剂性能测试：见表 5-22。

表 5-22　外加剂性能复测

外加剂型号	密度（g/cm³）		pH 值	
	原态	复测	原态	复测
SR-3	1.30 ± 0.02	1.28	4.5 ± 0.5	4.6
SR-4	1.28 ± 0.02	1.31	3.5 ± 0.5	3.7

5.6.2 试验研究

5.6.2.1 配合比设计

考虑到高原严酷的自然环境条件,种植生态混凝土的设计强度为C20,护坡生态混凝土的设计强度为C30。根据设计的抗压强度和控制的空隙率,设定单位用水量(W)、水灰比(W/C)、细骨料用量(S)、粗骨料用量(G)以及外加剂用量。具体的试配比例见表5-23和表5-24。

表5-23 护坡用生态混凝土试验配方表

粗骨料 G	细骨料 S	水泥 C	外加剂 SR-3	水灰比 W/C	水 W
1350kg	300kg	250kg	5.01L	0.43~0.47	107.5~117.5kg

表5-24 种植用生态混凝土试验配方表

粗骨料 G	细骨料 S	水泥 C	外加剂 SR-4	水灰比 W/C	水 W
1450kg	300kg	250kg	5.01L	0.29~0.31	72.5~77.5kg

5.6.2.2 试验提炼

在试验提炼中,对硬化后混凝土的强度、光泽、状态进行了筛选对比。试样制备:3d、7d、28d抗压强度试验用各3块,透水系数、空隙率试验用各3块。对相关的性能指标进行了测试。

(1) 空隙率测试:结果见表5-25。

表5-25 生态混凝土空隙率测试

取样地点	桶+水1(g)	混凝土(g)	桶+水2+混凝土(g)	混凝土总体积(cm³)	混凝土密实体积(cm³)	空隙率(%)	平均空隙率(%)
实验室生态混凝土	9609.50	6735.00	13432.50	3375.00	2912.00	13.72	15.60
	9609.50	6643.50	13463.00	3375.00	2790.00	17.33	
	9609.50	6773.50	13540.00	3375.00	2843.00	15.76	
现场护坡生态混凝土	9609.50	6935.00	13808.00	3375.00	2736.50	18.92	16.89
	9609.50	7012.00	13789.00	3375.00	2832.50	16.07	
	9609.50	6872.00	13635.00	3375.00	2846.00	15.67	
现场种植生态混凝土	9609.50	6238.00	13311.50	3375.00	2536.00	24.86	26.35
	9609.50	6357.50	13564.00	3375.00	2402.50	28.81	
	9609.50	6444.00	13534.50	3375.00	2519.00	25.36	

(2) 透水系数

测试结果见表5-26。

表 5-26　生态混凝土透水系数测试数据

取样地点	试件密度（g/cm³）	总空隙率（%）	封边前透水系数（cm/s）	封边后透水系数（cm/s）
实验室生态混凝土	1.96	13.72	0.83	0.61
	1.90	15.76	0.91	0.82
	1.92	17.33	1.49	0.89
现场护坡生态混凝土	2.05	5.57	0.52	0.38
	2.03	6.46	0.58	0.43
	1.99	9.69	0.81	0.59
现场种植生态混凝土	1.79	24.86	7.58	4.50
	1.74	25.36	8.29	4.78
	1.72	28.81	9.62	5.48

（3）实验室强度测试：结果见表5-27、表5-28。

表 5-27　护坡生态混凝土强度

3d 抗压荷载（kN）	3d 抗压强度（MPa）	3d 平均抗压强度（MPa）	28d 抗压荷载（kN）	28d 抗压强度（MPa）	28d 平均抗压强度（MPa）
747.2	33.21		797	35.42	
670.8	29.81	31.07	804	35.73	35.42
679	30.18		790	35.11	

表 5-28　种植生态混凝土强度

3d 抗压荷载（kN）	3d 抗压强度（MPa）	3d 平均抗压强度（MPa）	28d 抗压荷载（kN）	28d 抗压强度（MPa）	28d 平均抗压强度（MPa）
390.6	17.36		489.6	21.76	
413.4	18.37	18.45	509.62	22.65	23.01
441.8	19.64		553.80	24.61	

（4）pH 测定：三块试件平均值 7.81，属于弱碱性。

5.6.2.3　配合比的修正

通过对混凝土的抗压强度、空隙率、透水系数的测定以及外观（水泥砂浆的附着状态、光泽、均匀性等）状态的观察，在工程现场对配合比进行修正，以满足工程实际要求。

5.6.2.4　综合判定

确定符合施工现场地基的透水性生态混凝土配合比的判定从以下几个方面进行：

（1）通过"过滤法则"来进行理论探究；

（2）通过高压透水试验法进行实践探讨；

（3）通过比较，现场调整，确定透水性生态混凝土的配合比及制备工艺方案；

(4) 根据现场条件探讨，制定实际施工方案等。

5.6.3 工程应用

在青海省西宁市湟水河河道治理工程项目中确定 500~1000m 长的河道护坡，生态混凝土的平面布置及横断面做法与工程设计图相吻合（图 5-12）。工程试验段所用材料尽可能地局限于国内和省内建材市场现有材料，进行室内试验和室外施工试验相结合，合理选择影响配合比设计及品质安定的粗、细骨料、水泥、外加剂的种类和数量；进行力学性能、透水性以及耐久性试验，从而得出适应青海地区环境、具有护坡功能和植物生长的透水性生态混凝土配方设计及实际工程施工方法。

5.6.3.1 生态混凝土的配方调整

(1) 使用 7 号、6 号碎石的试验配合比

根据河道治理工程的实际要求，对于种植混凝土和护坡混凝土抗压强度 f_{28} 分别达到 15MPa 和 20MPa 以上即可。基于现场供给的粗、细骨料的粒颗级配、密度、形状等各种性质，实施体积确认调整试验，来决定现场的生态混凝土试验配方，见表 5-29 和表 5-30。

表 5-29　7 号粗骨料的试验配方（每 $1m^3$）

G (kg)	S (kg)	C (kg)	SR-3(L)	W (kg)	W/C
1350	300	230	5.0	107.5~117.5	0.43~0.47

表 5-30　6 号粗骨料的试验配方（每 $1m^3$）

G (kg)	S (kg)	C (kg)	SR-4(L)	W (kg)	W/C
1450	300	230	5.0	72.5~77.5	0.29~0.31

(2) 试验配合比初定后，在监督人员在场的情况下，进行现场浇筑前的室内搅拌试验，决定现场的实际配方，见表 5-31 和表 5-32。

表 5-31　现场实际标准配方（每 $1m^3$）

G (kg)	S (kg)	C (kg)	SR-3(L)	W (kg)	W/C
1350	300	230	5.0	115	0.45

表 5-32　现场实际标准配方（每 $1m^3$）

G (kg)	S (kg)	C (kg)	SR-4(L)	W (kg)	W/C
1450	300	230	5.0	0.29~0.31	0.30

5.6.3.2 管理标准值

抗压强度：f_{28} = 15MPa 和 20MPa 以上；

透水系数：k_{15} = 1.00×10^{-1}cm/s 以上（固定水位法）；

表观密度：$\rho_{0h} = 1887 \sim 2080 \text{kg/m}^3$。

5.6.3.3 现场试样的制作及养护方法

试样模具：15cm×15cm×15cm；

捣实方法：捣棒 ϕ16mm，3层11次；

养护方法：空气中自然养护。

试样数量：

抗压强度试验：f_7——3个、f_{28}——3个（端面处理）；透水试验：3个（不作端面处理）。

测试数据见表5-33。

表5-33 现场生态混凝土抗压强度测试报告单

委托单位 <u>青海大学生态混凝土课题组</u>　　工程名称 <u>西宁市湟水河河道治理工程</u>　　试验编号<u>061021</u>

检验依据（含环境条件等要求）代码DL/T 5150—2001

试样编号	取样部位	成型日期	试压日期	龄期(d)	受压面积(mm²)	破坏荷载(kN)	强度值(MPa) 试验值	强度值(MPa) 平均值	设计强度等级(MPa)	达到设计强度百分数(%)
1	种植生态混凝土	06.10.15	11.22	28	150×150	431	19.2	18.8	C15	125.33
2						362	16.1			
3						474	21.1			
4	护坡生态混凝土	06.10.15	11.12	28	150×150	517	23.0	24.9	C20	124.5
5						613	27.2			
6						549	24.4			
7	护坡生态混凝土	06.10.15	11.12	28	150×150	503	22.4	22.9	C20	114.5
8						517	23.0			
9						524	23.3			
备注	检测单位：青海省水利水电工程质量检测中心									

5.6.3.4 施工程序（图5-23）

5.6.3.5 施工方法

（1）斜面的地基平整和清理

确认施工面积，平整倾斜面，除去施工处的浮石等，为便于浇筑生态混凝土，清理斜面。

（2）外加剂（SR-3、SR-4）现场投入及搅拌

通过搅拌机，将预先按要求配制的生态混泥土在搅拌机内进行搅拌（第一次搅拌），在现场投入指定量（$C \times 2\%$）的外加剂（SR-3或SR-4），高速搅拌3~4min（第二次搅拌），然后运至现场（注意：每次清洗滚筒内的水要排出）。

（3）制备、运输、浇筑生态混凝土

按设计的施工配合比，先投入砂石料搅拌2~3min，然后投入水泥搅拌2~3min，再加水搅拌2~3min，上述过程为第一次搅拌；最后投入指定量（$C \times 2\%$）的外加剂（SR-3或SR-4），高速搅拌3~4min，这个过程为第二次搅拌。完成上述两个过程后即可开始浇筑。

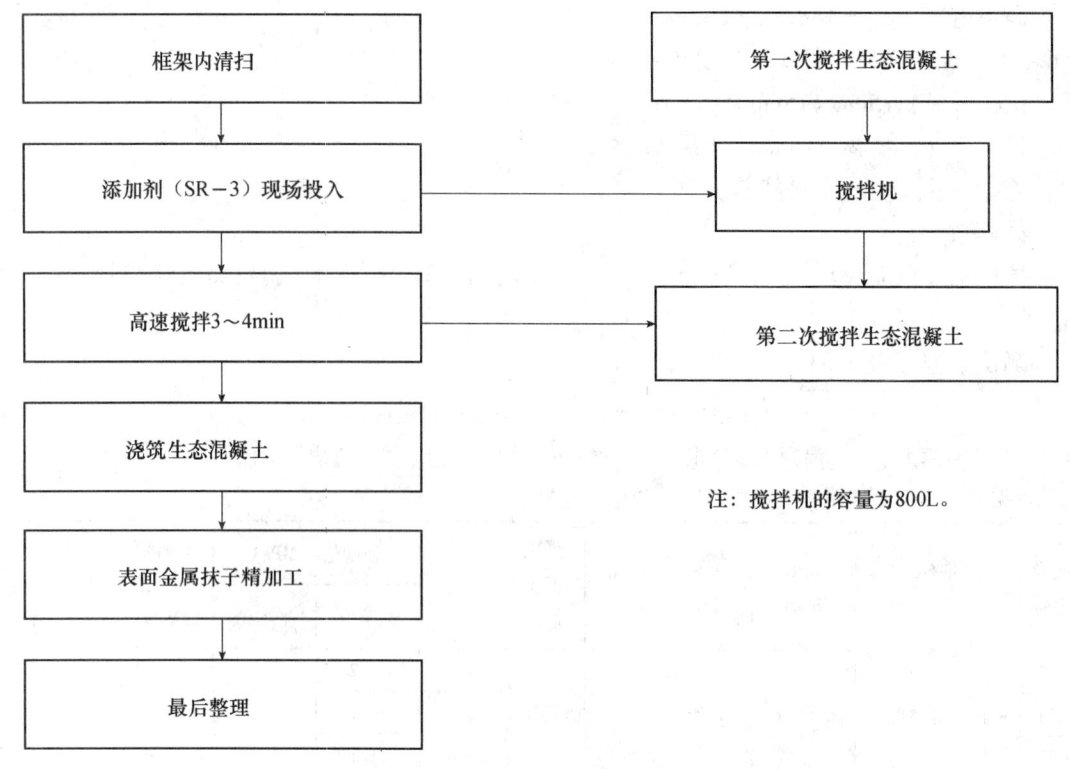

图 5-23 施工程序流程

如果运输条件受到限制，则采用现场搅拌机搅拌、人工运输进行浇筑。将生态混凝土注入 0.3~0.5m³ 的装料斗中，通过人工慢慢移动到框架内进行浇筑。通常情况下，必须在外加剂（SR-3 或 SR-4）投入后 1h 以内完成浇筑。但如果温度在 25℃ 以上时，需 25~30min 完成。

如果通过汽车式搅拌车进行运输和浇筑，将预先按要求配制的生态混泥土在搅拌站进行制造（第一次搅拌的生态混凝土），然后运至现场（注意：每次滚筒内的清洗用水一定要排出）。在现场投入指定量（$C×2\%$）的外加剂（SR-3 或 SR-4），高速搅拌 3~4min 后直接进行浇筑。

在规定的时间内（1h），按设计厚度进行填筑，先用铁锹、木制抹子等初步整平，然后再用金属抹子进行表面抹平。

浇筑完成后，除去附着在框架上的生态混凝土，用布、海绵等进行框架的清洗清扫。

5.6.3.6 质量管理

在生态混凝土的施工过程中，每浇筑 1m³，便进行一次质量管理抽样试验。管理方法与室内搅拌试验一样。

抗压强度试验：以《普通混凝土力学性能试验方法标准》（GB/T 50081—2002）为标准。

透水试验：关于生态混凝土的透水性，我国还没有制定标准的测定方法。本试验参考日本混凝土工学协会 JIS A 1218 标准。

搅拌好的混凝土密度：以《普通混凝土拌合物性能试验方法》（GB/T 50080—2002）为标准。

5.6.3.7 施工管理

生态混凝土的表面，为不出现严重的凹凸现象，采用金属抹子精加工。施工厚度的确认,以框架的高度来进行管理。检测孔每 $1m^2$ 设一个。

5.6.3.8 结论

(1) 生态混凝土护坡部分经过 2007 年 5 月、6 月两次湟水河洪水冲刷,仍然完好无损,证明各项技术指标满足要求。

(2) 生态混凝土与普通混凝土在护堤效果方面进行比较:生态混凝土由于自身的特性,其排水性和透水性都很好,能实现自由排水,所以堤岸自身及坡面都具有高度的安全性;自身多孔性,过滤效果很好,不会发生细颗粒流失或发生管涌现象。

(3) 生态混凝土具有犹如米花糖状的表面,在河道护坡的水位变化区具有良好的消波作用。

(4) 在青海高海拔、高寒、干旱地区,生态混凝土能实现植生,不仅绿化景观,还能进一步加固坡面的稳定。本研究在生态混凝土上种植了八种草种,经过一年的生长期观察比较,有四种比较适应典型工程,绿化效果明显;另外四种由于受高原干旱和混凝土碱性的影响,长势较差,这是今后需要进一步探讨的问题。

5.7 适应于透水性生态混凝土植物生长的试验研究

5.7.1 试验目标

通过开展在透水性生态混凝土上植生的试验研究,筛选出能够在其上正常生长,抗逆性强(包括抗旱性、抗寒性、抗热性、抗贫瘠、防风沙)、管理粗放,并且具有一定观赏效果的植物品种,以便今后推广应用。

5.7.2 植物种植品种的选择

5.7.2.1 植生植物的选择原则

(1) 所选植物要与原生境植物相同或具有相近的生物学特性,适应当地的气候和土壤条件;

(2) 草种扩张性强,具有发达的根系,有利于水土保持和护坡,并提高根系对土壤中水分和养分的吸收能力;

(3) 草种生长快,成坪快,具有多样性,绿期长;

(4) 所选植物生长迅速,地上部分生物量大,能形成较大的覆盖度,以减少雨水对土层的冲击;

(5) 植物易成活,多年生,抗逆性强;

(6) 种子易得,繁殖力强,适应粗放管理,最好选用本地草种。

5.7.2.2 植物品种

根据上述选择原则,并根据透水性生态混凝土在河道治理中的实际情况,我们有针对性地选择了青海短芒披碱草、青牧 1 号老芒麦、青海中华羊茅、同德老芒麦、青海星星草、青海冷地早熟禾、草地早熟禾、紫花苜蓿、红砂、叉子圆柏、金露梅、唐古特莸、红花岩黄芪等植物进行种植试验研究,其中大多数为当地优良野生地被植物,具体品种及种植方式详见表 5-34。

表 5-34 透水性生态混凝土植生植物种类名录

序号	植物品种	分类	种植方式	种苗来源	备注
1	青海短芒披碱草	多年生草本	种子播种	青海牧科院	野生种驯化
2	青牧1号老芒麦	多年生草本	种子播种	青海牧科院	野生种驯化
3	青海中华羊茅	多年生草本	种子播种	青海牧科院	野生种驯化
4	同德老芒麦	多年生草本	种子播种	青海牧科院	野生种驯化
5	青海星星草	多年生草本	种子播种	青海牧科院	野生种驯化
6	青海冷地早熟禾	多年生草本	种子播种	青海牧科院	野生种驯化
7	草地早熟禾	多年生草本	种子播种	青海牧科院	进口品种
8	紫花苜蓿	多年生草本	种子播种	青海大学	新疆引种
9	红砂	灌木	种子播种	自己采集	野生种
10	叉子圆柏	灌木	定植	青海农科院	野生种驯化
11	金露梅	灌木	定植	青海农科院	野生种驯化
12	唐古特莸	灌木	定植	青海农科院	野生种驯化
13	红花岩黄芪	灌木	定植	青海农科院	野生种驯化

5.7.2.3 选择种植植物的生物学特征

(1) 青海短芒披碱草 (*Elymus breviaristatus* Keng. cv. Qinghai)

原名短芒老芒麦，属禾本科披碱草，多年生牧草，具短而下伸的根茎。茎直立，高 70~115cm，3~4 节，无毛，下部节多膝曲。在海拔 4200m 以下的高寒地区均能良好生长。抗旱，根系发达，能充分吸收土壤水分；耐寒：重霜后仍保持青绿，在 -36℃ 的低温下能安全越冬，生长良好；耐盐碱：在 pH8.5 的土壤上生长发育良好，对土壤选择不严。

(2) 青牧1号老芒麦 (*Elymus sibiricus* L. cv. Qingmu No. 1)

原名多叶老芒麦，属多年生疏丛型禾本科牧草，根系发达，呈须状，多集中于 18~25cm 的土层中。茎直立、基部稍倾斜、疏丛状，植株高大，一般 90~140cm。耐寒、抗旱性强，-35℃ 的低温下能安全越冬，在海拔 4200m 以下的高寒地区均能良好生长。根系发达，能充分吸收土壤水分；重霜后仍保持青绿，生长良好；耐盐碱，在 pH8.5 的土壤上生长发育良好，对土壤选择不严。

(3) 青海中华羊茅 (*Festuca sinensis* Keng. cv. Qinghai)

多年生草本。秆直立或基部倾斜，高 50~70cm，具 4 节，节呈黑紫色。在海拔 2300~4000m 地区生长良好，也能在低海拔地区栽培。适宜在高寒草甸、高寒草原、温性草原等草地类型中种植；根系发达有一定的抗旱能力，耐寒，在 -38℃ 无需覆盖，仍能安全越冬；分蘖再生能力强，栽培当年分蘖一般 10~25 个，第二年后分蘖 30~48 个，最高可达 123 个；中华羊茅在旱作条件下，播种当年一般进入孕穗期，个别抽穗。生长期可达 112~124d。

(4) 同德老芒麦 (*Elymus sibiricus* L. cv. Tongde)

原名粉绿披碱草，多年生草本。茎直立，疏丛，株高 120~150cm，叶片披针形，长 10~30cm，宽 8~16mm。根系发达，能充分吸收土壤深处的水分，抗旱、耐瘠薄、耐寒、耐盐碱、抗风沙，在 -36℃ 的低温下能安全越冬，在 pH8.1~8.7 的范围内仍生长良好，再生力强，从海拔 2200~4200m 均能种植，在青海省内多点试种，均表现良好。

(5) 青海星星草 (*Puccinellia tenuiflora* (Griseb.) Scribn. &Merr.)

多年生草本。秆丛生，直立或基部膝曲，高 30~50cm，具 3~4 节。在青海高寒地区海拔 4000m 以下地区种植，能安全越冬，并可完成生育期。耐寒，抗旱性强，在极端温度 -35℃ 的低温下能安全越冬，耐盐碱性强，在 pH8.7~9.0 的土壤中生长良好，耐贫瘠，对土壤选择不严，特别适宜于在不同类型盐碱地上种植，有改良土壤，降低 pH 值的作用，未发现病虫害。

(6) 青海冷地早熟禾 (*Poa crymophila* Keng. cv. Qinghai)

多年生草本。秆丛生，直立或基部膝曲，紧接花序下微粗糙，高 30~50cm，具 2~3 节。生长期较短，适合于冷凉气候。

(7) 草地早熟禾 (*Poa pratensis* cv. wuye L.)

多年生草本。具匍匐根状茎。秆疏丛生，直立，平滑无毛，高 60~80cm，具 2~3 节。一般生长在海拔 3000m 以上的草地。

(8) 紫花苜蓿 (*M. sativa* L.)

为豆科苜蓿属多年生草本植物，主根发达，深达 3~6m，侧根不发达、多根瘤；茎直立，多分枝；一般株高为 72~87.5cm。花以紫花为主，兼有少量深紫色和淡紫色。抗旱、抗寒性强，持久性强，在极端最低温度 -35℃ 下能安全越冬，在有积雪覆盖的条件下，能耐受 -50℃ 的低温。再生能力强，刈割后再生迅速，在土壤 pH 值 6.0~8.0 范围内均能生长，不耐积水，易染苜蓿霜霉病、苜蓿病毒病和苜蓿黑叶斑病。

(9) 红砂 (*Reaumuria soongorica*)

红砂属，植物全世界约有 12 种，主要分布于亚洲大陆、南欧和北非；中国产 4 种 2 变种，主要分布在西北、内蒙古和东北一带。青海高原野生红砂主要分布在柴达木盆地，西宁、民和、乐都、循化等地也有少量分布。红砂极耐干旱，在年降水量 100~300mm，海拔 1800~3200m 的地方生长良好。红砂多生长在干旱戈壁滩和低位浅山阳坡地带，土壤一般为灰棕荒漠土，在荒漠灰钙土、盐渍化以至强盐渍化土壤上也能生长。红砂具有抗旱、耐寒、抗贫瘠等多种优良特性，是我国温带荒漠的主要先锋植物，也是一种潜力巨大的水土保持和荒山绿化树种。

(10) 叉子圆柏 (*Sabina vulgaris* Ant.)

又名砂地柏，为柏科圆柏属植物。野生分布于青海共和（青海湖地区）、贵南、祁连等地区。另外还在新疆、宁夏、甘肃、内蒙古等西北地区都有分布，多生于海拔 3200~3400m 高原沙地、多石干旱荒山地或针叶林、阔叶林中。植株匍匐、直立或斜向生长，高 0.5~1.5m；枝密集成片；幼树上常为刺叶，壮龄树多为鳞叶；球果呈倒三角状球形或叉状球形，成熟时呈褐色、紫蓝色或黑色。砂地柏性喜冷凉、干旱的气候，耐瘠薄土壤，且喜光耐阴、耐寒、抗污染，由于植株匍匐生长，抗风能力强，易生不定根，沙埋后能较快长出新根，继续生长，可作为园林绿化和防风固沙的优良树种，也是植物护坡的优良植物。

(11) 金露梅 (*Potentilla fruticosa* L.)

蔷薇科，矮灌木，高 0.5~2.0m。多分枝，树皮纵向剥落，小枝红褐色，奇数羽状复叶，具小叶 5 枚，全缘，叶柄被疏柔毛或绢毛，托叶膜质，花单生叶腋，花黄色。生于高山灌丛或高山草甸中，林缘，河滩及山坡，路旁，海拔 2500~4200m。分布于西藏、云南、四川、新疆、甘肃、陕西、山西、河北、内蒙古、辽宁、吉林、黑龙江，北温带广布。人工栽培条件下从4月下旬至8月间花期不断,观赏期长,且耐寒、耐修剪。观花、观叶植物园林绿化中可与开白花的银露梅配合用做绿篱、草坪点缀植物栽植,色彩分明,效果可佳。一般采用播种育苗,当年温室内育苗即可开花,高度可达30cm左右,翌年春季栽植。

(12) 唐古特获（*Caryopteris tangutica*）

马鞭草科,获属,小灌木,株高20～50cm,叶卵形或卵状披针形,边缘具锯齿或浅裂。聚伞花序顶生或腋生,多轮；花蓝紫色,花色艳丽,花期较长,6～9月均可见到繁花,蒴果,全株入药,有解毒、祛风、舒筋活络、散瘀止痛之效。分布于青海省的湟源县、湟中县、平安县、循化县、乐都县、民和县、互助县、门源县等地。在山西、陕西、四川、甘肃、宁夏等地也有分布。生于海拔1850～3500m的山坡、灌丛中。唐古特获是黄土高原干旱地区一个宝贵的耐旱灌木资源,可用于营造水保薪炭林；同时又是优良地被绿化植物,花形优美,开蓝紫色小花,可供观赏,叶和种子均含樟香型油,气味清香。唐古特获耐寒、耐旱、耐瘠薄,植株根蘖能力较强,冠幅较大,覆盖地面效果好,适宜大面积栽植或用作边坡设计；用作花篱,不需经常修剪,可用于城市绿化；由于其极强的抗旱性和较好的观赏性,护坡应用前景非常广阔。该植物处于原始野生状态,未进行过引种和造林研究。

(13) 红花岩黄芪（*Hedysarum multijugum* Maxim.）

别名花柴、牛以消（甘肃、陕西）、红黄芪（甘肃）。为豆科,岩黄芪属,落叶亚灌木。高0.3～1.0m,根木质,茎直立,多分枝,被白色柔毛,有纵沟,托叶膜质,卵状披针形,下部联生,先端分离,背面有柔毛；叶轴有沟槽,密被白色柔毛。奇数羽状复叶,具小叶23～37,小叶椭圆形、矩圆形至卵状矩圆形,先端钝或微凹,基部近圆形,腹面无毛,背面密被贴伏短柔毛；小叶柄极短被柔毛。总状花序生于叶上部叶腋,苞片早落；花梗被柔毛；花萼斜钟状,外面被贴伏短柔毛,萼齿短；花冠紫红色,有黄色斑点,花期6～8月。荚果扁平,两侧有网纹和小刺,果期7～9月。

红花岩黄芪生态适应幅度较广,青海省境内各州县均有广泛分布,在我国西北及四川、山西、河南、湖北、西藏等省也有分布。自然生长于海拔1800～3800m的沙漠戈壁、沙丘、干旱阳坡、沟谷、河滩、草原、堤岸等地。红花岩黄芪具有耐寒、耐瘠、耐盐碱的特性,喜阳且在全光照下生长良好。但在光照不足或庇阴环境下生长不良并易遭受蚜虫危害。红花岩黄芪特殊的抗逆性,使其甚至在石缝中亦能很好地生长开花,常见于陡峭山崖和石壁上,有明显的固土防沙功能。

5.7.3 试验方法

本研究是工程应用项目,因此我们采取小区植生试验与施工工地植生相结合的方式进行试验研究。

5.7.3.1 小区试验

(1) 试验地点：学校工科实验楼前。

(2) 试验时间：小区工程施工于2006年9月15日开始,9月28日结束。植物分别于2006年9月28日、2007年4月30日两次种植。

(3) 试验方法：根据试验设计及植生要求,先开挖一长8m、宽1.2m、深0.4m的沟槽,底部铺少量碎石,然后在沟槽四周浇筑普通混凝土框架,并分割成六块1m×1m的小区,然后将小区再分成若干个0.30m×0.30m的小块,在各小块中浇筑生态混凝土,其上覆 10cm 营养土。在小区旁设一个对照试验（没有浇筑生态混凝土的营养土），如图 5-24 所示。

图 5-24　小区施工

2006 年 9 月 28 日进行播种，播种方式为撒播。播种量按小粒种子 16g/m²、大粒种子按 22g/m²。按图 5-25 分区平面图进行播种。

7号	8号	9号	10号	11号	12号		
						13号	14号
1号	2号	3号	4号	5号	6号		

图 5-25　小区植生植物种植试验设计平面图

1 号处理：青海短芒披碱草；

2 号处理：青牧 1 号老芒麦；

3 号处理：青海中华羊茅；

4 号处理：同德老芒麦；

5 号处理：青海星星草；

6 号处理：青海冷地早熟禾；

7 号处理：草地早熟禾；

8 号处理：紫花苜蓿；

9 号处理：青海短芒披碱草+青海中华羊茅+青海星星草；

10 号处理：青牧 1 号老芒麦+同德老芒麦+青海冷地早熟禾；

11 号处理：青海短芒披碱草+同德老芒麦；

12 号处理：青牧 1 号老芒麦+草地早熟禾；

13 号处理：苜蓿；

14 号对照：青海短芒披碱草+同德老芒麦+青海星星草+青海冷地早熟禾。

播种后恰逢两天秋雨，各种草种均出苗整齐，长势良好。由于播种较晚，冬季到来时分蘖产生较少，为了使草安全越冬，我们为其搭建了温棚，并进行了冬灌（图 5-26）。

图 5-26　植物出苗

来年观察苗子返青不好，分析原因可能是由于土层较薄，浇筑生态混凝土后立刻播种，当植物根系遇到生态混凝土后，混凝土的碱性对植物造成了伤害，影响了草的正常生长。

2007年4月30日又重新进行了种植，并详细观察了每个品种的根系生长发育情况（图5-27、图5-28）。种植前重新更换了新土，并将土层加厚至15cm。增加了种植植物品种，播种前施适量二胺，播种量同前，按如图5-29设计进行播种。

图5-27 根系扎入混凝土情况

图5-28 根系生长情况

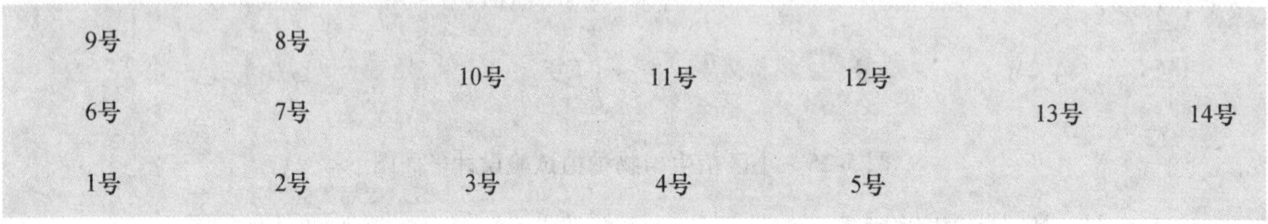

9号	8号					
		10号	11号	12号		
6号	7号				13号	14号
1号	2号	3号	4号	5号		

图5-29 小区植生植物种植试验设计平面图

各种植物品种如下：

1号处理：青海短芒披碱草；

2号处理：青牧1号老芒麦；

3号处理：青海中华羊茅；

4号处理：同德老芒麦；

5号处理：青海星星草；

6号处理：青海冷地早熟禾；

7号处理：草地早熟禾；

8号处理：紫花苜蓿；

9号处理：红砂；

10号处理：草地早熟禾；

11号处理：青海短芒披碱草+青海中华羊茅+青海星星草；

12号处理：青牧1号老芒麦+同德老芒麦+青海冷地早熟禾；

13号处理：各种草种的对照；

14号处理：叉子圆柏。

播种完成后保持土壤湿润到完全出苗，杂草采取手工拔除，不进行刈割，在不同时期观测植物生长发育情况。

5.7.3.2 施工现场试验

(1) 试验地点：选择在西宁市东川湟水河河道。

(2) 试验时间：工程于 2006 年 10 月 13 日开始，10 月 23 日结束。植物种植为 2007 年 5 月 25 日。

(3) 种植方法：根据项目在实际施工推广应用，分成两个坡体，一是淹水坡体，二是植生坡体。试验的目的就是在植生坡面研究种植可以生长的适合植物，并起到生态恢复、美化环境的作用。由于施工对象是河道治理，在两个坡体中间设有马道（未经生态混凝土处理，仅是石块上覆盖了约 1m 的土层），为了达到美观的效果，在马道上增加种植一些野生地被植物，以增强观赏效果（图 5-30、图 5-31、图 5-32）。

图 5-30 生态混凝土分区　　图 5-31 生态混凝土成型状况　　图 5-32 植物种植后状况

施工工地生态混凝土植生植物种植试验设计如图 5-33 所示。

1号	3号	4号	5号	6号	7号
	2号				
1号	8号	9号	9号	6号	10号

图 5-33 施工现场生态混凝土植物种植试验设计平面图

1 号处理：紫花苜蓿；

2 号处理：叉子圆柏；

3 号处理：红砂；

4 号处理：青海短芒披碱草（60%）+青海冷地早熟禾（40%）；

5 号处理：同德老芒麦（60%）+青海中华羊茅（40%）；

6 号处理：青海短芒披碱草（40%）+青海中华羊茅（40%）+青海星星草（20%）；

7 号处理：青牧 1 号老芒麦（40%）+同德老芒麦（40%）+青海冷地早熟禾（20%）；

8 号处理：红花岩黄芪（定植）；

9 号处理：银露梅（定植）；

10 号处理：唐古特莸（定植）。

播种日期为 2007 年 5 月 25 日，播种前施复合有机肥，播种方式为撒播，播种量按小粒种子 16g/m²、大粒种子 22g/m²。播种后镇压，盖无纺布，叉子圆柏、红花岩黄芪、银露梅、唐古特莸等植物采取定植种植方式，种植间距为 30cm，种植完后剪取干枯枝条（叉子圆柏除外），浇透水。

5.7.4 结果分析

5.7.4.1 小区植生试验

对所有植生植物的生长发育情况进行统计分析，最后综合进行评价，指标及分析结果见表 5-35。

从表 5-35 可以看出：青海短芒披碱草、青牧 1 号老芒麦、同德老芒麦、紫花苜蓿几种植物品种，不仅根系发达，地上部分生长量大，郁闭作用好，而且其根系扎入生态混凝土的空隙中，综合评价为优；青海中华羊茅、青海星星草、青海冷地早熟禾、砂地柏综合评价为良；红砂效果最差，综合评价差（图 5-34、图 5-35、图 5-36）。

表 5-35 小区植生植物生长情况统计表　　　　　　　　　　（2007 年）

植物品种	播种（移苗）日期（日/月）	出苗时间（日/月）	植物生长发育情况				根系在生态混凝土中的生长情况	郁闭效果	综合评定
			早期 07/06		中期 01/07	晚期 (15/10)			
			根长 (cm)	株高 (cm)	株高 (cm)	株高 (cm)			
青海短芒披碱草	30/04	6/05	9.1	15.4	40	80	好	好	优
青牧 1 号老芒麦	30/04	6/05	9.3	16.5	48	105	好	好	优
青海中华羊茅	30/04	9/05	6.5	5.8	32	65	一般	好	良
同德老芒麦	30/04	7/05	10.1	16.00	46	98	好	好	优
青海星星草	30/04	12/05	5.8	7.3	22	44	差	好	良
青海冷地早熟禾	30/04	10/05	7.6	4.5	18	38	并	差	良
紫花苜蓿	30/04	11/05	15.3	16.4	55	70	最好	好	优
红砂	30/04	10/05	3.2	2.2	11	22	差	差	差
砂地柏	25/05	—	—	15	17	22	差	中	良

图 5-34　植株高度测量

图 5-35　根系观察

图 5-36　试验小区植物长势

5.7.4.2 施工工地植生试验

根据施工工地植物实际生长情况,对植生植物的生长发育情况进行统计分析,最后得出一个最终评价效果,指标及结果见表 5-36,生长情况见图 5-37。

表 5-36 生态混凝土河道治理工地植物生长状况效果评价表 （2007 年）

处理编号	种植品种	播种（定植）日期（日/月）	种植区域	出苗率（成活率%）	平均株高（25/09 观测）(cm)	覆盖度（%）（25/09 观测）	效果评价
1	紫花苜蓿	25/05	坡面	93	18	85	优
2	叉子圆柏	25/05	坡面	95	15	20	中
3	红砂	25/05	坡面	65	8	10	差
4	青海短芒披碱草（60%）+青海冷地早熟禾（40%）	25/05	坡面	85	13	45	中
5	同德老芒麦（60%）+青海中华羊茅（40%）	25/05	坡面	82	12	48	中
6	青海短芒披碱草（40%）+青海中华羊茅（40%）+青海星星草（20%）	25/05	坡面	83	13	70	良
7	青牧 1 号老芒麦（40%）+同德老芒麦（40%）+青海冷地早熟禾（20%）	25/05	坡面	81	11	61	良
8	红花岩黄芪	2/06	马道	98	60	78	良
9	银露梅	2/06	马道	81	40	45	中
10	唐古特莸	2/06	马道	80	45	52	中

(a)

(b)

(c)

图 5-37 施工现场植物生长情况
(a) 紫花苜蓿长势；(b) 红花岩黄芪和银露梅长势；(c) 短芒披碱草、中华羊茅及星星草长势

5.7.5 结论与讨论

根据上述试验结果,得出生态混凝土不仅能够满足护坡加固目的,而且还能在其上植生,达到生态治理的效果。考虑到本地区特殊的干、热气候条件,得出如下结论并提出建议。

5.7.5.1 植生效果评价

在坡体上,紫花苜蓿最好,其次是青海短芒披碱草(40%)+青海中华羊茅(40%)+青海星星草(20%),青牧1号老芒麦(40%)+同德老芒麦(40%)+青海冷地早熟禾(20%);马道上种植红花岩黄芪最好,其次是唐古特犹。

5.7.5.2 实行草种混播方式

由于单一草种自我调节能力和抗逆性低于复合群落,因此应尽可能采用草种混播方式,品种选择尽可能做到上繁草与下繁草、根茎型与疏丛型、中寿命和长寿命、禾本科与豆科互补的优势。根据这一生态原则,草种混播方式较好的组合为:①青海短芒披碱草(40%)+青海中华羊茅(40%)+青海星星草(20%);②青牧1号老芒麦(40%)+同德老芒麦(40%)+青海冷地早熟禾(20%);③青海短芒披碱草(20%)+同德老芒麦(40%)+紫花苜蓿(40%)。

5.7.5.3 加厚土层,注重维护

由于生态混凝土上的土层较薄,加之又有生态混凝土的阻隔,因此蓄水、保水能力差,在草种播种后如遇天气炎热、干旱应及时浇水确保种子萌发,在草未形成郁闭前也应及时浇水。如遇出苗不齐,及时补种。为了确保植物根系能正常生长,应尽可能加大施工后生态混凝土上的土层,一般应在25~30cm之间。

5.7.5.4 改变施工设计,种植灌木,形成立体绿化模式

在不影响生态混凝土护坡效果及强度的情况下可在植生区域每隔50~100cm留一10~15cm孔洞,可以在其上直接种植可观赏性或有经济价值的灌木,其周围可种植草本植物,形成立体绿化模式,既满足植物造景需要,又能有效覆盖地面、增加植物生长量,提高观赏效果。

5.7.5.5 适时推迟生态混凝土植生植物种植时间

生态混凝土碱性较大,如果施工结束后,马上覆土种植植物,其碱性对植物的生长会造成生理伤害,从而影响植物正常生长。建议三个月后或来年种植。

5.8 透水性生态混凝土在青海的应用推广前景分析

5.8.1 水利工程

5.8.1.1 河道工程

(1) 概述

我国的河堤治理大多采用硬性防护,只考虑河堤的防洪功能而淡化了河流的资源功能和生态功能,对生态极为不利。生态护坡顺应了国际上生态治理河堤的先进理念,结合生态护坡的应用情况介绍生态护坡的设计形式和防渗处理。

为取得较为理想的防冲抗冲效果，防洪堤大多采用国内目前通用的做法即外坡护坡，常水位以下采用混凝土预制块砌护，水位以上采用草皮护坡。但略感美中不足的是以往的河道治理工程片面追求河岸的硬化覆盖只考虑河流的防洪功能，而淡化了河流的资源功能和生态功能及环境改善的重要作用。破坏了自然河流的生态链和生态环境。

20世纪90年代以来，德国、美国、日本、法国、瑞士、奥地利等国纷纷大规模拆除了以前人工在河床上铺设的硬质材料，其拆衬砌的资金投入要比铺衬砌昂贵得多。这些国家普遍认为保持河道的自然环境对保护动植物资源、保护水质、防止水资源流失有极为重要的作用。修建生态河堤恢复河岸水边植物群落与河畔林已成为河堤建设在国际上发展的总趋势。我国在生态河堤的建设上远远落后于国际上较为发达的国家，尤其作为城市防洪建设应以"保护、创造生物良好的生存环境和自然景观"为前提，在考虑具有一定强度、安全性和耐久性的同时充分考虑生态效果，把河堤由过去的混凝土人工建筑改造成为水体和土体、水体和植物或生物相互涵养适合生物生长的仿自然状态的护坡。西宁市城市防洪治理应该顺应这一国际上治理河堤的先进理念，在城市防洪工程中引入生态护坡，以多种形式进行生产性试验，力争推广到全省。

传统的河道护坡主要有浆砌或干砌块石护坡、现浇混凝土护坡、预制混凝土块体护坡等。这些护坡工程的造价均相对较高，且水下施工、维护工作难度较大。其最大的缺点在于它仅仅从满足河道岸坡的稳定性和河道行洪排涝功能的角度出发进行设计施工，很少考虑对环境和生态的影响。

但随着社会经济的发展和城市建设步伐的加快，城市河道建设不仅要使堤岸发挥出水利工程的功效而且融入城市园林景观、生态环保、建筑艺术等多种内容。也就是在这种前景下，生态护坡技术得到人们的广泛关注并且进行了一系列的较深入的研究与探索。国外在这方面的研究比国内起步要早，日本早在10多年前就提出了"亲水"的观念并且在生态护坡技术方面进行了实践，推出了植被型生态混凝土护坡技术。我国生态护坡技术最近几年也有长足的发展，各地正在尝试在不同条件下应用植被草、土工材料绿化网、水力喷播植草技术、植被型生态混凝土、水泥生态种植基、土壤固化剂等多样的生态护坡技术。如北京、上海、广州等经济发达的城市在进行城市河道整治的过程中，充分考虑了河道作为城市的灵魂所在。

（2）河道生态护坡的内涵

河道生态护坡的内涵包括两个要素：一是河道护坡满足防洪抗冲标准要求，要点是构建能透水、透气、生长植物的生态防护平台。二是河道护坡应满足边坡生态平衡要求，即要建立良性的河坡生态系统，通常由高大乔木、低矮灌木、花草、沿滩地、迎水边坡、坡脚及近岸水体组成河坡立体生态体系。生态护坡应是"既满足河道体系的防护标准，又有利于河道系统恢复生态平衡的系统工程"。前一个要素是人对自然的要求，即人们为了社会经济的发展和安全改造自然；后一个要素反映了人们对自然的尊重，即改造自然但不破坏自然的平衡。二者结合体现了"人与自然和环境协调发展"理念。

（3）生态护坡技术的设计原则

①水力稳定性原则

护坡的设计首先应满足岸坡稳定的要求。岸坡的不稳定性因素主要有：由于岸坡面逐步冲刷引起的不稳定；由于表层土滑动破坏引起的不稳定；由于深层滑动引起的不稳定。因此应对影响岸坡稳定的水力参数和土工技术参数进行研究,从而实现对护坡的水力稳定性设计。

②生态原则

生态护坡设计应与生态过程相协调,尽量使其对环境的破坏影响达到最小。这种协调意味着设计应以尊重物种多样性,减少对资源的剥夺,保持营养和水循环,维持植物生境和动物栖息地的质量,有助于改善人居环境及生态系统的健康为总体原则。

③当地原则

设计应因地制宜在对当地自然环境充分了解的基础上进行与当地自然环境相和谐的设计。包括:尊重传统文化和乡土知识;适应场所自然过程设计时要将这些带有场所特征的自然因素考虑进去从而维护场所的健康;根据当地实际情况尽量使用当地材料、植物和建材,使生态护坡与当地自然条件相和谐。

④保护与节约自然资源原则

对于自然生态系统的物流和能流,生态设计强调的解决之道有四条:保护不可再生资源不是万不得已不得使用;尽可能减少能源、土地、水、生物资源的使用,提高使用效率;利用原有材料包括植被、土壤、砖石等服务于新的功能,可以大大节约资源和能源的耗费;尽量让护坡处于良性循环中,从而使资源可以再生。

⑤回归自然原则

自然生态系统为维持人类生存和满足其需要提供各种条件和过程,这就是所谓的生态系统的服务。着重体现在:自然界没有废物,每一个健康生态系统,都有完善的食物链和营养级,所以生态设计应使系统处于健康状态;边缘效应在两个或多个不同的生态系统边缘带,有更活跃的能流和物流,具有丰富的物种和更高的生产力,也是生物群落最丰富、生态效益最高的地段河道岸坡作为水体生态与陆地生态之间的边缘带,在设计时应充分考虑其边缘效应;生物多样性,保持有效数量的动植物种群,保护各种类型及多种演化与交替阶段的生态系统,尊重各种生态过程及自然的干扰包括自然火灾过程、旱雨季的交替规律以及洪水的季节性泛滥。

(4) 生态护坡技术

在科学技术飞速发展的今天新型材料和新技术必将作为河道护坡和护岸结构改造的主要源泉。在国外和国内相继出现了一批用于生态方面的材料和技术,如植被草、水力喷播植草技术、土工材料绿化网、植被型生态混凝土等等。虽然它们起源时不一定用于河道护坡和护岸结构方面,但在河道护坡使用上可以借鉴和参考。下面介绍几种生态护坡技术。

①植物护坡

发达根系固土植物在水土保持方面有很好的效果,国内外对此研究也较多采用发达根系植物进行护坡固土,既可以达到固土保沙防止水土流失又可以满足生态环境的需要,还可以进行景观造景。植物护坡技术常用于河道岸坡及道路路坡的保护,国内很多河道治理及道路建设中都使用了这一技术。固土植物可根据该地区的气候选择较为适宜的植物品种,一般考虑以下条件:对土质要求不高,适应气候条件强,耐酸、耐碱、耐寒冷、耐高温、耐干旱等,生长能力强。根系发达,茎干低矮,枝叶茂盛,生长快,绿期长,能够迅速覆盖地表。生根性强,成活率高,并能够吸收深层水分和养分,有效固土。价格低廉、管理粗放、无须养护、无病虫害与杂草竞争性强。目前我国植物护坡工程中常用的植物可以分为冷季型和暖季型。冷季型的植物主要有高羊茅、多年生黑麦草、无芒雀麦、草地早熟禾白三叶、红三叶、百脉根等。暖季型的主要有绊根草（狗芽根）、马尼拉、野牛草、假俭草等。种草应考虑混播。播种方法主要包括：人工种植或移植法；草皮卷护坡法；水力喷播法等。近年来，一些发达国家利用水力喷播的方法在人们常规方法难以施工的坡面上植草坪。水力喷播植草技术是指以水为载体，将经过技术处理的植物种子、木纤维、粘合剂、保水剂、复合肥等材料混合后经过喷播机的搅拌，喷洒在需要种植草坪的地方，从而形成初级生态植被的绿化技术。与传统植草方法比，有可全天候施工，速度快，工期短的优势，成坪快，减少养护费用；不受土壤条件差，气象环境恶劣等影响。城市河道用植物护坡也存在一些问题。护坡当年易被雨冲刷形成深沟，护坡效果差影响景观。长期浸泡在水下、行洪流速超过3m/s的土堤迎水坡面和防洪重点地段（如河流弯道）不适宜植草护坡。

②三维植被网护坡

三维植被网技术以前多用于山坡及高速公路路坡的保护，现在也开始被用于河道岸坡的防护。它是主要利用活性植物并结合土工合成材料，在坡面构建一个具有自身生长能力的防护系统，通过植物的生长对边坡进行加固的一门新技术。根据岸坡地形地貌、土质和区域气候等特点在岸坡表面覆盖一层土工合成材料并按一定的组合与间距种植多种植物，通过植物的生长达到根系加筋、茎叶防冲蚀的目的，可在坡面形成茂密的植被覆盖在表土层，形成盘根错节的根系，有效抑制暴雨径流对边坡的侵蚀，增加土体的抗剪强度，减小孔隙水压力和土体自重力，从而大幅度提高岸坡的稳定性和抗冲刷能力。土工网对减少岸坡土壤的水分蒸发，增加入渗量有较好的作用。三维植被网护坡技术综合了土工网和植物护坡的优点起到了复合护坡的作用。边坡的植被覆盖率达到30%以上时能承受小雨的冲刷，覆盖率达80%以上时能承受暴雨的冲刷。待植物生长茂盛时能抵抗冲刷的径流流速达6m/s，为一般草皮的2倍多。同时由于土工网材料为黑色的聚乙烯，具有吸热保温的作用，可促进种子发芽有利于植物生长。这种护坡形式虽然比单纯植物护坡抗雨水冲刷效果好，但还不能完全应用到堤防迎水坡面。以后又有进一步发展，用混凝土、石笼等做成外框来增加坡面稳定性，但还是难以长时间抵御较大洪水冲蚀。

③植被型生态混凝土护坡

植被型生态混凝土是日本首先提出的，并在河道护坡方面进行了应用。近几年，我国也开始进行植被型生态混凝土的研究。北京在公路部门进行过类似的研究试验。吉林省水利实业公司使植被型生态混凝土构件化并在实际工程中进行了应用。植被型生态混凝土由多孔混凝土、保水材料、缓释肥料和表层土组成。多孔混凝土由粗骨料、水泥、适量的细掺合料组成植被型生态混凝土的骨架。保水材料以有机质保水剂为主并掺入无机保水剂混合使用为植物提供必需的水分。表层土覆盖于多孔混凝土表面形成植被发芽空间，减少土中水分蒸发，提供植被发芽初期的养分和防止草生长初期混凝土表面过热。很多植被草都能在植被型生态混凝土上很好地生长，试验过程中，紫羊茅、无芒雀麦表现出优异的耐寒性能。在城市河道护坡或护岸结构中可以利用生态混凝土预制块体进行铺设或直接作为护坡结构，既实现了混凝土护坡，又能在坡上种植花草，美化环境，使硬化和绿化完美结合。植被型生态混凝土具有较好的抗冲刷性能，上面的覆草具有缓冲性能。由于草根的锚固作用使抗滑力增加，草生根后，草、土、混凝土形成一体更加提高了堤防边坡的稳定性，经实测，对边距45cm的六角形绿化混凝土孔构件，原重量30kg，长草生根后拔起力达到160kg。多孔混凝土孔隙率高达40%以上，表面等效孔径2~3cm，孔隙自构件顶表面可蜿蜒通至地面，在堤防护坡工程中，受水位骤降的影响较小，在季节性寒冷地区有利于排出和降低被保护土内含水量，减少冻害破坏。多孔混凝土具有较高透气性，在很大程度上保持了被保护土与空气间的湿、热交换能力。植被型生态混凝土构件厚度与单块几何尺寸可以按照《堤防工程设计规范》（GB 50286—98）有关规定计算。

（5）生态护坡与硬性护坡的造价对比

①适合生物生存和繁衍

生态河堤把水、河道与堤防、河畔植被连成一体，通过科学的配置，建立起阳光、水、植物、生物、土壤、堤体之间互惠共存的河流生态系统，实现物质、养分、能量的交流。同时也为生物提供了栖息地。而混凝土河堤把水、河道与河畔植被分隔，隔断了护堤土体与水体的交换和循环，阻止了河道与河畔植被的水气循环，不仅使很多陆上的植物丧失了生存空间，还使一些水生动物失去了生存和避难场所。

②增强水体自净作用

植物根系可固着土壤，枝叶可截留雨水，过滤地表径流，抵抗流水冲刷，从而起到保护堤岸、增加堤岸结构的稳定性、净化水质、涵养水源的作用，而且随着时间的推移，这些作用被不断加强。生态河堤修建的各种鱼巢、鱼道、造成的不同流速带，形成水的紊流，利于氧从空气传入水中，增加水中溶解氧，利于好氧微生物、鱼类等水生生物的生长，促进水体净化，改善河流水质。

③调节水量、滞洪补枯

生态河堤的植被有涵养水分的作用，同时，河堤土壤中有大量的土壤动物和微生物，使河堤土壤具有很高的孔隙率。丰水期，水向堤中渗透储存；枯水期，储水反渗入河或蒸发，起着滞洪补枯、调节气候的作用。而混凝土河堤是一个封闭系统，阻止了水体与土壤的渗透交换，丧失了自然河堤固有的调节水量的作用。

④美化环境、改善景观

生态河堤以自然的外貌出现，容易与环境取得协调。它改变了过去那种呆板的连续护岸，给城市增添了一道亮丽的风景线。"水"和"绿"是城市中象征自然的要素。沿河植被具有重要的生态功能，对维持河流生态系统的健康具有特殊意义。

生态护坡应该是运用自然本身的能力来处理人与自然的关系。在设计上应注意以下几个方面的问题：

a. 选用的材料及建造方法不同，堤岸的防护能力相差很大，需要运用多学科知识认真分析，这就为设计人员提出了更大的挑战。例如草种的选择，其耐水性应得到充分的论证。

b. 对不同河流应根据河流的流速与水位关系对护坡的形式慎重选择。一方面要有一定的生态效应；另一方面又能抵抗相应河段持续的流水冲刷，因此常需和其他设计方法协调使用。如高水位退水期间，为防止土颗粒被带出还应考虑设置反滤层，集中设置排水孔等。

（6）结论

随着社会经济的发展和城市建设步伐的加快，城市河道不仅要有"防洪、排涝"的一般功效，而且日益融入城市园林景观、生态环保、建筑艺术等多种内容。也就是在这种前提下国内学者提出了"大水利"、"生态水利"等概念，赋予水利工程新的内涵。生态护坡技术也得到人们的广泛关注并且进行了一系列的较深入的研究与探索。本文阐述了生态护坡的内涵以及生态护坡技术的设计原则，介绍植物护坡、三维植被网护坡和植被型生态混凝土护坡三种生态护坡技术，并分析了这三种护坡技术的应用范围和适用条件。展望未来生态护坡技术将有一个十分广阔的前景。

5.8.1.2 水库、涝池工程

在青海省的水库、涝池工程中，淹水区坡面的土质材料由于降雨、波浪的冲刷以及水位升降等因素造成侵蚀，使得坡面的抵抗力变弱，因而有必要对淹水区边坡进行护理。传统的淹水区护坡工程常采用在过滤层上铺设抛石、现场浇筑普通混凝土两种护坡方式对淹水区边坡进行防护。但实践证明，这两种护坡方法存在以下缺陷：①抛石法中所采用的材料是一种价格比较昂贵、耐风化且材质坚固的优质石块，使得整个工程需要高额的投资；②现浇普通混凝土所形成的护坡面对坡面下沉变形的应变协调性差，通常会造成自身破裂、开缝，从而容易造成坡面被冲刷（尤其对于堆土材料为松软土质的淹水区坡面）；③采用抛石和现浇普通混凝土护坡除了护坡功能外，无法改善景观和自然环境。针对上述淹水区传统护坡方法的缺陷，课题组提出淹水区边坡的生态型护坡技法。本研究是结合日本新型的护坡技术和青海的实际现场、材料现状等设计出来的。通过中、日植生材料、生态混凝土材料的组合来对淹水区坡面进行设计、实施。该护坡除有抵抗波浪冲刷、淘刷作用，还可防止因水位的升降而导致植生母体流出、吸出，并对坡面堆土、填土有反滤的效果，能有效防止坡面堆土、填土中的细颗粒成分流失及管涌现象的发生。最终实现长期维持植生、绿化等目的。此外，在生态混凝土上还可以栽培一些具有较大抗旱、抗寒性的树木，具有推广意义。

5.8.2 道路交通工程

生态防护技术是随着世界范围内高速公路建设而兴起的一门工程技术。与传统的工程防护技术不同，生态防护技术是工程防护与植物防护的适当结合，其充分利用工程防护深层加固和植物浅层固坡及生态环保的特点达到了工程建设与环保及生态恢复兼顾的目的。在越来越重视环境保护和生活质量的今天，生态防护已成了高速公路边坡防护的一种趋势，代表着边坡防护的发展方向。目前生态防护技术主要集中在对施工工艺以及水土保持学的研究，忽略了坡面植物根系的工程力学效应及植物防护与工程防护相结合的研究。我们建议在对现有生态防护理论及应用的相关资料研究的基础上，首先，采用多种研究方法和理论，系统地研究边坡生态防护的力学效应、水文效应、生态效应和景观效应；其次，对边坡植被恢复技术，从物种选择、配置及建植技术进行试验研究；再者，对生态防护模式要结合边坡稳定性计算进行研究，分析其适用性，提出生态防护体系的建立及综合防护理念；最后，依托工程项目验证生态防护体系对公路边坡治理与防护的生态性、防护性、适用性和经济性。

推荐形式：方形网格中现浇生态混凝土与普通混凝土相比，在大规模生产中，单位立方米成本虽然增加10%~20%，但从生态环境和耐久性看，生态护坡具有广泛的推广前景。

5.8.3 市政工程

随着经济的发展和现代化建设进程的加快，许多城镇逐步被钢筋混凝土房屋、大型基础及各种不透水的场地和道路所覆盖。有资料表明：我国城市道路的覆盖率已达到7%~15%，特大城市超过20%。在为人们提供便利的同时，这些不透水的地面亦给城市的生态

环境带来许多负面影响。雨水不能渗入地下，造成城市地下水位下降，影响地表植物的生长；不透气的地面很难与空气进行热量、水分的交换，对空气的温度、湿度的调节能力差，使城区的温度比郊区和乡村高2℃~3℃，产生"热岛现象"；不透水的道路容易积水，降低道路的舒适性和安全性；当短时间内集中降雨时，雨水只能通过下水设施排入河流，大大加重了排水设施的负担，并且雨水挟带路面的污染物易造成二次污染，污染物注入的江河。因而在城市里形成一种有雨洪灾、无雨旱灾的矛盾局面。如果采用透水性材料（生态混凝土或砖）铺筑各种场地和路面，增大透水透气面积，就可以有效缓解城市不透水硬化地面对城市生态造成的负面影响，使城市与自然协调发展、走维护生态平衡的可持续发展道路。

5.8.3.1 透水性铺装对城市生态的改善作用

透水性铺装包括透水性沥青铺装、透水性混凝土铺装及透水性地砖等，我国传统的用于园林的鹅卵石地面也是透水性铺装的一种。透水性铺装主要指在公园、广场、停车场、运动场、人行道及轻型车道进行透水材料铺设。目前由于技术等原因，在我国进行整体透水铺设的还没有，主要是进行透水砖的铺装。与不透水铺装相比，透水性铺装具有诸多生态方面的优点，具体表现在以下几方面。

（1）雨水能够迅速渗入地表，还原成地下水，使地下水资源得到及时补充，使雨水真正成为一种资源。如以唐山某特种水泥有限责任公司研制的透水性混凝土路面砖的技术性能进行计算，其连通孔隙率为18.7%，用砂砾料垫层或碎石垫层，其孔率分别为中砂14.8%，碎石20.8%。若在20cm厚垫层上铺6cm厚的透水砖，则仅连通空隙便可储水40.8mm（中砂垫层）和52.8mm（碎石垫层）。由于透水砖及垫层具有较好的透水性（透水系数 = 1.6mm/s），故中到大雨都能优先入渗，在铺透水砖处不会形成径流。

（2）雨水迅速渗入地表，减少路面积水，大大减轻排水系统的压力，并且减少了自然水体的污染。我国城市基础设施发展滞后的状况使得暴雨时城市排水设施不能有效满足排水及防洪的要求，市区硬化地面常常出现雨水蓄积和漫流现象，这种情况下非透水性铺装无疑会加重城市排水系统的压力，这是我国很多城市夏季产生城区内涝的重要原因。不透水地面只能依靠表面汇水系统及城市排水管网排除地表降雨，在暴雨时这种地面径流急剧增加，很快出现峰值，流量急升急降。而透水性铺装地面由于自身良好的透水性能和渗水能力，能有效地缓解城市排水系统的泄洪压力，径流曲线平缓，其峰值较低，并且流量也是缓升缓降，这对于城市防洪是有利的。透水性路面材料具有较大的孔隙率，下垫层土壤中丰富的毛细水可以通过自然蒸发作用延缓径流时间，径流历时滞后时间的长短与透水性铺装的面积有关。

（3）提高地表的透气、透水性，保持土壤湿度，改善城市地表生态环境，有效地保护透水性铺装地面下的动植物及微生物的生存空间。

（4）吸收车辆行驶时产生的噪声，创造安静舒适的交通环境；另外透水性铺装能防止雨天路面积水和夜间反光，改善车辆行驶以及行人行走的舒适性与安全性。生态混凝土的多孔构造同样是水蒸发的通道，与不透水铺装相比，生态混凝土透水性铺装的路面可降低路面温度约3℃~5℃，同时水蒸气增加了空气的湿度，降低铺装表面的温度，进而达到缓解城市"热岛现象"和"干热现象"的效果。

5.8.3.2 透水性铺装在推广过程中存在的问题

透水性铺装的优势是很明显的，透水性生态混凝土路面和透水性混凝土砖在强度及透水性能方面也能达到实用的要求，但其实际应用的工程却较少，这不仅有技术方面的原因，更重要的是认识上的不足。

（1）认识问题

认识问题主要有两个方面，一方面来自城市管理部门，他们认识不到城市"不透水路面"给人们生存和生活质量带来的危害，不从长远的、可持续发展的角度看问题，所以对采用新型材料持不支持、不积极甚至阻止的态度。另一方面来自工程技术人员，他们认为传统的道路设计和施工中，想方设法要使路面不透水（实际我国的古建筑如故宫的路面都透水），如果使用透水混凝土和砖，必然会带来技术上和工程质量上的问题，在目前技术不很成熟和人们的环境意识没那么强的情况下，是不会考虑那么多的。可见以人为本，善待自然，善待环境的意识要深入人心，首先要从管理者和专业的工程技术人员做起，否则透水性生态混凝土将难以推广应用。

（2）技术问题

我国对于透水性材料的研究处于起步阶段，还有许多急需解决的问题，关于透水性混凝土路面需研究的课题主要有：

①透水性混凝土路面全自动生产装备的制造技术；

②高掺量工业废渣在透水性混凝土路面生产中的应用技术；

③利用优化骨料、调整配比、掺入矿物细掺料、有机增强剂等方法进行高强度（28d抗压强度大于30MPa，抗折强度大于415MPa）透水性混凝土的配制技术；

④适用于严寒地区、海港、腐蚀环境及恶劣条件下使用的透水性混凝土的耐久性问题；

⑤透水性混凝土空隙淤积的处理技术；

⑥透水性混凝土外加剂性能及研制技术等。

（3）加大透水性铺装的推广力度

随着人们对城市生态环境认识的逐步提高，一些大中城市在政府部门的重视和引导下，透水性铺装开始应用于城市广场、停车场、人行道和城区河道护坡等工程中。如上海新国际博览中心（一期）就大量使用透水路面；天津市在海河整治工程中也应用透水性材料进行护坡的砌护；《绿色奥运建筑评估体系》在雨水合理利用章节中明确提出在公共停车场、广场及人行道铺设透水路面要达到50%以上。但是在大多城市中透水性铺装应用较少，应从以下几方面来加强研究和宣传，以推动透水性铺装的广泛应用。

①建立透水性混凝土材料完整的理论体系，尤其是透水混凝土的性能指标及测定方法的技术标准；

②深入进行透水混凝土的应用研究，包括透水混凝土的应用性能，对城市生态改善的量化研究，对城市基础设施影响的研究等；

③扩大宣传，让生态城市、可持续发展的观念真正深入到人们心中，特别是决策者和技术管理人员，使透水性混凝土铺装广泛应用，使之在应用中不断发展、成熟；

④生产优化，简化生产过程，降低生产成本，以便于更多的厂家参与生产，降低产品的价格；

⑤透水混凝土的装饰、美化效果研究，使其不但具有透水的生态性能，而且能装饰、美化环境，加快其推广应用；

⑥透水性混凝土路面长期使用后功能恢复的技术研究工作。

5.8.3.3 结语

透水性生态混凝土作为一种新型的建筑工程材料,优良的使用性能和环保性能以及较好的装饰效果已经被大量的工程实际所采用,随着人们对城市生态环境认识的逐步提高,透水性铺装的应用必将会在我国城市建设中逐步推广,其优秀的环保性能、生态性能和使用性能将被更多的研究成果和工程实例所证实。

参考文献

[1] 吴智仁,陆春华,刘荣桂,等. 现浇护堤植生型生态混凝土性能指标及耐久性能 [J]. 江苏大学学报:自然科学版,2005,26 (5):380~383.

[2] 李湘洲. 走向可持续发展的生态混凝土 [J]. 中国建材,2003,20 (1):34~36.

[3] Rogers C A, Senior S A. Recent developments in physical testing of aggregates to ensure durable concrete [J]. *Advances in Cement and Concrete*, 1994, 29 (6):338~361.

[4] 刘荣桂,万炜,颜庭成,等. 淹水区生态型护坡设计及抗冻融性能分析 [J]. 江苏大学学报:自然科学版,2006,27 (1):71~74.

[5] PigeonM, Pleau R. *Durability of Concrete in Cold Climate* [M]. London:E & FN Spon, 1995.

[6] 刘志勇,马立国. 高强混凝土的抗冻性与寿命预测模型 [J]. 工业建筑,2005,35 (1):12~13.

[7] 刘崇熙,汪在芹. 坝工混凝土耐久性寿命的衰变规律 [J]. 长江科学院院报,2000,17 (2):18~19.

[8] Stefan Jacobsen, Jacques Marchand, Hugues Hornain. SEM observations of the microstructure of frost deteriorated and selfhealed concretes [J]. *Cement and Concrete Research*, 1995, 25 (8):1781~1790.

[9] 吴中伟. 绿色高性能混凝土与科技创新 [J]. 建筑材料学报,1998,1 (1).

[10] Glavind M, Munch-Petersen C. Green concrete in Denmark [J]. Structural Concrete, 2000.

[11] 李成凯,刘连新,吴智仁,等. 生态混凝土在青藏高原地区的实验研究及工程应用 [J]. 混凝土,2008 (1).

[12] 刘连新. 高原环境透水性生态混凝土植物生长的试验研究 [J]. 青海大学学报,2009.3.

第6章 抗盐渍系列混凝土外加剂的复配

本章介绍了抗盐渍（KYZ）系列混凝土外加剂的主要材料构成，研究了新拌混凝土的工作性、硬化混凝土的力学性能以及耐久性和耐腐蚀性。研究结果表明：KYZ系列混凝土外加剂具有减水、抗冻和抗盐渍腐蚀的性能，为有效解决盐湖地区和盐渍土地区混凝土腐蚀问题开辟了新的途径。

盐湖资源的开发与利用是21世纪西部开发的重点之一，混凝土已广泛应用于盐湖地区和盐渍土地区铁路与公路的桥梁、隧洞，生产厂房及办公楼等的工程结构之中。各种盐类对混凝土的腐蚀之严重，已引起了工程界的极大关注。如何采用抗腐蚀外加剂、矿物掺合料配制具备高抗腐蚀性能的混凝土，对工程结构的高耐久性、安全性和安全使用寿命具有重要意义。目前国内混凝土外加剂的种类和品种很多，但专门针对盐湖地区和盐渍土地区混凝土结构工程的防腐蚀外加剂产品未曾见到。结合青藏高原的环境特点，考虑到各种盐类腐蚀的特性，试验配制了三种抗盐渍腐蚀的外加剂，以期在工程实际中应用，延长混凝土工程结构的使用寿命。

6.1 KYZ系列外加剂配制

6.1.1 KYZ系列外加剂配制原料

6.1.1.1 萘系高效减水剂（母料）

采用浙江五龙化工股份有限公司生产的ZWL-Ⅰ、ZWL-Ⅴ型萘系高效减水剂。物化性能：棕褐色粉状料；Na_2SO_4含量16%~19%；减水率8%~28%；净浆流动度220~240mm。

6.1.1.2 早强剂

采用ZWL-Ⅵ型早强减水剂，其掺量随着高原环境的大气温度变化，将预拌混凝土的初凝时间调整到2~4h为宜，根据经济效益可用一种或两种以上早强剂复合使用。

6.1.1.3 引气剂

引气剂由1/3的松香固体物和2/3的生物固体物聚合而成。掺量每吨粉体外加剂中掺入量为7.5kg/t，适用于C40以下混凝土；掺入量为5kg/t，适用于C45以上的高强高性能混凝土。

6.1.1.4 防蚀剂和密实剂

产品：氟硅酸盐、硅酮，它们可使混凝土水化产物中的$Ca(OH)_2$减少，憎水性好，缩小孔隙，有利于阻塞、隔断混凝土中的毛细孔通道，从而增强混凝土的抗盐渍腐蚀性能。每吨粉体外加剂中掺入5~10kg即可。

6.1.1.5 消泡剂

在复配的生产过程中加入少量的硅油消泡剂，就是现在研制的KYZ系列外加剂，它们都属于收缩小、防止混凝土裂纹的防腐减水外加剂系列产品。在KYZ-Ⅰ、KYZ-Ⅱ型基础上，调整早强剂的掺量，再加入三乙醇胺、乙二胺、硝酸钙等防冻组分，可复配成性能良好的 KYZ-Ⅲ型防冻抗盐渍腐蚀外加剂。

6.1.2 试验方案

6.1.2.1 KYZ 系列外加剂配制方法

以萘系母料加上早强组分、缓凝组分、引气组分、消气组分、防蚀组分、防冻组分、密实组分及辅助材料等，进行 KYZ 系列外加剂的配制；每种组分的多少，主要取决于配制出来的外加剂加到混凝土中对混凝土拌合物、硬化混凝土性能的影响；具体的方法是，采用最小二乘法进行试验，以混凝土的抗渗性、抗冻性、强度、抗盐渍侵蚀以及混凝土的龄期作为主要参数，进行最优化选择。配制的流程如图 6-1 所示。

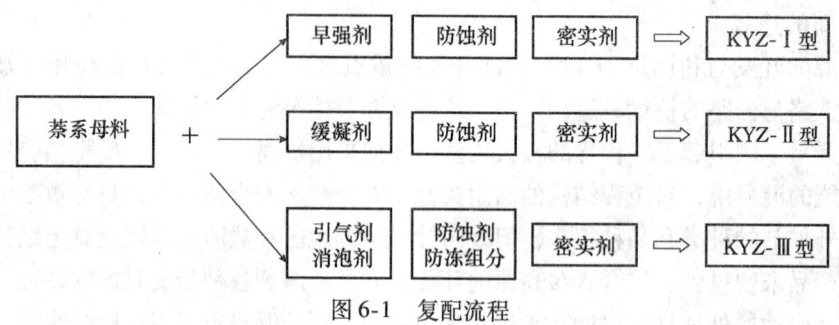

图 6-1 复配流程

6.1.2.2 抗盐渍复合外加剂（KYZ-Ⅰ、Ⅱ、Ⅲ型）的各项性能指标见表 6-1、表 6-2。

表 6-1 抗盐渍复合外加剂（KYZ）的各项性能指标测试数据

测试项目	抗盐渍复合外加剂（KYZ-Ⅰ、Ⅱ、Ⅲ型）测试数据			国家标准	
	Ⅰ型（1.2%）	Ⅱ型（1.0%）	Ⅲ型（2%）	一等品	合格品
固体含量（%）	≥94	≥94	≥94	≥95	
密度	不作要求	不作要求	不作要求	不作要求	不作要求
细度：0.315mm 筛筛余量（%）	1.6	2.8	11.5	≤15	
pH 值	4.14	4.10	5.18	±1	
氯离子含量（%）	0.174	0.068	1.78	≤5	
K_2O（%）	1.04	0.97	0.22		
Na_2O（%）	9.04	9.27	10.34		
总碱量（%）（$Na_2O + 0.658K_2O$）	9.72	9.90	10.49	≤5	
水泥净浆流动度或水泥砂浆流动度（%）	≥250，C×1.2%	≥250，C×1.0%	≥250，C×2%	≥95	
减水率（%）	19.5	20.4	17.47	≥12	≥10
泌水率比（%）	61	59.8	56.3	≤90	≤95

表 6-2 掺 KYZ 复合外加剂的混凝土部分性能指标测试数据

测试项目	抗盐渍复合外加剂（KYZ-Ⅰ、Ⅱ、Ⅲ型）测试数据						国家标准			
	Ⅰ型（1.2%）		Ⅱ型（1.0%）		Ⅲ型（2%）		一等品		合格品	
	初凝	终凝	初凝	终凝	初凝	终凝	初凝	终凝	初凝	终凝
凝结时间（min）	285	490	490	540	390	540	−90 ~ +120			

续表

测试项目	抗盐渍复合外加剂（KYZ-Ⅰ、Ⅱ、Ⅲ型）测试数据												国家标准			
	Ⅰ型（1.2%）				Ⅱ型（1.0%）				Ⅲ型（2%）				一等品		合格品	
抗压强度比	1d	3d	7d	28d	1d	3d	7d	28d	1d	3d	7d	28d	1d	3d	7d	28d
	126	164	149	103	121	186	165	119	264	168	162	111	140	130	125	120
抗压强度（MPa）	8.0	19.90	29.1	37.9	8.5	22.5	32.3	43.9	16.76	20.30	31.60	40.9	—			
收缩率比（90d）	≤115				128				≤115				≤135			
抗渗试验	>12				>12				>12				—			
坍落度（mm）	230				250				250							
泌水、离析性	合格				合格				合格				—			

注：C30 基准混凝土：初凝 429min，终凝 654min。1d、3d、7d、28d 的抗压强度分别为：6.34MPa、12.1MPa、19.56MPa、36.8MPa。抗压强度比均达到或超过 100%，坍落度为 50mm。

6.2 KYZ 复合外加剂对混凝土性能的影响

6.2.1 混凝土原材料的选择

6.2.1.1 水泥

采用青海水泥集团股份有限公司生产的 32.5 级普通硅酸盐水泥和Ⅰ型 52.5 级硅酸盐水泥，其性能指标见表 6-3。

表 6-3 水泥性能指标

项目	细度（%）	比表面积（m²/kg）	三氧化硫（%）	氧化镁（%）	烧失量（%）	不溶物（%）	安定性	凝结时间（h：min）		抗折强度（MPa）		抗压强度（MPa）	
								初凝	终凝	3d	28d	3d	28d
52.5 级Ⅰ型硅酸盐水泥	—	360	1.84	2.8	0.80	0.61	合格	2：01	3：13	5.5	8.8	26.0	58.4
32.5 级普通水泥	4.6	—	2.10	2.74	1.27	—	合格	2：33	3：23	4.2	7.8	16.0	42.0

6.2.1.2 硅粉

采用青海民和镁厂生产的 SiO_2-92 型加密硅粉，其性能指标见表 6-4。

表 6-4 硅粉性能指标

品级	化学成分（%）										
	SiO_2	C	H_2O	Fe_2O_3	Al_2O_3	CaO	MgO	K_2O	Na_2O	烧失量
SiO_2-92	90.0	4.0	0.7	0.3	0.4	0.8	0.7	0.9	0.3	1.9

6.2.1.3 粉煤灰

采用青海桥头发电有限责任公司生产的Ⅱ级粉煤灰，其性能指标见表 6-5。

表 6-5　Ⅱ级粉煤灰性能指标　　　　　　　　　　　　　（%）

细度（0.045mm）	需水量	烧失量	含水量	28d 抗压强度比	SO_3	SiO_2	Al_2O_3	CaO	MgO	Fe_2O_3
20	105	0.34	0.40	62	0.66	52.68	33.42	3.68	1.21	8.01

6.2.1.4 骨料

粗细骨料均采用西宁市北川河砂石料，其性能指标见表6-6、表6-7。

表 6-6　北川河砂性能指标

筛孔径（mm）	分计筛余量（g）	分计筛余百分数（%）	累计筛余百分数（%）
5	23.41	4.682	4.682
2.5	123.3	24.66	29.342
1.25	51.2	10.24	39.582
0.63	104.5	20.9	60.482
0.315	99.5	19.9	80.382
0.16	48.5	9.7	90.082
<0.16	50		

注：$M_x=2.9$，属中砂，含泥量=7.9%，视密度=2.727g/cm³，表观密度=1585g/cm³。

表 6-7　北川河粗骨料性能指标

筛孔径（mm）	分计筛余量（g）	分计筛余百分数（%）	累计筛余百分数（%）
31.5	0	0	0
25	0	0	0
20	14.5	0.29	0.29
16	693	13.86	14.15
10	3422	68.44	82.59
5	557	11.14	93.73
2.5	120.3	2.406	96.136
筛底	188.2	3.764	99.9

注：含泥量=0.6%，小于2.5mm杂质含量=3.764%，压碎指标=8.06%。

6.2.1.5　KYZ复合外加剂

抗盐渍复合外加剂（KYZ-Ⅰ、Ⅱ、Ⅲ型）的各项性能指标见表6-2。

6.2.2　试验方案

6.2.2.1　混凝土配合比设计（表6-8、表6-9）

表 6-8　C30混凝土配合比及28d强度

强度等级	水胶比	坍落度(mm)	混凝土材料用量（kg/m³）									实测强度（MPa）			备注
			水泥 P·O 32.5	粉煤灰(Ⅰ~Ⅱ级)	硅粉	矿渣	水	砂	石子(碎石)	KYZ	UNF-3	AEA	3d	7d	28d	
C30	0.43	30~50	489	—	—	—	210	594	1102	5.86			19.9	29.1	37.9	Ⅰ
	0.45		443	—	—	—	195	599	1163	4.43			22.5	32.3	43.97	Ⅱ
	0.48		419	—	—	—	200	530	1234	8.38			20.3	31.6	40.9	Ⅲ

表 6-9 C80 混凝土配合比及 28d 强度

强度等级	水胶比	坍落度 (mm)	水泥(Ⅰ型 52.5)	粉煤灰(Ⅰ~Ⅱ级)	硅粉	矿渣	水	砂	石子(碎石)	KYZ	UNF-3	AEA	3d	7d	28d	备注
C80	0.27	30~50	491	60	35	—	155	610	1100	10.2	3.5		36.05	48.94	66.31	Ⅰ
	0.35		513	43	—	195	685	1080	15.7			2.8	30.8	43.41	60.27	Ⅱ
	0.37		451	—	165	745	1100	11.25	4.5				28.19	45.03	64.89	Ⅱ
	0.25		435	87	58	145	670	1070	9.8				48.05	60.74	81.29	Ⅰ
C80	0.27	30~50	491	50	45	—	155	610	1100	10.2	3.5		33.5	59	73.2	Ⅰ
	0.32		513	43	40	195	685	1080	15.7			2.8	14.4	41.15	62.6	Ⅲ
	0.35		451	—	50	175	745	1100	11.25	4.5			0.75	2.89	41.9	Ⅲ

6.2.2.2 掺加方法

在混凝土搅拌过程中，外加剂的掺加方法对外加剂的使用效果影响较大。如减水剂掺加方法大体分为先掺法（在拌合水之前掺入）、同掺法（与拌合水同时掺入）、滞水法（在搅拌过程中减水剂滞后于水 2~3min 加入）、后掺法（在拌合后经过一定的时间才按一次或几次加入到具有一定含量的混凝土拌合物中，再经两次或多次搅拌）。不同的掺加方法将会带来不同的使用效果，不同品种的减水剂，由于作用机理不同，其掺加方法也不一样。对于 KYZ 系列外加剂，为了避开水泥中的 C_3A、C_4AF 矿物成分的选择性吸附，后掺法效果较好。

6.2.3 结果与讨论

6.2.3.1 对新拌混凝土性能的影响

（1）新拌混凝土和易性良好，砂浆与粗骨料始终均匀流动。

（2）混凝土坍落度保持在 240mm 以下，不泌水、不离析。

（3）新拌混凝土的坍落度损失小，因为复配了固体引气剂，所以损失小，使用 KYZ-Ⅰ型在 1.5h 内损失在 0.5%~1% 之间；使用 KYZ-Ⅱ型和 KYZ-Ⅲ型在 1.5h 内基本上无损失。

（4）减水率和掺量：

①KYZ-Ⅰ型减水率为 18%~22.5%，C40 以下混凝土强度由低到高，掺量（占总胶料）1.5%~2.5%。

②KYZ-Ⅱ型减水率为 20%~30.5%，C45 以上掺量 2.5%~3.5%。

③KYZ-Ⅲ型减水率为 17%~25%，掺量 2.5%~3.5%。

6.2.3.2 对硬化混凝土性能的影响

（1）为了解决预拌混凝土和硬化混凝土的裂缝问题，对青藏铁路和公路以及盐湖地区的混凝土工程做了大量的深入细致的调研工作。认为：温差变化之大、水分蒸发之快、气候之寒冷是引起预拌和硬化混凝土产生裂纹的直接原因。在相同收缩值的条件下，混凝土的强度等级越高，裂纹的危险值也越大，这就是混凝土工程裂缝的主导因素。经过初步的试验，表明 KYZ 系列外加剂的掺入，90d 的收缩值比均小于 115，这对于混凝土减少收缩都是非常有效的。

（2）抗压强度：加入 KYZ 系列外加剂后，与普通混凝土相比，没有强度损失，7d 以前的强度增长很快，28d 的强度均超过 100%。具体数据见表 6-2。

6.2.3.3 提高混凝土工程的耐久性

（1）能够提高混凝土的防水抗渗性

由于加入了一定量的密实剂，KYZ 系列外加剂可以使同一个强度等级的混凝土的抗渗性提高 4~6 个抗渗等级，随着混凝土的强度等级的提高，抗渗等级提高得更多。

（2）混凝土的抗冻融循环能力

随着混凝土的抗渗能力的提高，混凝土的抗冻融能力也在大幅度提高。C30 混凝土达到 150 次就开始破坏，掺 KYZ-Ⅰ的冻融 250 次仍在合格范围内。C80 混凝土达到 350 次就破坏了，掺 KYZ-Ⅱ、Ⅲ的冻融 500 次，各项指标都在合格范围内，还有很大的潜力，说明这种外加剂对于混凝土的耐久性大有好处。

（3）高性能混凝土抗腐蚀能力

将掺有 KYZ 系列外加剂成型的 C80 混凝土试件标养 28d 后分别浸泡在淡水和卤水中进行干湿循环腐蚀试验，结果表明：在达到目前的 90 次循环时，除水胶比 0.37 一组在达到 70 次循环时就已破坏以外，其他各组的质量和强度损失均无明显变化。除此之外，对 C90、C100 混凝土也进行了初步测试，抗腐蚀能力的规律与 C80 的混凝土大致相同。测试结果见表 6-10、图 6-2、图 6-3。

表 6-10 干湿循环（淡水、卤水两种介质）统计表

强度等级			C80				C90		C100	备注
水胶比			0.27	0.35	0.37	0.25	0.24	0.27	0.22	
标准强度（MPa）			66.31	60.27	64.89	81.29	83.85	74.88	61.15	
0 次	淡水	强度比 η	1.0	1.0	1.0	1.0	1.0	1.0	1.0	加入 KYZ 系列外加剂
		质量比 ε	1.0	1.0	1.0	1.0	1.0	1.0	1.0	
	卤水	强度比 η	1.0	1.0	1.0	1.0	1.0	1.0	1.0	
		质量比 ε	1.0	1.0	1.0	1.0	1.0	1.0	1.0	
30 次	淡水	强度比 η	1.0737	1.1351	0.9301	1.2066	1.1575	1.1469	1.3161	加入 KYZ 系列外加剂
		质量比 ε	1.0007	0.9948	0.9860	0.9925	0.9986	0.9964	0.9934	
	卤水	强度比 η	1.0209	1.0183	0.7541	1.1915	1.1270	1.0734	1.2470	
		质量比 ε	0.9709	0.9706	0.9805	0.9915	0.9973	0.9835	0.9895	
70 次	淡水	强度比 η	1.1270	1.1714	0.8927	1.2102	1.0436	1.1384	1.3727	加入 KYZ 系列外加剂
		质量比 ε	1.0209	0.9912	0.9902	0.9938	0.9938	0.9778	0.9932	
	卤水	强度比 η	0.8794	0.7868	—	1.1373	1.1126	0.9540	1.1159	
		质量比 ε	0.9730	0.9596	—	0.9850	0.9878	0.9686	0.9781	
90 次	淡水	强度比 η	1.0004	1.1072	—	1.1338	1.0048	0.9729	1.3022	加入 KYZ 系列外加剂
		质量比 ε	1.0064	0.9956	—	0.9910	1.0039	0.9818	1.0020	
	卤水	强度比 η	1.0143	0.7491	—	1.4221	1.0041	0.8934	1.0533	
		质量比 ε	0.9603	0.9545	—	0.9864	0.9903	0.9822	0.9752	

续表

强度等级			C80				C90		C100	备注
100 次	淡水	强度比 η	1.1092	1.0093	—	1.1262	1.0607	1.0536	1.3473	加入 KYZ 系列外加剂
		质量比 ε	1.001	0.9911	—	0.9816	1.0023	0.9947	1.0044	
	卤水	强度比 η	0.8386	0.8495	—	1.3751	1.0244	0.8807	1.10008	
		质量比 ε	0.9729	0.9622	—	0.9907	0.9858	0.9769	0.9718	
120 次	淡水	强度比 η	1.2636	1.1148	—	0.8189	0.9822	1.0378	1.2535	加入 KYZ 系列外加剂
		质量比 ε	1.0369	0.9992	—	0.9567	0.9984	0.9931	0.9986	
	卤水	强度比 η	1.3965	0.6873	—	0.5755	1.0485	0.7722	0.9388	
		质量比 ε	1.0284	0.9431	—	0.9170	0.9889	0.9752	0.9768	
130 次	淡水	强度比 η	1.0796	0.9949	—	1.1251	0.9419	1.0382	—	加入 KYZ 系列外加剂
		质量比 ε	0.9947	0.9941	—	1.0012	0.9997	0.9875	—	
	卤水	强度比 η	0.7441	0.5457	—	0.6906	0.9949	0.7667	—	
		质量比 ε	0.9696	0.9384	—	0.9937	0.9833	0.9752	—	
140 次	淡水	强度比 η	0.9548	1.0632	—	1.1376	1.0187	1.0527	—	加入 KYZ 系列外加剂
		质量比 ε	0.9936	0.9829	—	0.9939	0.9916	0.9974	—	
	卤水	强度比 η	0.6950	0.5535	—	1.0566	0.9863	0.7491	—	
		质量比 ε	0.9576	0.9376	—	0.9815	0.9841	0.9658	—	

注：强度损失比 (η) = n 次循环强度 (f_n)/28d 标养强度 (f_{28})

质量损失比 (ε) = n 次循环质量 (W_n)/28d 标养质量 (W_{28})

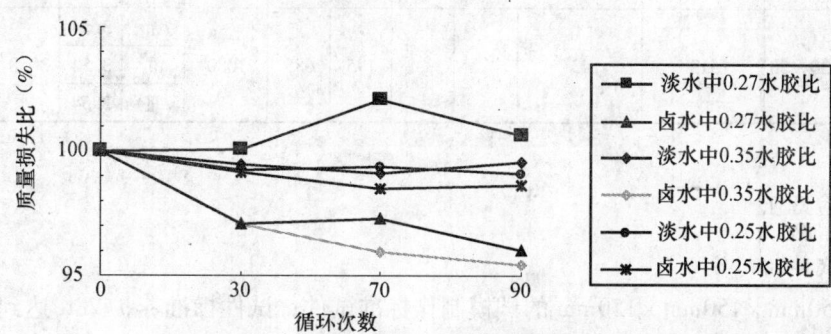

图 6-2 不同水胶比的混凝土在 90 次干湿循环的质量损失比

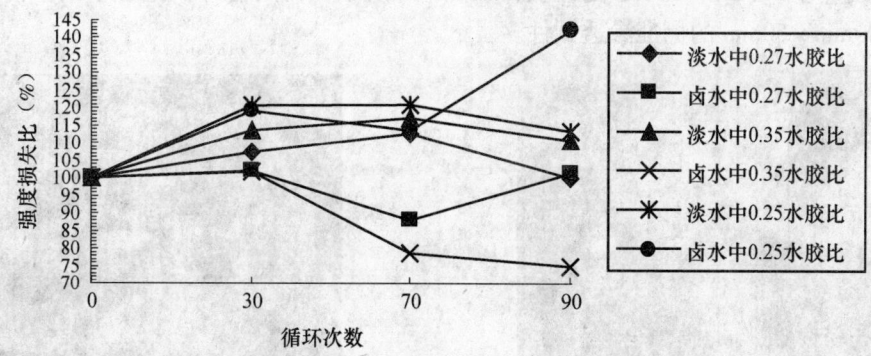

图 6-3 不同水胶比的混凝土在 90 次干湿循环的强度损失比

6.3 掺 KYZ 系列外加剂 C80 混凝土渗透性试验研究

6.3.1 试验用原材料

水泥为青海水泥股份有限公司生产，Ⅰ型硅酸盐 52.5 强度等级；试验用砂、石为西宁北川河砂和破碎砾石；二氧化硅微粉为民和镁厂生产，含量为 SiO_2-92；粉煤灰为大通桥头电厂生产，等级为Ⅱ级粉煤灰；外加剂采用 KYZ-Ⅰ、Ⅱ、Ⅲ型。

6.3.2 配合比设计

按照高性能混凝土配合比设计方法，确定采用强度等级为 C80；分别采用水胶比为 0.25、0.27、0.35 三组试件进行试验。配合比设计结果见表 6-11。

表 6-11 混凝土配合比设计　　　　　　　　　　　　　　　　　　kg/m³

强度等级	水胶比	坍落度 (mm)	水泥 (Ⅰ型 52.5)	粉煤灰 (Ⅰ~Ⅱ级)	硅粉	矿渣	水	砂	石子 (碎石)	KYZ系列	KYZ	3d	7d	28d
C80	0.25	30~50	435	87	58	—	145	670	1070	Ⅰ	10.3	48.05	60.74	81.29
										Ⅱ	12.2			
										Ⅲ	11.8			
C80	0.27	30~50	491	60	35	—	155	610	1100	Ⅰ	8.6	36.05	48.94	66.3
										Ⅱ	8.6			
										Ⅲ	8.6			
C80	0.35	30~50	513	43		—	195	685	1080	Ⅰ	3.54	30.8	43.41	60.27
										Ⅱ	3.54			
										Ⅲ	3.54			

6.3.3 试验方法

6.3.3.1 试件的制作

采用 150mm×150mm×150mm 的试模制作标准试件；试件标准养护 28d 达到设计强度；混凝土钻芯取样：采用直径 100 的取芯钻头在养护好的试件中心取样见图 6-4、图 6-5；用切割机切成直径 100mm×55mm 圆柱状，如图 6-6 所示，再用磨片机把上下两平面磨平，制成直径 100mm×50mm 的标准渗透试件。

图 6-4　钻孔取芯

图 6-5　取芯后的试件

6.3.3.2 采用 NEL 氯离子扩散系数法测定混凝土的渗透性

NEL 法是利用 Nernst-Einstein 方程建立的，通过快速测定混凝土中氯离子扩散系数来评价混凝土渗透性的新方法，已获得国家发明专利。NEL 法既适用于普通混凝土，也适用于高性能混凝土，对于高达 120MPa 左右的混凝土，可在 24h 内得到测试结果，此法还成功用于 200MPa、800MPa 混凝土渗透性的检测，是目前世界上最快、最好的混凝土渗透性评价方法，此方法曾受到前工程院院士吴中伟先生的较高评价。

对于高渗透性混凝土，NEL 法检测结果与渗透压法和 ASTM C1202 法一致，对于中等渗透性混凝土，NEL 法与 ASTM C1202 法一致，对于高抗渗性混凝土，只有 NEL 法最准确，分辨率最高，可区分不同养护方式对相同配合比混凝土渗透性的影响。

试验中将待测的混凝土切成一定厚度的试样，进行真空饱盐后测量混凝土中的氯离子扩散系数，从而快速评价混凝土渗透性。

(1) 溶液配制

用分析纯 NaCl 和蒸馏水搅拌配制浓度为 4mol 的 NaCl 盐溶液，静停 24h 备用。

(2) 混凝土真空饱盐工艺

将切割好的混凝土试样垂直码放于真空室内的不锈钢套桶中，试样间要留有空隙；调整液位传感器高度，使之刚好垂直放于最上层试样表面；对称拧紧真空室盖上的螺栓，将真空室封闭；顺序打开电源适配器开关、真空泵、真空室的抽气开关，当真空室的真空度达到 -0.08MPa 后，保持 4~6h，之后，关闭真空室的抽气球阀，打开注水开关，将水或盐溶液引入真空室，当液位指示灯熄灭时，立即关闭注水开关，然后再打开抽气开关，抽真空至 -0.08MPa，保持 1~2h，关闭抽气开关和真空泵。静停至开始抽真空时计 24h 止，如图 6-7 所示。然后，放气，取出试样，准备渗透性检测。

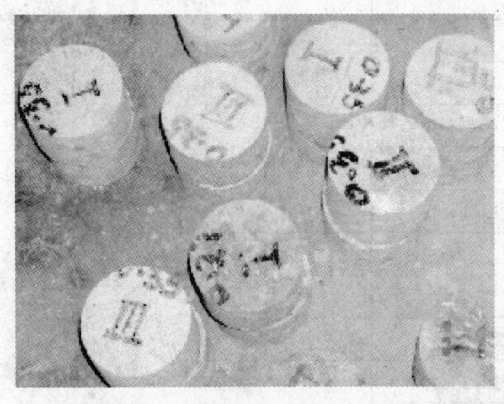

图 6-6 待测试样（高度 50mm）

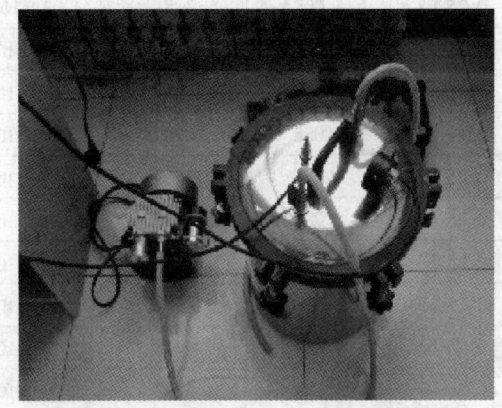

图 6-7 真空饱盐

(3) 扩散系数测定

将饱盐后混凝土试样放入夹具的两紫铜电极间，用 APT 测试软件，检测混凝土中的氯离子扩散系数。

如图 6-8、图 6-9 进行数据采集；试验数据采集结果见表 6-12 至表 6-20。

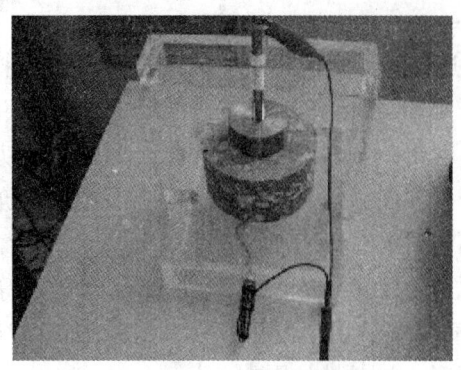

图 6-8 加电测试

图 6-9 数据采集

表 6-12 水胶比 0.25 的 C80 混凝土加入 KYZ（Ⅰ）外加剂的氯离子扩散系数

试样	试样两端电压（V）	电流（mA）	扩散系数（cm²/s）	扩散系数（m²/s）	平均扩散系数（m²/s）	平行试样平均扩散系数（m²/s）
0.25 Ⅰ 1	1.992	1.653	1.372×10⁻⁸			
0.25 Ⅰ 1	3.008	3.73	2.051×10⁻⁸			
0.25 Ⅰ 1	4.023	4.7	1.932×10⁻⁸			
0.25 Ⅰ 1	5.039	5.58	1.832×10⁻⁸	1.83×10⁻¹²	1.87×10⁻¹²	
0.25 Ⅰ 1	6.055	6.86	1.874×10⁻⁸	1.87×10⁻¹²		
0.25 Ⅰ 1	7.07	8.16	1.909×10⁻⁸	1.91×10⁻¹²		
0.25 Ⅰ 1	8.086	9.48	1.939×10⁻⁸			
0.25 Ⅰ 2	1.992	1.53	1.271×10⁻⁸			
0.25 Ⅰ 2	3.008	3.51	1.93×10⁻⁸			1.82×10⁻¹²
0.25 Ⅰ 2	4.023	4.46	1.833×10⁻⁸			
0.25 Ⅰ 2	5.039	5.25	1.723×10⁻⁸			
0.25 Ⅰ 2	6.055	6.46	1.765×10⁻⁸	1.77×10⁻¹²	1.79×10⁻¹²	
0.25 Ⅰ 2	7.07	7.69	1.799×10⁻⁸	1.80×10⁻¹²		
0.25 Ⅰ 2	8.086	8.87	1.814×10⁻⁸	1.81×10⁻¹²		
0.25 Ⅰ 3	1.992	1.543	1.281×10⁻⁸			
0.25 Ⅰ 3	3.008	2.332	1.282×10⁻⁸			
0.25 Ⅰ 3	4.023	4.28	1.759×10⁻⁸			
0.25 Ⅰ 3	5.039	5.32	1.746×10⁻⁸	1.75×10⁻¹²	1.78×10⁻¹²	
0.25 Ⅰ 3	6.055	6.53	1.784×10⁻⁸	1.78×10⁻¹²		
0.25 Ⅰ 3	7.07	7.75	1.813×10⁻⁸	1.81×10⁻¹²		
0.25 Ⅰ 3	8.086	8.94	1.829×10⁻⁸			

注：氯离子扩散系数 D_{NEL}（10^{-14} m²/s）= 182×10⁻¹⁴，混凝渗透等级为Ⅲ，混凝土渗透评价为中。

6.3.3.3 数据处理

将每一试样中相差在 5% 以内的数据平均，作为该试样的测定值；将三块平行试样的测定值中与平均值在 15% 以内的数据进行平均，作为测试混凝土中的离子扩散系数。

表6-13 水胶比0.25的C80混凝土加入KYZ（Ⅱ）外加剂的氯离子扩散系数

试样	试样两端电压 (V)	电流 (mA)	扩散系数 (cm^2/s)	扩散系数 (m^2/s)	平均扩散系数 (m^2/s)	平行试样平均扩散系数 (m^2/s)
0.25Ⅱ1	3.008	2.008	1.104×10^{-8}			
0.25Ⅱ1	4.023	4.17	1.714×10^{-8}			
0.25Ⅱ1	5.039	4.77	1.566×10^{-8}			
0.25Ⅱ1	6.055	5.82	1.59×10^{-8}	1.59×10^{-12}	1.60×10^{-12}	
0.25Ⅱ1	7.07	6.87	1.607×10^{-8}	1.61×10^{-12}		
0.25Ⅱ1	8.086	7.9	1.616×10^{-8}	1.62×10^{-12}		
0.25Ⅱ2	1.992	1.635	1.358×10^{-8}			
0.25Ⅱ	3.008	3.68	2.024×10^{-8}			
0.25Ⅱ3	4.023	4.46	1.833×10^{-8}	1.83×10^{-12}		
0.26Ⅱ	5.039	5.57	1.828×10^{-8}	1.83×10^{-12}	1.85×10^{-12}	1.74×10^{-12}
0.25Ⅱ4	6.055	6.88	1.879×10^{-8}	1.88×10^{-12}		
0.27Ⅱ	7.07	8.19	1.916×10^{-8}			
0.25Ⅱ5	8.086	9.5	1.943×10^{-8}			
0.25Ⅱ3	1.992	1.431	1.188×10^{-8}			
0.25Ⅱ3	3.008	2.114	1.162×10^{-8}			
0.25Ⅱ3	4.023	4.01	1.648×10^{-8}			
0.25Ⅱ3	5.039	5.25	1.723×10^{-8}	1.72×10^{-12}		
0.25Ⅱ3	6.055	6.47	1.767×10^{-8}	1.77×10^{-12}	1.76×10^{-12}	
0.25Ⅱ3	7.07	7.66	1.792×10^{-8}	1.79×10^{-12}		
0.25Ⅱ3	8.086	8.83	1.806×10^{-8}			

注：氯离子扩散系数 $D_{NEL}(10^{-14} m^2/s) = 174 \times 10^{-14}$，混凝土渗透等级为Ⅲ，混凝土渗透评价为中。

表6-14 水胶比0.25的C80混凝土加入KYZ（Ⅲ）外加剂的氯离子扩散系数

试样	试样两端电压 (V)	电流 (mA)	扩散系数 (cm^2/s)	扩散系数 (m^2/s)	平均扩散系数 (m^2/s)	平行试样平均扩散系数 (m^2/s)
0.25Ⅲ1	1.992	1.486	1.234×10^{-8}			
0.25Ⅲ1	3.008	2.27	1.248×10^{-8}			
0.25Ⅲ1	4.023	4.02	1.653×10^{-8}	1.65×10^{-12}		
0.25Ⅲ1	5.039	5.24	1.72×10^{-8}	1.72×10^{-12}	1.71×10^{-12}	
0.25Ⅲ1	6.055	6.46	1.765×10^{-8}	1.77×10^{-12}		
0.25Ⅲ1	7.07	7.66	1.792×10^{-8}			
0.25Ⅲ1	8.086	8.86	1.812×10^{-8}			1.70×10^{-12}
0.25Ⅲ2	1.992	1.032	8.569×10^{-8}			
0.25Ⅲ2	3.008	1.713	9.422×10^{-8}			
0.25Ⅲ2	4.023	2.332	9.587×10^{-8}			
0.25Ⅲ2	5.039	4.38	1.438×10^{-8}			
0.25Ⅲ2	6.055	5.36	1.464×10^{-8}	1.46×10^{-12}		
0.25Ⅲ2	7.07	6.34	1.483×10^{-8}	1.48×10^{-12}	1.48×10^{-12}	
0.25Ⅲ2	8.086	7.32	1.497×10^{-8}	1.50×10^{-12}		

续表

试样	试样两端电压 (V)	电流 (mA)	扩散系数 (cm^2/s)	扩散系数 (m^2/s)	平均扩散系数 (m^2/s)	平行试样平均扩散系数 (m^2/s)
0.25Ⅲ	1.992	1.658	1.376×10^{-8}			
0.25Ⅲ3	3.008	3.65	2.007×10^{-8}			
0.26Ⅲ	4.023	4.49	1.846×10^{-8}	1.85×10^{-12}		
0.25Ⅲ4	5.039	5.8	1.904×10^{-8}	1.90×10^{-12}	1.90×10^{-12}	1.70×10^{-12}
0.27Ⅲ	6.055	7.14	1.95×10^{-8}	1.95×10^{-12}		
0.25Ⅲ5	7.07	8.46	1.979×10^{-8}			
0.28Ⅲ	8.086	9.79	2.003×10^{-8}			

注：氯离子扩散系数 $D_{NEL}(10^{-14} m^2/s) = 170 \times 10^{-14}$，混凝土渗透等级为Ⅲ，混凝土渗透评价为中。

表6-15　水胶比0.27的C80混凝土加KYZ（Ⅰ）外加剂的氯离子扩散系数

试样	试样两端电压 (V)	电流 (mA)	扩散系数 (cm^2/s)	扩散系数 (m^2/s)	平均扩散系数 (m^2/s)	平行试样平均扩散系数 (m^2/s)
0.27Ⅰ1	1.992	1.542	1.28×10^{-8}			
0.27Ⅰ1	3.008	3.71	2.04×10^{-8}			
0.27Ⅰ1	4.023	5.13	2.109×10^{-8}			
0.27Ⅰ1	5.039	6.73	2.209×10^{-8}	2.21×10^{-12}	2.26×10^{-12}	
0.27Ⅰ1	6.055	8.33	2.276×10^{-8}	2.28×10^{-12}		
0.27Ⅰ1	7.07	9.82	2.297×10^{-8}	2.30×10^{-12}		
0.27Ⅰ1	8.086	11.43	2.338×10^{-8}			
0.27Ⅰ2	1.992	2.022	1.679×10^{-8}			
0.27Ⅰ2	3.008	4.38	2.409×10^{-8}			
0.27Ⅰ2	4.023	5.28	2.171×10^{-8}	2.17×10^{-12}		
0.27Ⅰ2	5.039	6.85	2.248×10^{-8}	2.25×10^{-12}	2.25×10^{-12}	2.25×10^{-12}
0.27Ⅰ2	6.055	8.48	2.317×10^{-8}	2.32×10^{-12}		
0.27Ⅰ2	7.07	10.12	2.367×10^{-8}			
0.27Ⅰ2	8.086	11.75	2.403×10^{-8}			
0.27Ⅰ3	1.992	2.059	1.71×10^{-8}			
0.27Ⅰ3	3.008	4.41	2.425×10^{-8}			
0.27Ⅰ3	4.023	5.27	2.166×10^{-8}	2.17×10^{-12}		
0.27Ⅰ3	5.039	6.84	2.245×10^{-8}	2.25×10^{-12}	2.24×10^{-12}	
0.27Ⅰ3	6.055	8.49	2.319×10^{-8}	2.32×10^{-12}		
0.27Ⅰ3	7.07	10.13	2.37×10^{-8}			
0.27Ⅰ3	8.086	11.78	2.41×10^{-8}			

注：氯离子扩散系数 $D_{NEL}(10^{-14} m^2/s) = 225 \times 10^{-14}$，混凝土渗透等级为Ⅲ，混凝土渗透评价为中。

表6-16　水胶比为0.27的C80混凝土加入KYZ（Ⅱ）外加剂的氯离子扩散系数

试样	试样两端电压 (V)	电流 (mA)	扩散系数 (cm^2/s)	扩散系数 (m^2/s)	平均扩散系数 (m^2/s)	平行试样平均扩散系数 (m^2/s)
0.27Ⅱ1	1.992	1.903	1.58×10^{-8}			
0.27Ⅱ1	3.008	3.59	1.974×10^{-8}			
0.27Ⅱ1	4.023	5.16	2.121×10^{-8}			
0.27Ⅱ1	5.039	6.79	2.229×10^{-8}			
0.27Ⅱ1	6.055	8.44	2.306×10^{-8}	2.31×10^{-12}		
0.27Ⅱ1	7.07	10.05	2.351×10^{-8}	2.35×10^{-12}	2.35×10^{-12}	
0.27Ⅱ1	8.086	11.68	2.389×10^{-8}	2.39×10^{-12}		
0.27Ⅱ2	1.992	2.01	1.669×10^{-8}			
0.27Ⅱ2	3.008	4.52	2.486×10^{-8}			
0.27Ⅱ2	4.023	5.58	2.294×10^{-8}			
0.27Ⅱ2	5.039	7	2.298×10^{-8}	2.30×10^{-12}		2.36×10^{-12}
0.27Ⅱ2	6.055	8.67	2.368×10^{-8}	2.37×10^{-12}	2.36×10^{-12}	
0.27Ⅱ2	7.07	10.36	2.424×10^{-8}	2.42×10^{-12}		
0.27Ⅱ2	8.086	12.06	2.467×10^{-8}			
0.27Ⅱ3	1.992	1.971	1.636×10^{-8}			
0.27Ⅱ3	3.008	4.54	2.497×10^{-8}			
0.27Ⅱ3	4.023	5.79	2.38×10^{-8}			
0.27Ⅱ3	5.039	7.09	2.327×10^{-8}	2.33×10^{-12}		
0.27Ⅱ3	6.055	8.64	2.36×10^{-8}	2.36×10^{-12}	2.36×10^{-12}	
0.27Ⅱ3	7.07	10.26	2.4×10^{-8}	2.40×10^{-12}		
0.27Ⅱ3	8.086	11.92	2.438×10^{-8}			

注：氯离子扩散系数 $D_{NEL}(10^{-14} m^2/s) = 235.58 \times 10^{-14}$，混凝土渗透等级为Ⅲ，混凝土渗透评价为中。

表6-17　水胶比为0.27的C80混凝土加入KYZ（Ⅲ）外加剂的氯离子扩散系数

试样	试样两端电压 (V)	电流 (mA)	扩散系数 (cm^2/s)	扩散系数 (m^2/s)	平均扩散系数 (m^2/s)	平行试样平均扩散系数 (m^2/s)
0.27Ⅲ1	1.992	2.158	1.792×10^{-8}			
0.27Ⅲ1	3.008	4.74	2.606×10^{-8}			
0.27Ⅲ1	4.023	5.81	2.388×10^{-8}			
0.27Ⅲ1	5.039	7.58	2.488×10^{-8}	2.49×10^{-12}		
0.27Ⅲ1	6.055	9.44	2.579×10^{-8}	2.58×10^{-12}	2.57×10^{-12}	2.56×10^{-12}
0.27Ⅲ1	7.07	11.33	2.65×10^{-8}	2.65×10^{-12}		
0.27Ⅲ1	8.086	13.23	2.706×10^{-8}			
0.27Ⅲ2	1.992	2.261	1.877×10^{-8}			
0.27Ⅲ2	3.008	4.88	2.683×10^{-8}			

续表

试样	试样两端电压(V)	电流(mA)	扩散系数(cm^2/s)	扩散系数(m^2/s)	平均扩散系数(m^2/s)	平行试样平均扩散系数(m^2/s)
0.27Ⅲ2	4.023	6.07	2.495×10^{-8}	2.50×10^{-12}		
0.27Ⅲ2	5.039	7.88	2.586×10^{-8}	2.59×10^{-12}	2.59×10^{-12}	
0.27Ⅲ2	6.055	9.85	2.691×10^{-8}	2.69×10^{-12}		
0.27Ⅲ2	7.07	11.86	2.774×10^{-8}			
0.27Ⅲ2	8.086	13.9	2.843×10^{-8}			2.56×10^{-12}
0.27Ⅲ3	1.992	2.069	1.718×10^{-8}			
0.27Ⅲ3	3.008	3.96	2.178×10^{-8}			
0.27Ⅲ3	4.023	5.38	2.212×10^{-8}			
0.27Ⅲ3	5.039	7.14	2.344×10^{-8}			
0.27Ⅲ3	6.055	8.96	2.448×10^{-8}	2.45×10^{-12}		
0.27Ⅲ3	7.07	10.8	2.526×10^{-8}	2.53×10^{-12}	2.52×10^{-12}	
0.27Ⅲ3	8.086	12.64	2.586×10^{-8}	2.59×10^{-12}		

注：氯离子扩散系数 $D_{NEL}(10^{-14} m^2/s) = 256 \times 10^{-14}$，混凝土渗透等级为Ⅲ，混凝土渗透评价为中。

表6-18 水胶比为0.35的C80混凝土加入KYZ（Ⅰ）外加剂的氯离子扩散系数

试样	试样两端电压(V)	电流(mA)	扩散系数(cm^2/s)	扩散系数(m^2/s)	平均扩散系数(m^2/s)	平行试样平均扩散系数(m^2/s)
0.35Ⅰ1	1.992	5.47	4.541×10^{-8}			
0.35Ⅰ1	3.008	6.97	3.833×10^{-8}			
0.35Ⅰ1	4.023	9.82	4.037×10^{-8}			
0.35Ⅰ1	5.039	13.02	4.274×10^{-8}	4.27×10^{-12}	4.47×10^{-12}	
0.35Ⅰ1	6.055	16.43	4.488×10^{-8}	4.49×10^{-12}		
0.35Ⅰ1	7.07	19.87	4.648×10^{-8}	4.65×10^{-12}		
0.35Ⅰ1	8.086	23.33	4.772×10^{-8}			
0.35Ⅰ2	1.992	4.74	3.935×10^{-8}			
0.35Ⅰ2	3.008	6.75	3.712×10^{-8}			
0.35Ⅰ2	4.023	10.17	4.181×10^{-8}	4.18×10^{-12}	4.46×10^{-12}	4.50×10^{-12}
0.35Ⅰ2	5.039	13.68	4.49×10^{-8}	4.49×10^{-12}		
0.35Ⅰ2	6.055	17.24	4.709×10^{-8}	4.71×10^{-12}		
0.35Ⅰ2	7.07	20.79	4.863×10^{-8}			
0.35Ⅰ2	8.086	24.32	4.975×10^{-8}			
0.35Ⅰ3	1.992	6.05	5.023×10^{-8}			
0.35Ⅰ3	3.008	7.69	4.229×10^{-8}	4.23×10^{-12}	4.56×10^{-12}	
0.35Ⅰ3	4.023	11.18	4.596×10^{-8}	4.60×10^{-12}		
0.35Ⅰ3	5.039	14.8	4.858×10^{-8}	4.86×10^{-12}		
0.35Ⅰ3	6.055	18.57	5.073×10^{-8}			
0.35Ⅰ3	7.07	22.35	5.228×10^{-8}			
0.35Ⅰ3	8.086	26.16	5.351×10^{-8}			

注：氯离子扩散系数 $D_{NEL}(10^{-14} m^2/s) = 450 \times 10^{-14}$，混凝土渗透等级为Ⅲ，混凝土渗透评价为中。

表 6-19　水胶比 0.35 的 C80 混凝土加入 KYZ（Ⅱ）外加剂的氯离子扩散系数

试样	试样两端电压（V）	电流（mA）	扩散系数（cm²/s）	扩散系数（m²/s）	平均扩散系数（m²/s）	平行试样平均扩散系数（m²/s）
0.35 Ⅱ 1	1.992	4.01	3.329×10^{-8}			
0.35 Ⅱ 1	3.008	6.92	3.805×10^{-8}			
0.35 Ⅱ 1	4.023	10.63	4.37×10^{-8}	4.37×10^{-12}		
0.35 Ⅱ 1	5.039	14.37	4.717×10^{-8}	4.72×10^{-12}	4.68×10^{-12}	
0.35 Ⅱ 1	6.055	18.18	4.966×10^{-8}	4.97×10^{-12}		
0.35 Ⅱ 1	7.07	21.94	5.132×10^{-8}			
0.35 Ⅱ 1	8.086	25.61	5.239×10^{-8}			
0.35 Ⅱ 2	1.992	4.66	3.869×10^{-8}			
0.35 Ⅱ 2	3.008	6.79	3.734×10^{-8}			4.75×10^{-12}
0.35 Ⅱ 2	4.023	10.31	4.238×10^{-8}			
0.35 Ⅱ 2	5.039	13.91	4.566×10^{-8}	4.57×10^{-12}		
0.35 Ⅱ 2	6.055	17.59	4.805×10^{-8}	4.81×10^{-12}	4.78×10^{-12}	
0.35 Ⅱ 2	7.07	21.28	4.978×10^{-8}	4.98×10^{-12}		
0.35 Ⅱ 2	8.086	24.94	5.101×10^{-8}			
0.35 Ⅱ 3	1.992	4.97	4.126×10^{-8}			
0.35 Ⅱ 3	3.008	6.56	3.607×10^{-8}			
0.35 Ⅱ 3	4.023	9.94	4.086×10^{-8}			
0.35 Ⅱ 3	5.039	13.42	4.405×10^{-8}			
0.35 Ⅱ 3	6.055	16.95	4.63×10^{-8}	4.63×10^{-12}	4.78×10^{-12}	
0.35 Ⅱ 3	7.07	20.5	4.796×10^{-8}	4.80×10^{-12}		
0.35 Ⅱ 3	8.086	24.02	4.913×10^{-8}	4.91×10^{-12}		

注：氯离子扩散系数 $D_{NEL}(10^{-14} m^2/s) = 475 \times 10^{-14}$，混凝土渗透等级为Ⅲ，混凝土渗透评价为中。

表 6-20　水胶比 0.35 的 C80 混凝土加入 KYZ（Ⅲ）外加剂的氯离子扩散系数

试样	试样两端电压（V）	电流（mA）	扩散系数（cm²/s）	扩散系数（m²/s）	平均扩散系数（m²/s）	平行试样平均扩散系数（m²/s）
0.35 Ⅲ 1	1.992	5.24	4.35×10^{-8}			
0.35 Ⅲ 1	3.008	6.88	3.783×10^{-8}	3.783×10^{-12}		
0.35 Ⅲ 1	4.023	9.43	3.877×10^{-8}	3.877×10^{-12}		
0.35 Ⅲ 1	5.039	12.45	4.086×10^{-8}		3.97×10^{-12}	
0.35 Ⅲ 1	6.055	15.6	4.261×10^{-8}	4.26×10^{-12}		
0.35 Ⅲ 1	7.07	18.74	4.384×10^{-8}			4.12×10^{-12}
0.35 Ⅲ 1	8.086	21.88	4.476×10^{-8}			
0.35 Ⅲ 2	3.008	6.91	3.8×10^{-8}	3.8×10^{-12}		
0.35 Ⅲ 2	4.023	8.96	3.683×10^{-8}	3.683×10^{-12}	3.79×10^{-12}	
0.35 Ⅲ 2	5.039	11.82	3.88×10^{-8}	3.88×10^{-12}		
0.35 Ⅲ 2	6.055	14.85	4.057×10^{-8}			

续表

试样	试样两端电压 (V)	电流 (mA)	扩散系数 (cm^2/s)	扩散系数 (m^2/s)	平均扩散系数 (m^2/s)	平行试样平均扩散系数 (m^2/s)
0.35Ⅲ2	7.07	17.92	$4.192×10^{-8}$			
0.35Ⅲ2	8.086	20.98	$4.291×10^{-8}$			
0.35Ⅲ2	1.992	4.78	$3.968×10^{-8}$			
0.35Ⅲ3	1.992	6.01	$4.99×10^{-8}$			
0.35Ⅲ3	3.008	7.6	$4.179×10^{-8}$	$4.18×10^{-12}$		
0.35Ⅲ3	4.023	11.28	$4.637×10^{-8}$	$4.637×10^{-12}$	$4.60×10^{-12}$	$4.12×10^{-12}$
0.35Ⅲ3	5.039	15.15	$4.973×10^{-8}$	$4.973×10^{-12}$		
0.35Ⅲ3	6.055	19.1	$5.218×10^{-8}$			
0.35Ⅲ3	7.07	23.01	$5.383×10^{-8}$			
0.35Ⅲ3	8.086	26.82	$5.486×10^{-8}$			

注：氯离子扩散系数 $D_{NEL}(10^{-14}m^2/s) = 424×10^{-14}$，混凝土渗透等级为Ⅲ，混凝土渗透评价为中。

6.3.4 KYZ外加剂对混凝土渗透性的影响分析

6.3.4.1 评判渗透性标准（表6-21）

表6-21 NEL法建议评价标准

水胶比	混凝土28d抗压强度 (MPa)	氯离子扩散系数 ($10^{-14}m^2/s$)	混凝土渗透性级别	混凝土渗透性评价
>0.60	<30	>1000	Ⅰ	很高
0.45~0.60	30~40	500~1000	Ⅱ	高
0.40~0.45	40~60	100~500	Ⅲ	中
0.35~0.40	60~80	50~100	Ⅳ	低
0.30~0.35	80~100	5~50	Ⅴ	很低
0.20~0.30	100~200	5~10	Ⅵ	极低
<0.20	>200	<5	Ⅶ	可忽略

6.3.4.2 不同水胶比及不同外加剂类型对氯离子扩散系数的影响汇总（表6-22）

表6-22 KYZ外加剂对不同水胶比混凝土渗透性的影响

扩散系数 ($10^{-14}m^2/s$) 类型 \ 水胶比	0.25	0.27	0.35
Ⅰ型	182	225	450
Ⅱ型	174	236	475
Ⅲ型	170	256	412

6.3.4.3 分析结论

(1) 根据评判标准,当水胶比为 0.25 时,Ⅰ型、Ⅱ型、Ⅲ型的氯离子扩散系数分别是:$D_{NEL}(10^{-14}m^2/s)=181.5\times10^{-14}$;$D_{NEL}(10^{-14}m^2/s)=174\times10^{-14}$;$D_{NEL}(10^{-14}m^2/s)=170\times10^{-14}$,混凝土渗透等级为Ⅲ级,混凝土渗透性评价为中。当水胶比为 0.27 时,Ⅰ型、Ⅱ型、Ⅲ型的氯离子扩散系数分别是:$D_{NEL}(10^{-14}m^2/s)=225\times10^{-14}$;$D_{NEL}(10^{-14}m^2/s)=235.58\times10^{-14}$;$D_{NEL}(10^{-14}m^2/s)=256\times10^{-14}$,混凝土渗透等级为Ⅲ级,混凝土渗透性评价也为中。当水胶比为 0.35 时,Ⅰ型、Ⅱ型、Ⅲ型的氯离子扩散系数分别是:$D_{NEL}(10^{-14}m^2/s)=450\times10^{-14}$;$D_{NEL}(10^{-14}m^2/s)=475\times10^{-14}$;$D_{NEL}(10^{-14}m^2/s)=424\times10^{-14}$,混凝土渗透等级为Ⅲ,混凝土渗透评价仍然为中。说明这三组水胶比的 C80 混凝土具有很好的抵抗渗透的能力,均满足高性能混凝土的设计要求。

(2) 从图 6-10 可以看到:Ⅲ型外加剂抵抗渗透的能力最好,Ⅰ型次之,Ⅱ型较差。这是由于三种外加剂中密实剂和防水剂的掺量不同所致。

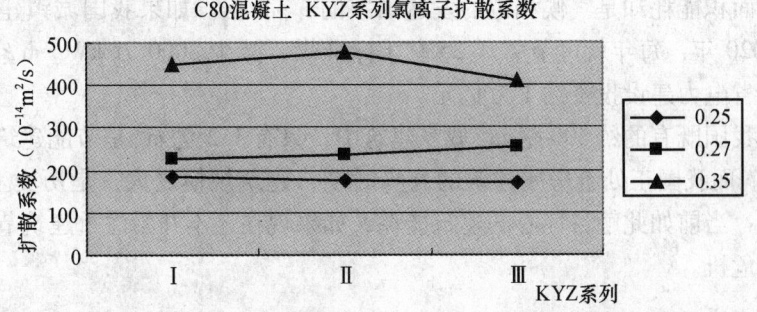

图 6-10 在不同水胶比混凝土中加入 KYZ 系列外加剂的渗透系数曲线

(3) 利用 KYZ 系列混凝土外加剂,可以配制出抗渗性能良好的高性能混凝土。

参考文献

[1] 王潘劳,张伟勤,杨幼坤等. 青海察尔汗盐湖地区水泥混凝土的腐蚀破坏调查分析 [J]. 青海大学学报,2003,(6):57~59.
[2] 刘连新,张伟勤,代大虎. 青藏高原地区高性能混凝土技术研究 [A]. 论文集 [C]. 北京:中国建材工业出版社,2004.4:163~170.
[3] 田培,姚燕,王玲等. 2002~2003 年中国混凝土外加剂现状及发展趋势 [M]. 北京:机械工业出版社,2004:28~31.
[4] 张应立,杨柏科,申爱琴. 现代混凝土配合比设计手册 [M]. 北京:人民交通出版社,2002:746.
[5] 刘连新,张伟勤,代大虎. 抗盐渍土侵蚀混凝土的工程实践与试验研究 [J]. 青海大学学报,2004,(6):1~3.
[6] 刘连新,张伟勤,戴大虎. KYZ 系列混凝土外加剂的研制 [J]. 新型建筑材料,2005 (4).
[7] 康桃英,黄梓平. 水泥外加剂总碱度的测定 [J]. 青海大学学报. 2005 (5).

第7章 高原砂浆

7.1 概 述

7.1.1 建筑节能迫在眉睫

当今世界三大问题是人口、资源、环境。资源问题又以能源为首要。随着人类对能源资源的大规模开发和利用,全球已逐步面临能源短缺问题。我国人均能源资源相对更加贫乏,但是单位建筑面积能耗却是气候相近的发达国家的 3~5 倍。如果我国城镇建筑全部达到节能标准,到 2020 年,每年就可节省 3.35 亿 t 标准煤、减少 8000 万 kW·h 空调高峰负荷,相当于每年节省电力建设投资约 1 万亿元。

目前,在我国既有的约 400 亿 m^2 城乡建筑中,只有 3.2 亿 m^2 是节能建筑,还不到既有总面积的 1%。而我国正处于房屋建筑的高峰时期,建筑规模之大,是历史上前所未有的。建筑专家呼吁:当前如此触目惊心的建筑能耗,如果现在还不开始注重建筑节能,将直接造成未来的能源危机。

7.1.2 全国建筑节能行动强势进行中

简单说,建筑节能就是在保证室内热环境和舒适参数的前提下,降低能耗。

建筑节能是执行国家环境保护和节约能源政策的主要内容,是贯彻国民经济可持续发展的重要组成部分。国务院总理温家宝同志于 2007 年 3 月 5 日在十届全国人大五次会议上作政府工作报告时提出:能源消耗高依然是中国经济社会发展中存在的突出问题,中国今年将完善并严格执行能耗和环保指标,着力加强资源节约。为了降低能耗,节约能源,我国原建设部等相关部门先后下发了一系列的节能政策、法规、标准和强制性条文,如:

1995 年原建设部颁布了《城市建筑节能实施细则》。

2000 年 10 月发布第 76 号令《民用建筑节能管理规定》,对不符合节能标准项目,不得批准建设。

2005 年 7 月 1 日起《民用建筑节能设计标准》、《公共建筑节能设计标准》开始强制性执行。原建设部相关负责人表示:"无论开发商愿意与否,这是国家的战略,必定会执行的。"如果新建建筑达不到节能设计,相关单位将被罚款 50 万元,并且非节能建筑一律不能参加各种建筑评奖活动。

2005 年,继北京、天津执行两标准之后,河南、上海、江苏、山东、四川、辽宁等开始实施《标准》,2006 年全国二十多个省市全面响应国家号召,相继颁布了各地建筑节能的具体实施方案,全面启动建筑节能试点,大力推进建筑节能工作。

7.1.3 建筑节能战略要求

在整栋建筑中，外围墙体结构的热损耗占很大比重，发展外墙保温技术及保温墙体材料的合理应用是实现建筑节能的主要方式。外墙外保温技术（通俗地说：好比给房屋穿上衣服，冬天可保温御寒，夏天可防晒隔热）因其保温隔热效果好，具有施工方便，综合投入少，造价低，适用范围广，可有效保护建筑主体结构等优点，成为目前大力推广的一种建筑保温节能技术，是墙体保温的最主要形式。

目前，我国大力提倡和应用的外墙外保温技术主要为聚苯板类保温系统和颗粒类保温系统这两类。我国在20多年墙材革新和建筑节能实践的基础上，不断开拓创新，研发保流节能新产品，尤其推出了适合于外墙外保温的产品——"特种保温隔热节能干粉砂浆"。它包括聚苯板类干粉黏结砂浆、抹面砂浆、各种颗粒类保温干粉砂浆、界面砂浆、抗裂砂浆以及瓷砖黏结干粉砂浆、勾缝剂、自流平砂浆等系列品种，产品为干粉状，兑水搅匀即可使用，绿色环保、品质优异、成本低廉、施工方便，具有显著的社会效益、经济效益和环境效益，是兴建节能建筑、改造高能耗建筑的首选。

7.2 特种保温隔热干粉砂浆

7.2.1 聚苯板类保温隔热节能干粉砂浆系列

该系列产品用于聚苯板类保温系统中，它包括黏结砂浆和抹面砂浆两大品种。

聚苯板类保温系统是国内外使用最普遍、保温效果最好、技术上最成熟的外保温系统。该系统导热系数小，保温隔热效果好，并且聚苯板厚度不受限制，可满足严寒地区节能设计标准要求。该系统适用于各种新建建筑的混凝土和砌体结构外墙，适用于多层建筑和高层建筑，也适用于旧房的建筑节能改造。

聚苯板类保温系统由黏结层、聚苯板保温层、抹面层三部分组成。聚苯板通过黏结砂浆固定在基层上，聚苯板表面涂上抹面砂浆，平铺耐碱玻璃纤维网格布形成抹面层（图7-1）。

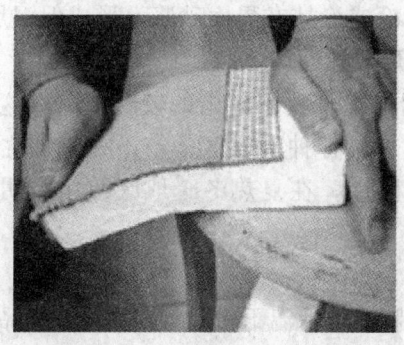 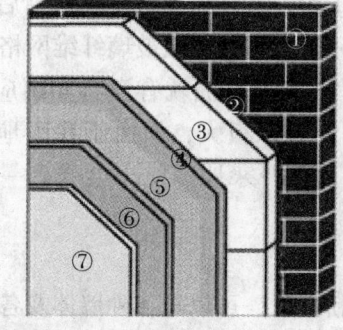

①基材
②结砂浆
③聚苯板或挤塑板
④抹面砂浆
⑤耐碱玻璃纤维网格布
⑥抹面砂浆
⑦饰面层（外墙腻子）

图7-1 聚苯板类保温系统组成部分

黏结砂浆和抹面砂浆，在聚苯板类保温系统中用量很大，每平方米约8~10kg。

7.2.2 聚合物外墙保温系统黏结砂浆

该产品属单组分干粉砂浆，由多种聚合物材料、硅酸盐水泥、无机材料和特殊的改性剂均匀混合而成,产品分标准型、加强型、高弹型多个品种。外观为灰褐色粉体,适用于聚苯乙烯泡沫板(EPS)和聚苯乙烯泡沫挤塑板(XPS)与基层墙体的黏结,及外墙泡沫板装饰线、轻质板材与基面的黏结。产品性能特点:

(1) 品种齐全,绿色环保。
(2) 黏结强度高,黏结牢固、不龟裂、不空鼓、不脱落。
(3) 保水性好、收缩性小、耐冻融、耐老化。
(4) 袋装粉体,便于运输,现场加水搅拌即可使用,方便快捷。
(5) 薄层施工,省时省力,效率高,安全性能好。

7.2.3 聚合物外墙保温系统抹面砂浆

该产品属单组分干粉砂浆,主要由多种聚合物材料、硅酸盐水泥、无机材料和特殊的改性剂均匀混合而成,产品分标准型、加强型、高弹型多个品种。外观为灰褐色粉体,对各种基材和聚苯板的黏结性好,可有效地提高保温隔热系统的防水透气性。适用涂抹于外保温系统中聚苯乙烯泡沫板(EPS)和聚苯乙烯泡沫挤塑板(XPS),表面形成抹面层或外墙基层打底找平。产品性能特点:

(1) 品种齐全,性能稳定。
(2) 安全环保,无毒、无味、无污染。
(3) 以水为溶剂,和易性好、耐水、保水、防流挂。
(4) 具有优良的弹性和柔韧性,抗裂性好、不龟裂、不空鼓、不脱落。
(5) 袋装粉体,便于运输,现场加水搅拌即可使用,方便快捷。
(6) 薄层施工,省时省力,效率高,安全性能好。

7.2.4 颗粒类保温隔热节能干粉砂浆系列

该系列产品用于颗粒类保温系统中,它包括界面砂浆、颗粒类保温隔热节能干粉砂浆、抗裂砂浆三大品种。

颗粒类保温系统由黏结层、保温层、抹面层三部分构成。在基墙表面抹上界面砂浆形成黏结层,将颗粒类保温干粉砂浆现场加水搅拌均匀后喷涂或涂抹在界面砂浆上形成保温层,在保温层表面涂上抗裂砂浆、平铺耐碱玻璃纤维网格布形成抹面层。

颗粒类保温系统在20年前欧洲就有资料介绍应用情况,我国应用的较晚,虽然这种系统保温材料导热系数比聚苯板大,但由于我国地域广,各种气候区分布不一,加之该产品施工简便,成本低,在严寒地区使用会受到一点限制,在夏热冬暖地区使用有明显优势。

(1) 界面砂浆

该产品属单组分干粉砂浆,可以与各种墙体及各类颗粒类保温干粉砂浆相黏结。产品硬度好,结实牢固,不龟裂、不空鼓、不脱落,可大大增强基材强度;黏结性好,有效保水,便于施工,耐冻融、耐老化,外观、包装、使用方法等与黏结砂浆相同。

(2) 颗粒类保温隔热节能干粉砂浆

该产品属于无机保温砂浆,主要由无机黏结剂、保温颗粒材料、多种助剂组成。根据保温颗粒的品种不同,分为聚苯颗粒保温隔热节能干粉砂浆和空心陶粒微珠保温隔热节能干粉砂浆两大类。该产品经国家权威机构检测，其密度、抗压强度、抗折强度、含水率、导热系数等均达到或超过国家标准。适用于各类建筑物的内外墙保温。产品性能特点：

①安全环保，无毒、无味。

②抗折强度、抗压强度高，抗老化、耐冻融。

③直接涂抹于建筑物基层起保温隔热作用，效果显著。

④具有良好的抗渗性能及抗裂性能，能有效地保护基面。

⑤具有良好的双向亲和性，对于各类无机基材具有超强的黏结力。

⑥强度提升快，可连续施工，缩短工期，效率高。

⑦袋装粉体，便于运输，现场加水搅拌即可使用，方便快捷。

⑧浆料粗细合适，可直接涂抹或机械喷涂，施工容易，安全性能好。

（3）抗裂砂浆

该产品属于单组分干粉砂浆，涂抹于各类颗粒类保温隔热节能干粉砂浆表面，起到抗裂、防渗、耐冲击的作用，并为外饰面层提供良好的基层。可生产多个品种，具有优良的弹性和柔韧性，有效抗裂，不龟裂、不空鼓、不脱落；外观、包装、使用方法与抹面砂浆相同（图7-2）。

图7-2 施工后的抗裂砂浆

7.2.5 瓷砖黏结干粉砂浆系列

该系列产品包括黏结干粉砂浆和勾缝剂两大品种。

传统的瓷砖和石材的黏结材料完全采用现场混合的厚层砂浆，这种方法是将砂和水泥现场混合制成普通水泥砂浆。具体施工方法：先将瓷砖在水中浸泡润湿，再将砂浆涂在瓷砖的背面，厚度为15~30mm，将涂有砂浆的瓷砖压到预先润湿的墙体表面，并轻敲瓷砖以保证瓷砖平整，这样砂浆层最终厚度约为10~25mm。采用这种传统的方法，若水泥砂浆涂抹不均匀，瓷砖容易发生空鼓、脱落；由于普通水泥砂浆的黏结性差，嵌入砂浆层中的大块瓷砖必须进行机械固定或加固；因这种普通水泥砂浆不具有抗滑移性，所以瓷砖必须从底部开始粘贴，并且在瓷砖之间要使用定位器以实现整齐排列。

这种传统的施工方法非常耗时，效率低，水泥砂浆的用量大，对施工技术要求高，大多数发达国家早已淘汰了这类施工方法。目前国内的有关研究单位借鉴国外薄层砂浆施工方法，研发的瓷砖黏结干粉砂浆和勾缝剂是一种有机—无机复合型瓷砖黏结剂，采用优质水泥、精细骨料、填料、特殊的添加剂及多种聚合物混合而成，无毒害，属绿色环保产品，特别适合薄层粘贴施工，是取代传统水泥砂浆粘贴瓷砖的最佳选择。

在施工方法和工艺上，只需将瓷砖黏结干粉砂浆和水混合均匀，采用锯齿刮刀将砂浆大面积抹到要贴砖的基材表面，即形成一个厚度为3~4mm的均匀黏结砂浆层，再微微旋转将瓷砖压入砂浆层中即可。瓷砖与基底都不必预先浸泡或润湿，省却了工序并保持施工环境的干净整洁（图7-3）。

该产品适用于建筑物内外墙、厨房、卫生间墙体的陶土毛面砖、地砖以及各种石材、陶瓷砖等装饰材料的黏结。产品性能特点：

①安全环保，无毒、无味。

②薄层施工，黏结强度高，收缩性低，不空鼓、不开裂。

③保水性好，可长时间施工，大面积涂抹。

④黏附效果好，抗垂流性强，可以从上而下施工，不需间隔木栓。

⑤耐热性及耐候性良好，不会因为外部环境温度的变化而影响黏结性。

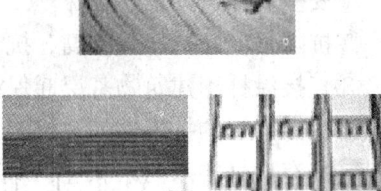

图 7-3　瓷砖黏结干粉砂浆施工方法

⑥袋装粉体，便于运输，现场加水搅拌即可使用，方便快捷。

⑦采用锯齿刮刀直接涂抹，施工容易、高效，安全性能好。

7.2.6　自流平干粉砂浆系列

自流平干粉砂浆是由水泥、多种活性助剂、天然高强骨料及有机改性材料复合而成的干拌砂浆，使用时只需添加适量水搅拌便可成为具有自流平性能的均匀流态材料，集防水、防潮、自流平于一体的高档自流平地坪材料。产品性能特点：

①绿色环保，无毒无害，无污染。

②高流动性，自动找平。

③早强、高强，施工进度快。

④操作简便，在一天内可以进行大面积处理。

⑤防水，防潮，防渗漏。

⑥体积稳定，低收缩率，可进行大面积无缝施工。

该产品成本约 1400 元/t，市场销售价 1800~2000 元/t，它适合于各类混凝土、水泥地面的找平；旧瓷砖、水磨石、已磨损起砂等旧基面的修复；以及用于环氧地坪、聚氨酯地坪、PVC 卷材，地板、地毯的基面。适用于家庭、停车场地、车站、码头、广场、公园、飞机场、超市、工厂等各种公共场所的地面找平（图 7-4）。

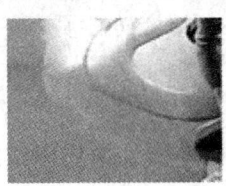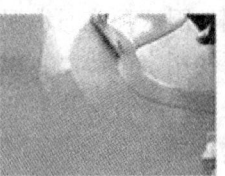

图 7-4　自流平干粉砂浆施工

7.2.7　效益分析

因特种保温隔热节能干粉砂浆项目的主要生产工艺为混合搅拌，不同材质、不同密度的物料完全充分地混合均匀。干粉状产品，为了防止生产过程中扬尘，其生产设备必须为全封闭式干粉混合机，根据生产能力大小、混合效果、自动化程度不同，目前在国内研发了多种形式的生产设备：立式干粉混合机、卧式小型生产线、半自动化生产线、全自动化生产线等多种型号的生产设备，其具有设计合理、性能可靠、生产快、产量高、噪声小、不扬尘、操作简单、维修方便、使用寿命长等特点；其中立式干粉混合机安装简便，不需用地脚螺丝固定，不需搭建平台，将其放置在平整坚实的地面上，接通电源即可生产。

客户可根据自身情况，任意选择不同办厂规模和不同型号的设备，还可以根据客户要求，设计、定做各类砂浆生产线，帮助大型生产厂选配试验设备，建立不同规格的试验室，客户若要建大型的砂浆站，除需采购生产线设备外，还需配有专用的储存和运输设备。

7.3　干粉砂浆

随着建筑节能日益受到重视，国家对干粉砂浆的使用提出了新的要求与标准。为顺应市场和形势，确保建筑节能65%的目标，2008年6月青海省最大规模建筑节能环保10万t干粉砂浆项目——西宁珠峰特种建材厂投入生产。

据了解，建筑外墙是建筑节能的主要着眼点，外墙外保温系统是墙体节能的主要方式。这套干粉砂浆生产项目以建筑节能、环保示范为目标，在黏结性、施工适应性、防火性能、抗裂性能等工艺与技术层面具有领先优势，充分考虑了资源的综合利用，在丰富建筑外墙外保温节能技术体系的同时，满足青海省第三步节能65%的建筑节能设计标准要求，预计三年至五年时间，将在青海省建成一个100万t干粉砂浆产业化基地。

干粉砂浆又称干拌（混）砂浆、砂浆干粉（混）料等，也可简称干粉。系指由专业生产厂家，将细骨料（一般为各种级配的砂子）经干燥处理，再与水泥熟料粉（或水泥）、矿物掺合料（如干燥后的粉煤灰、磨细矿渣等）、其他无机胶凝材料、保水增稠材料和各种外加剂等，根据不同用途、配方，按一定比例混合而成的一种颗粒状或粉混合物，与水泥一样可采用散装、袋装。干粉砂浆运到工地后，一般仅加水拌合就可使用，无须再在工地加其他材料及外加剂。与现场配制的砂浆相比，干粉砂浆具有质量稳定、性能可靠、使用方便、安全环保和品种齐全等优点，工地可根据工程要求的技术指标委托生产厂家进行配制。

7.3.1　干粉砂浆的特点

（1）和传统现场搅拌砂浆相比，更经济，无原材料存贮费用，无浪费（现场搅拌损失20%~30%），无人工搅拌费用。

（2）干粉砂浆在工厂自动化生产，质量稳定，保证和提高建筑施工质量，如强度高、色泽一致、防开裂、防剥落、防渗水等。

（3）利废环保。现代干粉砂浆技术，能将粉煤灰、炉渣等废物再利用，同时降低砂浆的生产成本。

（4）适合于机械化施工，比如：散装仓储、气力输送、机器喷涂等，从而提高施工质量，成倍地提高工作效率，降低建筑造价，极大地提高建筑的综合效率。

（5）建筑工地无灰尘，达到文明施工要求，减少大气污染，益于环境。

（6）干粉砂浆隔热保温技术使建筑节能达到50%以上。

（7）干粉砂浆属无机材料，无毒无味，利于健康居住，是真正的生态材料。

（8）生产的灵活性高，可按照不同的要求、配方，做出性能优越的干粉砂浆，如纳米技术的应用。

7.3.2 干粉砂浆的原料组成

干粉砂浆亦称为预混（干）砂浆，也有称干粉料等。它是在工厂经准确配料和均匀混合而制成的砂浆半成品，到施工现场只需加水搅拌即可使用。干粉砂浆的种类很多，其成分也比较复杂，概括起来是由胶结料、填料、矿物掺合料、外加剂等材料组成。

（1）胶结料

干粉砂浆常用的胶结料有：硅酸盐水泥、普通硅酸盐水泥、高铝水泥、硅酸钙水泥、天然石膏、石灰以及由这些材料组成的混合体。硅酸盐水泥（通常是Ⅰ型）或硅酸盐白水泥都是主要的胶结料。地坪砂浆中通常还需要用一些特殊的水泥。胶结料的用量占干粉料质量的20%～40%。

（2）填料

干粉砂浆的主要填料有：黄砂、石英砂、石灰石、白云石、膨胀珍珠岩等。这些填料经过破碎、烘干，再筛分成粗、中、细三类，颗粒尺寸为：粗填料4mm～0.4mm、中填料0.4mm～100μm、细填料在100μm以下。粒度很小的产品，需用细石粉和经分选过的石灰石作骨料，而且石灰石要尽可能地白。普通的干粉砂浆既可用粉碎过的石灰石，也可用经干燥、筛选过的砂子作骨料。如果砂子质量足可用于高级的结构混凝土，则其一定符合生产干粉料的要求。生产质量可靠的干粉砂浆，关键在于原料粒度的掌握以及投料配比的准确，而这是在干粉砂浆生产中实现的。

（3）保水增稠材料

干粉砂浆常用砂浆稠化粉作为保水增稠材料，它通过对水分子的物理吸附作用，达到使砂浆增稠、保水的目的，具有安全、无毒、无放射性和腐蚀等特性。

（4）矿物掺合料

干粉砂浆的矿物掺合料主要是：工业副产品、工业废料及部分天然矿石等，如：矿渣、粉煤灰、火山灰、细硅石粉等，这些掺合料的化学成分主要是含氧化钙的硅酸盐，可溶于水，有很高的活性和水硬性。

（5）外加剂

外加剂是干粉砂浆的关键环节，外加剂的种类和数量以及外加剂之间的适应性关系到干粉砂浆的质量和性能。为了增加干粉砂浆的和易性和黏结力，提高砂浆的抗裂性，降低渗透性，使砂浆不宜泌水分离，从而提高干粉砂浆的施工性能，降低生产成本。

7.3.3 干粉砂浆的生产工艺

干粉砂浆的生产工艺过程包括原配料准备、石英砂干燥、筛分以及石灰石可能需要的粉碎、研磨。水泥和填充料进原料筒仓一般采用气动方式，添加剂可通过提升机人工投到小原料仓或罐中。目前的生产形式大多都是垂直的"塔"状。在新型的干粉砂浆生产厂里，采用了独特的粉料流动技术加料，摒弃了原有的水平加料设备，具有容量大、精度高、灵活性好的特点。

传统砂浆在施工现场拌制使用，需要占用一定的场地，而且粉尘对场地会造成一定的环境污染，同时材料露天堆放在泥地上，导致杂质较多，含泥量大，配料计量不准确，和易性难控制，骨料筛分随意性大，导致砂浆空隙率偏高、干缩率大、抗渗性差，最终可能会导致外墙的抹灰出现空鼓、裂缝和渗透的情况发生。相比而言，干粉砂浆所有配料在生产车间按照精确的计量、充分混合均匀后，到现场按照确定的水灰比加水搅拌即可。它克服了配料计量不准确、污染环境、含泥量超标等众多问题，具有泌水性小、干缩率小、黏结牢固、抗裂抗渗性等特点，基本可以满足新型墙体材料的要求。

7.3.4 发展干粉砂浆的社会、经济效益

干粉砂浆是目前建材领域发展最快、发展潜力大的新产品。在欧洲，平均每100万人口的城市差不多就有两个干粉砂浆生产厂，建筑中所用的石膏、砂浆，只有很少部分还在现场混合配制。按照此标准计算，以江苏省为例，该省有7400万人口，至少需要148家干粉砂浆生产厂才能满足市场的需求。而目前，在江苏形成规模的干粉砂浆生产厂几乎还是个空白。干粉砂浆产品的发展仅是刚刚开始，在未来几年里，国内干粉料的增长速度将会空前高涨。

现在，国内建筑干粉砂浆的生产和推广应用已经形成了一个新的产业，为住宅产业化创造新的增长点。干粉砂浆一般采用粉煤灰等工业废弃物作原料，废弃物再生利用给社会带来了巨大利益。

7.4 纤维在建筑干混砂浆中的应用

7.4.1 木质素纤维

木质素纤维在建筑行业中应用十分广泛，如生产瓷砖黏结剂、勾缝剂、干粉涂料、内外墙腻子、界面剂、保温砂浆、抗裂抹面砂浆、防水砂浆及粉刷石膏等。还有水泥抹灰砂浆、EPS保温板黏结剂柔性抹灰砂浆粉末涂料，可使砌筑砂浆泌水和沉缩，从而有效地防止了前期的收缩和沉缩裂缝的产生。

(1) 水泥基抹灰浆

改善均一性，使得抹灰浆更容易涂布，同时提高抗滑坠能力。增强流动性和可泵性，从而提高工作效率。高保水性，延长灰浆的可工作时间，改善工作效率，并有助灰浆在凝固期间形成高强度。控制空气的渗入，从而消除涂层的微裂隙，形成理想的光滑表面。

(2) 建筑防水

纤维砂浆可有效弥补结构自防水、屋面工程等现代工程技术创新应用与发展的技术性能缺陷。

(3) 瓷砖黏合剂

使用干混料易于混合，不会产生团块，可改善施工性，并降低成本。通过延长凉置时间，提高了贴砖效率，提供极佳的黏着效果。

(4) 自流平地面材料

提高黏度，可作为抗沉淀助剂。增强流动性和可泵性，从而提高铺地面的效率。控制保水性，从而大大减少龟裂和收缩。

(5) 砌筑砂浆

增强与砌体的表面黏合性，并能增强保水性，使砂浆的强度可以提高。提高润滑性和可

塑性，从而改善施工性能，更容易施用，节省时间并改善成本效益。

（6）填缝剂

优良的保水性，可延长凉置时间并提高工作效率。高润滑性，使施用更容易、平顺。提高抗收缩性和抗龟裂性，改善表面品质。提供细滑和均匀的质感，并且使接合表面的黏合性强。

（7）保温砂浆基层

纤维砂浆使砂浆基层刮腻子批荡层牢固整洁、美观平整，适于各类建筑涂料使用。各类外墙涂料日益广泛的工程应用，对建筑砂浆提出了更高的要求，纤维砂浆因具有良好的抗裂、抗冲击及抗冻能力，可极大地改善其工程特性，满足施工工艺的各项要求并从根本上保证施工质量。提高抹灰施工效率减少损耗。纤维砂浆由于其黏结性、稳定性均优于净水泥砂浆，抹灰施工时上灰容易且使灰浆跌落度大幅减小，可提高抹灰的效率，减少材料的损失，有利于保证饰面砖面层施工质量。采用纤维砂浆做基层，由于其开裂现象的减小或基本消失，对保证饰面砖黏结强度，防止砖缝开裂和空鼓等现象的发生，起着极为重要的作用。

（8）用于喷射混凝土

能形成更厚的喷射混凝土层。具有更高的黏稠性。该喷射混凝土的射流初速度仅为使用其他材料时的70%~80%，减小了对已喷射混凝土的冲击，有利于提高混凝土的强度，降低混凝土的回弹损耗。

（9）石膏基抹灰浆和石膏产品

改善均一性，使得抹灰浆更容易涂布，同时提高抗垂流能力。增强流动性和可泵性，从而提高工作效率。高保水性，延长灰浆的可工作时间，在凝固期间形成高机械强度。

（10）墙体砂浆面层

纤维抹面砂浆应用于墙体面层，可有效防止墙面龟裂现象的产生，达到抗裂防渗的效果。纤维砂浆面层具有良好的施工修整操作特性。对砂浆面层外观没有影响。纤维能最大限度地弥补新型轻质墙体材料的技术缺陷。各种轻质节能墙体材料均存在不同程度的面层开裂和抗渗性能不足的缺陷，影响了其推广应用，在使用这些墙体材料的同时，配套使用掺入纤维的砂浆作为抹灰面层，可充分弥补其性能缺陷，有利于提高工程质量。

7.4.2 多功能矿物改性纤维

为了满足变电站GIS（Gas Insulated Switchgear，气体绝缘开关设备，简称GIS）基础中混凝土、砂浆施工质量的要求，确保混凝土和砂浆的长期耐久性，采用了青海大学和青海新材料研究发展有限公司研制的多功能矿物改性纤维（Multi-functional Asbestos Modify the Fibre，下称"MAMF"纤维），有效控制了混凝土和砂浆由于收缩、温度应力等因素导致的非结构性裂纹，提高了混凝土、砂浆抗龟裂、抗冲击、抗冻能力等耐久性。

7.4.2.1 工程概况

在送变电工程领域，箱式变电站基础被广泛采用。2007年7月17日，青海省电力建设史上混凝土浇筑方量最大，体积最大，浇筑时间最长的设备基础——西宁750kV变电站GIS首盘混凝土正式浇筑。

西宁750kV GIS设备基础是目前国内GIS基础中承载电压等级最高的设备基础。它全长138.35m，宽（含局部突出）46.8m，高1.6m；使用钢筋总重量约430t，混凝土总方量

6650m³，重约16625t。浇筑工作从7月17日开始，每天不间断浇筑24h，于9月15日结束，时间长达2个月。

7.4.2.2 工程难题

在电力工业中，GIS是指六氟化硫封闭式组合电气，国际上称为"气体绝缘开关设备"，它是一座变电站中除变压器以外的主要设备，包括断路器、隔离开关、接地开关、电压互感器、电流互感器、避雷器、母线、电缆终端、进出线套管等，经优化设计有机地组合成一个整体。它由地下接线井、钢筋混凝土平台和护栏三大部分所组成。GIS系统以其占地面积小、运行安全可靠、安装方便且维护工作量少等特点在变电站配电装置中得到了广泛的应用。但GIS对安装基础技术要求很高，尤其对混凝土基础的设计与施工质量要求极高。

西宁750kV GIS设备基础是目前国内GIS基础中承载的电压等级最高的设备基础，也是目前我国海拔最高的750kV GIS基础。在青海省电力建设史上它是混凝土浇筑方量最大、浇筑时间最长的变电站基础。在海拔高、气候条件情况复杂、技术难度高、没有现成的施工经验可以借鉴的情况下，如何保证基础混凝土和地面以上混凝土和砂浆的施工质量、防止裂缝，是摆在以"创优夺奖"为目标的技术人员和建设者面对的一个巨大难题。为了克服这些难题，项目部施工人员和青海省建筑技术专家在工程施工前对于施工中可能遇到的施工难点进行了分析，提出了解决方案，并根据以往混凝土工程中存在的质量通病罗列出了三大类39项需要克服的质量通病。

GIS基础现浇混凝土裂缝是建筑施工企业的一个难题，也是大体积混凝土施工中必须控制和消除的常见问题。虽然理论认为，现浇大体积混凝土裂缝是不可避免的现象，这些裂缝一般被认为对基础使用无大危害，但在实际施工中仍有必要采取有效措施对其进行控制，特别是避免有害裂缝的产生。本书分析GIS基础混凝土，尤其对后浇带混凝土裂缝的形成原因，并依据试验研究和施工实践提出防治措施。

7.4.2.3 裂缝产生的原因

混凝土材料的抗拉强度与抗压强度相对较低，容易产生由于拉应力达到开裂峰值产生开裂的现象，从而影响混凝土的承载力、耐久性、抗渗性能等。

(1) 混凝土水灰比、坍落度过大，或使用过量粉砂

混凝土强度值对水灰比的变化十分敏感，基本上是水和水泥计量变动对强度影响的叠加。因此，水、水泥、外掺混合材料、外加剂溶液的计量偏差，将直接影响混凝土的强度。而采用含泥量大的粉砂配制的混凝土收缩大，抗拉强度低，容易因塑性收缩而产生裂缝。泵送混凝土为了满足泵送条件：坍落度大，流动性好，易产生局部粗骨料少、砂浆多的现象，此时，混凝土脱水干缩时，就会产生表面裂缝。

(2) 混凝土施工中过分振捣，模板、垫层过于干燥

混凝土浇筑振捣后，粗骨料沉落挤出水分、空气，表面呈现泌水而形成竖向体积缩小沉落，造成表面砂浆层，它比下层混凝土有较大的干缩性能，待水分蒸发后，易形成干缩裂缝。而模板、垫层在浇筑混凝土之前洒水不够，过于干燥，则模板吸水量大，引起混凝土的塑性收缩，产生裂缝。

(3) 混凝土现浇施工中过分振捣，模板、垫层过于干燥

过度的抹平压光会使混凝土的细骨料过多地浮到表面，形成含水量很大的水泥浆层，水泥浆中的氢氧化钙与空气中二氧化碳作用生成碳酸钙，引起表面体积碳化收缩，导致混凝土

板表面龟裂。

（4）后浇带处理不慎而造成的板面裂缝

为了解决钢筋混凝土收缩变形和温度应力，可按规范要求设置后浇带，但有些后浇带没完全按设计要求施工，如施工未留企口缝，基础的后浇带不支模板，造成斜坡槎，疏松混凝土未彻底凿除等都有可能造成板面裂缝。

（5）钢筋及管线工程施工的影响

GIS基础现浇混凝土结构比较复杂，要求很高，钢筋、管线及五金件的暗埋较多。但由于管线过多，使钢筋、钢管与混凝土的黏结度降低，从而造成现浇结构在混凝土成型后应力不均，呈现一些细小的不规则裂缝。

（6）模板工程施工的影响

有的施工单位片面追求高利润降低成本，配备模板套数不足而造成过早拆模，导致混凝土强度未达到拆模要求或因模板支撑系统不牢，结构面荷载影响造成构筑物表面超值挠曲，也可能造成结构中通长裂缝。

（7）养护措施不到位

在养护期内，混凝土强度未达到12MPa，即进行下道工序的施工；尤其是重物冲撞，容易使构筑物表面出现不规则裂缝。高原气候特殊，施工现场温度温差较大，未采取相应的温控措施，从而引起温度裂缝。而养护不当也是造成现浇混凝土基础裂缝的主要原因之一。

7.4.2.4 裂缝预防措施

在GIS基础混凝土、尤其在后浇带部位，目前的常规做法是由钢筋来承担拉应力。普通的钢筋混凝土结构中钢筋的布置无法避免早期裂缝的出现。为了限制混凝土早期裂缝的出现和开展，确保混凝土的某些特殊性能，我们提出采用MAMF纤维混凝土来解决裂缝的措施。目前，在青海变电站基础工程和其他工程中为了同时改善混凝土多方面的性能，MAMF纤维混凝土和抗裂砂浆已经得到了逐步的推广应用。MAMF纤维相比于其他纤维而言，能更好地增强结构的耐久性，显著降低结构的维护费用，带来较好的经济效益。如在西宁750kV变电站GIS混凝土基础中采用了低弹性模量高延性的MAMF纤维，以提高混凝土的韧性，并且能起到增强的效果。控制裂缝的具体措施如下：

（1）严格控制混凝土施工配合比。根据混凝土强度等级和质量检验以及混凝土和易性的要求确定配合比。

（2）混凝土浇捣前，应先将基层和模板浇水湿透，避免过多吸收水分，浇捣过程中应尽量做到既振捣充分又避免过度。

（3）混凝土基础浇筑完毕后，加强混凝土早期养护。

（4）后浇带的施工应认真领会设计意图，制定施工方案，杜绝在后浇带处出现混凝土不密实，不按图纸要求留企口缝等。

（5）预埋管线过多的话，可在管线上下各覆盖一层合适的钢筋网片，控制管线间距在40mm以上，则避免因管线过多造成的钢筋与混凝土黏结力下降。

（6）高原气候干燥，蒸发量大，在气温较高（超过26℃）时，洒水养护是保证基础混凝土强度的关键。工地应根据现场实际设置竖向水管，并配有足够扬程的水泵，在混凝土浇捣12h内对混凝土覆盖塑料薄膜养护。薄膜养护应采用一次性材料，保证覆盖全部浇筑基础，始终保持塑料薄膜内有凝结水，后续工序应尽量避免对塑料薄膜的破坏。

(7) 采用 MAMF 纤维混凝土

钢纤维混凝土在提高混凝土强度上效果较好,成功应用的实例较多,但价格相对较高。玻璃纤维由于在浇筑时不宜乱向混合,而且容易在施工的时候就受到损伤,会降低混凝土的强度,还存在污染环境的问题。碳纤维的刚度和强度性能均超过了钢纤维,但是价格昂贵,使用上受到了一定的限制。新研制的 MAMF 纤维具有强度高、耐腐蚀、价格适中等优点,在工程应用上具有一定的优越性。在混凝土中掺入 MAMF 纤维可以提高混凝土结构的抗裂性能,进而增强结构的防水、抗渗能力。由于它具有较好的抗磨损和抗裂能力,能有效抑制塑性裂缝的产生和发展,增强混凝土的防水、抗渗能力等优点,目前已逐步在电力建筑工程中特别是大体积结构、环境恶劣建筑中得到应用。

7.4.3 MAMF 纤维混凝土在变电站 GIS 基础工程中的应用

7.4.3.1 MAMF 纤维的各项技术性能

(1) 抗裂

由于我国目前尚无检测"混凝土 – 砂浆阻裂性能"的相应标准,故此项对比指标暂不能提供。但值得注意的是,用《普通混凝土力学性能试验方法标准》(GB/T 50081—2002)检测方法对五组试样进行了劈裂抗拉试验,当试样在受到劈裂抗拉荷载时,对比组样品完全断开,而加有纤维的四组试样,在达到破坏强度时,试样仍保持为一体。说明加入纤维后,混凝土的韧性、抗裂性大大增强了。MAMF 纤维可以作为一种有效的温差补偿性的抗裂手段。测试结果见表 7-1。

表 7-1 MAMF 纤维掺量与抗裂效果对比

纤维规格(mm)	体积掺量(kg/m³)	裂纹减少量(%)
0.25	0.6	76.6
0.25	1.2	96.1
1.0	0.6	89.6
1.0	1.2	100
对比组	0	0(布满裂纹、直至断裂)

MAMF 纤维能有效提高了混凝土 – 砂浆对塑性收缩、离析、水化热、温度应力等因素导致的非结构性裂纹的抗裂能力。可作为抗裂钢丝网之替代或增强材料。当达到 0.6% 体积掺量以上时,抗裂能力提高 70% 以上。砂浆实际使用后的效果对比如图 7-5、图 7-6 所示。

图 7-5 普通砂浆表面状况

图 7-6 添加 MAMF 纤维砂浆表面状况

(2) 抗渗

测试方法：根据《普通混凝土长期性能和耐久性能试验方法》（GBJ 82—85），采用 175mm（顶面）×185mm（底面）×150mm 混凝土试件，试件龄期 28d 混凝土配合比为水泥:碎石:砂 = 1:4:1.7，水灰比 = 0.4，减水剂掺量为 0.05%，1.2MPa 水压下比较试样渗水高度，测试结果见表 7-2。结果显示：添加纤维后有效提高了混凝土-砂浆抗渗防水能力，可作为一种有效的刚性本体自防水添加材料。0.05% 体积掺量可使抗渗能力提高 30% 以上。

表 7-2 抗渗效果对比

	纤维试件（体积掺量 0.05%）	无纤维试件
渗水高度（m）	15	50

(3) 抗冲击

采用《玻璃纤维增强水泥性能试验方法》（GB/T 15231—2008），摆锤冲击试验。砂浆试件尺寸 120mm×50mm×10mm，砂浆配比为水泥:砂 = 1:2 水灰比 = 0.38。测试结果见表 7-3。

表 7-3 抗冲击能力对比

	无纤维试件	纤维试件（体积掺量 0.05%）	纤维试件（体积掺量 0.1%）
抗冲击强（kJ/m^2）	0.98	2.33	2.49
相对比值（%）	100.0	117.7	125.8

结果显示：添加纤维后有效提高了混凝土-砂浆抗冲击、抗震及抗龟裂能力。0.05% 体积掺量，锤击测试，初裂及粉碎锤击次数成倍提高；砂浆薄板抗冲击强度测试，提高 25%。

(4) 抗冻

测试方法：抗冻性能测试（50 次冻融循环后混凝土抗压强度变化率），采用《普通混凝土长期性能和耐久性能试验方法》（GBJ 82—85）标准，试件尺寸 100mm×100mm×100mm，龄期 28d，以最冷月平均气温为 -5℃ ~ 0℃度地区为例，抗冻等级为 F100 ~ F50。测试结果见表 7-4。

表 7-4 50 次冻融循环后混凝土抗压强度变化率

	无纤维对比组试件	纤维试件（体积掺量 0.05%）	纤维试件（体积掺量 0.1%）
强度变化率	-6.3%	-0.4%	+0.6%

结果表明：加入纤维后可以有效提高混凝土的抗冻能力和耐久性。0.05% 体积掺量的纤维试件动态弹模残余量测试较之不加纤维的试件提高 3~4 倍。

(5) 抗磨

明显提高混凝土-砂浆面层的耐磨能力，明显减少起尘、鳞状、片状剥落等破损现象。

(6) 强度

采用普通硅酸盐水泥，碎石（5~31.5mm），砂细度模数为 2.4。测试结果见表 7-5。

表 7-5 不同纤维掺量的强度对比

	抗压强度等级	体积掺量（%）	7d（MPa）	28d（MPa）
无纤维混凝土试样	C30	0	32	41.8
MAMF 纤维混凝土试样	C30	0.07	34.4	44.9

结果显示：可有效提高混凝土-砂浆的抗压强度。一般 0.07% 的体积掺入量可使混凝土-砂浆 28d 的强度等级提高 7.5% 左右。

（7）延性

可大大提高混凝土的韧性，提高抗裂变形能力，特别对改善高强混凝土的脆性有重要意义。

（8）MAMF 纤维产品的其他优点

分散性好，握裹力强；乱向分布，自动补强；施工简易，无毒；无磁防锈，防腐耐碱。经济合算，效果可靠。

7.4.3.2 成本测算

混凝土中掺入 MAMF 纤维 $0.7\sim0.9kg/m^3$，增加成本 $70\sim90$ 元$/m^3$。

7.4.3.3 工程使用方法

基于 MAMF 纤维产品的优良性能，已被大量应用在道路建设、工业与民用建筑和水库大坝建筑中。MAMF 纤维产品标准小包装为降解纸袋 1kg 装，15kg 标准纸箱大包装，由于其不腐烂、不变质，易于储存，便于运输。同时，它同混凝土骨料、外加剂、掺合料和水泥都不会有任何冲突，对搅拌设备及施工工艺也没有特别的要求。施工时，可根据配比直接将整袋纤维投入搅拌机或分次投入，只要适当保证搅拌时间即可使用，无论是混凝土搅拌站还是在施工现场搅拌，都十分简便。

7.4.3.4 工程使用步骤

（1）根据建议掺量及每次搅拌之混凝土方量，准确称量纤维。

（2）砂石料备好后，将纤维加入。

（3）将骨料连同纤维一起加入搅拌机，加水搅拌。

（4）搅拌完成后随机取样，如纤维已均匀分散成单丝，则混凝土可投入使用，如果仍有成束纤维则延长搅拌时间 3min，即可使用。

（5）加入纤维的混凝土同普通混凝土施工及养护工艺完全相同。

7.4.3.5 使用注意事项

（1）加入纤维，混凝土原配比不变。

（2）加入纤维后，混凝土黏聚性增强，坍落度有很小的损失，但不会对工作性有不利影响。如确需提高坍落度，只需稍减少用水量。一般不必顾虑纤维对混凝土工作性的影响。

（3）加入纤维，仍应严格按照国家有关规程施工及养护，不可懈怠。

（4）勿用于解决承受强大外力冲击抗裂的场合。

（5）勿作为结构性的加强材料。

（6）勿取代临时性或结构性的加固钢筋；采用纤维后，减薄混凝土厚度须谨慎。

（7）勿使用纤维来克服卷曲现象。

（8）勿因使用纤维而减少支撑柱的尺寸。

7.4.3.6 结语

MAMF 纤维具有强度补偿作用、韧性强、抗裂性能好、耐磨损性能及抗渗性能好等特点，用于有抗冲击、耐磨性、抗裂抗渗和表面美观光滑要求的建筑表面、基础以及墙体抹灰工程的抗裂与抗渗设计之中，突显了它与其他纤维不同的优越性。通过在变电站 GIS 混凝土基础实际工程中的应用，结果表明，MAMF 纤维混凝土和砂浆达到了工程单位预期的技术效果，得到了工程单位的认可。它不仅能够解决大体积混凝土的温度应力问题，而且能够解决基础混凝土防渗，并在一定程度上提高强度，提高混凝土的耐久性和使用寿命。虽然工程投资略有增加，但所占的比例很小，且能有效节省后期的维修费用，获得较好的综合经济效益，今后可供类似工程的设计及施工参考。

7.5 青藏高原环境干粉砂浆的试验研究

青藏高原地域辽阔，工业基础薄弱，但基础设施建设的潜力很大。随着国家西部大开发战略的实施，国家投入了大量的资金，基础工程设施相继开始启动，建筑物的使用寿命尤为重要。目前青藏地区建筑砂浆仍以现场拌制为主，配置的砂浆因受现场条件及施工技术人员操作因素的影响，质量变异系数较高。青藏地区建筑物的现场拌制砂浆质量波动性大、耐久性差、早期干裂严重等是影响建筑物使用寿命的关键问题。到目前为止，青藏高原地区"六抗"（抗冻胀、抗腐蚀、抗干旱、抗辐射、抗风沙、抗温度疲劳）气候环境下，抗裂干粉砂浆的研究还是一个空白。干粉砂浆的应用有利于缩短工程建设周期，保证砌筑工程以及装饰工程质量，促进建筑施工的技术进步，减轻现场作业工人的劳动强度，减少原材料浪费，改善施工环境及促进全球环境保护，是一种真正的"绿色环保建材"。针对青藏高原的环境条件，就砂浆的强度、抗冻性、抗裂性、抗渗性、抗冲击性等与普通砂浆进行了对比试验。

7.5.1 原材料的选取及制备

（1）干砂的制备

采用西宁北川河的砂子。经个别粒径的调整，在鼓风干燥箱内 105℃ 烘干 24h（以质量恒重为标准，含水率小于 0.5%）备用。砂的细度模数为 2.68。根据《普通混凝土用砂石质量及检验方法标准》（JGJ 52—2006），此砂级配良好。

（2）水泥

采用 32.5 强度等级的硅酸盐水泥，技术指标符合国家标准。

（3）矿物掺合料

采用大通火电厂的Ⅱ级粉煤灰，细度 $45\mu m$ 方孔筛筛余量 15%；烧失量 6%；需水量比 95%；三氧化硫含量 3%。

（4）复合多功能纤维（Multi-functional Asbestos Modified the Fibre，MAMF） 主要技术指标：抗拉强度 240~340MPa；弹性模量 3000~16000MPa；比表面积 13~22m^2/g；抗碱性极高。

（5）添加剂

采用粉状 FDN 高效减水剂，减水率 15%。

7.5.2 试验内容及方法

（1）根据《建筑结构可靠度设计统一标准》（GB 50068—2001），设计抗裂干粉砂浆的配合比见表7-6。

表7-6 抗裂干粉砂浆强度试验配合比

组　别	灰砂比（C/S）	水泥与粉煤灰比（C/F）	MAMF（kg/m³）	FDN（%）
普通砂浆	2.5	—	—	—
干粉砂浆1	2.5	1.5	0.41	0.1
干粉砂浆2	2.5	1.5	0.70	0.1
干粉砂浆3	2.5	1.5	1.24	0.1
干粉砂浆4	2.5	1.5	1.50	0.1
干粉砂浆5	2.5	1.0	0.41	0.1
干粉砂浆6	2.5	1.0	0.70	0.1
干粉砂浆7	2.5	1.0	1.24	0.1
干粉砂浆8	2.5	1.0	1.50	0.1
干粉砂浆9	2.5	0.5	0.41	0.1
干粉砂浆10	2.5	0.5	0.70	0.1
干粉砂浆11	2.5	0.5	1.24	0.1
干粉砂浆12	2.5	0.5	1.50	0.1

（2）按表7-6的配合比，取各种材料混合；然后与水拌合成标准砂浆试件，进行标准养护，温度20℃±2℃，相对湿度95%以上，于3d、7d和28d的龄期分别测试件的抗压强度和抗折强度。

（3）由于我国目前尚无检测"砂浆抗裂性能"的专项标准，故采用了相近的测抗拉强度方法，对试件进行抗裂强度测定。

（4）采用《普通混凝土长期性能和耐久性能试验方法》（GBJ 82—85）的标准和方法，取水泥∶砂子（C/S）=2.5，水泥∶粉煤灰（C/F）=1.0，FDN=1%，增稠剂=1%，MAMF=0.7kg/m³，稠度=60mm配合比成型标准试件，标准养护28d进行抗渗性测定。

（5）同样，采用上述（4）的方法制成试件，进行快速冻融的抗冻性测试。

（6）采用《混凝土抗冲击性能试验方法》（GB/T 21120—2007）进行冲击试验，砂浆试件尺寸120mm×50mm×10mm，取C/S=2.5，C/F=1.0，FDN=0.1%，增稠剂=1%，MAMF=0.7kg/m³，稠度60mm配合比成型试件，标准养护28d，作抗冲击性测定。

7.5.3 试验结果与分析

（1）抗强度

试验表明（表7-7），随着粉煤灰掺量的增加，前期抗折强度较低，但砂浆中掺入粉煤灰可以降低单位体积砂浆的水泥用量，抑制砂浆的干缩变形，对后期抗折强度无影响，且高于普通砂浆。粉煤灰的掺入作用与MAMF的掺量有很大关系，当MAMF掺量为0.41kg/m³，C/F=1.5和C/F=1.0时，3d的抗折强度与普通砂浆比几乎没有区别，7d的抗折强度C/F=1.0优于C/F=1.5；当采用C/F=1.5，C/F=1.0，C/F=0.5，MAMF掺量为0.7kg/m³

时，3d、7d 和 28d 的抗折强度最高，其他掺量的抗折强度稍低。说明当配置抗裂干粉砂浆时必须考虑这两种材料的适当比例。根据抗压强度和 MAMF 掺量的关系发现，3d 龄期采用 $C/F = 1.5$ 时，随着 MAMF 掺量的增加抗压强度有增加的趋势，但当掺量大于 0.7kg/m^3 时，抗压强度不再增加；采用 $C/F = 1.0$，$C/F = 0.5$，随着 MAMF 掺量的增加强度呈下降趋势。7d 龄期采用 $C/F = 1.5$、$C/F = 1.0$，MAMF 掺量与强度间的关系不明显，只有 $C/F = 0.5$ 时，表现 MAMF 掺量为 0.7kg/m^3 时强度最高；28d 龄期抗压强度与 MAMF 掺量的关系，在三种水泥和粉煤灰比值情况下表现为：随着 MAMF 掺量的增加，抗压强度增加。当 MAMF 掺量为 0.7kg/m^3 时，强度最高，继续增加其掺量，强度反而下降。综合 3d、7d、28d 龄期强度与 MAMF 掺量关系，可以得出这样的结论：较早龄期采用低水泥掺量的砂浆其抗压强度较低，反之则相反；采用 $C/F = 0.5$ 时，不管 MAMF 的掺量如何变化都表现出最低强度，但此强度也能满足 M30 强度要求；采用 $C/F = 1.0$ 时，MAMF 掺量与抗压强度的关系有一定的波动性，但综合其他 C/F 比值考虑，当 MAMF 掺量在 $0.41 \sim 0.7\text{kg/m}^3$ 时，随其掺量的增加抗压强度随之增加；当其掺量大于 0.7kg/m^3 时，随其掺量的增加抗压强度降低。

表 7-7 抗裂干粉砂浆强度数据表

组　别	平均抗折强度值（MPa）			平均抗压强度值（MPa）		
	3d	7d	28d	3d	7d	28d
普通砂浆	3.8	5.2	6.3	18.3	24.6	32.2
干粉砂浆 1	3.6	5.0	6.8	17.0	24.0	33.8
干粉砂浆 2	3.8	5.5	7.0	17.5	23.9	34.0
干粉砂浆 3	3.6	5.0	6.0	17.5	23.5	33.8
干粉砂浆 4	3.5	4.9	5.8	17.5	23.2	33.8
干粉砂浆 5	3.6	5.1	6.4	17.2	22.5	33.4
干粉砂浆 6	3.7	5.4	6.6	17.1	22.3	33.6
干粉砂浆 7	3.6	5.2	6.2	17.3	22.5	33.4
干粉砂浆 8	3.4	5.1	6.0	17.2	22.1	33.5
干粉砂浆 9	3.5	4.9	6.2	16.8	21.5	33.2
干粉砂浆 10	3.6	5.1	6.3	16.5	21.9	33.3
干粉砂浆 11	3.4	5.0	5.9	16.5	21.4	33.2
干粉砂浆 12	3.5	4.8	6.0	16.4	21.2	33.0

（2）抗裂性

试验表明，采用普通砂浆完全断裂，而抗裂干粉砂浆在达到普通砂浆的破坏荷载时，试件仍然保持为一体。这说明抗裂干粉砂浆比普通砂浆的抗裂性显著增强。另在西宁、格尔木等地进行了抗裂干粉砂浆和普通砂浆的外墙抹面试验，通过 1m 距离单位面积内裂纹数量目测结果，采用抗裂干粉砂浆的裂纹比普通砂浆裂纹量减少 89%。

（3）抗渗性

水压 1.2MPa 下测量抗裂干粉砂浆试件和普通砂浆试件的渗水高度分别为 15mm、50mm。说明此抗裂干粉砂浆的抗渗性远远大于普通砂浆。

（4）抗冻性

经 50 次冻融循环，抗裂干粉砂浆试件强度降低 4%，而普通砂浆试件降低 10%。说明抗裂干粉砂浆的抗冻性明显优于普通砂浆。

（5）抗冲击性

抗裂干粉砂浆试件的抗冲击值 $2.33kJ/m^2$，而普通砂浆试件抗冲击值 $1.98kJ/m^2$。这说明抗裂干粉砂浆的抗裂性明显优于普通砂浆。

7.5.4 结论

（1）利用青海当地材料，用选砂灰比 2.5，稠度 60mm，水泥与粉煤比 $C/F = 1.0$，MAMF 掺量 $0.7kg/m^2$，FDN 掺量 0.1% 时所配置的 M30 抗裂干粉砂浆，在抗折强度、抗压强度、抗裂性、抗冻性、抗渗性和抗冲击性等方面都优于普通砂浆。

（2）在抗裂干粉砂浆试验中，采用了大量掺入粉煤灰（也可以用高炉矿渣代替）的配合比，配制出的砂浆具有优良的性能。从保护环境的角度，充分利用了工业废渣，实现了资源的再生利用。

7.6 建筑干混砂浆中常用的外加剂

本节介绍建筑干混砂浆中常用外加剂种类、性能的特点、作用机理以及对干混砂浆产品性能的影响关系。重点探讨了纤维素醚、淀粉醚等保水剂、可再分散乳胶粉以及纤维材料对干混砂浆性能的改善作用。

外加剂对建筑干混砂浆性能的改善具有关键性作用，但干混砂浆的加入使干混砂浆产品的材料成本明显高于传统砂浆，其在干混砂浆中占材料成本 40% 以上。目前，相当一部分外加剂由国外制造商供应，产品的参考用量也由供应商提供。由此导致了干混砂浆产品成本居高不下，量大面广的普通砌筑和抹灰砂浆推广困难；高端市场产品由国外公司控制，干混砂浆生产厂商利润低，价格承受能力差；外加剂的应用缺乏系统性、针对性研究，盲从国外配方。

基于以上原因，本节对常用外加剂的一些基本性能进行分析与比较，并在此基础上对应用外加剂的干混砂浆产品性能进行研究。

7.6.1 保水剂

保水剂是改善干混砂浆保水性能的关键外加剂，也是决定干混砂浆材料成本的关键外加剂之一。

7.6.1.1 纤维素醚

纤维素醚是碱纤维素与醚化剂在一定条件下反应生成一系列产物的总称。碱纤维素被不同的醚化剂取代而得到不同的纤维素醚。按取代基的电离性能，纤维素醚可分为离子型（如羧甲基纤维素 CMC）和非离子型（如甲基纤维素 MC）两大类。按取代基的种类，纤维素醚可分为单醚（如甲基纤维素）和混合醚（如羟丙基甲基纤维素 HPMC）。按可溶解性不同，可分为水溶性（如羟乙基纤维素 HEC）和有机溶剂溶解性（如乙基纤维素 EC）等，干混砂浆主要用水溶性纤维素，水溶性纤维素又分为速溶型和经过表面处理的延迟溶解型。

纤维素醚在砂浆中的作用机理如下：

①砂浆内的纤维素醚在水中溶解后，由于表面活性作用保证了胶凝材料在体系中有效地

均匀分布，而纤维素醚作为一种保护胶体，"包裹"住固体颗粒，并在其外表面形成一层润滑膜，使砂浆体系更稳定，也提高了砂浆在搅拌过程中的流动性和施工的滑爽性。

②纤维素醚溶液由于自身分子结构特点，使砂浆中的水分不易失去，并在较长的一段时间内逐步释放，赋予砂浆良好的保水性和工作性。

(1) 甲基纤维素（MC）$[C_6H_7O_2(OH)_3-h(OCH_3)_n]_x$

将精制棉经碱处理后，以氯化甲烷作为醚化剂，经过一系列反应而制成纤维素醚。一般取代度为 1.6~2.0，取代度不同溶解性也有不同。属于非离子型纤维素醚。

①甲基纤维素可溶于冷水，热水溶解会遇到困难，其水溶液在 pH = 3~12 范围内非常稳定。与淀粉、瓜耳胶等以及许多表面活性剂相容性较好。当温度达到凝胶化温度时，会出现凝胶现象。

②甲基纤维素的保水性取决于其添加量、黏度、颗粒细度及溶解速度。一般添加量大，细度小，黏度大，则保水率高。其中添加量对保水率影响最大，黏度的高低与保水率的高低不成正比关系。溶解速度主要取决于纤维素颗粒表面改性程度和颗粒细度。在以上几种纤维素醚中，甲基纤维素和羟丙基甲基纤维素保水率较高。

③温度的变化会严重影响甲基纤维素的保水率。一般温度越高，保水性越差。如果砂浆温度超过 40℃，甲基纤维素的保水性会明显变差，严重影响砂浆的施工性。

④甲基纤维素对砂浆的施工性和黏着性有明显影响。这里的"黏着性"是指工人涂抹工具与墙体基材之间感到的黏着力，即砂浆的剪切阻力。黏着性大，砂浆的剪切阻力大，工人在使用过程中所需要的力量也大，砂浆的施工性就差。在纤维素醚产品中甲基纤维素黏着力处于中等水平。

(2) 羟丙基甲基纤维素（HPMC）$\{C_6H_7O_2(OH)_{3-m-n}(OCH_3)_m,[OCH_2CH(OH)CH_3]_n\}_x$

羟丙基甲基纤维素是近年来产量、用量都在迅速增加的纤维素品种。是由精制棉经碱化处理后，用环氧丙烷和氯甲烷作为醚化剂，通过一系列反应而制成的非离子型纤维素混合醚。取代度一般为 1.2~2.0。其性质受甲氧基含量和羟丙基含量的比例不同而有差别。

①羟丙基甲基纤维素易溶于冷水，热水溶解会遇到困难。但它在热水中的凝胶化温度要明显高于甲基纤维素。在冷水中的溶解情况，较甲基纤维素也有大的改善。

②羟丙基甲基纤维素的黏度与其分子量的大小有关，分子量大则黏度高。温度同样会影响其黏度，温度升高，黏度下降。但其对黏度、温度的影响比甲基纤维素低。其溶液在室温下储存是稳定的。

③羟丙基甲基纤维素的保水性取决于其添加量、黏度等，其相同添加量下的保水率高于甲基纤维素。

④羟丙基甲基纤维素对酸、碱具有稳定性，其水溶液在 pH = 2~12 范围内非常稳定。苛性钠和石灰水对其性能也没有太大影响，但碱能加快其溶解速度，并对黏度稍有提高。羟丙基甲基纤维素对一般盐类具有稳定性，但盐溶液浓度高时，羟丙基甲基纤维素溶液黏度有增高的倾向。

⑤羟丙基甲基纤维素可与水溶性高分子化合物混用而成为均匀、黏度更高的溶液。如聚乙烯醇、淀粉醚、植物胶等。

⑥羟丙基甲基纤维素比甲基纤维素具有更好的抗酶性，其溶液酶降解的可能性低于甲基

纤维素。

⑦羟丙基甲基纤维素对砂浆施工的黏着性要高于甲基纤维素。

(3) 羟乙基纤维素 (HEC) $[C_6H_7O_2(OH)_{3-h}(OCH_3)_n]_x$

由精制棉经碱处理后，在丙酮的存在下，用环氧乙烷作醚化剂进行反应而制成。其取代度一般为 1.5~2.0。具有较强的亲水性，易于吸潮。

①羟乙基纤维素可溶于冷水中，热水溶解较为困难。其溶液在高温下稳定，不具有凝胶性。在砂浆中高温下可使用时间较长，但保水性较甲基纤维素低。

②羟乙基纤维素对一般酸碱都具有稳定性，碱能加快其溶解，并对黏度略有提高，其在水中分散性比甲基纤维素和羟丙基甲基纤维素略差。

③羟乙基纤维素对砂浆抗垂挂有好的性能，但对水泥的缓凝时间较长。

④国内一些企业生产的羟乙基纤维素，因含水量大，灰分高而导致其性能明显低于甲基纤维素。

(4) 羧甲基纤维素 (CMC) $[C_6H_7O_2(OH)_2OCH_2COONa]_n$

由天然纤维（棉）等经过碱处理后，用一氯醋酸钠作为醚化剂，经过一系列反应处理而制成离子型纤维素醚。其取代度一般为 0.4~1.4，其性能受取代度影响较大。

①羧甲基纤维素吸湿性较大，一般条件储存会含有较大水分。

②羧甲基纤维素水溶液不会产生凝胶，随温度升高而黏度下降，温度超过50℃时，黏度不可逆。

③其稳定性受 pH 影响较大。一般可用于石膏基砂浆中，不能用于水泥基砂浆中。在高碱性时，会失去黏度。

④其保水性远远低于甲基纤维素。对石膏基砂浆有缓凝作用，并降低其强度。但羧甲基纤维素价格明显低于甲基纤维素。

7.6.1.2 淀粉醚

用于砂浆中的淀粉醚是由一些多糖类的天然聚合物经改性而成。如用马铃薯、玉米、木薯、瓜耳豆等。

(1) 变性淀粉

由马铃薯、玉米、木薯等改性而成的淀粉醚，保水性明显低于纤维素醚。因改性程度不同表现出对酸碱稳定性不同。有些产品适用于石膏基砂浆中，又有些产品能用于水泥基砂浆中。砂浆中应用淀粉醚主要是作为增稠剂，提高砂浆的抗流挂性，降低湿砂浆的黏着性，延长开放时间等。

淀粉醚经常与纤维素一起使用，使这两种产品性能与优势互补。由于淀粉醚产品比纤维素醚便宜许多，在砂浆中应用淀粉醚，会带来砂浆配方成本的明显降低。

(2) 瓜耳胶醚

瓜耳胶醚是由天然瓜耳豆经改性而成的一种性能较为特殊的淀粉醚。主要由瓜耳胶与丙烯酸基官能团发生醚化反应，生成含有 2-羟丙基官能团结构，是一种多聚半乳甘露糖结构。

①与纤维素醚相比，瓜耳胶醚更容易溶于水。pH 值对瓜耳胶醚的性能基本上没有影响。

②在低黏度、少掺量的条件下，瓜耳胶可以等量取代纤维素醚，而具有相近的保水性。但稠度、抗垂挂性、触变性等明显改善。

③在高黏度、大掺量条件下，瓜耳胶不能代替纤维素醚，二者混合使用会产生更优异的

性能。

④瓜耳胶应用于石膏基砂浆中,可明显降低施工时的黏着性,使施工更滑爽。对石膏砂浆的凝结时间和强度,无不利影响。

⑤瓜耳胶应用于水泥基砌筑和抹灰砂浆中可等量替代纤维素醚,并赋予砂浆更好的抗垂挂性、触变性和施工的滑爽性。

⑥瓜耳胶还可用于瓷砖黏结剂、地面自流平剂、耐水腻子、墙体保温用聚合物砂浆等产品中。

⑦由于瓜耳胶价格明显低于纤维素醚,砂浆中使用瓜耳胶会带来产品配方成本的明显降低。

(3) 改性矿物保水稠化剂

用天然矿物经过改性和复配制成的保水稠化剂,在国内已得到了应用。用于配制保水稠化剂的主要矿物有:海泡石、膨润土、蒙脱石、高岭土等,这些矿物通过偶联剂等改性处理而具有一定的保水增稠性能。这类保水增稠剂应用于砂浆具有以下几个特点。

①可明显改善普通砂浆性能,解决了水泥砂浆操作性差,混合砂浆强度低,耐水性差的问题。

②可配制出用于一般工业与民用建筑不同强度等级的砂浆产品。

③材料成本明显低于纤维素醚和淀粉醚。

④保水性低于有机保水剂,所配制砂浆的干燥收缩值较大,黏结性降低。

7.6.2 可再分散型聚合物胶粉

可再分散型胶粉由特制聚合物乳液经过喷雾干燥加工而成。在加工过程中,保护胶体、抗结硬剂等成为不可缺少的助剂。经过干燥后的胶粉是一些聚集在一起的 $80\sim100\mu m$ 的球形颗粒。这些颗粒可溶于水,并形成比原来乳液颗粒略大的稳定分散液,这种分散液失水干燥后会成膜,这种膜和一般乳液成膜一样不可逆,遇水不会再分散成为分散液。

可再分散型胶粉可分为:苯乙烯-丁二烯共聚物、叔碳酸乙烯酯共聚物、乙烯-醋酸乙酸共聚物等,并以此为基础接枝有机硅、月桂酸乙烯等改善性能。不同的改性措施使可再分散胶粉具有耐水、耐碱、耐候以及柔性等不同的性能。含有月桂酸乙烯和有机硅,可使胶粉具有良好的疏水性。高度支链化的叔碳酸乙烯酯,具有优越的耐碱性,很好的柔性。

这几种胶粉应用于砂浆中,均对水泥的凝结时间有延缓作用,但比直接应用同类乳液的延缓作用小。相比而言,苯乙烯-丁二烯的延缓作用最大,乙烯-醋酸乙烯的延缓作用最小。若掺量太小对砂浆性能的改善作用不明显。

7.6.3 纤维材料

7.6.3.1 木纤维

木纤维是以植物为主要原料,采用一系列技术加工而成,其性能不同于纤维素醚。主要性能有:

(1) 不溶于水和溶剂,也不溶于弱酸和弱碱溶液。

(2) 应用于砂浆中,在静止状态下会搭接成三维立体结构,增加砂浆触变性和抗垂挂性,改善施工性。

（3）由于木纤维所具有的三维立体结构，在所拌砂浆中具有"锁水"性能，砂浆中水分不会轻易被吸收或移走。但其不具有纤维素醚的高保水性。

（4）木纤维所具有的良好毛细管效应，在砂浆中具有"导水"功能，使砂浆表面和内部水分含量趋于一致，从而减少因不均匀收缩而产生的裂缝。

（5）木纤维能减小砂浆硬化体的变形应力，减轻砂浆收缩开裂的发生。

（6）木纤维在砂浆中长期性能变化规律，尚不清楚。

7.6.3.2 聚丙烯纤维

聚丙烯纤维是以聚丙烯为原料加入适量改性剂制成。纤维直径一般为 $40\mu m$ 左右，抗拉强度 $300 \sim 400MPa$，弹性模量 $\geqslant 3500MPa$，极限延伸率 $15\% \sim 18\%$，其性能特点：

（1）聚丙烯纤维在砂浆中呈均匀三维乱向分布，形成网络加强体系。若每吨砂浆中掺入 1kg 重的聚丙烯纤维，则可得到 3000 万根以上的单丝纤维。

（2）砂浆中加入聚丙烯纤维，可以有效减少砂浆在塑性状态的收缩裂缝。不论这些裂缝是可见的还是不可见的，能明显减少新拌砂浆的表面泌水与骨料沉降。

（3）对于砂浆硬化体，聚丙烯纤维可以显著降低变形裂缝的数量。即当砂浆硬化体因变形产生应力时能够抵抗和传递应力，当砂浆硬化体产生裂缝时，能够钝化裂缝尖端的应力集中，约束裂缝扩展。

（4）聚丙烯纤维在砂浆生产中的高效分散，会成为一个难题。混合设备、纤维品种与掺量，砂浆配比以及其工艺参数都将成为影响分散性的重要因素。

7.6.4 塑性减水剂

塑性减水剂是水泥混凝土中用量最大的外加剂。几乎所有的减水剂都是由表面活性物质组成，减水剂的性能由其所采用的表面活性物质的分子结构与水泥颗粒之间产生的界面作用决定。由于水泥颗粒在水化过程中带有不同极性而相互吸引，包裹了许多拌合水而产生絮凝结构。使用中为了达到满意的施工性能往往需要加入更多的水，使硬化体强度等性能降低。减水剂加入水泥浆后，其疏水基团定向吸附在水泥颗粒表面带有同号电性，增大了水泥颗粒表面的电位，使颗粒之间因同性静电而相斥，破坏了水泥颗粒的絮凝结构，使水泥颗粒得到了有效分散，释放出絮凝结构中的游离水，达到减水的目的。

7.6.4.1 木质素减水剂

木质素减水剂通常由亚硫酸法生产纸浆的副产品制得。一般包括木钙、木钠与木镁三种，常用木钙和木钠即木质素磺酸钙和木质素磺酸钠，通常呈粉末状。

木质素减水剂一般减水率为 $10\% \sim 15\%$，掺量为 $0.2\% \sim 0.3\%$。对水泥有缓凝作用，若掺量过大会引起水泥不凝固，对水泥砂浆有引气作用。

木质素减水剂掺量小，价格低，适用于减水率要求低的砂浆。与高效减水剂配合使用会取得更好的效果。

7.6.4.2 萘系减水剂

萘系减水剂是采用工业萘、甲醛和浓硫酸、液碱为主要原料在一定反应条件下制备而成，主要成分为萘磺酸甲醛缩合物。通常以液态或粉状形式作为最终产品，是目前应用量最大的减水剂之一。粉状产品掺量一般为水泥重量 $0.5\% \sim 1.0\%$，减水率可达 20% 左右。

砂浆中掺入该碱水剂可明显提高强度，对凝结时间略有延长，并能改善水泥及其他外加剂在砂浆中的分散性，明显提高砂浆的施工性、抗渗性、抗冻性、抗化学侵蚀性，减少收缩率。在水泥砂浆中，因减水率高、价格适中而广泛应用。但该减水剂用于石膏基砂浆中，减水效果不明显。

7.6.4.3 超塑化剂

超塑化剂即高效减水剂，减水率一般可达到30%以上。粉状超塑化剂一般用于特种干混砂浆，如地面自流平剂、灌浆料以及耐火浇筑料等产品。

7.6.5 引气剂

引气剂是一种通过物理方法使新拌混凝土或砂浆中形成稳定气泡的表面活性剂。主要有：松香及其热聚物类、非离子型表面活性剂类、烷基苯磺酸盐类、木质素磺酸盐类、羧酸及其盐类等几种。

引气剂常被用来配制抹灰砂浆与砌筑砂浆。由于引气剂的加入，会带来砂浆性能的一些变化。

（1）由于气泡引入增加新拌砂浆的和易性和施工性，减少泌水。

（2）单纯用引气剂会降低砂浆中的强度和弹性模量。若引气剂与减水剂共同使用，且适当配比，强度值可不降低。

（3）能显著提高砂浆硬化体的抗冻性并改善砂浆的抗渗性，提高砂浆硬化体的抗侵蚀性。

（4）引气剂带来砂浆含气量的增加会增加砂浆的收缩，通过减水剂的加入可使收缩值得到适当降低。

由于引气剂加入量非常少，一般仅占胶凝材料总量的万分之几，必须保证在砂浆生产时精确计量、均匀掺入；搅拌方式、搅拌时间等因素会严重影响引气量。因此，在目前国内的生产与施工条件下，砂浆中加入引气剂一定要进行大量的试验工作。

7.6.6 早强剂

用于提高混凝土和砂浆的早期强度，常用硫酸盐类早强剂，主要有硫酸钠、硫代硫酸钠、硫酸铝及硫酸钾铝等。

一般无水硫酸钠的应用较多，其掺量较低，早强效果好，但掺量太大时会引起后期膨胀开裂，同时会产生返碱，影响外观和表面装饰层效果。

甲酸钙也是一种很好的防冻剂，其早强效果好，副作用少，与其他外加剂相容性好，许多性能优于硫酸盐类早强剂，但价格较高。

7.6.7 防冻剂

如果在负温下使用砂浆，若不采取防冻措施将会发生冻害，破坏硬化体的强度。防冻剂应从防止结冻和提高砂浆早期强度两个途径防止冻害的发生。

在常用的防冻剂中，在亚硝酸钙和亚硝酸钠的防冻效果最好。亚硝酸钙由于不含钾、钠离子用于混凝土可减少碱-骨料的发生，但用于砂浆时工作性略差，亚硝酸钠则具有较好的工作性。防冻剂、早强剂、减水剂复合使用，可得到满意的使用效果。应用防冻剂的干混砂浆在超低负温下使用时，应适当提高拌合物温度，比如用温水拌合。

防冻剂用量过大会降低砂浆后期强度，砂浆硬化体表面会出现返碱等问题，影响外观和表面装饰层效果。

7.6.8 结语

随着我国建筑干混砂浆行业的快速发展，外加剂对干混砂浆成本的制约作用会逐渐降低。纤维素醚供应的国产化、使纤维素醚价格连续走低。淀粉醚、稠化粉等低价格保水增稠材料的成功应用，显著降低了普通干混砂浆的材料成本。可再分散胶粉国产化进程的加快，将会打破由国外供应商控制我国胶粉市场的局面。这些都预示着外加剂对干混砂浆材料成本的制约瓶颈会很快突破。但是，目前对外加剂在干混砂浆中的应用缺乏系统性研究。不同种类的外加剂对不同干混砂浆产品的针对性不强，一些外加剂（如纤维素醚）没有针对在干混砂浆中的应用特点提出自身性能指标，而是轻工、化工行业的标准。对外加剂在干混砂浆硬化体的作用机理研究较少，这无疑会影响外加剂在干混砂浆中的合理、高效使用。因此，应根据我国建筑结构特点、墙体材料特点、气候特点、施工水平等系统研究外加剂在干混砂浆产品中的应用技术。

7.7 青海省采用的外墙保温技术

当前，我国建筑工程中60%以上的建筑物仍沿用砖、砌块等墙体材料。砌筑、抹灰施工中使用的建筑砂浆都为水泥砂浆或混合砂浆。所谓混合砂浆就是在水泥砂浆中掺加一定量的石灰膏或石灰粉，以改善其和易性，使之容易施工操作。但由于石灰质量不稳定，导致所配制的砂浆强度低、黏结性差，影响砌体工程质量，而且由于石灰粉掺加时粉尘大，施工现场劳动条件差，环境污染严重，不利于文明施工。因此，如何提高和稳定建筑砂浆的质量，改善施工操作条件等是建筑施工中亟待研究解决的现实问题。国外建材市场采用干拌料商品供应砌筑、抹灰用砂浆材料，使用较方便，性能较稳定，但成本很高。国内自20世纪70年代末开始，一些地方采用微沫剂来改善砂浆的和易性，即在水泥砂浆中掺入松香皂来代替部分或全部石灰。

墙体是建筑外围护结构的主体，其所用材料的保温性能直接影响建筑的耗热量。我国以实心黏土砖为墙体材料，保温性能不能满足设计标准。以外墙为例，《民用建筑节能设计标准采暖居住建筑部分》（JGJ 26—95）标准规定，在建筑物形体系数（建筑物与室外大气接触的外表面积与其所包围的体积的比值）小于0.3时，北京地区传热系数不超过1.16W/($m^2 \cdot K$)，而目前常用的内抹灰砖墙，传热系数都大于上述节能标准数值。因而在节能的前提下，应进一步推广空心砖墙及其复合墙体技术。

建筑节能是执行国家环境保护和节约能源政策的主要内容，是贯彻国民经济可持续发展的重要组成部分。原国家建设部在1995年颁布了《城市建筑节能实施细则》等文件，把《民用建筑节能设计标准（采暖居住建筑部分）》（JGJ 26—95）列为强制性标准，同时原建设部又于2000年10月1日发布了第76号令《民用建筑节能管理规定》，对不符合节能标准的项目，不得批准建设。

在这样一系列的节能政策、法规、标准和强制性条文的指导下，我国住宅建设的节能工作不断深入，节能标准不断提高，引进开发了许多新型的节能技术和材料，在住宅建筑中大力推广使用。但我国目前的建筑节能水平，还远低于发达国家，我国建筑单位面积能耗仍是气候相近的发达国家的 3~5 倍。北方寒冷地区的建筑采暖能耗已占当地全社会能耗的 20%以上，且绝大部分都是采用火力发电和燃煤锅炉，同时给环境带来严重的污染。所以建筑节能是 21 世纪我国建筑业的一个重要的课题。

在建筑中，外围护结构的热损耗较大，外围护结构中墙体又占了很大份额。所以建筑墙体改革与墙体节能技术的发展是建筑节能技术的一个最重要的环节，发展外墙保温技术及节能材料则是建筑节能的主要实现方式。

7.7.1 外墙保温技术

节能保温墙体施工技术主要分为外墙内保温和外墙外保温两大类。

(1) 内保温技术及其特点

外墙内保温施工，是在外墙结构的内部加做保温层。内保温施工速度快，操作方便灵活，可以保证施工进度。内保温应用时间较长，技术成熟，施工技术及检验标准比较完善。在 2001 年外墙保温施工中约有 90%以上的工程应用内保温技术。

被大面积推广的内保温技术有：增强石膏复合聚苯保温板、聚合物砂浆复合聚苯保温板、增强水泥复合聚苯保温板、内墙贴聚苯板抹粉刷石膏及抹聚苯颗粒保温料浆加抗裂砂浆压入网格布的做法。

但内保温会多占用使用面积，"热桥"问题不易解决，容易引起开裂，还会影响施工速度，影响居民的二次装修，且内墙悬挂和固定物件也容易破坏内保温结构。内保温在技术上的不合理性，决定了其必然要被外保温所替代。

(2) 外保温技术及其特点

外保温是目前大力推广的一种建筑保温节能技术。外保温与内保温相比，技术合理，有其明显的优越性，使用同样规格、同样尺寸和性能的保温材料，外保温比内保温的效果好。外保温技术不仅适用于新建的结构工程，也适用于旧楼改造，适用范围广，技术含量高；外保温包在主体结构的外侧，能够保护主体结构，延长建筑物的寿命；有效减少了建筑结构的"热桥"，增加建筑的有效空间；同时消除了冷凝，提高了居住的舒适度。目前比较成熟的外墙保温技术主要有以下几种。

①外挂式外保温

外挂的保温材料有岩（矿）棉、玻璃棉毡、聚苯乙烯泡沫板（简称聚苯板，EPS、XPS）、陶粒混凝土复合聚苯仿石装饰保温板、钢丝网架夹芯墙板等。其中聚苯板因具有优良的物理性能和廉价的成本，已经在全世界范围内的外墙保温外挂技术中被广泛应用。

该外挂技术是采用黏结砂浆或者是专用的固定件将保温材料贴、挂在外墙上，然后抹抗裂砂浆，压入玻璃纤维网格布形成保护层，最后加做装饰面。

还有一种做法是用专用的固定件将不易吸水的各种保温板固定在外墙上，然后将铝板、天然石材、彩色玻璃等外挂在预先制作的龙骨上，直接形成装饰面。由贝聿铭先生设计的中国银行总行办公楼的外保温就是采用这种设计的。

这种外挂式的外保温，安装费时，施工难度大，且施工占用主导工期，待主体验收完后才可以进行施工。在进行高层施工时，施工人员的安全不易得到保障。

②聚苯板与墙体一次浇筑成型

该技术是在混凝土框—剪体系中将聚苯板内置于建筑模板内，在即将浇筑的墙体外侧，浇筑混凝土，混凝土与聚苯板一次浇筑成型为复合墙体。该技术解决了外挂式外保温的主要问题，其优势是很明显的。由于外墙主体与保温层一次成活，工效提高，工期大大缩短，且施工人员的安全得到了保证。而且在冬季施工时，聚苯板起保温的作用，可减少外围围护保温措施。但在浇筑混凝土时要注意均匀、连续浇筑，否则由于混凝土侧压力的影响会造成聚苯板在拆模后出现变形和错茬，影响后序施工。

其中，内置的聚苯板可以是双面钢丝网的，也可以是单面钢丝网的。双面钢丝网聚苯板与混凝土的连接，主要是依靠内侧钢丝网架与墙体外侧配筋相绑扎及混凝土与聚苯板的黏结力，其结合性能良好，具有较高的安全度。单面钢丝网聚苯板与混凝土的连接，主要依靠混凝土与聚苯板的黏结力以及斜插钢筋、L型钢等与混凝土墙体的锚固力，结合性能也较好。与双钢丝网相比较，单面钢丝网技术因取消了内侧钢丝网和安装保温板前的板外侧抹灰，节省了工时和材料，其造价可降低10%左右。

上述两种做法都采用了钢丝网架，造价较高，且钢材是热的良导体，直接传热，会降低墙体的保温效果。

对于混凝土与无网架聚苯板一次成型复合墙体进行了试验研究，试验结果表明，在混凝土中水泥浆量合适的条件下，直接利用混凝土作为黏结剂来粘贴聚苯板，是完全可能的。当我们对聚苯板的背面进行处理之后，其与混凝土的黏结力进一步提高（其平均黏结强度可以达到0.7MPa，而且破坏均发生在聚苯板内）。此技术取消了钢丝网架，其保温性能提高，而且板的成本再次降低。在经过对其长期耐久性论证之后，工程中可以推广使用。

③聚苯颗粒保温料浆外墙保温

将废弃的聚苯乙烯塑料（简称为EPS）加工破碎成为0.5~4mm的颗粒，作为轻骨料来配制保温砂浆。该技术包含保温层、抗裂防护层和抗渗保护面层（或是面层防渗抗裂二合一砂浆层）。其中ZL胶粉聚苯颗粒保温材料及技术在1998年就被原建设部列为国家级工法。这种工法是目前被广泛认可的外墙保温施工技术。

该施工技术简便，可以减少劳动强度，提高工作效率，不受结构质量差异的影响，对有缺陷的墙体施工时，墙面不需修补找平，直接用保温料浆找补即可，避免了别的保温施工技术因找平抹灰过厚而脱落的现象。同时该技术解决了外墙保温工程中因使用条件恶劣造成界面层易脱粘空鼓、面层易开裂等问题，从而实现外墙外保温技术的重要突破。与别的外保温相比较，在达到同样保温效果的情况下，其成本较低，可降低房屋建筑造价。例如与聚苯板外保温相比较，每平方米可降低25元左右。在天津云琅新居高层外墙保温工程中采用的就是此种技术。

此外，节能保温墙体技术中还有将墙体做成夹层，把珍珠岩、木屑、矿棉、玻璃棉、聚苯乙烯泡沫塑料、聚氨酯泡沫塑料（也可以现场发泡）等填入夹层中，形成保温层。

7.7.2 保温砂浆

(1) 青海省保温砂浆利用现状

2004年7月26日青海省建设厅、青海省发展和改革委员会、青海省经济委员会、青海省国土资源厅、青海省质量技术监督局联合颁布了《青海省建筑节能管理办法》（青建法〔2004〕161号）。办法中要求全省建筑节能工作，遵循统一规划、分步实施的原则，分地区、分阶段逐步推进。目前青海省约有42家砂浆企业及厂商，为青海省发展保温砂浆奠定了基础。

西宁市、格尔木市、德令哈市城市规划区，海东地区、海西州、海南州、海北州所辖区域城镇规划区和黄南州、玉树州、果洛州州府所在城镇规划区，已从 2002 年 7 月 1 日起开始执行《民用建筑节能设计标准（采暖居住建筑部分）青海省实施细则》节能 50% 的标准。

从 2005 年 1 月 1 日起，全省各县府所在城镇新建居住建筑开始执行《民用建筑节能设计标准（采暖居住建筑部分）青海省实施细则》节能 50% 的标准。

从 2006 年 1 月 1 日起，全省城镇新建公共建筑开始执行公共建筑节能标准。

从 2007 年 1 月 1 日起，西宁市、格尔木市、德令哈市和有条件的地区新建居住建筑，积极进行《民用建筑节能设计标准（采暖居住建筑部分）青海省实施细则》节能 65% 标准的试点工作。

鼓励黏土实心砖生产企业进行空心砖生产线技术改造。凡在 2005 年 6 月 30 日前完成黏土空心砖生产线技术改造的重点企业，政府给予贴息支持。

2005 年 12 月 31 日起，西宁市（含辖区三县县城）、格尔木市、德令哈市黏土砖生产企业全面禁止生产黏土实心砖，省内其他地区根据当地建筑体系和资源情况提出限时禁止生产、使用黏土实心砖的目标。

为加快建筑领域节能减排工作的发展步伐，2007 年，青海省先后制定了《公共建筑节能设计标准青海省实施细则》等九项地方标准，通过对建筑节能项目设计的审查以及备案，初步形成了建设项目"建筑节能设计、施工图设计审查、市场监督、监测、验收备案"等各个环节的闭合式管理模式，确保了建筑节能标准的落实。到年底，全省新建建筑全面实施了建筑节能 50% 的建设标准，执行率达到 70% 以上，同时，通过实行"禁实"、"禁黏"工作，一批粉煤灰砖、煤矸石砖等新型墙材生产企业相继投入生产，全年散装水泥使用总量达到 76 万 t，使用率达到 18.3%，散装水泥发散量较上年增长 18%。

(2) 无机保温砂浆

无机保温砂浆是目前市场上一种新型保温材料，无机保温砂浆的主要技术特点：

①无机保温砂浆有极佳的温度稳定性和化学稳定性。无机保温砂浆材料保温系统系由纯无机材料制成，耐酸碱、耐腐蚀、不开裂、不脱落、稳定性高，不存在老化问题，与建筑墙体同寿命。

②施工简便，综合造价低。无机保温砂浆材料保温系统可直接抹在毛坯墙上，其施工方法与水泥砂浆找平层相同。该产品使用的机械、工具简单，施工便利，与其他保温系统比较有明显的施工期短、质量容易控制的优势。

③适用范围广，阻止冷热桥产生。无机保温砂浆材料保温系统适用于各种墙体基层材质，各种形状复杂墙体的保温。全封闭、无接缝、无空腔，没有冷热桥产生，不但可做外墙外保温还可以做外墙内保温，或者外墙内外同时保温，及屋顶的保温和地热的隔热层，为节能体系的设计提供一定的灵活性。

④绿色环保无公害。无机保温砂浆材料保温系统无毒、无味、无放射性污染，对环境和人体无害，同时其大量推广使用可以利用部分工业废渣及低品级建筑材料，具有良好的综合利用环境保护效益。

⑤强度高。无机保温砂浆材料保温系统与基层黏结强度高，不产生裂纹及空鼓。这一点与国内所有的保温材料相比具有一定的技术优势。

⑥防火阻燃安全性好，用户放心。无机保温砂浆材料保温系统防火不燃烧。可广泛用于密集型住宅、公共建筑、大型公共场所、易燃易爆场所、对防火要求严格场所。还可作为防火隔离带施工，提高建筑防火标准。

⑦热工性能好。无机保温砂浆材料保温系统蓄热性能远大于有机保温材料，可用于南方的夏季隔热。同时其导热系数可以达到 0.07W/(m·K) 以下，而且导热性能可以方便地调整以配合力学强度的需要及实际使用功能的要求，可以在不同的场合使用，如地面、天花板等场合。

⑧防霉效果好。可以防止冷热桥传导，防止室内结露后产生的霉斑。

⑨经济性好。如果采用适当配方的无机保温砂浆材料，取代传统的室内外批荡双面施工，可以达到技术性能和经济性能的最优化方案。

(3) 玻化微珠无机保温系统

玻化微珠无机保温系统的主要技术特点：玻化微珠无机保温系统以玻化微珠干混保温砂浆为保温层，在保温层面层涂抹一层具有防水抗渗、抗裂性能的抗裂砂浆，与保温层复合形成一个集保温隔热、抗裂、防火、抗渗于一体的完整体系。该系统不仅具有良好的保温性能，同时具有优异的隔热、防火性能且能防虫蚁噬食，属新型建筑保温材料，目前在国内属于推广阶段。最新推出的国家标准《建筑保温砂浆》（GB/T 20473—2006），为无机保温砂浆的推广打开了新的空间。

轻骨料玻化微珠是一种无机物玻璃质矿物材料，是由火山岩粉碎成矿砂，经过特殊膨化烧法加工而成，产品呈不规则球状体颗粒，内部为空腔结构，表面呈玻璃化封闭状态，封闭度有一定变化，理化性能稳定，具有质轻、隔热防火、耐高低温、抗老化等优良特性。可部分替代粉煤灰漂珠、玻璃漂珠、普通膨胀珍珠岩、聚苯颗粒等诸多传统轻质骨料在不同制品中的应用，是一种环保型的高性能无机轻质绝热材料。

参考文献

[1] 王立久. 建筑材料工艺原理 [M] 北京：中国建材工业出版社，2006，355~362.
[2] 王潘劳. 青藏高原干热条件下高性能混凝土施工养护研究 [J] 建筑石膏与胶凝材料，2005，(4)：12~14.
[3] 张越，周达. 上海商品砂浆业发展前景展望 [J] 混凝土 2001，143(9)：19~21.
[4] JGJ 52—92，普通混凝土用砂质量标准及检验方法 [S].
[5] GB 175—1999，硅酸盐水泥、普通硅酸盐水泥技术标准 [S].
[6] GB 168—84，建筑结构设计统计统一标准 [S].
[7] GB 181—85，普通混凝土力学性能试验方法 [S].
[8] GB 182—85，普通混凝土长期性能和耐久性能试验方法 [S].
[9] GB/T 152315—94，玻璃纤维强水泥性能试验方法——抗冲击性能 [S].
[10] 段鹏选，苗元超等. 建筑干混砂浆中常用外加剂基本性能 [A] 2006 第二届中国国际建筑干混砂浆生产应用技术研讨会论文集 [C]. 2006.
[11] 郑念屏. 聚丙烯纤维混凝土在超长工业建筑中的应用 [J]. 福建建材，2006，4：50~51.
[12] 文周礼，朱江. 混杂纤维增强混凝土的研究和应用现状 [J]. 广东建材，2009，10：12~14.

第8章 矿物外加剂对砂浆强度的影响

随着混凝土砂浆技术的发展，高性能混凝土砂浆的应用日趋广泛，以工业废料为原料的矿物掺合料已成为高性能混凝土砂浆中不可缺少的组成部分，甚至可以将其称为矿物外加剂。近些年，研究矿物外加剂在混凝土砂浆中的作用及其机理是混凝土研究领域的热点课题之一。

针对矿物外加剂在改善混凝土砂浆密实度、提高混凝土砂浆强度、改善混凝土砂浆耐久性等方面所具有的良好特性，本章将对矿物外加剂的作用机理、作用效果和研究现状做详细的综述。

针对矿物外加剂的颗粒一般比水泥颗粒细的特点，提出矿物外加剂的掺入能有效填充水泥凝胶体内的孔隙，认为矿物外加剂的颗粒级配对填充效果的影响更为重要。本研究在认真总结已有研究成果的基础上，选用了几种不同细度的矿物外加剂，首先比较了不同细度的矿物外加剂在水泥砂浆中的作用效果，验证了矿物外加剂的粒径分布对发挥其填充作用及其活性有很大的影响。

本研究中还利用 Andreasen 颗粒紧密堆积理论，将不同细度的矿物外加剂以适当的比例掺配，使得胶凝粉体材料颗粒的级配在一定程度上接近紧密堆积状态。通过配制相应的水泥砂浆，考察其强度及微观结构发现，胶凝材料粉体颗粒的级配满足 Andreasen 颗粒紧密堆积理论的砂浆的强度会有所提高，水泥凝胶体的微观结构也比较致密。经试验验证，砂浆中胶凝粉体材料的颗粒级配在满足颗粒最紧密堆积理论要求的前提下，即使是在增加矿物外加剂掺量达到 50% 的情况下，砂浆的 28d 强度还是能达到 40MPa 以上，水泥凝胶体的结构也是非常致密，这说明矿物外加剂的颗粒级配对拌合物的强度及耐久性等方面有着非常重要的影响。在确定矿物外加剂的掺量、掺配比例以求达到最密实填充效果的时候，Andreasen 颗粒最紧密堆积理论具有一定的指导意义。

8.1 概 述

8.1.1 矿物外加剂与混凝土砂浆材料的可持续发展

8.1.1.1 混凝土砂浆材料的可持续发展

当今，随着建筑业的发展，建筑材料的需求量也越来越大，而许多年来传统建材在生产上却始终存在着严重的弊病，即原材料大量消耗土壤和矿产资源。以水泥生产为例，据估计，每生产 1t 水泥，平均要消耗 1.5t 的石灰石原料和 150kg 的标准煤，同时由于碳酸盐的分解和煤的燃烧，约排放 $900kgCO_2$，进一步加剧了日益严重的环境污染。另外，根据煤质和原料成分的不同，还会释放出大量的氮、硫氧化物和一氧化碳，对大气造成污染，水泥生料中的黏土成分还消耗着大量的土地资源。

随着社会文明程度的提高，和平与发展成为世界的主旋律，同时随着时代与技术的不断发展，人们开始更加重视自己生存的环境，各国政府和人民对于加强环境保护的呼声越来越高。我国从1994年提出可持续发展战略与经济发展的两大转变。一些严重问题都与水泥混凝土砂浆工业密切相关。从可持续的角度考虑，未来的建材工业必然要突破能源消耗高这一弊端，唐明述院士在中国建筑材料学术委员会主题报告中也曾指出：可持续发展的主要内涵是节约能源、资源和保护环境。混凝土工业作为大量消耗能源、资源的行业，它的发展也必须走可持续发展道路，故如何寻求混凝土砂浆材料发展与自然的和谐、协调关系是我们目前必须解决的课题之一。在这一前提下，经过人们的不断探索发现，在混凝土砂浆中掺加以工业副产品或天然矿物为原材料，进行磨细加工的矿物掺合料是比较切实可行的方法之一。大量的研究证明，矿物掺合料对降低水化热、改善工作性、提高耐腐蚀性等具有重要作用，因此矿物掺合料又被称之为矿物外加剂。

8.1.1.2 使用矿物外加剂的环保效益

在混凝土砂浆中使用的矿物外加剂多是一些以工业废渣为原料生产的粉体材料。工业废渣由于占用土地、严重危害环境，使国内外学者一直致力于对它们的研究，其中对粉煤灰、矿渣粉与硅灰的研究更是日益深入。现在人们已不只是简单地将它们当作工业"废渣"来看待，而是已经将其作为一种"资源"来加以利用。工业废渣作为一种"资源"，其价值主要体现在它们具有潜在的活性，因此对于它们的应用主要是对其活性的利用，特别是用作建筑材料的原材料，如作为生产水泥的混合材料和混凝土砂浆的掺合料、用于筑路和回填材料、制作烧结制品等，其中用作水泥和混凝土砂浆掺合料更为人们所重视。

在水泥和混凝土砂浆中使用矿物外加剂具有明显的环保效益，可以从以下三个方面来看：首先，矿物外加剂的使用可以大大节约水泥的使用量、降低成本，同时降低大规模水泥生产带来的环境负效应；其次，混凝土砂浆中掺加的各种矿物外加剂多为工业废渣，提高其利用率可以变废为宝，避免出现由于大量工业废渣得不到利用而堆积如山，占用土地，对环境造成严重污染；最后，随着高性能混凝土砂浆理论研究的深化，研究证明矿物外加剂对改善混凝土砂浆的工作性，提高其耐久性也具有重要作用，从而能够延长混凝土砂浆结构物的安全使用寿命，更是最大的经济。由此可见，矿物外加剂的使用满足混凝土砂浆材料可持续发展的需要，故结合建材工业混凝土砂浆科学技术的发展，以可持续发展战略为出发点，对矿物外加剂进行综合科学研究，提高利用水平，对于保护能源和资源、保护环境、变废为宝、造福人类，具有十分重要的社会经济意义和科学研究价值。

8.1.2 矿物外加剂的一般特性及作用

8.1.2.1 矿物外加剂的种类及特性

目前用于混凝土砂浆中的矿物外加剂主要有以下几种：

（1）粒化高炉矿渣

普通矿渣是高炉冶炼生铁过程中排放的一种固态渣。这种渣缓慢冷却时，会结晶出大量惰性矿物，即使化学成分合适，也只有很弱的活性，或基本上没有活性。这是因为，在缓慢冷却时，其中的 SiO_2 和 Al_2O_3 会形成无水硬性的硅酸盐、铝酸盐结晶；但如将熔融状态的矿渣骤冷，则由于液相黏度增加很快，而成为玻璃质与细微结晶的物质。缓慢冷却的矿渣成块状或粉状，而骤冷的矿渣成细粒状，称为粒化高炉矿渣。目前骤冷的方法多用水淬，经急冷后大部分熔融玻璃态被保留下来,且形成疏松多孔结构。这种结构疏松多孔的玻璃态就保证了矿渣具有较高的活性。就矿渣的活性而言,应数水淬渣最高,但水淬渣的含水量亦最大,可达20%~40%。高炉矿渣粒化的本质,即将矿渣在熔融状态时SiO_2和Al_2O_3所具有的活性固定下来,防止其生成惰性化合物。

粒化高炉矿渣经磨细后,在碱性水溶液中能溶解、分散,并形成较稳定的水化物,水化物互相交错形成网状结构,使浆体硬化,并可具有一定的强度。当矿渣的硅(铝)酸盐处于低聚合状态时才具有活性,这样的矿渣Si/O或(Si+2/3Al)/O的比值应当为0.33~0.5,活性的矿渣玻璃应是由这样的硅(铝)氧四面体组成的聚合度不同的网状结构,钙、镁离子分散在网状结构的空穴中。将矿渣水淬可以阻止C_2S由α型或β型向γ型转变,也阻止水硬性低的C_2AS、C_2MS等矿物结晶的生长。水淬的矿渣除玻璃的网状结构外,还存在一些C_2S、C_2AS和C_2MS等微晶,因此,粒化矿渣玻璃实际上是一种网状—微晶结构。网状结构具有不饱和的硅(铝)氧键,其与钙镁离子在高温下结合很不牢固,水淬时这种不牢固的结合仍存在。在一般条件下,矿渣的胶凝能力并不能自动发挥,具有潜在的水硬活性,当水溶液中存在极性分子或OH^-离子时,这些极性分子或离子进入网状结构的空穴与上述活性钙、镁离子作用,使矿渣溶解和分散而且有水硬性。

矿渣化学成分中的活性部分主要是SiO_2、CaO、Al_2O_3,共占90%以上,此外还可能有少量的MgO、Fe_2O_3、TiO_2等和一些硫化物。对矿渣活性起促进作用的是CaO、Al_2O_3、MgO,而对活性起不利作用的是SiO_2、MnO、TiO_2、P_2O_5等,它们能降低矿渣的活性,引起体积变化,或延缓水泥凝结速度,对它们的含量应加限制。为衡量矿渣活性的好坏,在《用于水泥中的粒化高炉矿渣试验方法》(GBT 203—2008)中规定了相应的指标,如下:

质量系数 $K = \dfrac{CaO + MgO + Al_2O_3}{SiO_2 + TiO_2 + MnO)}$

碱性系数 $M_0 = \dfrac{CaO + MgO}{SiO_2 + Al_2O_3}$

活性系数 $M_a = \dfrac{Al_2O_3}{SiO_2}$

质量系数是矿渣中活性成分与非活性成分的比例,表示矿渣的反应能力,根据我国的实际情况及大量的试验数据,将矿渣的质量系数确定为不得小于1.2;碱性系数是碱性氧化物与酸性氧化物的比值,用于区分矿渣的酸碱性。当$M_0 > 1$时,为碱性矿渣;当$M_0 < 1$时,为酸性矿渣;当$M_0 = 1$时,为中性矿渣。据研究报道,当$M_0 = 1.10 \sim 1.20$,$M_a = 0.32 \sim 0.50$,玻璃体含量大于95%时,矿渣活性最好。当三系数接近上述值并水淬充分时,活性较好。

(2) 粉煤灰

粉煤灰是火力发电厂锅炉烟道中收集到的煤粉燃烧后的灰分,国外把它叫做"飞灰"(Fly ash)或者"磨细燃料灰",属于人工火山灰质混合材料,即本身没有或极少有胶凝性,但其粉末状态在有水存在时,能与$Ca(OH)_2$在常温下发生化学反应,生成具有胶凝性的组分。磨细的煤粉在锅炉里燃烧时,其中的灰分将熔融,熔融的灰分在表面作用下团缩成球形,当它排出炉外时又受急冷作用,因此粉煤灰是富含玻璃体的球状物。粉煤灰玻璃体的含量可在50%~70%,晶体部分主要是莫来石($3Al_2O_3 \cdot 2SiO_2$)和石英(SiO_2)。

粉煤灰按颗粒细度可分为原状灰和磨细灰；按其排放方式分为干排灰和湿排灰；按含钙量可分为高钙灰和低钙灰，CaO 含量在 15%～35% 的称为高钙灰，其晶体矿物多为高活性的钙化合物，另外其主要组成钙铝玻璃体中含有足够的钙离子可以促进这种非晶体的活性，因而高钙灰的水化活性较高。CaO 含量 <15% 的称为低钙灰，其矿物组成中，基本无水化活性的石英、莫来石（$3Al_2O_3 \cdot 2SiO_2$）占有较大比例，这种粉煤灰的活性一般很低，通常要到 90d 龄期才对混凝土砂浆的强度做出显著贡献。我国粉煤灰大多数为低钙粉煤灰，绝大部分的粉煤灰颗粒呈实心的球形玻璃体，有少量的空心球形玻璃体，颗粒中小于 20μm 的一般占约 50% 以上，细颗粒多的粉煤灰其水化活性较高。

按我国《用于水泥和混凝土中的粉煤灰》(GB/T 1956—2005) 标准，用于砂浆和混凝土砂浆的粉煤灰分为一级灰、二级灰和三级灰。粉煤灰的分级是根据其细度和成分而定的，见表 8-1、表 8-2。

表 8-1 用于水泥混合材的粉煤灰技术要求

级别	烧失量（%）	SO_3（%）	f_{28}/f_{028}（%）	含水量（%）
一级	<5	<3	>75	<1
二级	<8	<3	>62	<1

注：表中 f_{28} 为试验样品 28d 的抗压强度；f_{028} 为对比样品 28d 的抗压强度。

表 8-2 用于混凝土砂浆掺合料的粉煤灰技术要求

级别	45μm 筛余（%）	烧失量（%）	SO_3（%）	需水量比（%）	含水量（%）
一级	<12	5	3	95	1
二级	<20	8	3	105	1
三级	<45	15	3	115	无规定

粉煤灰的活性来源，从物相结构上看，主要来自玻璃体，玻璃体含量越高，活性也越高；如从化学成分上看，主要来自活性 SiO_2 和 Al_2O_3，含量越多，粉煤灰活性也越高。另外一个不容忽视的还有细度因素，粉煤灰越细，表面能越大，提供化学反应的作用面越多，活性也越高。这三项是影响粉煤灰活性的主要因素，它们之间又互有影响。由于粉煤灰经高温熔融，所以其结构致密，尽管其水化过程仍与火山灰水泥类似，但其水化速度比较慢。因此大掺量粉煤灰胶材的早期强度较低，而后期强度则发展较快。

（3）硅粉

硅粉又称硅灰，是铁合金厂在冶炼硅铁合金或金属硅时，从烟尘中收集的一种飞灰。在温度高达 2000℃ 下将石英还原为硅时，会产生 SiO 气体，到低温区再氧化，冷凝成细小的球状颗粒，其组成为非晶态的二氧化硅。硅粉具有以下特性：

①硅粉是一种非常细的粉末，主要成分是颗粒极细（0.1～0.2μm）的无定形的 SiO_2，它的平均粒径比水泥小 100 倍，比表面积为 15000～20000m^2/kg；

②因为硅是从蒸汽冷凝而得，故其粉末具有非常完美的球状形态；

③这种粉末含有 85%～95% 以上玻璃态的活性 SiO_2；

④硅粉的密度为 2.2～2.5g/cm^3，松散密度为 200～300kg/m^3。

硅粉掺入混凝土砂浆后，对新拌合硬化混凝土砂浆的作用与上述几个特性有关。硅粉的主要品质指标是它的 SiO_2 含量和细度。SiO_2 含量越高，细度越细，其对混凝土砂浆的改性作用也越好。因各国的试验方法不同，其对硅粉主要品质指标的规定也不一样，表8-3列出了几个国家对硅粉主要品质指标的规定。

表8-3　各国对硅粉的品质要求指标

国别	SiO_2含量（%）	细度		火山灰活性指数（%）
		比表面积（m^2/kg）	湿筛余量（$45\mu m$,%）	
中国	≥85	≥15	≤10	≥90
美国	≥70	—	≥10	≥75
加拿大	≥85	—	≥10	≥85
挪威	≥85	—	—	—

与普通硅酸盐水泥和典型的粉煤灰相比，凝聚硅粉颗粒的粒径分布，在数值上要比它们细两个数量级。故这种极其细小的颗粒，兼有填料和火山灰的作用，它能改善水泥浆体和界面区的微观结构。当把硅灰掺入混凝土砂浆中后，硅灰与水接触，部分小颗粒迅速溶解，溶液中富 SiO_2 贫 Ca 的凝胶在硅粉粒子表面形成附着层，经过一段时间后，富 SiO_2 和贫 Ca 凝胶附着层开始溶解和水泥水化产生的 $Ca(OH)_2$ 反应生成 C-S-H 凝胶。火山灰反应的结果是改变了浆体的孔结构，使大孔（大于 $0.1\mu m$）减少，小孔（小于 $0.05\mu m$）增加，孔径变细，还使浆体中 $Ca(OH)_2$ 减少，结晶细化，并使其定向程度变弱。同时由于硅粉的几何形状和尺寸的特殊性，使得它能有效地填充水泥颗粒之间的空隙，从而使水泥颗粒堆积更紧密、分布更均匀；其水化速度较快，与溶液中的 $Ca(OH)_2$ 反应，形成超细的水化硅酸钙产物，对提高密实度、强度，提高与骨料的界面黏结力作用显著。但由于价格较贵，只用于有特殊要求的高性能混凝土砂浆及精细制品中。

8.1.2.2　矿物外加剂的作用

混凝土砂浆是由宏观连续的水化相即水泥石和彼此相互孤立的非水化相即骨料两大基本部分组成。从微观或亚微观的层次看，宏观连续的水泥石（硬化水泥浆体）也是不连续的，是由水化产物、未水化的颗粒内核、尺寸不同的孔隙及部分物理吸附水所组成，混凝土砂浆及水泥石强度的产生是复杂的物理化学作用的结果，通过水泥和活性骨料表面的水化反应，使固体颗粒之间的结合力由物理吸附转为化学结合力，这是强度产生的本质；通过合理的配比，使混凝土砂浆和水泥石中的固体颗粒达到最紧密的结构，使颗粒间的结合面积达到尽量大，这也是产生高强度的重要条件。前者主要是化学作用，后者主要是物理作用。在混凝土砂浆中，矿物外加剂既起化学作用，又起物理作用。

8.1.2.3　物理作用

矿物外加剂的物理作用包括填充作用和润滑作用两个方面。

混凝土砂浆材料是以骨料——胶凝材料——水组成的复杂多相体系，各个组成材料的颗粒直径、密度、形貌以及在混凝土砂浆中所占的比例均不相同，这就意味着混凝土砂浆内部极不容易达到整体的均匀和各个组成材料的紧密堆积。材料整体的不均匀和各种组成材料的不紧密堆积，对于混凝土砂浆的工作性、强度、耐久性等都将产生不利的影响。

在高性能混凝土砂浆中加入矿物外加剂，可以改善混凝土砂浆胶结材的级配。在混凝土砂浆体系中，骨料形成混凝土砂浆的骨架，但在骨料形成的堆积中，颗粒之间留有空隙，水泥颗粒粒径较小，填充在空隙中，同时，水泥颗粒在生产过程中，其粒径分布也不够合理，颗粒间的空隙率也很高。在水泥未完全水化前，加入矿物外加剂后，由于掺合料的颗粒直径比水泥细得多，可以填充到水泥颗粒间空隙中，使混凝土砂浆体系颗粒级配更趋合理，从而提高混凝土砂浆的密实度。

8.1.2.4 化学作用

矿物外加剂的化学作用是指其水化活性作用。

矿物外加剂按其能否参与水化反应，可以分为活性矿物外加剂和非活性矿物外加剂。活性矿物外加剂与水泥混合使用时，能与水泥水化时生成的氢氧化钙反应生成水化硅酸钙凝胶体，该反应叫做"二次水化"。

$$SiO_2 + xCa(OH)_2 + (m-x)H_2O = xCaO \cdot SiO_2 \cdot mH_2O \tag{8-1}$$

这种二次水化反应生成的产物，与水泥水化生成的水化硅酸钙凝胶体没有什么区别，而且因为完全使用硅酸盐水泥配制的混凝土砂浆中，生成较多的氢氧化钙以片状结晶富集在骨料和水泥浆之间的过渡区。二次水化反应消耗了水泥浆中部分氢氧化钙并生成 C-S-H 凝胶，能够改善过渡区的微结构，因而可以提高硬化混凝土砂浆的强度，降低渗透性并改善耐久性能。

8.1.3 国内外研究及应用现状

矿物外加剂作为高性能混凝土的第六组分，近年来关于它的特性及其作用的研究也是方兴未艾。在最初，矿物外加剂只是被当作是节省水泥、降低成本的一种措施，甚至在长时间内人们对矿物外加剂的应用都是抱着一种消极的态度，认为矿物外加剂的掺入是以牺牲混凝土的性能为代价的。因为在最初使用矿物外加剂都是在高水胶比的条件下，虽然矿物外加剂从颗粒细度来说，易于使水泥浆体内部堆积比较紧密，但是它水化比较缓慢，生成的凝胶量少，难以填充密实颗粒周围的空隙，所以掺矿物外加剂水泥浆的强度和其他性能总是随矿物外加剂掺量增大（水泥用量减少）呈下降趋势（主要是在早龄期特别明显）。在低水胶比的水泥浆里情况就会发生变化，不掺矿物外加剂时，高活性的水泥因水化环境较差，即缺水而不能充分水化，所以随水胶比下降，未水化水泥的内芯增大，生成产物量下降，但由于颗粒间的距离减小，要填充的空隙也同时减小，因此混凝土强度得到迅速提高。这种情况下掺用矿物外加剂并减少水泥用量，可以使水泥的水化条件相对改善。因为矿物外加剂水化缓慢，使混凝土的"水灰比"增大，水泥的水化加快，这种作用随着矿物外加剂的掺量愈大愈加明显。水泥水化程度的改善，有利于矿物外加剂作用的发挥，与此同时，需要矿物外加剂水化产物填充的空隙已经大大减少，所以其水化能力差的弱点在低水胶比条件下被掩盖，而它降低温升等其他特点则依然起作用。

近年来，随着研究的逐步深入，人们已逐渐认识到矿物外加剂对于提高材料性能尤其是耐久性方面的有益作用。大量的资料和文献表明，矿物外加剂的掺入可以改变水泥石的结构，对于硫酸盐、氯离子等的腐蚀渗透有极好的抑制作用，可以降低水泥石的变形，并且具有优良的后期强度。矿物外加剂掺入混凝土同样可以提高混凝土的某些重要性能。从宏观性质看，矿物外加剂在改善混凝土的和易性、减少水化热并降低混凝土内部温升、改善混凝土的长期耐久性等许多方面具有特殊的功能。

我们知道，混凝土砂浆的结构具有高度的不均匀性，其中的水泥浆硬化后形成的水泥石就是一种多孔结构，水泥石中的孔可以分为三种：粗孔、毛细孔和凝胶孔，一般粗孔是指 1000~15μm 的球形大孔；毛细孔中 10μm~50nm 的孔称为大毛细孔，50~10nm 的孔为小毛细孔，以上这两类孔对水泥石的强度、渗透性等性能都有影响；凝胶孔根据其孔径又可以具体划分为：10.0~2.5nm 的为胶粒间孔，2.5~0.5nm 的称为微孔，<0.5nm 的为层间孔。不同尺度的孔对水泥石性能的影响是不一样的。吴中伟院士将孔的危害分为四类：$d \geqslant$ 200nm 的孔称为多害孔，50~200nm 的孔称为有害孔，20~50nm 的为少害孔，<20nm 的为无害孔。所以就目前而言，降低混凝土砂浆的空隙率主要是针对毛细孔而言的。毛细孔的大小和比例，严重影响着混凝土砂浆材料的传质能力，孔径越大，孔隙率越高，有害离子越容易渗透，混凝土砂浆的强度及耐久性就越差。影响混凝土砂浆毛细孔孔隙率的主要因素有水灰比，加工工艺及颗粒级配等，如何选择合适的工艺使粉体达到随机均匀混合，选择合适的颗粒级配和水灰比，使粉体具有最佳的初始孔隙率，并在加水后具有良好的流动性，以充分发挥超细粉的填充作用，是降低混凝土砂浆孔隙率必须解决的问题。

粉煤灰、矿渣粉等矿物外加剂的颗粒尺寸在 1~100μm 之间，即与水泥的颗粒尺寸相当，未完全水化前，它们的作用主要是填充在砂子之间的空隙里，即填充在粗孔和大毛细孔中，提高混凝土砂浆的密实度。微硅粉的颗粒大多在 0.1~0.5μm（100~500nm）范围内，掺用后，每个水泥颗粒周围可有 1000~100000 个微球粒。掺用硅粉后，在 3d 就可以看到水泥石中 50nm 以上的孔明显减少，并且随着水泥石水化龄期的延长，水泥石中总孔隙率和较大孔的孔隙率逐渐降低，这就是水泥和活性矿物外加剂的水化产物产生的二次填充作用。有学者经研究证明，硅酸盐水泥的水化产物可使 >50nm 的孔隙明显减少，粉煤灰的水化产物可使 >20nm 的空隙率有所降低，硅粉的水化产物可使 20~50nm 的孔隙明显降低，这说明它们的水化产物中有相当数量是纳米尺度的。有学者利用 TG、DTA、XRD、SEM 等手段对超细矿渣水泥的水化进行了研究，结果表明，超细矿渣水化速度快，活性高，可大量消耗水泥浆体中的 $Ca(OH)_2$，生成更多的硅酸钙凝胶，因而改善了水泥的微观结构，提高了其物理性能。已有文献中对含 20% 矿渣（磷渣）超细粉试件，进行了 XRD、SEM 及孔结构的分析，发现超细粉能显著地改善硬化浆体的孔结构，使大孔减少，小孔增多，有利于强度与耐久性的提高，含超细粉浆体的 $Ca(OH)_2$ 显著减少，C-S-H 凝胶增多，结构致密。另有文献对矿渣和磷渣超细粉分别进行了研究，发现混合材经超细化后，磷渣和矿渣的水化活性均得到提高，在水化早期即形成胶凝性水化产物，并在随后的过程中发生二次水化，吸收 $Ca(OH)_2$，形成水化硅酸钙凝胶，进一步改善水泥石及混凝土的微观结构。

矿物外加剂掺加到混凝土砂浆中，能有效地填充混凝土砂浆内部的空隙，提高混凝土砂浆的密实度，所以对矿物外加剂的填充作用一直比较注重考虑其细度因素的影响。为了提高矿物外加剂的活性，对其进行超细加工，使得生产成本提高，而且效果也不是十分理想。因为当矿物外加剂的颗粒被充分细化时，其表面能增大，粉体颗粒之间或与水泥颗粒之间会发生絮凝现象，不能达到充分密实的填充效果，另外颗粒的总表面积增大，增加了表面吸附水，减少了颗粒之间的游离水，使得水泥水化的环境相对变差，从而影响到混凝土砂浆的性能。有文献研究表明，掺加矿渣不一定能提高高强混凝土的强度，只有当矿渣粉的比表面积在 600~950m^2/kg 时，掺加矿渣粉才有利于高强混凝土强度的提高。另外还发现，采用细度过高的矿渣配制高强混凝土，高强混凝土的抗压强度反而下降，当矿渣的细度过高时，由于其水化速度过快，不利于高强混凝土的成型和捣实，导致硬化浆体内部大尺寸的孔的数量增多,故而影响到混凝土强度的发展。另有学者从技术和经济两方面综合考虑,研究了六种不同勃氏比表面积的磨细矿粉在不同掺量,不同龄期时的力学性能,从中发现比表面积为 $760m^2/kg$ 的矿粉,其砂浆强度相对最高,而磨制费用又能承受,性价比最佳。由以上可见,矿物细掺料的细度并不是越细越好,应从技术、经济的角度全面考察寻求最佳细度。

另外,还有一些研究表明矿物细掺料的颗粒特征对其活性的影响也是至关重要的。在文献中 Metha 对低钙粉煤灰的粒度分布进行了研究,结果表明,粉煤灰的活性正比于小于 $10\mu m$ 的颗粒含量,反比于大于 $45\mu m$ 的颗粒含量。有学者以灰色关联分析方法测定并研究了矿渣微粉的粒径分布及其对活性指数的影响。研究表明,矿渣粉体中 $9.9 \sim 20.0\mu m$ 颗粒的体积分数与其活性的关联度最大;当同种矿渣微粉细度相近时,按 Rosin-Rammler 分布回归,则窄分布相对宽分布而言,对矿渣微粉早期活性发挥不利。由以上的研究可以证明:对于矿物掺料的活性仅从细度方面考察是不充分的,其颗粒分布也是影响矿物细掺料活性发挥的重要因素。所以为了提高矿物细掺料活性一味地追求高细度是明显不合理的。

牛全林运用颗粒堆积理论进行分析认为,用矿物外加剂的颗粒粒径分布更能准确分析其在混凝土砂浆中的作用。他在研究中所用到 Horsfield 模型属于现阶段已有的颗粒紧密堆积理论之一,该理论假设所有的堆积颗粒均是球形,根据其添加顺序,分别称之为一次球,二次球……同一次添加的球体直径相同,并且不考虑分子间力的影响。设半径为 d 的一次球以六方最紧密方式堆积,则此时体系的空隙率是 25.94%,然后在一次球的堆集空隙中添加可容纳的最大二次球,其半径为 $0.414d_0$,粉体的空隙率为 20.70%,依次填充,可得以下结果,见表 8-4。

表 8-4 Horsfield 模型中空隙率变化规律

	1	2	3	4	5	6
半径	d_0	$0.414d_0$	$0.225d_0$	$0.177d_0$	$0.116d_0$	无穷小
空隙率	0.2594	0.2070	0.190	0.158	0.149	0.039
配位数	—	1	2	8	8	无穷多

牛全林根据表 8-4 的结果提出,按照 Horsfield 模型,在粉体体系中,如果颗粒的粒径、比例适当,堆积合理,就可以使体系的空隙率降到一个理想的水平。如果水泥的平均粒径为 d_0,超细粉的平均粒径为 $0.414d_0$,则可以填充到水泥颗粒一次堆积空隙,如果超细粉的平均粒径为 $0.225d_0$,则既可以填充到一次孔,也可以填充到二次孔,进一步降低空隙率。另外他还根据 Andreasen 方程得出的最紧密堆积粉体的累计质量分布曲线和微分分布曲线比较认为,实际的水泥粉体中细颗粒含量太少是其无法达到最紧密堆积的主要原因。他认为由于水泥粉体中 $F<0.414d_0$ 和 $F<0.225d_0$ 的颗粒,可以分别填充到粒径 d_0 的颗粒堆积成的四角孔和三角孔中,以 d_0 为粉体的平均粒径,则这部分颗粒是降低空隙率的主要因素。为实现最紧密堆积,应增加其百分含量。同时他还指出,粒径较小的颗粒之间存在着较强的吸附作用,因而颗粒相互团聚,粒径越小,团聚越明显,所以这部分颗粒大多并不能以超细粒径单独存在,而是形成粒径较大的"粒子团"。在使用减水剂时,它们可以很好地分散,进入粗颗粒的空隙,起到填充作用。

另外，还有一些学者通过研究不同矿物外加剂的复合效应证明，矿物外加剂掺入混凝土中除了带来二次水化反应提高强度外，还有一个重要的作用即矿物外加剂的微骨料效应。特别是在早期，二次水化反应尚未来得及发挥之时，即在细骨料与水泥颗粒之间，部分水化反应的水泥颗粒与水化产物之间也存在一个最佳颗粒级配，可以将其称之为次级颗粒级配，良好的次级颗粒级配的获得取决于矿物外加剂的细度。已有许多文献指出，许多矿物外加剂在双掺或多掺时，由于其颗粒形态、细度、化学组成均有不同，有可能相互激发、相互补充，表现出良好的叠加效应，其根本原因就在于次级颗粒级配的更加合理，即达到了粉体最紧密堆积的填充效果。

8.1.4 存在的问题

关于矿物外加剂对混凝土砂浆性能的改善作用，以往的研究主要注重化学成分、颗粒细度、在混凝土砂浆中的掺量等因素。由于矿物外加剂主要以工业废料为原料，其成分的选择性不大，因此生产矿物外加剂时尤其重视提高其细度。为了提高矿物外加剂的活性，各生产厂家不惜付出昂贵代价进行超细制粉加工，造成生产成本提高，有的矿物外加剂的价格甚至超过水泥。另一方面，将矿物外加剂加工成完全均一细度的细粉，没有形成级配，掺入混凝土砂浆后不能充分发挥微观填充作用，而混凝土砂浆的力学性能、抗渗性、抗冻性等耐久性能主要取决于微观结构的密实性。

混凝土砂浆是一种高度无序、多相、多孔的非均质材料，在凝结硬化过程中内部形成许多孔隙、微裂缝等结构缺陷，使混凝土砂浆的强度、耐久性等性能降低。混凝土中的骨料要求一定的级配，就是为了减少颗粒之间的空隙，达到最紧密堆积，以获得密实的混凝土砂浆，但这仅仅限于宏观范围之内。要获得结构密实的混凝土，在细观方面，即对混凝土砂浆中胶凝材料的颗粒也应该满足比较紧密的颗粒级配。我们经常使用的胶凝材料——水泥的颗粒由于水泥加工工艺的制约，目前还很难做到其中的颗粒分布能够级配搭配合理，为了克服这一问题，在混凝土砂浆中掺加矿物外加剂是比较行之有效的方法之一。矿物外加剂的细度通常比水泥还细，但是掺入混凝土砂浆中的微观填充作用不仅仅取决于细度，在很大程度上还受其颗粒级配的影响。有关这方面的研究目前还很少。所以研究矿物外加剂的细度、级配等因素对混凝土砂浆微观结构及宏观性能的影响，利用现有的工业副产品，进行合理掺配，充分发挥各种矿物外加剂的各项潜能，尽量减少磨细加工成本，具有十分明显的社会、经济效益和科学研究价值。

8.1.5 本研究目标

本研究目标主要有两个：
（1）探索矿物外加剂的细度与级配对砂浆强度及微观结构的影响规律。通过变换矿物外加剂的种类、细度、级配等参数，考察各因素对水泥砂浆强度的影响规律。
（2）复合矿物外加剂掺入砂浆中的微观填充效果以及对其强度的影响。通过将不同活性、不同细度、不同种类的矿物外加剂进行合理掺配，获得级配合理、活性满足要求的复合矿物外加剂，通过对相应的水泥砂浆力学性能及微观结构的对比，确定复合矿物外加剂最合理的掺配比例，以减少磨细加工量，降低矿物外加剂的生产成本。

8.2 研究内容及技术路线

8.2.1 颗粒的最紧密堆积理论

实际的水泥粉体中，颗粒的粒径是不均匀的，有的分布范围还很宽，所以在其干堆积状态，空隙率也各不相同。长期以来，如何采取措施使粉体达到最大的密实度，一直是人们关心的问题。自 20 世纪 20 年代以来，经过众多颗粒学研究工作者的努力，出现了许多解决这一问题的理论成果，如 Horsfield 模型、Furnas 方程、Andrensen 方程、Dinger-Funk 方程，等等，使这一问题由单纯的试凑法解决，变得有一定的理论可以依据。其中前两种理论是基于不连续尺寸颗粒的紧密堆积理论，它们都要求在粉体体系中刚好有满足粗颗粒间隙要求粒径的细颗粒存在，而且可以逐级填充，但是实际如水泥粉体这类经过粉碎加工的颗粒的粒径是连续分布的，即各种粒径的颗粒都有可能存在，颗粒间的填充也是随机填充，并不是刚好填充到粗颗粒的间隙，所以实际情况要复杂得多。而 Andrensen 方程和 Dinger-Funk 方程都是在颗粒连续堆积的理论上建立的。Andrensen 是经典的连续堆积理论的倡导者，他以"统计类似"为基础，提出了以下关系：

$$U(D) = 100(D/D_L)^n \quad (8-2)$$

该方程被称为 Andrensen 方程。

式中 $U(D)$ ——粒径小于 D 的颗粒的百分含量，$w_t\%$；

n——分布模数；

D_L——体系中最大颗粒的粒径。

Andrensen 认为各种分布的空隙率随方程中分布模数的减小而下降，当 $n=1/3$ 时，空隙率最小，而 n 值继续降低是没有意义的。

从理论上讲，Andrensen 方程描述的粉体中应有无限小的颗粒，这在实际粉体中是不存在的，20 世纪 70 年代，Dinger 和 Funk 通过在粉体中引入有限小颗粒尺寸对该方程进行了修正。

考虑到 $D=D_L$ 时 $U(D)=100\%$ 和 $D=D_S$ 时 $U(D)=0$，可得：

$$U(D) = \frac{(D/D_L)^n - (D_S/D_L)^n}{(D_L/D_L)^n - (D_S/D_L)^n} \quad (8-3)$$

即：

$$U(D) = \frac{D^n - D_S^n}{D_L^n - D_S^n} \quad (8-4)$$

事实上，这两个方程表达形式虽然不同，实际上具有相同的内容。方程（8-3）就是方程（8-2）经修正后的变体。由于颗粒堆积在实践上的重要意义，上述模型的应用也很广泛。其中 Andrensen 方程多用于混凝土骨料的配比设计等。

8.2.2 胶凝材料粉体实现最紧密堆积的途径

目前水泥的粉磨主要采用两种磨机，即球磨机和立式磨，这两种粉磨方式得到的粉体实际上都达不到最紧密堆积所需的颗粒级配，主要因为粒径分布范围较窄，细颗粒的百分含量达不到最紧密状态的要求,为此需要在混凝土砂浆材料中引入适当比例的超细粉混合材。

8.2.2.1 混凝土砂浆用水泥及超细粉的实际粒径分布

要了解粉体的堆积状态,体系的颗粒分布至关重要。目前水泥厂生产的水泥粉体是由水泥熟料、石膏等在磨机中经钢球、钢锻研磨而成,其颗粒粒径的分布具有连续性,即各种粒径在粉体中连续存在。经过 Rosin 和 Rammler 等人通过对煤粉、真实的水泥粉体等物料粉碎实验的概率和统计理论的研究,归纳出了用指数函数表示粒度分布的 Rosin-Rammler-bennet 分布关系式。这是经过粉碎的物料常用的一种分布形式,它是以质量为基数的频率分布函数。其方程表达式:

$$R(D) = 100\exp[-(D/D_e)^n] \tag{8-5}$$

式中 $R(D)$ ——以重量百分比表示的直径 D 时的筛余;

D_e ——特征粒径,表示颗粒群的粗细程度,对应 $R(D)=36.8\%$;

n ——均匀性指数,表示粒度分布范围的宽窄程度。n 值越小,粒度分布范围越广,对于粉尘及粉碎产物,往往 $n=1$。

当 $D=D_e$ 时,则

$$R(D=D_e) = 100 \cdot e^{-1} = 100/2.718 = 36.8\% \tag{8-6}$$

亦即,D_e 为 $R(D)=36.8\%$ 时的粒径。

为简化计算,可对式(8-5)做如下变换:

令 $U(D) = 100 - R(D) = 100\{1 - \exp[-(D/D_e)^n]\}$,将上式按级数展开,则:

$$U(D) = 100[(D/D_e)^n - (D/D_e)^{2n}/2! + (D/D_e)^{3n}/3! \mp \cdots]$$

作为一级近似,取

$$U(D) = 100(D/D_{max})^n \tag{8-7}$$

此即所谓的 Gaudin-Schuhmann 分布。

式中 $U(D)$ ——直径 D 时的筛余量;

D_{max} ——粉体的最大粒径;

n ——富勒指数。

8.2.2.2 实际粉体实现最紧密堆积对颗粒级配的要求

Andrensen 根据其试验结果指出,在方程(8-2)中,当分布模数取 1/3 时,粉体可以得到最大的密实度;Dinger 等人根据计算机模拟结果,指出当 $n=0.37$ 时,连续分布的球形颗粒处于最紧密的堆积状态,在 Dinger-Funk 方程中,最小粒径的存在虽然赋予方程明确的物理意义,但就颗粒分布而言,由于其值很小,并不影响各种粒径下粉体百分含量的取值,换句话说,由此方程得出的结果与 Andrensen 方程不会有什么大的差别。结合 Andrensen 方程、Dinger-Funk 方程及 Gaudin-Schuhmann 分布,可以认为,一个真实的水泥粉体,其粒径分布符合以下方程:

$$U(D) = 100(D/D_{max})^n$$

当 $n=1/3$ 时,粉体达到最紧密堆积。

一般水泥颗粒中最大粒径可达 200μm,不过 ≥80μm 的颗粒一般只有 10% 左右,若取 $D_{max}=150\mu m$,则由上面的方程可以计算出水泥粉体达到最紧密堆积时的颗粒级配,见表 8-5。

表 8-5　粉体最紧密堆积时的颗粒级配（$D_{max}=150\mu m$）

粒径（μm）	<1	<2	<4	<8	<10	<16	<20	<32	<64	<80	<100	<150
比例（%）	18.82	23.71	29.88	37.64	40.55	47.43	51.09	59.75	75.28	81.10	87.36	100

在实际的水泥粉体中，空隙率之所以较大，是因为其中细颗粒比例太少，无法填充由大量粗颗粒堆积形成的空隙，表 8-6 所示为 P·O 32.5 级水泥的颗粒分布。对比表 8-5 和表 8-6 可以看出，颗粒的最紧密堆积要求粉体中 >20μm 的颗粒分别占到 48.91% 和 51.7%，可见水泥颗粒中粗颗粒的含量与紧密堆积的要求差距不是很大，水泥颗粒之所以不能紧密堆积的原因主要还是因为与最紧密堆积的颗粒级配相比水泥粉体中十分缺乏 <10μm 的超细颗粒。从表 8-5 可以看出，最紧密堆积中要求 <10μm 的颗粒含量达到 40.55%，几乎是所有颗粒中的一半，而我们测得的水泥粉体中 <10μm 的颗粒只有 27.80%，还不到所有颗粒含量的三分之一，可见水泥粉体中由于缺乏这部分超细颗粒，使得其粗颗粒之间形成的空隙没有足够的细颗粒去填充，这才造成实际的水泥粉体中存在比较大的空隙率。如果能在水泥粉体中引入这部分超细颗粒，则粗颗粒之间的空隙就能被充分填充，则不仅空隙率得到降低，孔结构也更加合理。大孔减少，使得细化以后的孔隙更容易被水化产物填充，从而使水泥浆体的结构更加密实。故在水泥粉体中掺加比其颗粒更细的矿物外加剂是必要而且可行的。

表 8-6　真实水泥粉体的颗粒级配

粒径（μm）	<1	<2	<4	<8	<10	<16	<20	<32	<64	<80	<100	<150
比例（%）	0.40	3.90	13.43	23.96	27.80	40.10	48.30	64.45	86.65	93.00	100.0	100.0

8.2.3　主要研究内容及技术路线

进行此项研究旨在研究矿物外加剂的细度与颗粒级配对砂浆强度及微观结构的影响作用。其中包括超细粉的种类、细度、掺量和颗粒级配对砂浆强度及微观结构的影响。另外，还将重点考虑不同种类矿物外加剂复合以后组成的复合矿物外加剂的复合效应。主要内容与技术路线如下：

（1）混凝土砂浆是一种高度无序、多相、多孔的非均质材料，内部存在很多结构缺陷，使得混凝土砂浆的强度、耐久性等性能降低。为了减少颗粒之间的空隙，达到最紧密堆积，以获得密实的混凝土砂浆，混凝土砂浆中的骨料要求一定的级配，但这仅仅限于宏观范围之内。在细观方面，混凝土砂浆中胶凝材料的颗粒也应该形成一定的级配，从而能够较紧密的堆积，减少内部的孔隙，改善混凝土砂浆的性能。从前面利用粉体颗粒最紧密堆积理论计算出的结果可以看出，要使混凝土砂浆中胶凝材料的颗粒达到最紧密堆积的状态，则它们的颗粒级配必须满足表 8-5 的要求，可是我们通常采用的胶凝材料——水泥的颗粒级配明显达不到这一要求，如表 8-6 所示。本研究中采用的 P·O 32.5 级水泥的颗粒中 >30μm 的颗粒稍微超过最紧密堆积的要求，而 <10μm 的颗粒却显得不足，尤其是 <4μm 的颗粒的含量与最紧密堆积的要求相比差距太远，这说明水泥粉体中粗颗粒之间形成的空隙没有足够的细颗粒去填充，由此形成的水泥浆体中必然存在大量的孔隙，从而会影响到水泥浆体的强度。故在水泥中加入比水泥颗粒更细的粉体颗粒是十分必要的。

（2）由于矿物外加剂是比水泥还细的颗粒，如第7章中采集到的几种矿物外加剂的颗粒级配（表8-7、表8-8）。从表8-7、表8-8可以看出，与水泥颗粒相比，这几种矿物外加剂中<10μm的颗粒含量都高于水泥颗粒，所以它们都可以不同程度地弥补水泥颗粒中这部分颗粒的不足。还有几种矿物外加剂如矿渣粉（SL3）、硅灰（SF）中含有大量<2μm的超细颗粒，在水泥粉体中加入这几种矿物外加剂时就会有足够的超细颗粒填充到水泥粗颗粒形成的空隙当中，从而减少水泥浆体中大孔的数量，使水泥浆体的结构趋于致密。本研究中将会把这几种矿物外加剂掺加到水泥砂浆中，考察它们的粒径变化对水泥砂浆强度的影响。

表 8-7　矿渣粉的颗粒粒径分布　　　　　　　　　　　　　　　　　　（μm）

编号	<2	<4	<8	<16	<32	<64	平均粒径
SL1(%)	15.1	15.1	23.9	35.0	61.8	92.0	21.2
SL3(%)	29.6	40.4	62.1	85.0	—	—	5.3

表 8-8　水泥、粉煤灰、矿渣粉、硅灰的颗粒粒径分布　　　　　　　　　　（μm）

颗粒分布（μm）	<1	<2	<4	<8	<10	<16	<20	<32	<64	<80	<100	平均粒径
水泥(%)	0.40	3.90	13.43	23.96	27.80	40.10	48.30	64.45	86.65	93.00	100.0	23.1
FA1(%)	0.00	0.80	3.24	34.01	34.05	46.48	72.99	95.19	98.58	98.67	99.03	16.24
SL2(%)	0.00	0.02	0.02	38.12	50.83	54.79	63.43	100.0	100.0	100.0	100.0	9.04
SF(%)	64.82	98.45	100.0	100.0	100.0	100.0	100.0	100.0	100.0	100.0	100.0	0.82

（3）根据粉体工程颗粒堆积理论的要求，只有粗细颗粒的粒径分布满足一定的比例要求时，才能使粉体颗粒以最紧密的状态堆积，但是从前面对于研究中采用的几种矿物外加剂的粒径分析来看，这几种矿物外加剂的颗粒级配还是存在着很大的差异，有些比较欠缺<4μm的超细颗粒，而有些矿物外加剂中这部分颗粒又显得过多，所以只有将这些不同细度的矿物外加剂以一定的比例相互掺配时，才有可能更易于达到最紧密堆积的要求，才可以确定不同细度矿物外加剂的掺配比例，使得胶凝粉体材料的颗粒分布更加趋向最紧密的状态。但是由于所用粉体材料的颗粒粒径变化范围很大，要使得在所有粒径范围内都能满足紧密堆积的要求很难做到，由于水泥颗粒中与最紧密堆积相比，比较缺乏的是<10μm的颗粒，而这部分颗粒对早期强度的发展有很大贡献，所以如果以<10μm（在掺加有矿渣粉SL1、SL3的时候已<8μm）作为一个参考点，比较在不同掺配比例下得到的粉体颗粒的粒径分布中在10μm的范围内与最紧密堆积之间的差距，从而比较堆积的效果，也是有实际意义的。故在研究中主要以水泥颗粒中所欠缺的<10μm的颗粒为基准，见表8-9。在该表中采用的三个配比中都是以矿物外加剂取代30%的水泥，从计算出的相应的粉体颗粒粒径分布的变化来看，这三种配比中<10μm的颗粒的含量已经基本接近最紧密堆积的要求，由此可见将不同细度的矿物外加剂以合适的比例掺配时，可以使砂浆中胶凝粉体材料的颗粒级配接近或者达到颗粒最紧密堆积时的要求。以此为出发点，将不同细度的矿物外加剂以不同的比例进行复合掺配，通过对比由此配制的砂浆的强度及水泥凝胶体的微观形貌的变化情况，以此寻找不同细度矿物外加剂的最佳掺配比例。

表 8-9 不同矿物外加剂复合掺配时粉体颗粒级配的变化

粒径（μm）	<1	<2	<4	<10	<20	<32	<64	<80	<100	<150
紧密堆积（%）	18.82	23.71	29.88	40.55	51.09	59.75	75.28	81.10	87.36	100.0
FA1:SF=2:3（%）	11.95	20.55	27.79	41.55	60.57	74.54	90.48	94.94	99.88	100.0
SL2:SF=4:1（%）	4.17	8.64	15.41	37.66	55.03	75.12	90.67	95.10	100.0	100.0
FA1:SL2:SF=1:2:2（%）	8.06	14.59	21.60	39.60	57.80	74.83	86.57	95.02	99.94	100.0

（4）由于不同种类的矿物外加剂在颗粒形态、化学成分、细度等各方面都存在着差异，如果将不同的矿物外加剂进行复合掺配时，这种差异就有可能诱导它们相互激发，产生一定的叠合效应。

8.3 试验方法

8.3.1 原材料的种类及性能参数

8.3.1.1 水泥

采用青海水泥股份有限公司 P·O 32.5 级水泥，其物化性能及力学性能见表 8-10、表 8-11。

表 8-10 青海水泥股份有限公司 P·O 32.5 级水泥的物化性能

筛余	烧失量	比表面积（m²/kg）	初凝（h:min）	终凝（h:min）	SO_3	MO
2.0%	2.5%	300	3:26	4:32	2.1%	2.7%

表 8-11 青海水泥股份有限公司 P·O 32.5 级水泥力学性能

3d 抗折强度（MPa）	3d 抗压强度（MPa）	28d 抗折强度（MPa）	28d 抗压强度（MPa）
5.4	24.7	8.9	47.3

8.3.1.2 砂子

采用青海省西宁市北川河砂，细度模数 2.68，属于中砂，试验前过 5mm 筛子。

8.3.1.3 矿物外加剂

（1）粉煤灰

采用两种粉煤灰，FA1 为青海大通桥头电厂产二级粉煤灰，密度为 2.48g/cm³；FA2 为甘肃兰州热电厂的强石牌二级粉煤灰，密度为 2.07g/cm³，其主要化学成分和物理性能见表 8-12。

表 8-12 粉煤灰物理性能指标及化学成分

编号	物理性能		化学成分（%）						
	筛余（0.045mm）	密度（g/cm³）	SiO_2	Al_2O_3	Fe_2O_3	CaO	MgO	SO_3	烧失量
FA1	17.3	2.48	39.22	16.42	16.62	19.30	1.82	4.12	5.45
FA2	—	2.07	52.34	38.23	2.98	2.33	0.37	0.78	—

由于在研究中需要考虑粉煤灰的细度对水泥胶砂强度的影响，故对粉煤灰 FA2 做了粉磨

加工，用球磨机分别粉磨 1h、2h、3h，编号分别为 FA2-1，FA2-2，FA2-3。粉磨前后粉煤灰细度的变化见表 8-13。从表中的数据可以看出 FA2 经过粉磨以后得到的这四个细度，比较起来差距比较明显，所以在后面的对粉煤灰的细度的影响研究时也是以这种粉煤灰为主。

表 8-13 矿物外加剂的比表面积

种类	FA1	FA2	FA2-1	FA2-2	FA2-3
比表面积（m^2/kg）	438	503	645	852	979

（2）矿渣粉

采用三种矿渣粉，SL1、SL2 和 SL3 分别为西宁特钢集团生产的磨细矿渣、超细矿渣粉和水淬磨细矿渣，它们的化学成分及物理性能见表 8-14。

表 8-14 矿渣粉物理性能指标及化学成分

编号	物理性能		化学成分（%）							
	比表面积（m^2/kg）	密度（g/cm^3）	SiO_2	Al_2O_3	Fe_2O_3	CaO	MgO	Na_2O	K_2O	烧失量
SL1	300	2.87	33.56	14.40	0.33	40.39	11.20	0.57	0.61	—
SL2	521	2.90	36.71	15.64	0.45	35.27	3.57	0.21	0.39	—
SL3	700	2.90	34.35	15.26	1.40	36.8	9.1	0.29	0.57	2.01

（3）硅灰

产自青海山川铁合金厂，密度为 $2.2g/cm^3$，比表面积约为 $20000\sim25000m^2/kg$。

8.3.1.4 高效减水剂

清华大学华迪公司产 NF-2-6 型高效减水剂，粉剂。

8.3.2 试验装置

（1）勃氏比表面积仪；

（2）欧美克 LS-POP(Ⅲ) 型激光粒度分析仪；

（3）NRJ411 型水泥胶砂搅拌机；

（4）GZ-85 型水泥胶砂振动台；

（5）DKZ-5000 型电动抗折试验机；

（6）WE-30 型液压式万能材料试验机。

8.3.3 性能测试方法

8.3.3.1 原材料性能测试方法

（1）细度

在测试中根据《水泥比表面积测定方法（勃氏法）》(GB/T 8074—87)，采用勃氏透气法测定所用各种粉状原材料的细度，以测得的比表面积值来表征。比表面积计算公式为：

$$S = \frac{S_S \sqrt{T}(1-\varepsilon_S) \sqrt{\varepsilon^3} \rho_S \sqrt{\eta_S}}{\sqrt{T_S}(1-\varepsilon) \sqrt{\varepsilon_S^3} \rho \sqrt{\eta}} \tag{8-8}$$

式中 S——被测试样的比表面积，cm^2/g；

S_s——标准试样的比表面积,cm^2/g;

T——被测试样试验时,压力计中液面降落测得的时间,s;

T_s——标准试样试验时,压力计中液面降落测得的时间,s;

ε——被测试样试料层中的空隙率;

ε_s——标准试样试料层中的空隙率;

η——被测试样试验温度下的空气黏度,Pa;

η_s——标准试样试验温度下的空气黏度,Pa;

ρ_s——标准试样水银密度,g/cm^3;

ρ——被测试样试验时,水银密度,g/cm^3。

(2) 颗粒粒度分布

本试验中所使用的粉体材料的颗粒粒度分布采用国产欧美克公司生产的LS-POP(Ⅲ)型激光粒度仪测定。测试结果主要看颗粒的累积分布。

8.3.3.2 强度

(1) 抗折强度

水泥砂浆采用40mm×40mm×160mm试件,按照《水泥胶砂试验标准》(GB/T 17671—1999),以水灰比=0.5,灰砂比=1:3配制试件,成型后在标准养护箱内养护20～24h后在恒温水槽中养护至规定龄期后测试其抗折强度及抗压强度。测试抗折强度时采用水泥电动抗折强度试验机,游砣移动速度为5cm/min,以50N/s±5N/s的速度加荷,直到试件折断,记录破坏强度R_f(MPa),以三块试件测得的算术平均值作为该组试件的抗折强度。

(2) 抗压强度

将抗折试验后的六个半截棱柱体进行抗压强度试验。采用WE-30型液压式万能材料试验机,加荷速度为2.4kN/s±0.2kN/s,记录破坏荷载F_C(N),按式8-9式计算抗压强度,以六块试件测值的算术平均值作为该组试件的抗压强度。

抗压强度计算公式为:

$$R_C = \frac{F_C}{A} \tag{8-9}$$

式中 F_C——试件破坏时所受压力,N;

A——承压面积,$A=40mm \times 40mm=1600mm^2$;

R_C——抗压强度,MPa。

8.3.4 水泥凝胶体微观形貌测试方法

水化至一定龄期的水泥凝胶其内部微观结构和水化状态、水化产物形态采用电子扫描电镜进行测试。将水化至规定龄期的试件压碎后取两组试样,其一为胶砂成型后的7d,其二为胶砂成型后的28d。取样后至电子显微镜扫描观测之前,试样采用无水酒精浸泡以终止水泥的水化。

8.4 矿物外加剂的细度对砂浆强度的影响

混凝土砂浆要得到比较密实的结构,不仅需要宏观尺寸的骨料颗粒的级配搭配合理,同时还需要胶凝材料的颗粒也能以较紧密的状态堆积,但是通过前面对水泥粉体中的颗粒进行分析发现，水泥粉体中缺乏实现最紧密堆积所需的超细颗粒，故如能在水泥粉体中加入这部分颗粒必将使得胶凝材料粉体颗粒的级配趋于合理，有利于提高水泥浆体结构的致密程度。本试验采用的几种矿物外加剂的颗粒均比水泥颗粒细，故考虑如果将这些矿物外加剂加入到水泥砂浆中，必然可以在一定程度上弥补水泥颗粒的不足，从而改变水泥砂浆的强度。对于矿物外加剂颗粒的填充作用，可以最先从其细度的影响考虑，本节就是以此开始研究的。

8.4.1 粉煤灰的细度对砂浆强度的影响

8.4.1.1 砂浆配合比设计

为了考察掺入的粉煤灰细度变化对砂浆强度的影响，试验将北京石景山热电厂生产的二级粉煤灰 FA2 粉磨不同时间后，分为四个细度等级，分别以 30% 的比例掺入到水泥砂浆中，试验配比及结果见表 8-15。

表 8-15 砂浆配合比设计（一）

编号	水胶比	水泥 (g)	FA2 (g)	FA2-1 (g)	FA2-2 (g)	FA2-3 (g)	砂 (g)	水 (mL)	3d（抗折强度/抗压强度）	7d（抗折强度/抗压强度）	28d（抗折强度/抗压强度）
T-0	0.5	450	0	0	0	0	1350	225	1.70/8.5	3.02/14.4	5.79/28.6
TA-1	0.5	315	135	0	0	0	1350	225	1.00/3.3	2.06/9.0	4.74/26.7
TA-2	0.5	315	0	135	0	0	1350	225	1.11/3.8	2.20/10.2	5.09/27.6
TA-3	0.5	315	0	0	135	0	1350	225	1.02/3.7	2.64/11.7	5.36/29.1
TA-4	0.5	315	0	0	0	135	1350	225	0.84/3.6	2.41/12.1	5.80/30.0

8.4.1.2 试验结果及分析

粉煤灰在混凝土砂浆中的作用主要体现在两个方面：首先，是由于粉煤灰中含有具有活性的氧化硅以及少量的氧化铝，能够与水泥水化产物中的氢氧化钙进行二次水化反应，使得混凝土砂浆中尺寸较大的 $Ca(OH)_2$ 晶体含量显著减少，从而提高混凝土砂浆的强度和耐久性；其次，粉煤灰颗粒细小，表面光滑，分散度高，在混凝土砂浆搅拌中有利于提高新拌混凝土砂浆的流动性，而且能充分填充硬化混凝土砂浆的孔隙和毛细孔通道，密实混凝土砂浆，从而提高混凝土砂浆的力学性能以及耐久性，但是由于粉煤灰自身不具备水硬性，需要在水泥发生水化的条件下，生成部分 $Ca(OH)_2$ 后，才能凝结硬化，开始产生强度，所以掺粉煤灰的混凝土砂浆早期强度较低。

从表 8-15 所示的试验结果可以看出，掺加 30% 粉煤灰后，砂浆 3d、7d 强度都有不同程度的降低。本试验中采用的粉煤灰是二级灰，其氧化钙含量只有 2.33%，属于低钙灰，其活性比较低。但是随着龄期的延长，掺加粉煤灰的水泥砂浆强度的增长速度超过纯水泥砂浆，到 28d 时，前者的强度基本上已接近甚至超过后者。所以对掺加粉煤灰的混凝土砂浆强度应注重考察后期强度。

从所掺加的粉煤灰的细度变化来看，随着粉煤灰比表面积的增加，水泥砂浆的强度有一定程度的提高。分别掺加了 30%FA2-2 和 30%FA2-3 的砂浆的 28d 强度均超过纯水泥砂浆，说明粉煤灰经超细粉磨后，可提高化学活性，促进水泥水化。但是这二者强度的差距很小，FA2-3 比 FA2-2 粉磨时间长 1h。从性能价格比上来说，FA2-3 要弱于 FA2-2。可见对矿物外加剂进行磨细加工的时候,当达到一定细度时,要想大幅度提高其活性就比较困难。

同时观察不同配比下水泥浆体的 SEM 图,可以看出,未掺粉煤灰的纯水泥砂浆试件的结构较为疏松,可以看见比较大的孔洞及氢氧化钙晶体,如图 8-1 所示。

图 8-1 纯水泥浆体水化 7d、28d 的 SEM 图
(a) 水泥砂浆试样-7d 1.00KX;(b) 水泥砂浆试样-28d 1.00KX

对比起来,掺加粉煤灰的水泥浆体水化后内部结构就显得比较致密。在 7d 时,如图 8-2

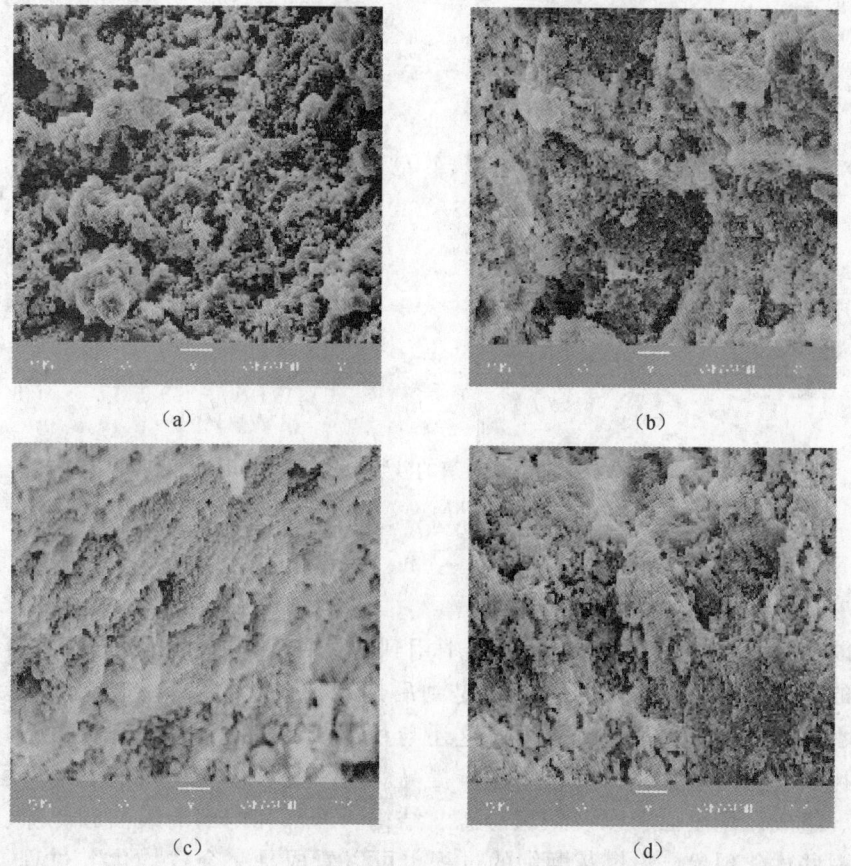

图 8-2 掺 30%粉煤灰的砂浆水化 7d 的 SEM 图
(a) 30% FA2-7d 1.00KX;(b) 30% FA2-1-7d 1.00KX;(c) 30% FA2-2-7d 1.00KX;(d) 30% FA2-3-7d 1.00KX

所示硬化浆体空间已有一定程度的颗粒聚集，粉煤灰颗粒表面生长少许纤维状 I 型 C-S-H 凝胶和 AFT 的混合相。在掺加 FA2 的水泥浆体中可以看见大的球状粉煤灰颗粒，并且有许多粉煤灰颗粒表面水化后形成的半球状的腐蚀坑。随着掺加的粉煤灰比表面积的增加，浆体内部微细颗粒的数量也是明显增多，浆体的密实度也是不断提高。但由于水化物的生成量有限，整个空间尚有少量空洞存在，浆体密实度还较差。

从水化 28d 的 SEM 图（图 8-3）中可以看出，大部分颗粒周围水化形成的 C-S-H 凝胶数量大幅度增加，并可见部分晶相已向颗粒内部发展，使得颗粒聚集程度增强，水泥砂浆的密实度得到提高，凝胶体内部明显可见的孔洞很少，结构已是十分致密。

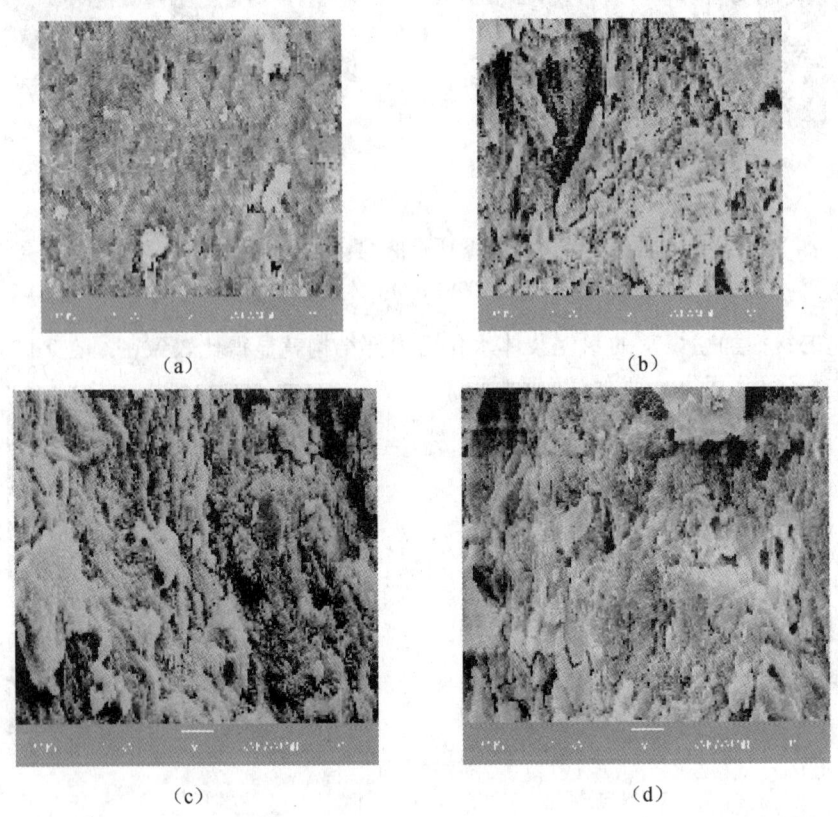

图 8-3　掺 30% 粉煤灰的砂浆水化 28d 的 SEM 图
(a) 30% FA2-28d　1.00KX；(b) 30% FA2-1-28d　1.00KX；(c) 30% FA2-2-28d　1.00KX；(d) 30% FA2-3-28d　1.00KX

8.4.2　小结

总结以上的试验结果可以看出，试验中用到的这种粉煤灰掺入水泥砂浆后，在早期，水泥砂浆的强度有一定程度的下降，但是到后期，其强度的增长率要高于纯水泥砂浆，但是也并不能大幅度提高砂浆的强度，这还与粉煤灰本身的活性有很大关系。另外，随着粉煤灰比表面积的增大，强度也是逐步提高。在一定程度上粉煤灰磨细后可能在粉体颗粒级配、组成、比表面积以及颗粒形态、结构、外部和内部的表面和孔隙、反应能力等发生了一些优化现象。粉煤灰磨细的过程也可以看成是一个"均化"过程，因为粉煤灰中或多或少含有较粗的且多孔的碳粒、玻璃状海绵体、粘连体等颗粒。这类颗粒极容易碾成微细粒屑，这些导致粉煤灰质量波动和不利于混凝土砂浆质量的颗粒，在磨细过程中颗粒形貌和结构上发生了重要的变化,都能形成变异性较小的微细粒屑,这对粉煤灰质量从无序转换到相对有序状态具有重要影响。粉煤灰中实心的和厚壁的玻璃微珠一般是碾不碎和磨不细的,仍能保持球形,而仅仅是表面上出现擦痕,如图8-4所示。图8-4(a)是FA1粉磨30min后的SEM图,图8-4(b)是粉磨90min后的SEM图,从这两张图都可以看出,粉煤灰中还是有大量未碾碎的形状保持完好的球状颗粒。故而粉磨粉煤灰能够改善粒形而保持球状和提高密度以及扩散微细颗粒,增加颗粒界面和活化玻璃质颗粒表面,使得表面反应活化点增多且富于活性,并且在颗粒表面硅、铝、钙分布均匀,可溶性氧化硅增多,在水泥浆体水化早期,界面CH结晶尺寸较小,且取向减弱。这些都有利于颗粒界面的黏结和强度的发展。

 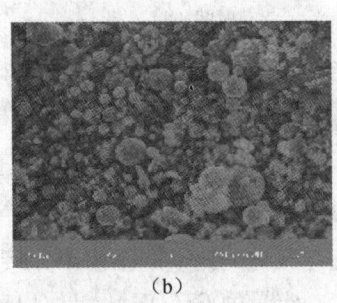

(a) (b)

图 8-4 磨细粉煤灰的微观形貌图
(a) FA1-1 1.00KX;(b) FA1-3 1.00KX

8.4.3 不同细度的粉煤灰复合掺配后对砂浆强度的影响

8.4.3.1 砂浆配合比设计

从前面的研究可以看出,粉煤灰经磨细后活性能够得到一定程度的提高,填充水泥浆体的结构也是更加致密。但是由于粉煤灰本身活性的影响,在进行超细加工以后也不一定能大幅度改善其性能,同时还应该看到粉磨粉体时需要消耗大量的能源,并且当粉磨至一定程度时要想再大幅度提高细度就比较困难,这对实际的生产利用是不利的。为了节约能源,我们考虑尽量减少对矿物外加剂的粉磨加工,故在试验中将采用粉煤灰FA2及对其进行细磨加工后得到的不同细度的FA2-1、FA2-2、FA2-3分别进行复合掺配,从而考察不同细度的粉煤灰的复掺效果。在这里,将FA2与FA2-1、FA2-2、FA2-3分别以1:1的比例进行掺配,掺量为30%,水胶比为0.5,砂子采用北京市昌平产河砂,以表8-16所示的配合比配制水泥砂浆试件。养护至规定龄期后测其抗折强度及抗压强度,结果如图8-5、图8-6所示。

表 8-16 砂浆配比设计(二)

编号	水胶比	水泥(g)	FA2(g)	FA2-1(g)	FA2-2(g)	FA2-3(g)	砂(g)	水(mL)
T-0	0.5	450	0	0	0	0	1350	225
TB-1	0.5	315	62.5	62.5	0	0	1350	225
TB-2	0.5	315	62.5	0	62.5	0	1350	225
TB-3	0.5	315	62.5	0	0	62.5	1350	225

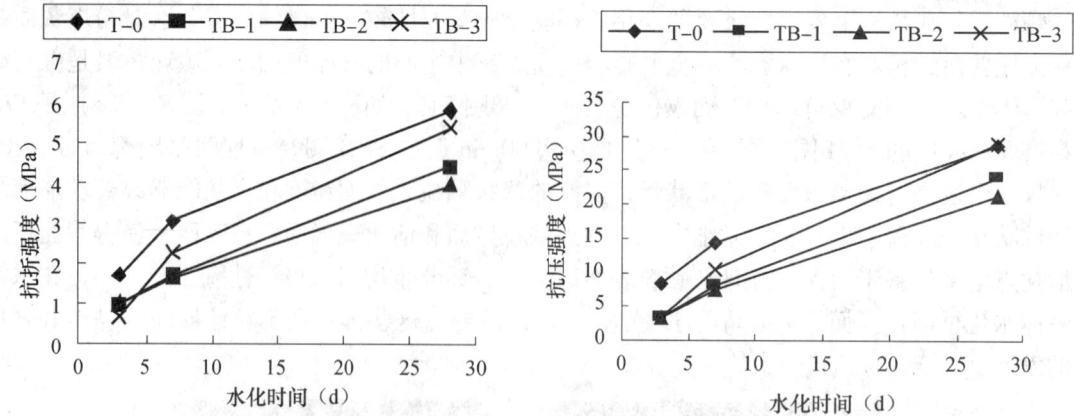

图 8-5　不同细度的粉煤灰复掺对砂浆抗折强度的影响　　图 8-6　不同细度的粉煤灰复掺对砂浆抗压强度的影响

8.4.3.2　试验结果与分析

图 8-5、图 8-6 所示为不同细度的粉煤灰以 1:1 的比例掺配后得到的水泥砂浆的强度随时间的变化趋势。从图中可以看出，在 3d 的时候，粉煤灰复掺后的强度比纯水泥砂浆的强度低很多，并且这三种配比下的结果十分接近，这可能是由于粉煤灰自身没有水硬性，必须要水泥水化产生一定量的 $Ca(OH)_2$ 晶体以后才能发挥作用，而试验中采用的 FA2 是低钙的二级灰，活性又较低，故表现出早期强度变化不很明显。

随着龄期的发展，掺了粉煤灰的水泥砂浆的强度增加的幅度也不是很大，到 28d，除了 FA2 与 FA2-3 组合后的砂浆的抗压强度超过纯水泥砂浆的强度，其余组合的强度均比纯水泥砂浆的强度要低。在这组试验中，未经磨细的 FA2 的掺量均占到 15%，FA2 是二级粉煤灰，活性比较低，其比表面积与水泥相差不多，所以其加入水泥中后，没有形成互补优势，早期主要起到物理掺淡作用，使得砂浆强度有所下降。当粉煤灰经过磨细加工后，活性有一定程度的提高，但提高的能力有限，所以与原状粉煤灰的复合效果不是很理想，而且 FA2 与 FA2-1 的复合效果要好于 FA2 与 FA2-2 的，这种情况就比较复杂，尽管从测得的粉煤灰的比表面积的数值来看，FA2-2 要比 FA2-1 要细，但是在与 FA2 复合掺配时，FA2-2 并没有表现出细度上的优势，这可能是由于两种细度的矿物外加剂复合掺配时影响它们复合效果的因素很多，在两者细度差别不是很大的情况下，也有可能存在异常的现象，也有可能是试验结果本身存在一定误差的缘故。

　　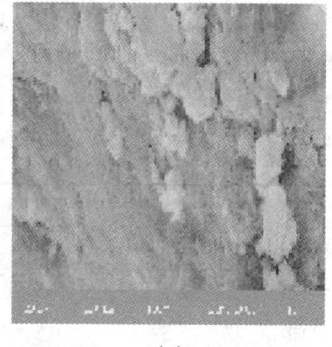

　　　　(a)　　　　　　　　　　　　　(b)　　　　　　　　　　　　　(c)

图 8-7　粉煤灰复掺的砂浆水化 28d 的 SEM 图 3.00KX
(a) FA2:FA2-1 = 1:1；(b) FA2:FA2-2 = 1:1；(c) FA2:FA2-3 = 1:1

从它们水化 28d 的 SEM 图（图 8-7）可以看出，以 FA2: FA2-1 = 1:1 复合的水泥浆体中有大量的网络状的水化产物存在，但是内部还是有部分孔隙及裂纹存在。在 FA2 与 FA2-2 以 1:1 比例复合的水泥浆体中可以看见许多粉煤灰球状颗粒水化后形成的腐蚀坑，也是能看见大的孔隙。当 FA2 与 FA2-3 复合时，到 28d 的时候，水泥浆体的结构就已显得非常致密，几乎看不到有大的孔隙存在，故表现在强度上就是该种配比复合的砂浆的 28d 强度已经超过纯水泥砂浆的强度。

8.4.3.3 小结

粉煤灰复掺后提高砂浆强度的能力有限。虽然粉煤灰经过超细粉磨后能在一定程度上提高活性，但是在掺量占到水泥总量的 30% 的情况下，将两种细度的粉煤灰复掺后水泥砂浆的早期强度还是会降低。到 28d 时只有 FA2 与 FA2-3 的复合掺入的砂浆强度高于纯水泥砂浆。这可能是由于 FA2 这种粉煤灰的活性较低，虽然它经过超细粉磨后得到的几种磨细料的比表面积有一定程度的提高，但是由于其自身活性的影响，所以这几种磨细后的粉煤灰的活性的提高也不是很多，在高水胶比的条件下，粉煤灰还是水化速度比较慢，生成的凝胶量较少，难以填充密实水泥颗粒周围的空隙，所以表现出来强度总是不是很理想。可见要想通过粉煤灰的复掺大幅度提高砂浆的强度是比较困难的。

8.4.4 矿渣粉细度与级配对砂浆强度的影响

8.4.4.1 砂浆配合比设计

矿渣粉的活性与其比表面积有着密切的关系，同时粉体的颗粒群特征对其活性的影响也是至关重要的。本试验采用了三种不同细度的矿渣粉，分别将这三种矿渣粉以 30% 的比例加入水泥浆体中，拌制砂浆。掺矿渣粉的砂浆配比设计见表 8-17。

表 8-17 砂浆配合比设计（三）

编号	水胶比	水泥(g)	SL1(g)	SL2(g)	SL3(g)	砂（g）	水（mL）
T-0	0.5	450	0	0	0	1350	225
TC-1	0.5	315	135	0	0	1350	225
TC-2	0.5	315	0	135	0	1350	225
TC-3	0.5	315	0	0	135	1350	225

8.4.4.2 试验结果与分析

按照表 8-17 所示的配比配制出水泥胶砂试件并养护至规定龄期，测其强度结果如图 8-8、图 8-9 所示。从图中可以看出，在早期，掺加 SL1、SL2 的砂浆的强度基本接近或略高于纯水泥砂浆的强度，掺加 SL3 的强度在 3d 略高于纯水泥砂浆的强度，到 7d 就已经远远高于纯水泥砂浆的强度。随着龄期的增长，除了掺 SL2 的砂浆的 28d 抗折强度外，其余的强度值均超过纯水泥砂浆。比较掺这三种矿渣粉的砂浆强度试验结果可以看出，SL3 的活性要远远高于 SL1 和 SL2，SL1 与 SL2 的活性基本接近。

水泥加水拌合后，由于水泥颗粒间静电及分子引力的作用形成絮凝结构。当用一定细度的矿渣粉取代部分水泥后，矿渣粉能填充到水泥颗粒间，一方面可以破坏部分絮凝结构，另一方面由于矿渣粉的颗粒比水泥细，可以填充到水泥颗粒间，起到改善级配的作用，可使水泥浆体中的胶凝材料粉体颗粒分布更趋于合理。同时扩大了水泥的水化空间及水化产物的生成场所，促进了初期水泥水化反应，因此掺加矿渣粉有利于砂浆早期强度的提高。在硬化浆体中，矿渣的填充效应有助于孔隙和毛细孔的充填和"细化"。促进了水泥的进一步水化，可以明显提高硬化浆体的密实度，因此掺加矿渣也有利于混凝土砂浆后期强度的提高。另外，矿渣还能参与有利于使混凝土砂浆进一步密实化和均匀化的各种物理化学反应，不仅耗用了不利于力学性能发展的氢氧化钙晶体相，而且还能改善CSH凝胶的本征特性。矿渣的活性高低取决于其参与反应的能力、速度及其反应产物的数量、结构和性质等因素。由于水化是在颗粒表面进行的，所以在以往的研究中认为矿渣的比表面积与其活性有着密切的关系，比表面积越大，活性相应越高。有关资料对矿渣活性指数和比表面积的关系做了定量研究，提出如下关系：

$$F = 0.0563 X^{0.3406} \tag{8-10}$$

式中　F——活性指数，指在混凝土砂浆中1kg矿渣微粉相当于水泥的千克数；

X——比表面积，以 m^2/kg 为单位。

但是，从图8-8、图8-9的试验结果却发现，矿渣粉的活性与其比表面积之间并不是简单的线性关系。SL1 的比表面积为 $300m^2/kg$，SL2 的比表面积为 $521m^2/kg$，掺这两种矿渣粉的砂浆 TC-1、TC-2 的强度除了28d抗折强度有较大差别之外，其余龄期的抗压强度及抗折强度的增长趋势基本接近，掺加 SL2 砂浆的强度并没有比掺加 SL1 砂浆表现出多大的优势。这时就得考虑矿渣粉的颗粒分布对其活性的影响。有学者通过灰色关联分析的方法得出，矿渣微粉中 $9.9 \sim 20.0 \mu m$ 颗粒含量与7d、28d(抗压强度)活性指数关联度最大，其次是 $0 \sim 9.9 \mu m$ 颗粒，而大于 $20.0 \mu m$ 的颗粒含量与活性指数为负相关。从这三种矿渣粉的颗粒分布数据可以看出，SL3 中 $<16 \mu m$ 的颗粒占到85%，SL1 中这部分颗粒只有35%，SL2 中 $<20 \mu m$ 的颗粒有64.43%，所以表现出来 SL3 的活性最高。对比 SL1 与 SL2 可以发现，虽然 SL2 中 $<20 \mu m$ 的颗粒含量高于 SL1，但是其微细颗粒的含量远低于 SL1，其中，SL2 中 $<4 \mu m$ 的颗粒只有0.02%，而 SL1 中 $<4 \mu m$ 的颗粒就有15.1%，SL1 中这部分微细颗粒可以起到良性的填充作用，改善胶凝材料粉体的颗粒级配，使水泥石结构致密，提高水泥砂浆的强度。并且 SL1 与 SL3 中大量的 $<2 \mu m$ 的颗粒在3d即可反应，消耗对强度不利的CH晶体，并增加火山灰反应，从而增加C-S-H含量，且减少了毛细孔体积。细小分散的矿渣颗粒为CH结晶提供了大量无序晶核，使CH晶体分散细小，无定向生长，所有这些，都使砂浆的强度大幅度提高。

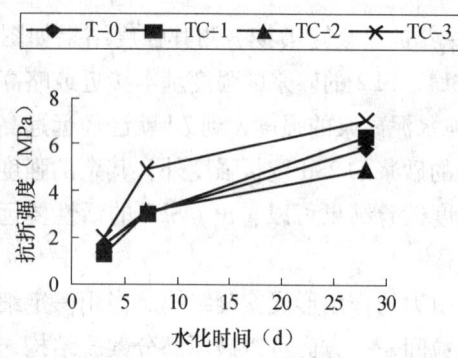

图8-8　矿渣粉的细度对砂浆抗折强度的影响

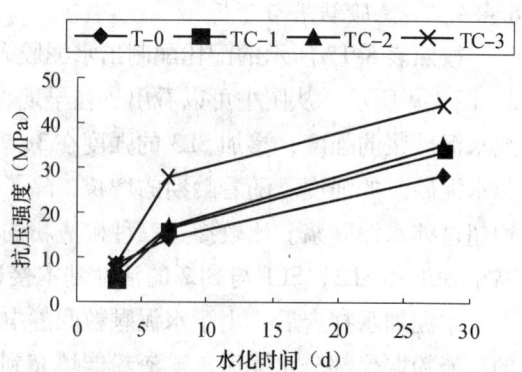

图8-9　矿渣粉的细度对砂浆抗压强度的影响

图 8-10、图 8-11 分别为掺加 30% SL1、SL2、SL3 的砂浆水化 7d、28d 的 SEM 图。由于 SL1 与 SL3 中存在大量的 <4μm 的颗粒，这部分颗粒在早期就能发生水化反应并有效的填充浆体内部的空隙。图 8-10 中掺加 SL3 的砂浆的 7d 结构最为致密，可以看见大量的卷箔状的水化产物；掺加 SL1 的砂浆的结构次之，内部也是能看见大量的网络状的水化产物；而相比而言掺加 SL2 的砂浆的结构就有些疏松，矿渣颗粒只是随机地分散在浆体中，水泥浆体内部还是有许多孔隙。随着龄期的延长，矿渣粉的物理填充及水化活性作用得到进一步的发挥，水泥石的强度不断提高，砂浆的结构也变得非常致密。

(a)　　　　　　　　　　(b)　　　　　　　　　　(c)

图 8-10　掺 30% 矿渣粉的砂浆水化 7d 的 SEM 图
(a) 掺 30%SL1　3.00KX；(b) 掺 30%SL2　3.00KX；(c) 掺 30%SL3　3.00KX

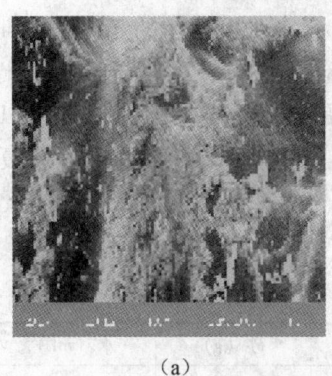 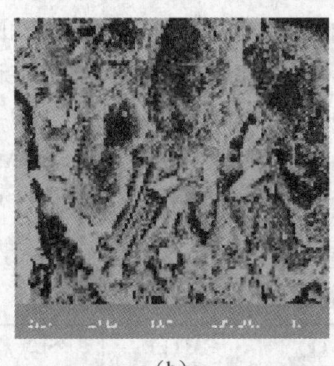 

(a)　　　　　　　　　　(b)　　　　　　　　　　(c)

图 8-11　掺 30% 矿渣粉的砂浆水化 28d 的 SEM 图
(a) 掺 30%SL1　1.00KX；(b) 掺 30%SL2　1.00KX；(c) 掺 30%SL3　1.00KX

8.4.3.3　小结

普通细度的矿渣粉加入到水泥砂浆中后，对水泥的凝聚结构具有明显的分散作用，增加了水泥粒子的水化空间，扩大了水化产物产生的场所，故掺加矿渣有利于水泥浆体早期强度的发展。随着龄期的增长，水泥水化产物 $Ca(OH)_2$ 不断析出，矿渣粉的活性逐渐发挥，生成更多的水化硅酸钙及水化铝酸钙凝胶填充水泥浆体内部孔隙，进一步改善了孔结构。一般随矿渣比表面积的增加，砂浆的强度相应增加，但比表面积增加与强度的增加幅度之间并不是简单的线性关系，还得考虑粉体颗粒级配的影响。

8.5 复合矿物外加剂级配对砂浆强度的影响

从前面的研究可以发现，矿物外加剂的颗粒普遍比水泥的颗粒细，掺入砂浆后能有效发挥微细颗粒的微填充作用，提高水泥浆体的密实度。同时由于它们本身所具有的火山灰活性，故能发生二次水化作用，生成 C-S-H 凝胶，进一步填充水泥浆体中的空隙，从而使孔隙细化，达到提高水泥凝胶体密实度的目的。但是对比 Andrensen 方程可以看出，未经超细粉磨的矿物外加剂中，超细颗粒的含量达不到最紧密堆积的要求，从而会影响到堆积效果。试验中采用的粉煤灰 FA1、FA2、矿渣粉 SL2 等都存在这个问题，这几种矿物外加剂的颗粒中 <4μm 的颗粒含量还远不能达到颗粒最紧密堆积的要求。但同时有部分矿物外加剂却含有大量的超细颗粒，如硅灰等。故如果能将这些不同细度的矿物外加剂进行合理掺配，尽量使粉体颗粒的粒径分布达到 Andrensen 方程的要求，必将大大提高水泥砂浆的性能。本节中就是以此为出发点进行研究的。

8.5.1 粉煤灰与矿渣复掺对砂浆强度的影响

8.5.1.1 砂浆配合比设计

将粉煤灰与矿渣粉同时掺入水泥砂浆中，由于其颗粒形态、细度、化学组成均存在不同，有可能相互激发、相互补充，对水泥石产生复合效应，另外它们在粒径分布上也是有一定的差别，所以这两种矿物外加剂复掺以后也能互相弥补彼此的不足之处。为了考察它们之间的这种复合效应，特进行以下的试验。试验中矿物外加剂的掺量占水泥粉体的 30%，FA1 与 SL2 分别以三个比例掺配，砂采用北京昌平普通河砂，在试验前过 5mm 的筛子，配制出水泥砂浆试件，养护至规定龄期后进行测试。在试验中，TD-1 是单掺粉煤灰；TD-2 是 FA1 与 SL2 按水泥粉体数量的 34.3% 和 8.6% 复配；TD-3 是 FA1 与 SL2 按 25.7% 和 17.1% 复配；TD-4 是 FA1 与 SL2 按 8.6% 和 34.3% 复配。粉煤灰与矿渣粉复掺的水泥砂浆的配合比见表 8-18。

表 8-18 砂浆配合比设计（四）

编号	水胶比	水泥（g）	FA1(g)	SL2(g)	砂（g）	水（mL）
TD-1	0.5	315	135	0	1350	225
TD-2	0.5	315	108	27	1350	225
TD-3	0.5	315	81	54	1350	225
TD-4	0.5	315	27	108	1350	225

8.5.1.2 试验结果与分析

表 8-19 是按照表 8-18 的配比得到的砂浆中胶凝粉体材料颗粒级配的变化，从表 8-19 中可以看出，在单独掺加粉煤灰时，砂浆的粉体中 <10μm 的颗粒只有 29.68%，这与最紧密堆积所要求的 40.55% 的含量还有较大的距离。但是随着粉体中矿渣粉掺量的增加，粉煤灰掺量的减少，粉体中 <10μm 颗粒的含量也逐渐增加，但是增加的幅度很小，因为这两种矿物外加剂本身的颗粒含量也不是很高，所以在它们掺配后得到的粉体颗粒的级配距离最紧密堆积的要求还有一定的差距。

表 8-19　粉煤灰与矿渣粉复合掺配时粉体颗粒级配的变化

粒径 (μm)	<1	<2	<4	<10	<20	<32	<64	<80	<100	<150
紧密堆积 (%)	18.82	23.71	29.88	40.55	51.09	59.75	75.28	81.10	87.36	100.0
TD-1(%)	0.28	2.97	10.37	29.68	55.71	73.67	90.23	94.70	99.71	100.0
TD-2(%)	0.28	2.92	10.18	30.68	55.13	73.96	90.31	94.78	99.77	100.0
TD-3(%)	0.28	2.88	9.99	31.69	54.56	74.24	90.40	94.86	99.83	100.0
TD-4(%)	0.28	2.78	9.60	33.70	53.41	74.82	90.57	95.02	99.94	100.0

从粉煤灰与矿渣粉复掺后得到的水泥砂浆强度的变化趋势如图 8-12、图 8-13 所示，可以看出，抗折强度的变化趋势在 7d 以前基本上表现出复掺粉煤灰与矿渣粉的砂浆强度要高于单掺粉煤灰的砂浆，但是到 28d 的时候，这种趋势反而变得不明显，只有 TD-3 组掺配的砂浆抗折强度最高，其余几个配比砂浆的 28d 抗折强度基本接近。与之相比，抗压强度的变化规律就十分明显，在三个龄期内都表现出双掺粉煤灰与矿渣粉的砂浆强度要高于单掺粉煤灰的砂浆，并且随着粉体中 <10μm 颗粒的增加，相应的砂浆的强度也是逐渐提高。如在 28d 的时候，FA1 与 SL2 以 1:4 掺配时，粉体中的 <10μm 的颗粒含量达到这几种配比下的最大值，即在这几种配比下它的粒径分布是最接近紧密堆积状态的要求的，故由此得到的砂浆的抗压强度也为最高，达到 40.8MPa，比单掺 FA1 的砂浆的 28d 抗压强度高出 59.4%，由此可见，胶凝粉体材料在逐渐趋于紧密堆积的状态时，可以使砂浆的密实度得到改善，从而使强度得到提高。

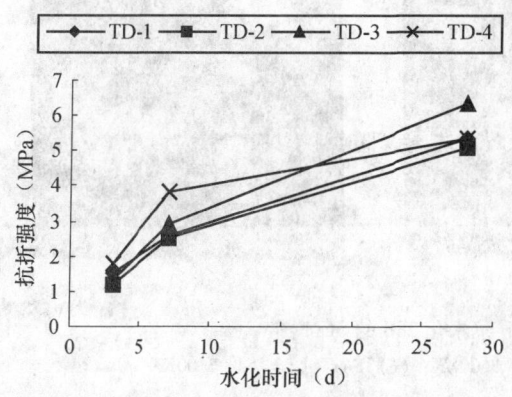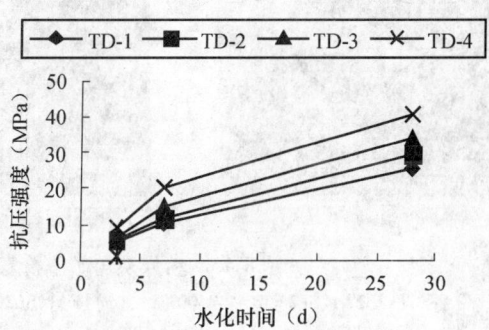

图 8-12　粉煤灰与矿渣粉复掺对砂浆抗折强度的影响　　图 8-13　粉煤灰与矿渣粉复掺对砂浆抗压强度的影响

同时还应考虑到粉煤灰与矿渣粉复合掺配时具有一定的叠合效应，这也使得在粉煤灰与矿渣粉复合掺配时得到的砂浆的强度会有所提高。本试验中采用的粉煤灰 FA1 是未经磨细的二级粉煤灰，其活性比较低，所以该种粉煤灰的掺入对水泥砂浆的性能有一定的消极影响，因此单掺 FA1 的砂浆的强度较低。而矿渣粉 SL2 的化学成分中 CaO 的含量较高，本身具有一定的自硬性，因此 SL2 的增强效果高于 FA1。当粉煤灰与矿渣粉复掺时，由于二者在颗粒形态、细度、化学组成上均有差异，故有可能在水化程度、水化进程等之间存在着差异，当两者之间达到一种合理的配比时，应存在相互诱导效应，改善水泥砂浆的微结构，提高其耐久性。

图 8-14、图 8-15 是粉煤灰与矿渣粉复掺后水泥浆体水化 7d、28d 的 SEM 图。在 7d 的 SEM 图中，在以 FA1:SL2 = 4:1 的比例掺配的水泥浆体中可以看见有大量的网络状的水化产物附着在粉煤灰球状的颗粒表面，并且可以看见有大块的 Ca(OH)$_2$ 晶体存在。由于生成的

水化产物数量有限,所以水泥浆体内部还有大量的孔洞存在。当粉煤灰与矿渣粉的掺配比例为3:2时,在7d已有部分水化产物的聚集,但是水泥浆体内部还是有大量空隙存在。在粉煤灰与矿渣粉的掺配比例变化为1:4时,水泥浆体的结构就显得较为致密,水化产物的形貌也是很复杂,可以看见大量卷席状及纤维状的水化产物交织在一起。当水化至28d时,这几种配比下的水泥浆体的结构都已变得十分致密,大量的水化产物交织在一起,水泥浆体内部的孔隙也大大减少了。

（a）

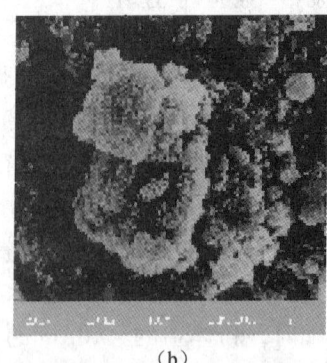
（b）

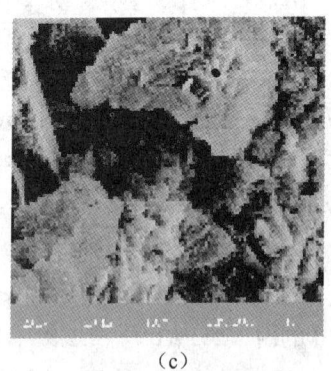
（c）

图 8-14　粉煤灰与矿渣粉复掺的砂浆水化 7d 的 SEM 图
(a) FA1:SL2=4:1　3.00KX；(b) FA1:SL2=3:2　3.00KX；(c) FA1:SL2=1:4　3.00KX

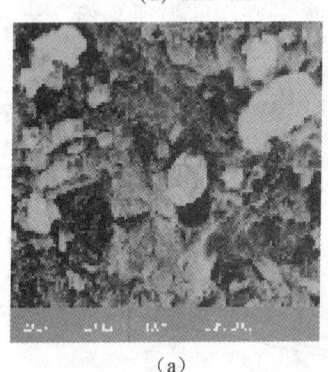
（a）

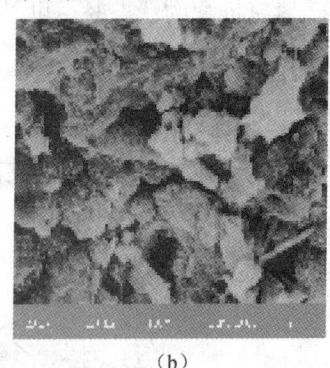
（b）

（c）

图 8-15　粉煤灰与矿渣粉复掺的砂浆水化 28d 的 SEM 图
(a) FA1:SL2=4:1　3.00KX；(b) FA1:SL2=3:2　3.00KX；(c) FA1:SL2=1:4　3.00KX

8.5.1.3　小结

粉煤灰与矿渣粉由于在颗粒形态、细度、化学成分等方面存在着差异,二者共同掺加到水泥砂浆中后会相互激发,相互补充,产生一定的复合效应。粉煤灰与矿渣粉都是分散性比较强的矿物外加剂,它们掺入水泥砂浆后能破坏水泥颗粒的部分絮凝结构,改善水泥的水化条件,并且粉煤灰与矿渣粉之间在颗粒级配上存在一定的互补性,二者共同掺加时将会使水泥砂浆中胶凝材料粉体的颗粒级配更趋合理,故而产生一定的叠合效应,这是二者复掺后会提高水泥砂浆的强度的根本原因。矿渣粉与粉煤灰复掺时,对砂浆的细微结构尤其是密实度有改善作用,特别是对于矿渣掺量比较大,粉煤灰掺量比较小的情况。

8.5.2　粉煤灰与硅灰复掺对砂浆性能的影响

8.5.2.1　砂浆配合比设计

在前面的试验中,水泥砂浆中掺加未经磨细的粉煤灰时,砂浆强度有一定程度的降低,这是由于粉煤灰颗粒的粒径分布与水泥颗粒的基本接近，其中 $<10\mu m$ 的颗粒含量与水泥的接近，所以在单独掺入水泥中后不能弥补水泥颗粒中对这部分颗粒的需求，所以粉煤灰只能起物理掺淡作用，不能起到改善胶凝材料粉体颗粒级配的作用，当粉煤灰的掺量比较大时，就会使得水泥砂浆的强度下降。在粉煤灰与矿渣粉复合掺配时也是存在同样的问题，由于这两种矿物外加剂的颗粒粒径分布差距不是很大，所以二者复合掺配后粉体材料中 $<10\mu m$ 的颗粒与最紧密堆积的要求相比也是有一定的差距。但如果能在掺加粉煤灰的同时，加入具有大量超细颗粒的矿物外加剂如硅灰，则可以弥补粉煤灰的这一不足。故在以下的试验中就是将粉煤灰与硅灰进行复合掺配来考察这两种矿物掺合料以何种比例复合时更容易满足颗粒紧密堆积的要求，以及了解它们之间的复合效应。下面的试验中矿物外加剂的掺量仍然是 30%，砂浆的配合比见表 8-20，其中在硅灰掺量比较大的两种配比中同时掺入高效减水剂以利于硅灰超细颗粒的分散，这里采用的是清华大学华迪公司产的 NF-2-6 型高效减水剂，其掺量以胶凝材料重量的百分数计量。

表 8-20 砂浆配合比设计（五）

编号	水胶比	水泥（g）	FA1(g)	SF(g)	NF-2-6(%)	砂（g）	水（mL）
TE-1	0.5	315	108	27	—	1350	225
TE-2	0.5	315	81	54	—	1350	225
TE-3	0.5	315	54	81	0.8	1350	225
TE-4	0.5	315	27	108	0.8	1350	225

8.5.2.2 试验结果与分析

按照表 8-20 的配比配制出的水泥砂浆试件经养护至规定龄期后测其强度，结果如图 8-16、图 8-17 所示。在图 8-17 中可以清楚地看到，随着硅灰掺量的增加，水泥砂浆的强度不断提高。本试验中采用的粉煤灰 FA1 是未经磨细的原状灰，其粒径分布与水泥颗粒的差距不大，其中 $<4\mu m$ 的微细颗粒只有 3.24%，它掺加到水泥粉体中后不能有效地填充水泥的粗颗粒形成的空隙，而加入硅灰情况就大不一样了，微硅粉主要由非常微小、表面光滑的玻璃态球形颗粒组成，其粒径要比水泥颗粒小 100 倍，故它的颗粒能很好地填充水泥颗粒的间隙，提高浆体的密实度。在本试验中随着硅灰掺量的增加，砂浆的内部粉体颗粒的级配逐渐趋于粉体颗粒最紧密堆积的要求，见表 8-21。

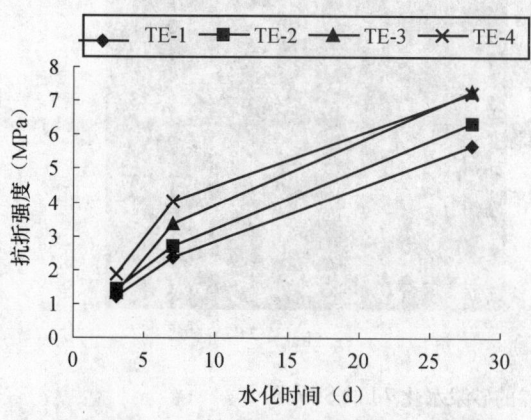
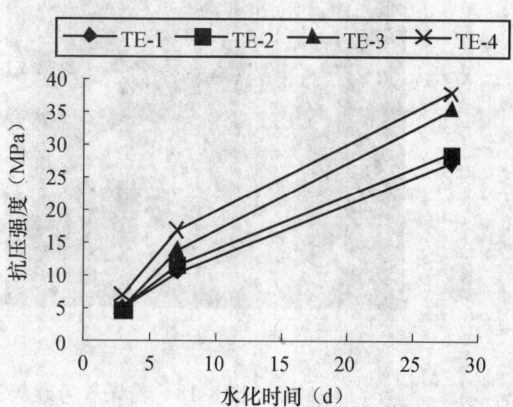

图 8-16 粉煤灰与硅灰复掺对砂浆抗折强度的影响　　图 8-17 粉煤灰与硅灰复掺对砂浆抗压强度的影响

表 8-21 粉煤灰与硅灰复合掺配后粉体颗粒级配的变化

粒径（μm）	<1	<2	<4	<10	<20	<32	<64	<80	<100	<150
紧密堆积（%）	18.82	23.71	29.88	40.55	51.09	59.75	75.28	81.10	87.36	100.0
TE-1(%)	4.17	8.83	16.18	33.63	57.33	73.96	90.31	94.78	99.77	100.0
TE-2(%)	8.06	14.69	21.98	37.59	58.95	74.24	90.40	94.86	99.83	100.0
TE-3(%)	11.95	20.55	27.79	41.55	60.57	74.54	90.48	94.94	99.88	100.0
TE-4(%)	15.84	26.41	33.60	45.55	62.19	74.83	90.57	95.02	99.94	100.0

从表 8-21 可以看出，随着硅灰掺量的增加，粉体中颗粒的级配逐渐与最紧密堆积的要求相接近，在 TE-3 组中，当 FA1 与 SF 以 2:3 的比例掺配后胶凝材料粉体颗粒中 <10μm 的颗粒占到 41.55%，与最紧密堆积所要求的 40.55% 最为接近，可见，在这组试验中，粉煤灰与硅灰复合掺配在满足 2:3 的掺配比例时可以使粉体颗粒的粒径分布比较接近最紧密的状态。从试验得到的强度结果中（图 8-17）也可以看出，FA1 与 SF 以 2:3 的比例掺配得到的砂浆的 28d 抗压强度达到 35.3MPa，比 TE-2 组以 3:2 的比例复合得到的砂浆的 28d 抗压强度高出 23.4%，说明胶凝粉体材料的颗粒在满足最紧密堆积的要求时，可以有效填充砂浆内部的孔隙，提高浆体的密实度，从而使得砂浆的强度得到大幅度的提高。

另外，从图 8-17 还可以看出，在 TE-4 组中，FA1 与 SF 以 1:4 的比例掺配的砂浆的强度要稍微高出 TE-3 组中以 2:3 的比例掺配的砂浆的强度，尽管对这两种配比的粉体颗粒的级配比较而言，后者更接近最紧密堆积的要求，但是在硅灰这种活性极高的矿物外加剂增加情况下，出现这种前者的强度反而有一定程度的提高也是很正常的。因为矿物外加剂本身活性对砂浆强度的影响也是很重要的一个方面。

图 8-18 是粉煤灰与硅灰复掺的水泥砂浆水化 7d 的 SEM 图。在图 8-18（a）中能看到网状的水化产物与蜂窝状的水化产物交织在一起，并且在其中能发现大块的 $Ca(OH)_2$ 晶体，水化产物的量还比较少，浆体内部有许多孔隙。在图 8-18（b）中水泥浆体的结构就相对显得致密一些，水化产物也多是一些卷箔状的，并且多层叠在一起，看不到有大的 $Ca(OH)_2$ 晶体存在，而且浆体内部还是有许多孔隙存在。

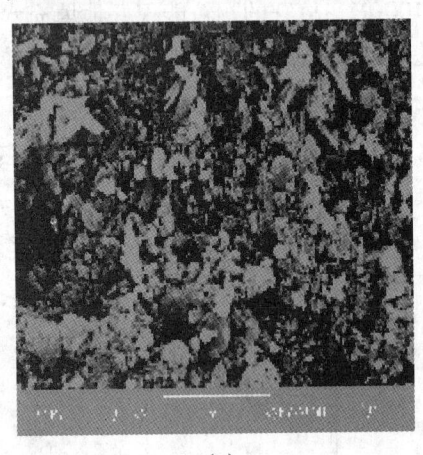 

(a)　　　　　　　　　　　　(b)

图 8-18 粉煤灰与硅灰复掺的砂浆水化 7d 的 SEM 图
(a) FA1:SF=2:3 7d 3.00KX；(b) FA1:SF=1:4 7d 3.00KX

对比图 8-19 四幅图片可以看出，随着水化时间的延长，水泥浆体的结构逐渐趋于致密化，同时随着硅灰掺量的增加，水泥浆体的结构也是逐渐致密。图 8-19（a）中，水化产物的形貌多以网状为主，其中还能看见未参加反应的大的粉煤灰球体形状完好，球体外面包裹了许多水化产物，由于此配比中硅灰的含量较少，所以可以看出在水化 28d 以后水泥浆体内部还是存在一些可以看得见的孔洞；图 8-19（b）中的水化产物就是网状及卷箔状的形状交织在一起，并且能看见粉煤灰颗粒水化后留下的半球状腐蚀坑，水泥浆体中还是有孔隙存在。相比起来，图 8-19（c）与图 8-19（d）中水泥浆体的结构就比图 8-19（a）及图 8-19（b）中水泥浆体的结构致密许多，在它们中间，硅灰颗粒占主要地位，在高效减水剂的分散作用下，硅灰优良的填充作用使水泥浆体的结构显得非常致密。大量的水化产物几乎连接在一起，填充着浆体内部的孔隙，并且看不到有 $Ca(OH)_2$ 晶体存在。

图 8-19　粉煤灰与硅灰复掺的砂浆水化 28d 的 SEM 图
(a) FA1∶SF=4∶1　3.00KX；(b) FA1∶SF=3∶2　3.00KX；
(c) FA1∶SF=2∶3　3.00KX；(d) FA1∶SF=1∶4　3.00KX

8.5.2.3　结果分析

粉煤灰由于水化缓慢，掺到水泥浆体中后会影响水泥砂浆强度的发展，但是在粉煤灰与硅灰复掺后，硅灰中含有大量 $<10\mu m$ 的颗粒，可以弥补粉煤灰中缺乏微细颗粒的不足，使得胶凝材料粉体中的颗粒级配趋于合理，有利于水泥浆体结构的密实，并且硅灰在早期就可以发生

二次水化反应，生成的凝胶进一步填充到水泥浆体中的孔隙，使得水泥浆体结构致密，砂浆的强度提高。随着硅灰掺量的增加，粉煤灰掺量的减少，砂浆的强度也是逐渐提高。

8.5.3 矿渣与矿渣复掺对砂浆性能的影响

8.5.3.1 砂浆配合比设计

在对矿渣粉单掺后对水泥砂浆性能影响的研究中发现，矿渣粉的活性与其比表面积之间有一定的关系，但是其颗粒级配对其活性的影响更为显著。本试验中采用的两种矿渣粉 SL1 与 SL3 从其颗粒分布上看存在较大差异，如果将这两种矿渣粉复掺到水泥砂浆中，这二者的颗粒之间也存在相互补充的可能。故在下面的试验中就将这两种矿渣粉进行互相掺配来考察它们的复掺效果。TF-1 组是 SL1 与 SL3 按 4:1 复配；TF-2 组是 SL1 与 SL3 按 3:2 复配；TF-3 组是 SL1 与 SL3 按 1:4 复配的。试验配比见表 8-22。

表 8-22 砂浆配合比设计（六）

编号	水胶比	水泥（g）	SL1（g）	SL3（g）	砂（g）	水（mL）
TF-1	0.5	315	108	27	1350	225
TF-2	0.5	315	81	54	1350	225
TF-3	0.5	315	27	108	1350	225

8.5.3.2 试验结果与分析

试验中采用的两种矿渣粉的比表面积分别为 $300m^2/kg$ 和 $700m^2/kg$，细度上还是有很大差别，将它们复掺到水泥砂浆中后可以粗细搭配，改善胶凝材料粉体颗粒级配，具有一定的叠合效应。表 8-23 列出了试验中所采用的三种配比的砂浆中胶凝粉体材料的颗粒粒径分布变化趋势。从该表中可以看出，以 $<8\mu m$ 的颗粒为基准，这三种配比下随着 SL3 掺量的逐渐增加和 SL1 掺量的逐渐减少，粉体中 $<8\mu m$ 的颗粒的含量也是逐渐接近最紧密堆积的要求，在 TF-3 组中，当掺配比例为 SL1:SL3=1:4 时，粉体中 $<8\mu m$ 的颗粒占到 33.11%，这是最接近紧密堆积要求的一种情况，其他两种配比下的这部分颗粒比较接近，都距离紧密堆积的要求甚远。与此相对应来看，这三种配比制得的水泥砂浆的强度变化趋势如图 8-20、图 8-21 所示，在水化到 3d 的时候，由这三种配比配制出的水泥砂浆的抗折强度及抗压强度基本上接近，到 7d 的时候以 SL1:SL3=1:4 的比例掺配的水泥浆体的强度就比其他两种配比的要高。随着龄期的进一步延长，强度进一步增长，28d 时这种配比砂浆的强度最高，以 28d 的抗压强度为例，当 SL1 与 SL3 以 1:4 的比例掺配时得到的砂浆的强度达到 41.4MPa，比它们在 TF-1 和 TF-2 中，以 4:1、3:2 的比例掺配得到的砂浆的强度分别提高了 8% 和 10%，再次证明在胶凝粉体材料的级配搭配合理的情况下，提高砂浆的密实度从而提高其强度是可以实现的。

表 8-23 矿渣粉复合掺配时粉体颗粒级配的变化

粒径（μm）	<2	<4	<8	<16	<32	<64	<80	<100	<150
紧密堆积（%）	23.71	29.88	37.64	47.43	59.75	75.28	81.10	87.36	100
TF-1(%)	8.13	15.45	26.23	41.57	—	—	—	—	—
TF-2(%)	9.00	16.97	28.53	44.57	—	—	—	—	—
TF-3(%)	10.74	20.00	33.11	50.57	—	—	—	—	—

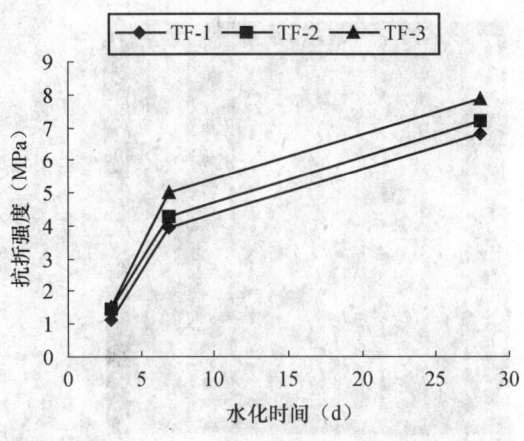 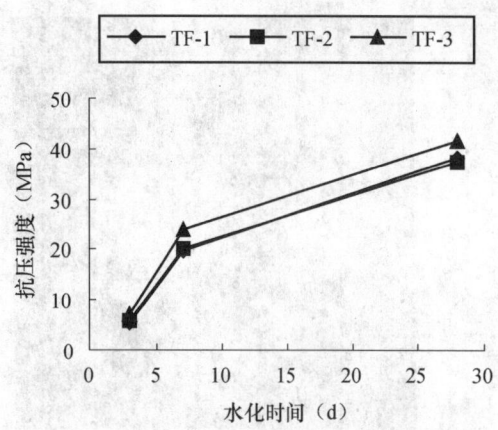

图 8-20　不同细度矿渣粉复掺对砂浆抗折强度的影响　　图 8-21　不同细度矿渣粉复掺对砂浆抗压强度的影响

对比 SL1∶SL3 = 4∶1 和 SL1∶SL3 = 3∶2 这两种掺配比例下砂浆内部粉体颗粒的粒径分布可以看出，前者中 <8μm 的颗粒占到 26.23%，后者的这部分颗粒有 28.53%，二者相比差别不是很大，与最紧密堆积所要求的 37.64% 相比，还有较大的差距。从试验得到的强度结果也可以看出这两种配比下的数据十分相近，如图 8-21 所示，在各个龄期，这两种配比的砂浆强度几乎是重叠在一起。这主要是因为所用的两种矿渣粉中 SL3 中 <8μm 的颗粒含量远远高于 SL1，所以这两种矿渣粉复合掺配时主要是由 SL3 提供水泥所缺乏的这部分颗粒，在 SL3 的掺量相对不足的情况下，不能充分发挥其微观填充作用。

图 8-22 是 SL1 与 SL3 分别以 4∶1（TE-1）、1∶4（TF-3）的比例掺配后砂浆水化 7d 的 SEM 图。在 7d 的时候，这二者的微观形貌差别不是很大，水泥浆体中的水化产物的聚集程度不是很高，浆体内部存在很多孔隙。到水化至 28d 时，由于后者的粉体颗粒堆积紧密以及在 SL3 的含量较高的情况下其本身的水化活性作用的共同影响，使得水泥浆体的结构变得非常致密，几乎看不到有大的孔隙存在。而在 SL1 与 SL3 以 4∶1 的比例掺配得到的水泥砂浆水化 28d 的 SEM 图中还可以看见有许多孔隙，水化产物的形貌也是主要以网状为主。这主要是因为在此配比下 SL1 的掺量居多，相比前面的情况就比较缺乏微细颗粒，故得到的水泥凝胶体的结构就没有前者那么致密。

 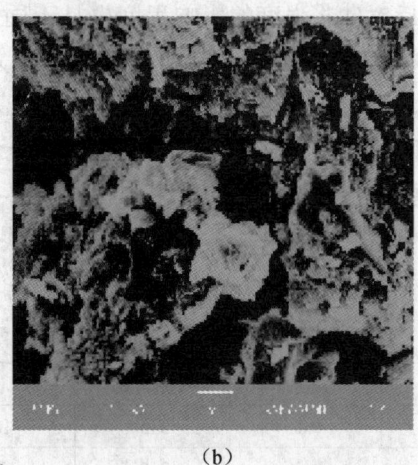

(a)　　　　　　　　　　　　　　　　(b)

图 8-22　不同细度矿渣粉复掺的砂浆水化 7d 的 SEM 图

(a) SL1∶SL3 = 4∶1 (TF-1)　1.00KX；(b) SL1∶SL3 = 1∶4 (TE-3)　1.00KX

 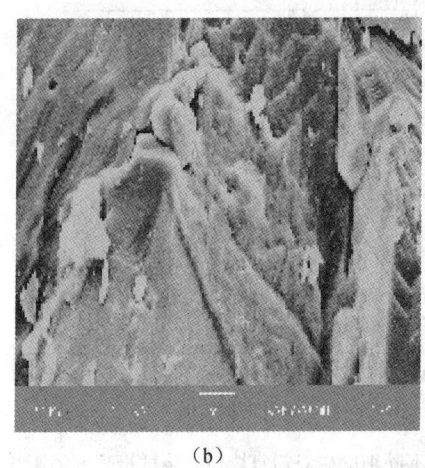

(a) (b)

图 8-23 不同细度矿渣粉复掺的砂浆水化 28d 的 SEM 图
(a) SL1∶SL3 = 4∶1 (FE-1) 1.00KX; (b) SL1∶SL3 = 1∶4 (TF-3) 1.00KX

8.5.3.3 小结

SL1 与 SL3 是细度差别比较大的两种矿渣粉,SL3 中含有大量微细颗粒,这是 SL1 所比较欠缺的。SL1 与 SL3 复掺时就可以弥补这部分的不足之处,二者的粗细颗粒可以有机搭配,使得胶凝材料粉体的颗粒级配更加合理。故 SL1 与 SL3 复掺时表现出一定程度的叠合效应。这两种矿物掺合料复合掺配,当 SL3 的掺量占主导地位时更容易满足颗粒最紧密堆积的要求,这主要还是因为 SL3 掺量大时,粉体中的微细颗粒含量高,易于满足粉体材料紧密堆积时对微细颗粒的要求。故随着 SL3 的掺量增加,水泥浆体的密实度也是不断提高,故砂浆的强度得到提高。

8.5.4 矿渣与硅灰复掺对砂浆性能的影响

8.5.4.1 砂浆配合比设计

试验中共采用了三个细度等级的矿渣粉,这三种矿渣粉由于颗粒级配的不同,掺入水泥砂浆中后对砂浆强度的影响程度也是不同的。比较起来,SL1 与 SL2 中比较缺乏 <4μm 的微细颗粒,而前面已经用到的 SF 中含有大量的这部分颗粒,如果能将 SL1、SL2 与 SF 进行复合,则可以利用 SF 中的微细颗粒提高掺入矿渣粉后水泥浆体的密实度,必将有利于砂浆强度的发展。同时,SL3 中本身已经含有比较多的微细颗粒,如果将它与 SF 复合的话,则要达到粉体颗粒的紧密堆积只需要掺少量的 SF 就可以实现。为了考察这三种矿渣粉与硅粉的复合效果,做了以下的分组试验。试验用的配合比见表 8-24、表 8-25、表 8-26 所示。

表 8-24 砂浆配合比设计(七)

编号	水胶比	水泥(g)	SL1(g)	SF(g)	砂 (g)	水 (mL)
TG-1	0.5	315	108	27	1350	225
TG-2	0.5	315	54	81	1350	225

表 8-25 砂浆配合比设计（八）

编号	水胶比	水泥（g）	SL2(g)	SF(g)	砂（g）	水（mL）
TH-1	0.5	315	108	27	1350	225
TH-2	0.5	315	27	108	1350	225

表 8-26 砂浆配合比设计（九）

编号	水胶比	水泥（g）	SL3(g)	SF(g)	砂（g）	水（mL）
TI-1	0.5	315	90	45	1350	225
TI-2	0.5	270	135	45	1350	225
TI-3	0.5	225	180	45	1350	225

8.5.4.2 试验结果与分析

图 8-24、图 8-25 是 SL1 与 SF 复掺后的强度变化趋势图。从图中可以看见，随着 SF 掺量的增加，水泥砂浆的强度也是不断得到提高。尤其是在 3d 的时候，两种配比下得到的砂浆的强度之间的差别要大于其他龄期。这主要是因为硅粉中含有大量 <4μm 的细颗粒，这部分颗粒在 3d 就可以发生水化反应，而且硅灰掺量高时胶凝材料粉体中颗粒级配易于达到最紧密堆积的要求，见表 8-27，当 SL1 与 SF 以 2:3（TG-2）的比例掺配时，粉体中 <8μm 的颗粒含量达到 37.64%，而 SL1 与 SF 以 4:1（TG-1）的比例掺配的砂浆中这部分颗粒的含量要低一些，只有 28.51%，故在这组试验中，以 SL1:SF=2:3 的比例掺配的砂浆中粉体颗粒的堆积更加接近最紧密堆积的要求。从强度的变化也能看出，这种配比下得到的砂浆的强度在各个龄期都要高出另外一组的砂浆的强度。不过这种优势不是很明显，只有在 3d 的时候这种配比的砂浆强度比另一组砂浆的强度几乎高出一倍。

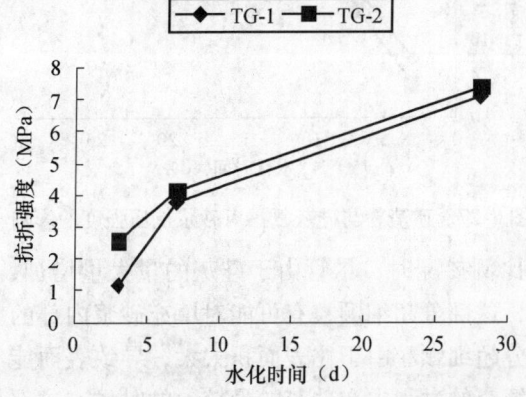

图 8-24 矿渣粉与硅灰复掺对砂浆抗折强度的影响　　图 8-25 矿渣粉与硅灰复掺对砂浆抗压强度的影响

表 8-27 矿渣粉与硅灰复合掺配时粉体颗粒级配的变化

粒径（μm）	<2	<4	<8	<16	<32	<64	<80	<100	<150
紧密堆积（%）	23.71	29.88	37.64	47.43	59.75	75.28	81.10	87.36	100
TG-1(%)	12.26	19.03	28.51	42.47	65.95	88.74	—	—	—
TG-2(%)	22.26	29.21	37.64	50.27	70.53	89.70	—	—	—

但是过了7d以后，这两种配比的砂浆的强度几乎是以同样的速率在增长。这是因为这两种情况下粉体颗粒的粒径分布的差距不是很大，所以它们对于水泥砂浆的表现出的填充作用也就不会有很明显的差异。

表 8-28　矿渣粉与硅灰复合掺配时粉体颗粒级配的变化

粒径（μm）	<1	<2	<4	<10	<20	<32	<64	<80	<100	<150
紧密堆积（%）	18.82	23.71	29.88	40.55	51.09	59.75	75.28	81.10	87.36	100
TH-1(%)	4.17	8.64	15.41	37.66	55.03	75.12	90.67	95.10	100	—
TH-2(%)	15.84	26.36	33.40	46.51	61.61	75.12	90.67	95.10	100	—

图 8-26、图 8-27 是 SL2 与 SF 复掺后得到的水泥砂浆的强度变化图。在这组配比中，水泥砂浆的强度没有随着硅灰掺量的增加有明显改善，反而有一定程度的下降。经过计算这两种配比下砂浆中胶凝粉体材料的颗粒级配发现，SL2 与 SF 以 4∶1 的比例掺配时，其中 <10μm 的颗粒达到 37.66%，而 SL2 与 SF 以 1∶4 的比例掺配时，这部分颗粒占到了 46.51%，与最紧密堆积所要求的 <10μm 的颗粒应有 40.55% 的差距比前一种配比的要大，显然前一种配比的颗粒分布更趋向于紧密堆积的要求。所以表现在强度上就是这种较紧密堆积的砂浆的强度要略高一些。

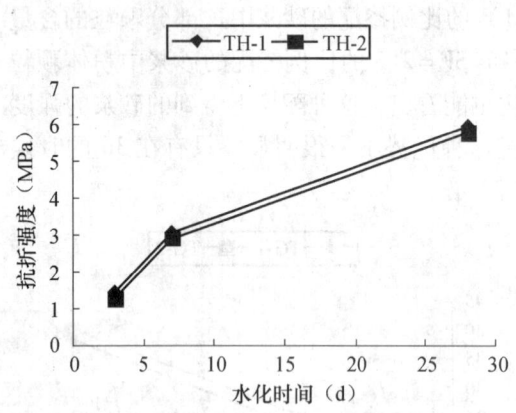 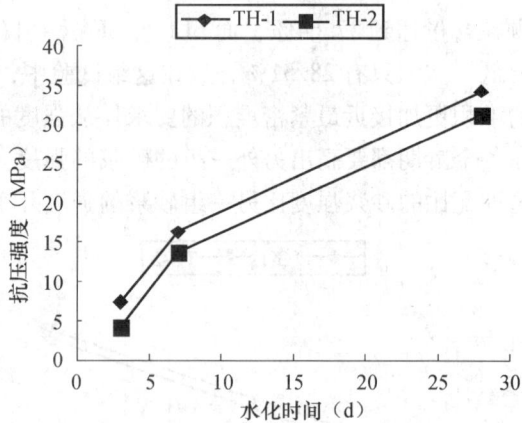

图 8-26　矿渣粉与硅灰复掺对砂浆抗折强度的影响　　图 8-27　矿渣粉与硅灰复掺对砂浆抗压强度的影响

另外，还应该考虑到当 SL2 与 SF 以 1∶4 的比例掺配时，尽管由于硅灰的量大量增加，会给整个胶凝材料粉体体系引入大量的超细颗粒，这部分超细颗粒有可能对填充砂浆内部的空隙有利，但是同时也必须考虑到硅灰中的这部分超细颗粒由于比表面积太大，导致表面能很高，故很容易发生黏聚现象，也就是说，实际填充的过程中在硅灰的量较大的时候，这部分颗粒由于得不到有效的分散反而更容易发生团聚现象，不但不能填充砂浆内部粗颗粒的空隙，反而有可能自身黏聚成较大的颗粒团后又形成新的空隙。这也会影响到砂浆强度的发展。

图 8-28、图 8-29 是 SL3 与 硅灰复掺的结果。在这组试验中，矿物外加剂的掺量分别达到30%、40%、50%，SL3 与 SF 的掺量比分别为 2∶1、3∶1、4∶1，即在各种配比中 SL3 的含量占主要地位。尽管水泥的量逐渐减少了，但是在这三种配比情况下经过计算发现，它们当中胶凝材料粉体的颗粒级配基本上能达到 Andrensen 方程对颗粒紧密堆积时的要求，如表

8-29 所示，经过计算我们可以看出，这三种配比下水泥砂浆中胶凝粉体材料的颗粒级配已非常接近颗粒最紧密堆积的要求，在 <8μm 这个粒径范围内，SL3 与 SF 以 2:1 的比例掺配时粉体的级配更加满足紧密堆积理论的要求，所以更能够反映颗粒的紧密堆积与浆体强度之间的关系。通过试验结果看出，在这三种配比下水泥砂浆在 3d 就能达到很高的强度，在矿物外加剂的掺量为 30% 时，砂浆的 3d 抗压强度达到 21.0MPa，掺量为 40% 的砂浆的 3d 抗压强度为 22.1MPa，掺量为 50% 的砂浆强度则为 22.3MPa，可以看出有一定程度的增加，不过幅度很小。到 7d 时，掺量为 40% 的砂浆的抗压强度最高，但是到 28d 时，还是掺量为 30% 的砂浆的抗压强度最高，这可能是由于在这种配比下砂浆中胶凝粉体材料的颗粒填充的更密实的缘故，另外还有一个因素就是因为这种配比中的水泥含量要略高一些，水泥水化的作用可能要强一些。但是我们可以看到，这三种配比下的砂浆强度非常接近，而且比纯水泥砂浆的强度要高出许多，这说明胶凝材料粉体的颗粒级配对水泥浆体有着很大的影响，在颗粒级配满足最紧密堆积的要求的前提下，增加矿物外加剂的掺量并不会降低砂浆的强度，反而有很大的增强作用。

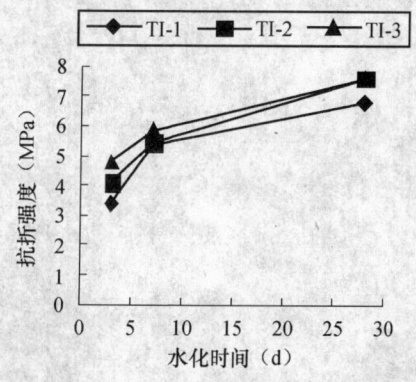 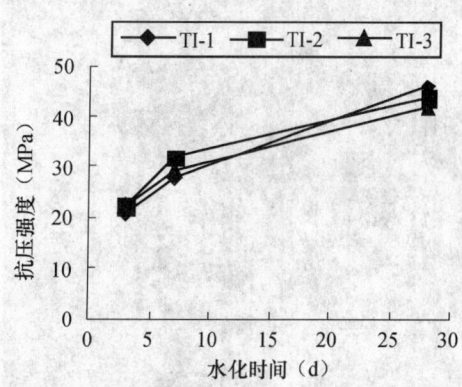

图 8-28　矿渣粉与硅灰复掺对砂浆抗折强度的影响　　图 8-29　矿渣粉与硅灰复掺对砂浆抗压强度的影响

表 8-29　矿渣粉与硅灰复合掺配时粉体颗粒级配的变化

粒径（μm）	<2	<4	<8	<16	<32	<64	<80	<100	<150
紧密堆积（%）	23.71	29.88	37.64	47.43	59.75	75.28	81.10	87.36	100
TI-1（%）	18.50	27.48	39.19	55.07	—	—	—	—	—
TI-2（%）	21.07	30.18	43.01	59.56	—	—	—	—	—
TI-3（%）	23.64	32.88	46.82	64.05	—	—	—	—	—

图 8-30 是不同的矿渣粉与硅灰以相同的比例 4:1 掺配时水泥砂浆水化 7d 的 SEM 图。从图中可以看见有大量的水化产物聚集在水泥浆体中，比较起来，SL3 与 SF 以 4:1 比例的复合砂浆的 7d 结构中水化产物的量要少一些，因为在此配比中矿物外加剂的掺量达到 50%，水泥的量只有胶凝材料的一半，故虽然在早期水泥水化的空间比较大，但是也就同时缺乏足够的水化产物来填充空间。

图 8-31 是 SL1、SL3 分别与 SF 复合后得到的水泥浆体水化 28d 时的 SEM 图。比较起来，SL3 与 SF 以 3:1 的比例复合后的浆体结构最为致密。图 8-31（c）中可以看见卷席状的水化产物层层叠起，图 8-31（d）中的水化产物更是形成密不可分的结构，水化产物几乎是连接到一起的。

（a）（b）（c）

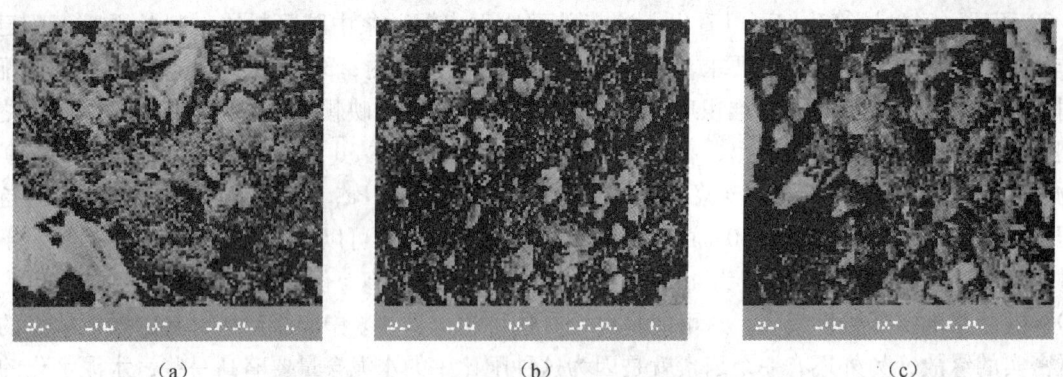

图 8-30 矿渣粉与硅灰复掺的砂浆水化 7d 的 SEM 图

（a）SL1∶SF = 4∶1 3.00KX；（b）SL2∶SF = 4∶1 3.00KX；（c）SL3∶SF = 4∶1 3.00KX

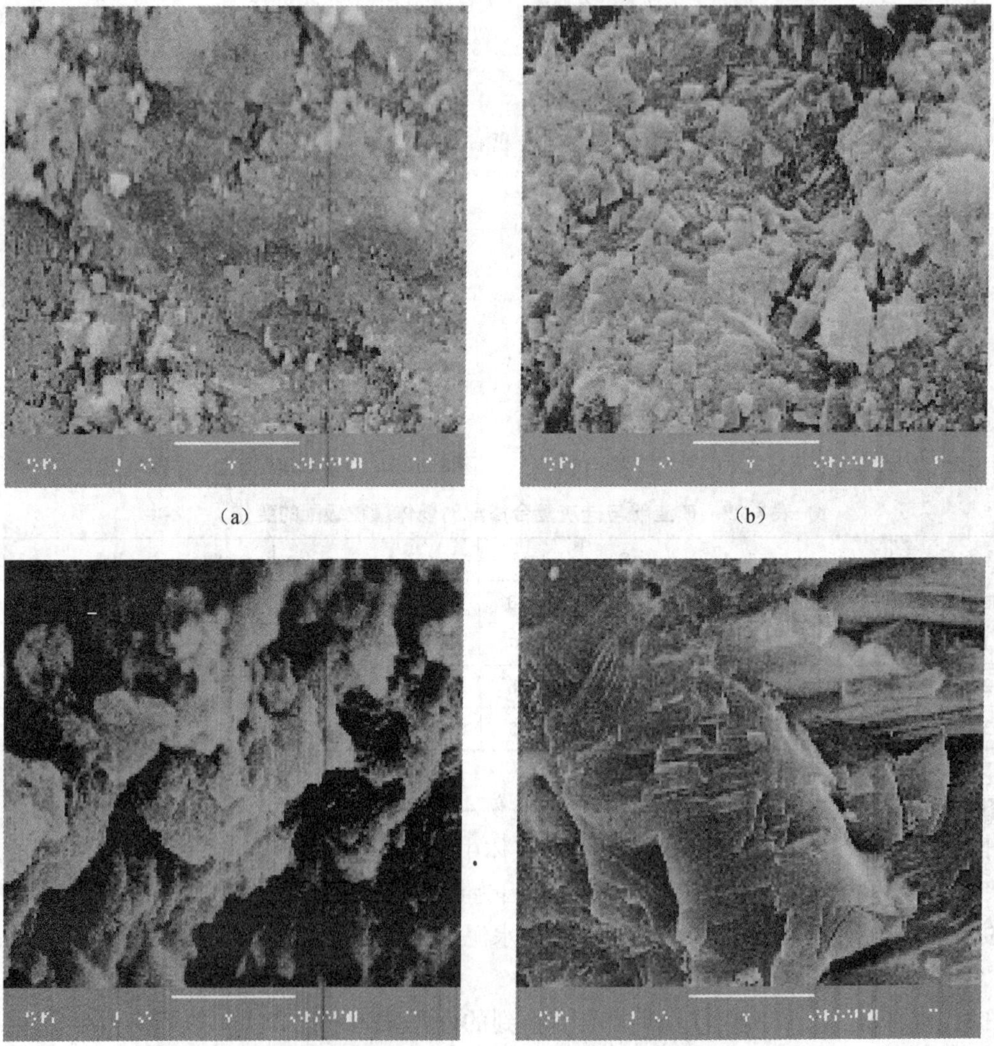

（a）（b）

（c）（d）

图 8-31 矿渣粉与硅灰复掺的砂浆水化 28d 的 SEM 图

（a）SL1∶SF = 4∶1 3.00KX；（b）SL1∶SF = 2∶3 3.00KX；（c）SL3∶SF = 2∶1 3.00KX；（d）SL3∶SF = 3∶1 3.00KX

8.5.4.3 小结

矿渣粉与硅灰复掺后也是具有一定的复合效应,但是这种效应非常复杂。当把颗粒级配满足粉体材料颗粒最紧密堆积理论要求的复合矿物外加剂掺加到水泥浆体中时,即便是加大矿物外加剂的掺量,水泥砂浆的强度也不会降低,反而有增强的可能。

8.5.5 粉煤灰、矿渣粉、硅灰复掺对砂浆强度的影响

8.5.5.1 砂浆配合比设计

粉煤灰、矿渣粉与硅灰这三种矿物外加剂在颗粒形态、细度、化学成分上存在着很大的差异,各自都有着自己的优势。粉煤灰颗粒形状以球形玻璃体为主,易于填充到水泥颗粒的间隙里,但是粉煤灰的活性较低,掺量多时影响水泥砂浆的强度;而矿渣粉的活性较高,能明显改善水泥石孔结构;硅灰具有极细的颗粒,填充效果最强,但是硅灰由于比表面积很大,表面能高,掺入水泥浆体中后硅灰颗粒易于凝聚成团,影响填充效果,矿渣粉与粉煤灰则具有分散效果。可见,这三种矿物外加剂都具有各自的优缺点,如果将它们复合到一起,由于它们的颗粒粒径范围有较大的差异,就有可能互相补充不足而更容易达到较紧密的堆积,同时还能发挥各自活性上的优点,这是下面的研究将要考虑的问题。在这里,分别将 FA1 与 SL2 和 SF 以及 FA1 与 SL3 和 SF 复合后考察其强度及微观结构的变化情况。具体的配比见表 8-30、表 8-31。

表 8-30 砂浆配合比设计(十)

编号	水胶比	水泥(g)	FA1(g)	SL2(g)	SF(g)	砂(g)	水(mL)
TJ-1	0.5	315	27	54	54	1350	225
TJ-2	0.5	315	54	27	54	1350	225
TJ-3	0.5	315	54	54	27	1350	225

表 8-31 砂浆配合比设计(十一)

编号	水胶比	水泥(g)	FA1(g)	SL3(g)	SF(g)	砂(g)	水(mL)
TK-1	0.5	315	27	54	54	1350	225
TK-2	0.5	270	45	90	45	1350	225

8.5.5.2 试验结果与分析

在 FA1 与 SL2 及 SF 的复合掺配中,经过比较它们的抗折强度及抗压强度,发现 FA1 与 SL2 及 SF 以 2:1:2(TJ-2)的比例掺配的效果最好。不过这三种配比之间结果差异很小,由于 FA1 及 SL2 中都缺乏 <4μm 的微细颗粒,所以在这里硅灰所起的作用就大一些。从它们的颗粒粒径分布表 8-32 来看,当以 FA1:SL2:SF = 1:2:2(TJ-1) 和 FA1:SL2:SF = 2:1:2(TJ-2) 的比例复合时,浆体内粉体颗粒的粒径分布很接近,前者中 <10μm 的颗粒占到 39.60%,后者中这部分颗粒占到 38.60%,都与最紧密堆积要求的百分数很接近,说明这两种配比下粉体颗粒的堆积都是比较紧密,所以这两种配比下得到的砂浆的强度稍微高出一些。而 FA1、SL2 和 SF 以 2:2:1 的比例复合的时候,由于硅灰的掺量减少了,相比前两种配比在这种水泥砂浆中胶凝材料粉体中 <4μm 的颗粒含量就低很多,最终得到的结果也是这种配比下的

砂浆的强度最低。当然这三种配比情况下胶凝材料粉体颗粒的含量与最紧密堆积的要求相比还是有一定差距，尤其是其中<4μm的颗粒严重不足，而>30μm的颗粒含量又过高，所以最终得到的结果还不能达到最理想的情况。

表 8-32　粉煤灰、矿渣粉、硅灰复掺后粉体颗粒级配的变化

粒径（μm）	<1	<2	<4	<10	<20	<32	<64	<80	<100	<150
紧密堆积（%）	18.82	23.71	29.88	40.55	51.09	59.25	75.28	81.10	87.36	100.0
TJ-1(%)	8.06	14.59	21.60	39.60	57.80	74.83	86.57	95.02	99.94	100.0
TJ-2(%)	8.06	14.64	21.79	38.60	58.37	74.54	86.36	94.94	99.88	100.0
TJ-3(%)	4.17	8.74	15.79	35.65	56.18	71.54	86.36	94.94	99.88	100.0

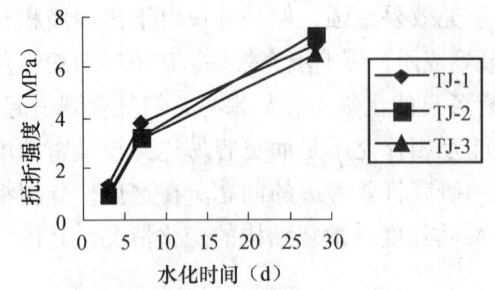

图 8-32　粉煤灰、矿渣粉与硅灰复掺对砂浆抗折强度的影响

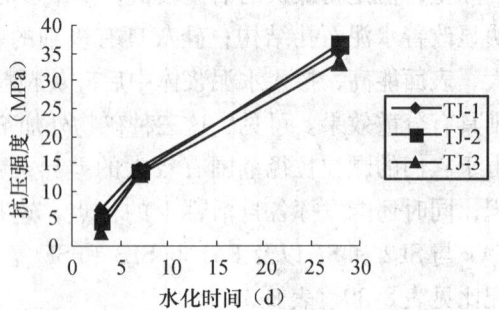

图 8-33　粉煤灰、矿渣粉与硅灰复掺对砂浆抗压强度的影响

在 FA1、SL3 与 SF 的复合掺配中，矿物外加剂的掺量分别取为 30% 和 40%，通过试验发现，这两种配比得到的水泥砂浆的强度除了 28d 抗折强度以外，其余均非常接近，没有出现随矿物外加剂掺量的增加而使砂浆强度随之下降的现象，如表 8-33 所示。分析这两种配比下粉体材料颗粒的级配可以看出，这两种配比中存在着大量的 <2μm 的颗粒，这部分颗粒在水化早期就可以参与水化反应，促进水泥水化。所以水泥砂浆在 3d 就表现出很高的强度，这两种配比下得到的水泥浆体的 3d 强度分别达到 13.6MPa 和 14.4MPa。另外这两种配比中 <8μm 的颗粒的含量与颗粒最紧密堆积的要求十分接近，这说明以这两种配比配制的砂浆中胶凝粉体材料的颗粒都是以较为紧密的状态堆积的，从而有利于水泥砂浆内部结构的致密化，所以砂浆的强度发展迅速，到 28d 的时候抗压强度均已达到 40MPa 以上。

表 8-33　粉煤灰、矿渣粉、硅灰复掺的砂浆强度　　　　　（MPa）

编号	3d		7d		28d	
	抗折强度	抗压强度	抗折强度	抗压强度	抗折强度	抗压强度
TK-1	2.77	13.6	4.47	23.2	7.15	42.2
TK-2	2.78	14.4	4.28	23.8	5.66	41.3

与第一种配比相比，第二种配比中虽然水泥的量减少了，但是由于其中的矿渣含量提高了，该矿渣的活性极高，另外矿渣与硅灰中的超细颗粒的有效组合使水泥粉体中颗粒的级配达到了最紧密堆积的要求，因此得到的水泥浆体内部结构填充致密，砂浆的强度也有大幅度的提高。

图 8-34 中列出了粉煤灰 FA1、矿渣粉 SL2 与硅灰 SF 复掺后砂浆水化 7d 后的 SEM 图。比较这三幅图可以发现，硅灰掺量多的水泥浆体的结构要致密一些，如图 8-34（a）、图 8-34（b）所示，它们里面的水化产物的聚集程度已经很高，细颗粒已紧密填充孔隙，浆体内看不到有大的 Ca(OH)$_2$ 晶体存在。而图 8-35（c）中由于硅灰掺量相对较少，水化产物多是网状，而且量也较少，所以看起来内部的孔隙要多一些。当水化至 28d 时，浆体内部结构也是变的更加致密，如图 8-35 所示。水化产物基本上是相互连接在一起，内部孔隙大大减少。

  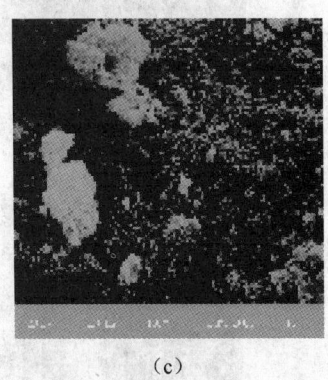

(a) (b) (c)

图 8-34 粉煤灰、矿渣粉与硅灰复掺的砂浆水化 7d 的 SEM 图　3.00KX
(a) FA1∶SL2∶SF = 1∶2∶2；(b) FA1∶SL2∶SF = 2∶1∶2；(c) FA1∶SL2∶SF = 2∶2∶1

 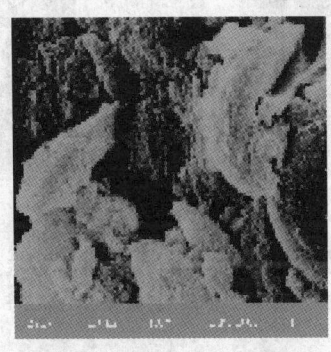 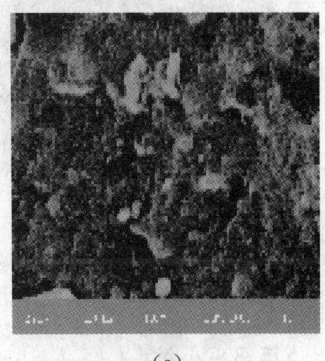

(a) (b) (c)

图 8-35 粉煤灰、矿渣粉与硅灰复掺的砂浆水化 28d 的 SEM 图　3.00KX
(a) FA1∶SL2∶SF = 1∶2∶2；(b) FA1∶SL2∶SF = 2∶1∶2；(c) FA1∶SL2∶SF = 2∶2∶1

表 8-34 粉煤灰、矿渣粉、硅灰复掺后粉体颗粒级配的变化

粒径（μm）	<2	<4	<8	<16	<32	<64	<80	<100	<150
紧密堆积（%）	23.71	29.88	37.64	47.43	59.75	75.28	81.10	87.36	100.0
TK-1(%)	18.14	29.78	40.95	60.39	—	—	—	—	—
TK-2(%)	18.19	29.32	42.51	63.28	—	—	—	—	—

图 8-36 是 FA1、SL3 与 SF 一起掺配后得到的水泥浆体水化 7d 的 SEM 图。虽然图 8-36（a）中水泥的含量高于图 8-36（b）中水泥的量，但是从它们 7d 的 SEM 图看来，二者的致密程度差别不是很大，甚至图 8-36（b）中浆体的结构显得还要致密一些。到水化至 28d 时（图 8-37），水泥石的结构已经相当致密。图 8-37（b）中还有大量的未水化的矿渣颗粒。

(a)   (b)

图 8-36　粉煤灰、矿渣粉与硅灰复掺的砂浆水化 7d 的 SEM 图
(a) FA1∶SL3∶SF＝1∶2∶2　3.00KX；(b) FA1∶SL3∶SF＝1∶2∶1　3.00KX

(a)   (b)

图 8-37　粉煤灰、矿渣粉与硅灰复掺的砂浆水化 28d 的 SEM 图
(a) FA1∶SL3∶SF＝1∶2∶2　3.00KX；(b) FA1∶SL3∶SF＝1∶2∶1　3.00KX

8.5.5.3　小结

粉煤灰、矿渣粉与硅灰各自在化学成分、细度、颗粒形态等方面具有自己的优势，当这三种矿物外加剂相互复合以后，能够各自发挥特性，相互补充，具有一定的复合叠加效应。这在实际的生产中具有十分有益的经济价值。只要配比合适，使得胶凝材料粉体的颗粒级配达到最紧密堆积的要求，在掺加大量矿物外加剂的同时也能够达到很高的强度。

8.5.6　高效减水剂的影响

8.5.6.1　砂浆配合比设计

通过前面的研究发现，在水泥粉体中加入超细矿物外加剂能使浆体结构趋于致密，对砂浆的强度有一定的改善作用。但是必须考虑到当胶凝材料粉体颗粒充分细化时，颗粒的表面能会增大，粉体颗粒之间或与水泥颗粒之间会发生絮凝现象，反而不能达到充分密实的填充效果。为了破坏粉体颗粒之间的这种凝聚作用，就有必要加入高效减水剂。下面的试验中就是在粉煤灰与硅灰复合掺配的同时掺与不掺一定量的高效减水剂这两种情况进行研究的。试验采用清华大学华迪公司产的粉状的 NF-2-6 型高效减水剂，试验配比见表 8-35、表 8-36 所示。

表 8-35　砂浆配合比设计（十二）

编号	水胶比	水泥（g）	FA1(g)	SF(g)	砂（g）	水（mL）
TL-1	0.5	450	0	0	1350	225
TL-2	0.5	315	27	108	1350	225
TL-3	0.5	315	0	135	1350	225

表 8-36　砂浆配合比设计（十三）

编号	水胶比	水泥（g）	FA1(g)	SF(g)	NF-2-6(%)	砂（g）	水（mL）
TM-1	0.5	450	0	0	0	1350	225
TM-2	0.5	315	27	108	0.9	1350	225
TM-3	0.5	315	0	135	1.0	1350	225

8.5.6.2　试验结果与分析

对比这两组试验的结果如图 8-38、图 8-39 所示可以发现，在相同配比的情况下，掺加了高效减水剂的砂浆强度比不掺的要高。从图 8-38 可以看出，在 3d 的时候，复掺粉煤灰与硅灰的胶砂试件的抗压强度低于纯水泥砂浆的强度，到了 7d，这三种配比的砂浆的强度开始基本接近，直到 28d 三者的强度才拉开距离，并且表现出随着硅灰掺量的增加，砂浆的抗压强度也是逐步提高。其中以 FA1∶SF = 1∶4(TM-2) 掺配的砂浆的 28d 强度比纯水泥试件的强度提高了 13.6%，掺 30% 硅灰的强度提高了 22.7%。从这组试验可以看出，尽管掺加了硅灰的胶凝材料粉体颗粒级配很容易满足 Andrensen 方程对颗粒最紧密堆积的要求，但是由于硅灰颗粒极其微细，比表面积相对较大，所以加入水泥后表现出强烈的需水性，使得水泥水化的水量相对不足，不利于水泥的早期水化，故表现出单掺硅灰的试件的 3d 强度相对为最低；另外一方面，由于硅灰的微细颗粒表面能较大，使得粉体颗粒之间或与水泥颗粒之间会发生絮凝现象，不能达到充分密实的填充效果也是影响强度发展的原因之一。

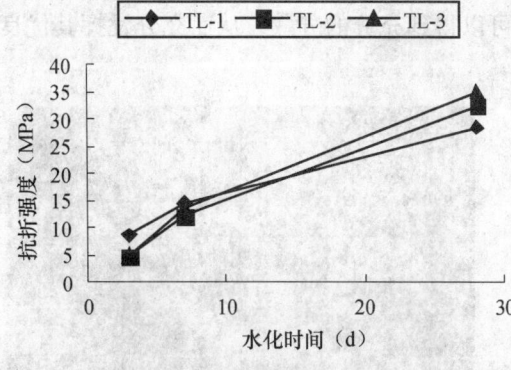

图 8-38　粉煤灰与硅灰复掺对砂浆抗折强度的影响

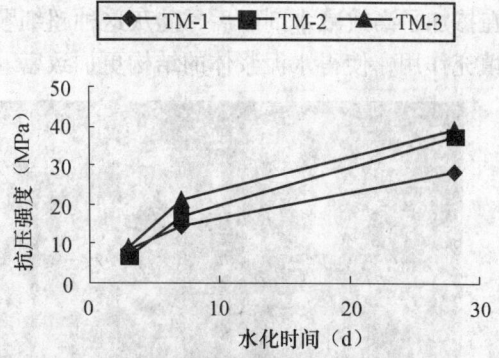

图 8-39　高效减水剂对矿物外加剂填充效应对砂浆抗压强度的影响

上述的这种情况在掺加了高效减水剂后就会发生改观，如图 8-39 所示，在同样配比的情况下，在掺加硅灰的同时加入一定量的高效减水剂，在 7d，掺加了矿物外加剂的砂浆的强度就比纯水泥砂浆的强度高出很多，到 28d 的时，差距更是明显，掺加了 30% 硅灰的砂浆抗压强度比纯水泥砂浆的抗压强度提高了 38.1%，粉煤灰与硅灰以 1∶4 的比例掺配的砂浆的抗压强度比纯水泥砂浆的抗压强度提高了 32.6%，比前一组配比的结果也高出很多。这主要都是因为高效减水剂破坏了硅灰这种超细颗粒之间由于比表面积过大导致的颗粒比表面能过高而形成的絮凝结构，使得胶凝材料粉体的颗粒能够很好地填入水泥颗粒的间隙，形成颗粒间较紧密的堆积，使得水泥凝胶体的内部结构趋向于更加致密。

图 8-40 是粉煤灰与硅灰以 1∶4 的比例掺配时掺与不掺高效减水剂的对比图，图 8-40 (a) 是未掺高效减水剂的 28d SEM 图，图 8-40 (b) 是掺加了高效减水剂的 28d SEM 图。对比这两张图可以发现，掺加了高效减水剂的水泥凝胶体内部颗粒分布十分均匀，浆体结构也是更加致密，基本上看不到明显的孔洞存在。

(a)　　　　　　　　　　　　　　　(b)

图 8-40　复掺粉煤灰与硅灰的砂浆水化 28d 的 SEM 图
(a) FA1∶SF = 1∶4　1.00KX；(b) FA1∶SF = 1∶4　NF-2-6 = 0.9%　1.00KX

图 8-41 是掺加 30% 硅灰时掺与未掺高效减水剂的对比图。从这组图中同样可以发现，在掺加了高效减水剂以后，硅灰这种超细颗粒可以得到充分的分散，从而充分发挥其优良的填充作用，使得水泥浆体的结构更加致密。

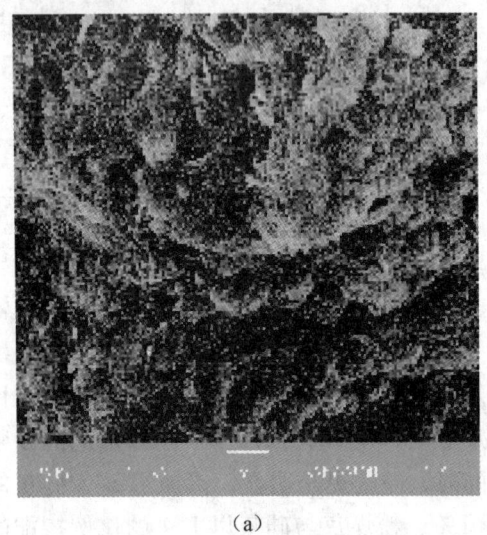 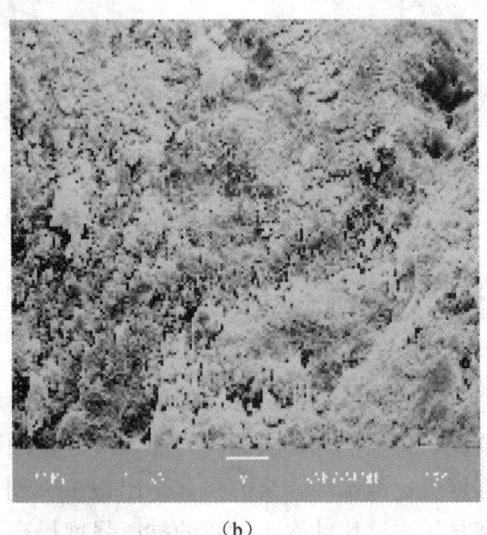

(a)　　　　　　　　　　　　　　　(b)

图 8-41　掺 30% 硅灰的砂浆水化 28d 的 SEM 图
(a) 掺 30% SF　1.00KX；(b) 掺 30% SF　NF-2-6 = 1%　1.00KX

8.5.6.3 小结

超细矿物外加剂的颗粒在经过超细加工以后，由于超细颗粒的比表面积增大，使得表面能提高，故掺加到水泥粉体中后其粉体颗粒之间或与水泥颗粒之间会形成絮凝结构，不利于发挥其填充作用，当同时加入高效减水剂时，超细粉粒子吸附减水剂分子后，表面形成双电层，使得这种絮凝结构被破坏，超细粉粒子就可以更容易地填充水泥浆体中的空隙，并且使水泥颗粒进一步分散，使得水化充分。因此矿物外加剂与高效减水剂共同掺加时更有利于发挥矿物外加剂的填充作用。

8.6 结论与展望

8.6.1 结论

本章较为详尽地论述了在混凝土砂浆中掺矿物外加剂的环保效益，并系统地阐述了几种常用的矿物外加剂在化学成分、反应活性、颗粒形状等方面的特点。通过对矿物外加剂研究及应用现状的总结，认为能为我们有效利用的矿物外加剂的种类毕竟有限，在其成分选择性不大的条件下，要提高矿物外加剂的活性不能一味地依靠提高它的细度来实现，而考虑其颗粒的粒径分布，相互结合不同细度、不同种类的矿物外加剂，实现优势互补，是充分发挥各种矿物外加剂的特性的关键所在。

本研究主要从颗粒紧密堆积的角度出发，首先考察了不同细度的矿物外加剂对水泥砂浆强度及微观结构的影响，另外还将不同细度的矿物外加剂复合掺配，使得不同粒径分布的颗粒能互相补充，接近紧密堆积状态，提高水泥浆体的密实度，达到提高砂浆强度的目的。现将本章的主要结论总结如下：

要获得结构紧密的混凝土砂浆，不仅要求混凝土砂浆中宏观尺寸的骨料颗粒要达到良好的级配，而且细观乃至微观尺度的胶凝材料粉体颗粒也要求具有良好的级配。

按照 Andrensen 方程计算出了粉体颗粒达到最紧密堆积状态时的粒径分布。对比这一结果，经过测试发现，混凝土砂浆中的主要胶凝材料——水泥的颗粒粒径的分布与最紧密堆积理论的要求尚有很大差距，如果混凝土砂浆中仅仅以水泥作为胶凝粉体材料，势必会导致在粉体堆积的过程中产生大量的空隙，这些空隙需要由比水泥颗粒细的粉体颗粒来填充才能保证混凝土砂浆中胶凝材料粉体颗粒达到较紧密的堆积状态。因此，在混凝土砂浆中掺入比水泥颗粒细的矿物外加剂，就可以起到改善胶凝粉体材料颗粒的级配，使得粉体颗粒趋于紧密堆积状态的作用。

（1）通过试验证明，在水泥砂浆中掺入比水泥颗粒细的矿物外加剂可以有效填充水泥凝胶体的孔隙，使水泥浆体的内部结构趋于致密。尤其是将不同细度、不同种类的矿物外加剂进行复合掺配时，由于不同的矿物外加剂的细度存在着差异，在共同使用时，它们的颗粒可以互相补充，使得水泥砂浆中胶凝材料粉体颗粒的级配趋向于达到粉体颗粒最紧密堆积的要求，从而使得水泥浆体的结构趋于致密，提高水泥砂浆的强度。另外不同的矿物外加剂在颗粒形态、化学成分上的差异也会导致它们在复合掺配时产生一定的叠合效应。

（2）利用 Andrensen 颗粒最紧密堆积理论，本研究中确定了几种矿物外加剂复合掺配的比例，使得由此得到的水泥砂浆中胶凝材料粉体颗粒的级配基本上满足紧密堆积理论的要求,通过考察相应的水泥砂浆的强度及微观结构发现,砂浆的强度有大幅度的提高,水泥凝胶体的结构也趋向更加致密,即使是在增加水泥砂浆中矿物外加剂掺量的情况下,由于矿物外加剂的掺配比例合适,都能达到最紧密堆积理论的要求,所以水泥砂浆的强度不会因为水泥含量的减少而下降,反而表现出良好的增长趋势,水泥凝胶体的微观形貌也是非常致密。

(3) 在掺硅灰这类超细颗粒的矿物外加剂时,同时需要掺加一定量的高效减水剂从而可以打破其颗粒之间的絮凝现象,使得胶凝材料粉体的颗粒能够均匀分布在浆体内部,从而提高其填充孔隙的能力,提高水泥浆体的密实度。

8.6.2 展望

随着社会环保意识的不断提高,用工业废料为原料的矿物外加剂的优点也渐渐为人们所熟识。在混凝土砂浆中使用矿物外加剂可以变废为宝,减少工业废渣大量堆积对环境带来的负面影响。同时矿物外加剂的使用能明显改善混凝土砂浆的性能,如和易性、耐久性等等,具有良好的社会经济效益。因此矿物外加剂是很有发展前途的环保型材料。随着研究和生产技术的成熟以及人们认识上的提高,该材料将会有很广阔的市场和应用前景。

目前该课题对矿物外加剂的细度及级配对砂浆强度影响的研究取得了一定的成果,但是还有很多的问题需要做进一步的研究工作。

(1) 矿物外加剂的品种、产地、原料等因素对其性能有很大的影响,所以在加入矿物外加剂后,砂浆强度的变化受到很多因素的影响,很难简单地与矿物外加剂的某一个方面建立起直接的关系曲线。所以建立一个评价矿物外加剂性能的指标体系及试验方法是比较关键的问题。

(2) 在水泥砂浆中掺加比水泥细的矿物外加剂时,可以通过确定不同细度的矿物外加剂的掺配比例,使砂浆中胶凝材料粉体颗粒的级配能够满足颗粒最紧密堆积对较细颗粒的级配要求,但同时也带入了很多较粗的颗粒,使得胶凝材料中粉体颗粒中一些较粗的颗粒含量相对过高,这样也许同样对矿物外加剂的填充作用有影响,本研究中由于试验条件的限制,没能做到将这一部分多余的颗粒筛除,所以这方面的工作有待于今后进一步的研究。

(3) 在不同细度的矿物外加剂互相掺配时,在实际中很难找到在整个粒径范围内都能满足 Andrensen 颗粒最紧密堆积方程要求的掺配比例,所以找到一个能够比较定量反映堆积效果的模型十分必要。对这方面的研究还有待于进一步的深入。

参考文献

[1] 吴中伟. 高性能混凝土及其矿物细掺料 [J]. 建筑技术,1999,3:160~163.

[2] 唐明述等. 可持续发展与水泥工业的结构调整 [J]. 水泥工程,1998,1:4~8.

[3] 廉慧珍,吴中伟. 混凝土的可持续发展与高性能胶凝材料. 混凝土,1998,06:8~12.

[4] Aitcin, Pierre-Claudea. cements of yesterday and today: Concrete of tomorrow. Cement and Concrete Research, 2000, 30 (9): 1349~1359.

[5] 冯乃谦. 高性能混凝土 [M]. 北京:中国建筑工业出版社. 1996. 131~133.

[6] (美) P. 梅泰著. 祝永年,沈威,陈志源译. 混凝土的结构、性能与材料 [M]. 上海:同济大学出版社. 1991. 184~193.

[7] 杨坪,彭振斌. 硅粉在混凝土中的应用探讨 [J]. 混凝土,2002,1:11~13.

[8] 覃维祖. 粉煤灰在混凝土中的应用 [J]. 粉煤灰综合利用, 2000, 3: 1~8.
[9] 覃维祖. 利用粉煤灰开发高性能混凝土若干问题的探讨 [J]. 粉煤灰, 2000, 3: 3~6.
[10] 张雄, 吴科如, 许彬彬等. 高强混凝土第六组分——特殊混合材的制备及应用 [J]. 混凝土与水泥制品, 1996, 3: 8~10.
[11] 冯乃谦, 丁建彤, 石云兴. 磷渣超细粉混凝土的流动性、抗压强度与耐久性研究（英文）[J]. 山东建材学院学报, 1998, S1: 83~88.
[12] 冯乃谦, 石云兴, 郝挺宇. 矿物质超细粉对水泥浆体的流动性和强度的影响 [J]. 山东建材学院学报, 1998, S1: 103~109.
[13] 杨静, 覃维祖. 粉煤灰对高性能混凝土强度的影响 [J]. 建筑材料学报, 1999, 3: 218~222.
[14] 王复生. 矿物掺合料在高性能混凝土中的作用探讨 [J]. 山东建材学院学报, 1996, 3: 21~25.
[15] 蔡跃波. 掺活性掺合料混凝土研究与应用中的几个疑难问题 [J]. 硅酸盐学报, 2000, 12: 52~56.
[16] 丁铸, 张德成, 邵洪江等. 含超细矿渣水泥的水化研究 [J]. 建筑材料学报, 1998, 3: 201~205.
[17] 张德成, 丁铸, 侯宪钦等. 超细矿渣高性能混凝土试验及水化研究 [J]. 山东建材学院学报, 1998, 2: 99~102.
[18] 高培伟, 张德成, 冯乃谦. 磷渣超细粉对高性能混凝土强度与耐久性的影响 [J]. 山东建材学院学报, 1998, S1: 130~134.
[19] Chiara F. Ferraris, Karthik H. oBla, Russell Hill. The Influence of Mineral Admixtures on the Rheology of Cement Paste and Concrete. Cement and Concrete Research, 2001, 31: 245~255.
[20] Sarkar, Shondeep, et. al. Microstructural Development in an Ultrafine Cement—Part II. Cement and Concrete Research, 2001, 31: 125~128.
[21] 翁友法, 张东. 矿渣细度对高强混凝土性能的影响 [J]. 中国港湾建设, 2000, 3: 25~27.
[22] 周炎昌, 孙伟, 秦鸿根. 磨细矿粉最佳细度的优选 [J]. 混凝土与水泥制品, 2000, 5: 16~17.
[23] P. K. Metha. Influence of the Fly Ash Characteristics on the Strength of Portland- Fly Ash Cement [J]. Cement and Concrete Research, 1985, 15 (4): 669~675.
[24] 张永娟, 张雄, 窦竟. 矿渣微粉颗粒分布与其活性指数的灰色关联分析 [J]. 建筑材料学报, 2001, 01: 44~48.
[25] 牛全林, 杨静, 冯乃谦. 矿渣微粉粒径分布与水泥胶砂强度关系的研究 [A]. 第三届全国高性能混凝土学术研讨会论文集 [C], 2001, 9: 183~187.
[26] 牛全林, 冯乃谦, 杨静. 矿渣超细粉在混凝土中作用机理的分析 [A]. 第三届全国高性能混凝土学术研讨会论文集 [C], 2001, 9: 177~182.
[27] Quanlin Niu, Naiqian Feng, JingYang, et al. Effect of Superfine Slag Powder on CementProperties. Cement and Concrete Research, 2002, 32: 615~621.
[28] 丁建彤, 阎培渝, 朱金铨. 含粉煤灰或矿渣与硅灰的不同组合的混凝土（英文）[J], 山东建材学院学报, 1998, S1: 110~118.
[29] 王湛, 李庚英. 双掺活性混合材对高强混凝土性能的影响 [J]. 混凝土. 2001, 6: 15~18.
[30] 巴恒静, 杨英姿, 赵霄龙. 掺合料复合化对高强混凝土强度及显微结构的影响 [J]. 混凝土, 2000, 09: 7~10.
[31] 杨华全, 覃理利, 董维佳等. 掺矿渣微粉和粉煤灰的水泥胶砂性能试验研究 [J]. 长江科学院院报, 2001, 2: 16~19.
[32] 李家和, 盖广清, 刘铁军. 双掺硅灰超细矿渣高强混凝土的研究 [J]. 吉林建筑工程学院学报, 2000, 1: 11~16.
[33] 王新友, 曹景耀. 双掺磨细矿渣与高钙粉煤灰混凝土研究 [J]. 粉煤灰综合利用, 1999, 02: 1~5.
[34] 陆厚根. 粉体技术导论 [M]. 上海: 同济大学出版社. 1998.9~17.

[35] 卢寿慈. 粉体加工技术 [M]. 北京：中国轻工业出版社. 1999.5~11.
[36] 国家标准局. GB 8047—87. 中华人民共和国国家标准——水泥比表面积测定方法（勃氏法）[S]. 北京：中国标准出版社, 1987.
[37] 国家质量技术监督局. GB/T 17671—1999. 中华人民共和国国家标准——水泥胶砂强度检验方法（ISO 法）[S]. 北京：中国标准出版社, 1999.
[38] 廉慧珍, 董良, 陈恩义. 建筑材料物相研究基础 [M]. 北京：清华大学出版社. 1996.63~73.
[39] 管宗甫, 张素芳. 磨细粉煤灰颗粒级配对水泥强度的影响 [J]. 粉煤灰综合利用, 2001, 1：30~31.
[40] 沈旦申, 冒镇恶. 粉煤灰优质混凝土 [M]. 上海：上海科学技术出版社.1992.2~8.
[41] 杜庆檐. 超细矿渣高强混凝土配制研究 [J]. 混凝土, 1998, 3：40~46.
[42] 田倩. 自密实高性能混凝土矿物外掺料 [J]. 混凝土与水泥制品, 2000, 5：18~20.
[43] Rao, G. Appaa. Influence of Silica Fume on Long-Term Strength of Mortars Containing Different Aggregate Fractions. Cement and Concrete Research, 2001, 31：7~12.
[44] M. D. Cohen, . A Look at Silica Fume and Its Ations in Portland Cement Concrete. Indian Concr J, 1990, 9：429~438.
[45] Z. Bayasi,, J. Zhou. Properties of Silica Fume Concrete and Mortar. ACI Mater J, 1993, 90（4）：349~356.
[46] 石云兴, 杨世浩, 宋中南等. 微细粉体在新拌混凝土中的表面物理化学作用 [J]. 混凝土, 1999, 5：15~18.
[47] 王冲, 蒲心诚. 超细矿物掺合料对新拌混凝土的增塑减水机理分析 [J]. 混凝土, 2001, 8：51~54.
[48] 姜德民. 硅灰对高性能混凝土强度的作用机理研究 [J]. 建筑技术开发, 2001, 4：44~46.
[49] 姜洪洋, 洪雷, 王晴等. 超细矿粉对混凝土界面的增强作用 [J]. 新型建筑材料, 2001, 1：39~41.

第9章　高原石膏

9.1　石膏资源

9.1.1　石膏矿

石膏矿按其化学成分分为石膏矿（$CaSO_4 \cdot 2H_2O$）和硬石膏矿（$CaSO_4$）两种。石膏矿在水泥工业中作为制造硅酸盐水泥的缓凝剂并增强水泥的强度，用量占水泥总成分的4%~5%。用硬石膏矿代替石膏矿作水泥的缓凝剂，能达到同样的效果。在建筑业上将天然石膏矿烧到170℃时所得的灰泥石膏，用于涂抹建筑天棚、檐板等；煅烧到750℃并碾成粉末所得的水硬石膏，用于制造印花墙板、窗框、窗台、台阶、装饰板等建筑材料。此外，在造纸和油漆工业中，石膏矿用作填充料；在陶瓷上用作高级瓷器模型以及高级雕塑艺术品；在外科医疗上，也均用到石膏矿。石膏建材制品，用途非常广泛。

资源概况：青海石膏矿资源丰富，主要分布于西宁盆地及祁连山、唐古拉山等地区。已知产地91处，上表矿床7处，其中大型矿床3处（西宁北山寺—泮子山、互助硝沟、民和新庄—马家丫豁）、中型3处（平安韭菜沟、乐都裴家项—药水沟、湟中谢家）、小型1处，其余为矿点。全省探明石膏矿石D级储量26.48亿t，潜在总价值1610.4亿元，居全国第三位。

全省石膏矿的勘查程度很低，在上表的7个矿床中，有5个是初查，1个为详查，1个为初勘，探明储量均为D级，其余仅为矿点检查或顺便检查性质。今后勘查工作的重点是提高上表5个初查矿床的勘查程度，并对祁连县小八宝和天峻县考克赛两个未上表大型矿床进行勘查。

据《青海省区域矿产总结》预测，全省石膏矿资源总量达584.3亿t，为已探明储量的22倍，大量的资源有待于进一步勘查。当前已探明的储量完全可以满足本省经济建设的需求，丰富的石膏矿为发展本省石膏矿业及其制品工业提供了坚实资源基础。

9.1.2　开发与利用

9.1.2.1　开发

20世纪90年代以前，青海省石膏工业基础薄弱，产品单一，大部分企业以出卖石膏矿石为主，附加值很低，不但浪费，而且多数企业面临困境，全省石膏矿年产量逐年下降，1996年石膏矿产量只有6.93万t，不及1990年的1/5。

1988、1989两年，先后在平安、西宁兴建了两条年产石膏粉1万t的生产线，每年可向省外出售石膏粉15000t以上，同时还生产石膏砌块、石膏空心板、石膏装饰板等墙体材料和装饰材料。2008年，全省石膏粉产量达21万t，石膏板达到1500万m^2。自2001年起，随着大型石膏加工企业的建成，石膏产品生产有所回升。如：青海省西部石膏产业公司，年产 10000t 石膏和石膏粉；青海互助塘川工业集中区建成年产 50 万 t 的石膏粉加工厂；互助西昌石膏矿、青海福利石膏开发总公司、青海得利石膏板材厂等。

9.1.2.2 利用

国内外石膏建材制品的前景相当广阔。石膏制品具有防火、隔热、吸声、伸缩率小、可钉、可锯、可黏结和没有虫害等特点，并具有良好的抗震性能，是理想的绿色环保轻型建筑材料。据此，应充分利用西宁及海东地区丰富的石膏矿产资源，就地取材，在"十一五"末，建立大中型石膏矿山和相应的石膏板材加工企业，定会收到良好的经济效益和社会效益。

据调查：青海省大部分石膏产品来自外地，尤其是石膏装饰产品，如纸面石膏板、天花板、吸声板、石膏压线、医用石膏和模型石膏、石膏空心条板等，并且价格较高。目前生产的石膏粉质量存在一些问题，如强度、细度、耐水性、结晶水含量等方面，而且未形成规模和拳头产品。

目前，青海省政府已把利用石膏资源的年产 2000 万 m^2 纸面石膏板项目、年产 10 万 t 特种石膏粉项目作为"十一五"期间以及今后的重点建设项目。有关人士建议按照循环经济的理念来发展该产业，考虑与电厂结合，以电厂脱硫的化学石膏为原料，这样不仅可以变废为宝，而且免除了开采矿山的成本，还由于使用了废渣而享受免增值税等各类税收的优惠，增强了企业竞争能力。除此之外，近期应上一些投资小、见效快、销量大的系列产品项目。

9.2 石膏开发需解决的问题

9.2.1 石膏生产中的关键技术

石膏生产中的关键技术包括：石膏原矿精选、煅烧工艺控制与技术参数。

虽然二水石膏在"温度—压力"区间内都可以生成 α 型半水石膏，但在此区间内，温度和压力不同，生成的 α 型半水石膏质量有所差别，它们的晶体形状也有所不同。温度升高，压力降低，可以使二水石膏脱水生成 α 型半水石膏的速度加快，缩短蒸压时间，可降低成本，但产品质量有所下降。多次试验表明，温度在 125℃~135℃，压力在 0.25~0.37MPa 范围内最适合。蒸压时间除与温度、压力有关系外，还与二水石膏块度大小有关。块度大，延长蒸压时间，块度小，可缩短蒸压时间。但在干燥时，因鼓入的热空气经过细块度石膏层时，阻力大，难以均匀干燥，若过细，甚至无法吹入热空气，使干燥不能进行。通过试验，二水石膏块度在 3~5cm 比较好，这时蒸压时间约为 4h。干燥时的温度和压力也很重要，干燥温度过高会使生成的 α 型半水石膏再脱水生成无水石膏。干燥温度过低干燥时间延长，甚至使 α 型半水石膏转回到二水石膏。经试验，干燥温度控制在 130℃~140℃较好。干燥时蒸压釜内的压力越小越好，最好是负压。干燥后，进行粉磨细度要过 150 目筛。

9.2.2 节能环保低投资型石膏生产工艺流程

熟石膏的加工工艺主要有：干法烧成生产 β-型半水石膏、蒸压法生产 α-型半水石膏、高温煅烧生产无水石膏。工艺特征如图 9-1 所示。

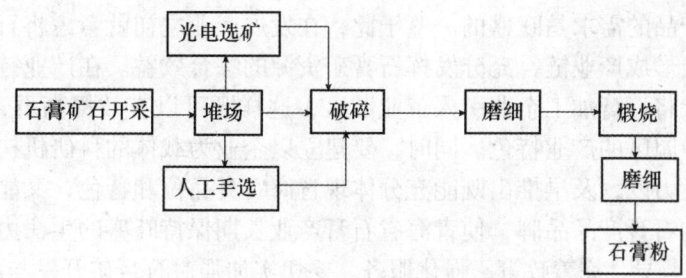

图 9-1 工业化生产石膏粉工艺流程

石膏、硬石膏经过加热或水化,二者可互相转化,硬石膏经水作用后,变为石膏,体积可增大 30% 以上。石膏加热可脱水,变为用途广泛的熟石膏。此外,它具有白度高、质轻、导热率低、不易燃、吸湿、收缩率低、抗震等特征。

石膏的提纯,我国大部分矿山采用手选。需要高质量矿石时采用选矿方法提纯。目前,湖北应城石膏光电选矿工业试验获得比较满意结果。光电选矿是利用石膏与脉石之间的光性差异,利用光电效应原理进行分选的一种方法。原矿处理能力 2.2t/h,入选粒度 20~50mm,石膏品位 20%~40% 时,采用干法分选,一次粗选一次精选,获得石膏含量达 95%,回收率 80% 以上的精矿。石膏的重介质选矿在美国和英国应用较普遍,它可有效地除去碳酸盐杂质矿物。利用水洗分级除去泥质矿物,用浮选法选别石膏都有成功的实例。

9.2.3 石膏工业发展的方向

我国石膏资源丰富、开发利用率低,已采矿床采储比过高。石膏提纯工艺多数依靠手选,也有不选直接用于水泥工业,因此,选矿技术在石膏提纯中较之其他矿石应用较少。深加工产品熟石膏生产已有悠久的历史,且近年来发展较快,预计熟石膏生产工业将朝先进设备和工艺,扩大企业生产规模和生产多品种、高质量产品方向发展,熟石膏工业将积极参与国际合作、市场竞争,出口贸易方面将改变以前出口原矿的局面转为出口熟石膏及其制品。

在石膏矿产供需方面,石膏矿产品供需存在地区性不平衡。西北石膏资源丰富,而人口相对稀少,经济发展相对滞后,长期存在供大于求状况。东北三省和华东、福建、上海、浙江由于石膏资源贫乏,一直需从外省购进。从总体上看,我国石膏矿产品总量基本能满足国内市场需求。近年来我国石膏制品业高速发展,石膏制品产量大幅度增加,但是高质量、高档次制品少,中低档产品多,每年仍需进口以满足国内高级宾馆装饰装潢用。我国医用石膏数量和质量尚不能满足国内市场需求。市场需求推动着建筑石膏和石膏建筑制品的快速发展。为了防止低水平的纸面石膏生产线盲目建设,有关部门应制定产品质量标准和能源消耗指标。

鉴于青海省石膏产业刚刚起步和存在诸多制约石膏产业发展的因素,提出以下对策与建议:

第一,继续加大招商引资力度,让有资金实力、技术实力、有先进管理经验的知名企业尽早落户我省。

第二,科学制定石膏产业发展规划,使石膏开发与深度加工循序渐进地推进。要统筹分析我省可开发的石膏矿资源的储量和分布状况,遵循资源开发与环境保护两不误和分期分批、从小到大的原则,科学合理地制定石膏产业发展规划,使石膏矿开发与深度加工有据可依。

第三,要以实现对石膏矿的深度开发与综合利用为目标,着手建立一条较为完善的产业链,推进石膏矿的精深加工和石膏产品的提档升级。据《中国非金属矿工业跨世纪发展战略》预测,我国 2010 年石膏需求量为 4981 万 t,其中建筑石膏制品、轻工、化工、医药、食品及出口等方面需求量为 1736 万 t,而目前我国石膏生产量仅为 3000 万 t 左右。可见,国内市场对石膏产品的需求是旺盛的。鉴于此，在发展产业之初就考虑将石膏原矿开发、精深加工、提档升级形成产业链，充分发挥石膏矿资源的综合效益。在产业链较为完善的前提下，必须千方百计将石膏加工企业引入工业园区，这样既可以有效提高石膏产品的附加值，又能更加彰显工业园区的产业特色。同时，要建立以企业为载体的科研机构，不断加大对石膏产品的科研开发力度，及早推出既能充分体现青海石膏品位和特色，又能牢牢占领国内外石膏市场制高点的石膏产品品牌，使青海省石膏产业长期保持旺盛的生命力。

第四，要加强领导，完善政策，强化服务。要切实加强对石膏矿开发与加工工作的领导，适时研究解决石膏企业在项目申报、资金融通、市场开拓等方面存在的困难和问题。结合石膏产业的特点和发展需要，出台一些更有针对性、操作性的优惠政策，并采用一切可行手段，大力营造合力支持石膏产业发展的良好氛围，使石膏产业在全省上下的精心呵护下茁壮成长。

9.2.4 石膏产品的研发

9.2.4.1 石膏产品链

青海省内石膏矿资源丰富，分布很广，尤其是西宁盆地和海东地区，储量巨大，上表矿床全在其内。上述区域交通运输方便，经济基础好，水、电、燃气供应充分，矿床开发条件优越。

石膏产品链：天然石膏矿、硬石膏矿→石膏→石膏制品。

工业利用链：石膏、硬石膏→水泥工业辅料、农用、建筑制品、模型、医用、食品工业、硫酸、造纸工业、油漆填料。

工业废渣利用链：磷肥、盐田工业废弃物、电厂硫化学石膏→石膏→石膏制品；

石膏矿渣及生产石膏过程中的废弃物→建筑制品的填料。

矿渣、粉煤灰、石膏→建筑制品。

9.2.4.2 化学石膏的利用

化学石膏是指工业生产中由化学反应生成的以硫酸钙（主要为无水和二水硫酸钙）为主要成分的副产品或废渣。例如：在磷素化学肥料和复合肥料、各类添加剂的生产过程中会产生磷石膏，大型燃煤设施采用石灰湿法脱硫产生的脱硫石膏，发酵法制柠檬酸的过程中产生柠檬酸石膏，用硫酸分解萤石制氟化氢过程中产生的氟石膏，还有其他各化工生产中产生的盐石膏等均为化学石膏的主要品种。

我国目前许多化工及电厂等企业在生产和环境治理过程中产生大量的有待处理的化学石膏。以燃煤电厂的脱硫石膏为例，随着环保对大气污染指标要求的提高，电厂将产生大量的脱硫石膏。用脱硫石膏生产石膏板，不仅解决了石膏板的原材料问题，而且解决了燃煤电厂中二氧化硫大气污染和脱硫石膏没法存放的问题。日本、美国以及欧洲的许多国家都在利用化学石膏生产石膏制品，甚至全部用脱硫石膏生产纸面石膏板，不仅避免了损害农田耕地，而且可吸纳、利用大批工业副产物，改善生态环境，同时也可以降低石膏板的制造成本。

脱硫石膏不含放射性，物理化学性能与天然石膏本质上相同。但用脱硫石膏生产纸面石膏板的工艺与用天然石膏生产有所区别。脱硫石膏为细粉状态，可免去匀化、粉磨工序。但脱硫石膏游离水含量稍高，需要增加烘干能耗，粒度的级配结构也可能需要在其烘干、煅烧过程中进行科学的调整。因此，用脱硫石膏生产纸面石膏板需要有一套新的生产工艺。作为发展趋势，采用脱硫石膏等化学石膏为原料发展石膏制品是大势所趋。

9.2.4.3 石膏系列产品开发建议

（1）石膏板系列产品：纸面石膏板、碾压石膏板、石膏天花板、装饰石膏板。

（2）石膏粉系列产品：高强石膏粉、粉刷石膏粉、模型用石膏粉、食品添加剂石膏粉、医用石膏粉、超高强耐水石膏粉。

(3) 石膏砌块系列产品：石膏砌块、石膏空心条板。

(4) 高强耐水复合石膏：复合材料、添加剂。

在循环发展方面，应重点考虑解决好石膏产品的应用技术和配套技术。未来的石膏产品应尽量以工业副产石膏为主要原料，如化学石膏的综合利用，吸纳和利用大批工业副产物，改善生态环境，以降低石膏产品的制造成本。

9.3 适合于高原环境的高强耐水复合石膏

9.3.1 概述

建筑石膏是一种具有很多优良性能的建筑材料，如：凝结较快、良好的施工性、耐火性以及居住的舒适性，但其明显的缺点是耐水性较差，一般建筑石膏的软化系数在 0.2~0.4，这一缺点在一定程度上限制了石膏的使用。目前，解决石膏耐水性的途径主要是加入有机防水材料或在制品表面喷涂防水材料。这样固然可以提高石膏的防水性，却破坏了石膏优良的"呼吸"特性，从而降低了以石膏为建筑材料的房屋的居住舒适性，并且加入有机防水材料后削弱了硫酸钙晶体之间的结合，使石膏制品的强度降低，造价提高。青海省具有丰富的石膏资源，品位和品质较高，如何开发利用石膏系列产品，已成为青海省今后建材工业重点研究的方向。为此在建筑行业找到一种既能保持石膏本身的优良特性，又能显著提高石膏耐水性的材料成为石膏产品综合利用十分重要的研究内容。

石膏制品耐水性差的主要原因是：石膏为轻质多孔材料，吸水率高，而石膏的水化产物中二水硫酸钙晶体的溶解度较大，且晶体接触点的热力学性能不稳定，在水的作用下很容易发生溶蚀，使强度、硬度等大大降低。经过大量试验，课题组配制出以树脂和防水粉为主的多种有机、无机材料的混合料，可以显著改善石膏的耐水性能，同时提高石膏的抗折强度、抗压强度等力学性能。这种耐水石膏已经过工程实际应用的检验，耐水效果良好（工程应用情况在其他文章中介绍，不在此赘述）。耐水石膏之所以具有耐水性，主要是因为：石膏中的硫酸钙物质与石膏耐水粉中的硅铝酸盐物质发生水化反应，生成水化硫铝酸钙和硅铝酸钙，这些产物难溶于水，且晶体易于交织，因此具有一定的耐水、增强作用；树脂和其他掺合料的加入，使得耐水性和其他力学性能进一步得到改善。

建筑石膏是一种性能优良的建筑环保材料，由于耐水性能较差，受高原环境影响，水分蒸发快易干裂、昼夜温差大（日较差以冬季一月最大，-13℃~13℃，夏季七月最小9℃~16℃）易受冻，在冷湿环境中强度易降低等影响，使其工程应用的广泛性大打折扣。以普通建筑石膏为主，掺入外加剂研制成高强耐水复合石膏粉。试验分析了各种外加剂、耐水粉掺量，水粉比、试验方法及养护制度等对高强耐水石膏性能的影响。结果表明掺入外加剂、纤维和耐水粉能较好地改善石膏的耐水性，同时也能提高石膏制品的拌合性能和力学性能。以下是耐水石膏的试验情况。

9.3.2 试验原料

9.3.2.1 石膏粉

α型高强石膏粉：采用青海大江特种石膏（西宁）公司生产的 α 型高强石膏粉，其性能见表9-1。

表 9-1　α 型高强石膏粉的性能

900 孔筛筛余（%）	标稠需水量（%）	初凝（min）	终凝（min）	干抗折强度（MPa）	干抗压强度（MPa）
5.8	67	5	10	8.9	22.5

普通建筑石膏粉：采用互助塘川刘元石膏粉厂生产的普通建筑石膏粉，其性能见表9-2。

表 9-2　普通建筑石膏粉的性能

900 孔筛筛余（%）	标稠需水量（%）	初凝（min）	终凝（min）	干抗折强度（MPa）	干抗压强度（MPa）
3.5	70	5	10	4.2	10.6

9.3.2.2　复合材料

耐水粉：采用陕西西安市高原新型化工厂生产的高效防水粉。

纤维：在试验中添加了两种纤维。采用中国科学院化学研究所研制的聚丙烯纤维（规格为12mm、6mm两种）和青海省新材料发展有限公司制造的"MAMF"纤维（具体性能指标见表9-3）。

表 9-3　"MAMF" 纤维性能指标

规格（mm）	抗拉强度（MPa）	弹性模量（MPa）	密度（g/cm³）	熔点（℃）	比表面积（m²/g）	掺量（kg/m³）	裂纹减少量（%）
0.25/0.01	24~34	300~1600	0.5	1520	13~22	0.6/1.2	76.1~100

9.3.2.3　树脂

采用南京树脂厂生产的"196"、"191"不饱和树脂。

9.3.2.4　添加剂

硬脂酸（$C_{18}H_{36}O_2$）。

乙酸乙酯（$CH_3COOC_2H_5$）：西安化学试剂厂生产。

消泡剂：有机硅系消泡剂。

9.3.3　试验步骤

试验步骤如图9-2、图9-3所示。

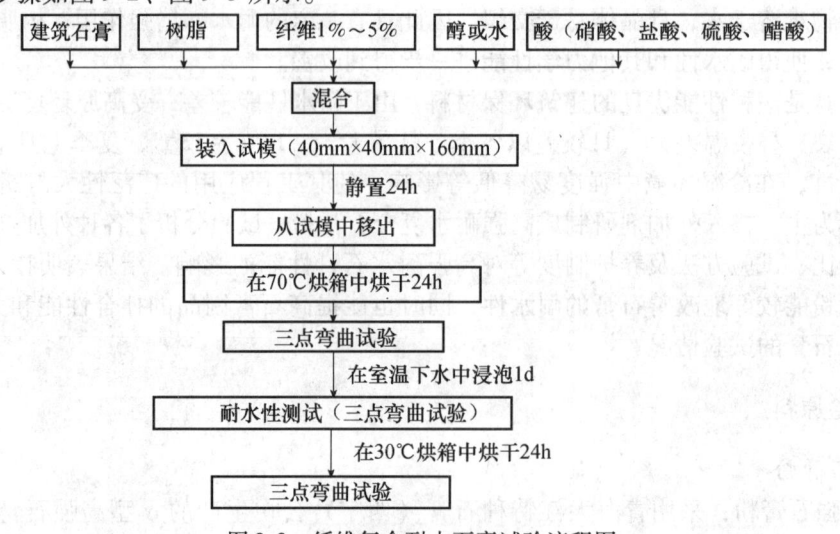

图 9-2　纤维复合耐水石膏试验流程图

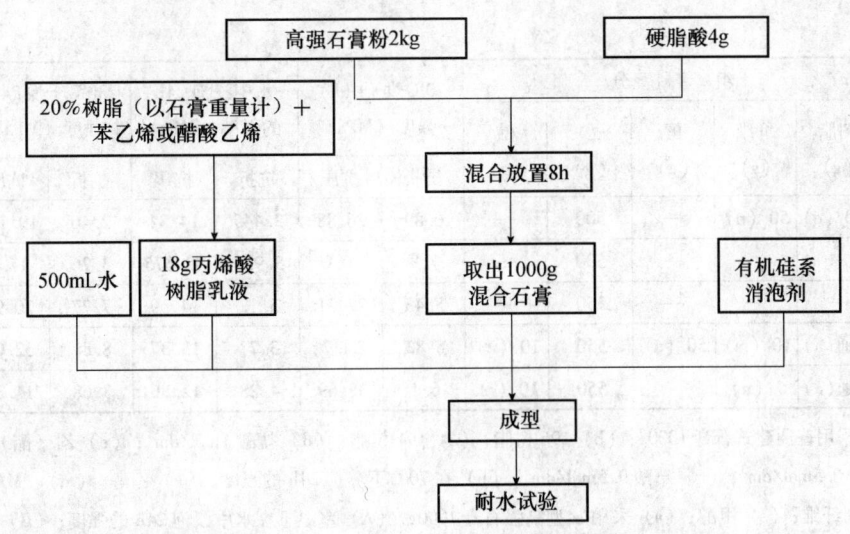

图 9-3　乳液复合耐水石膏试验流程图

9.3.4　试验配合比及试验结果

试验研究采用了三组配合比，复合的材料不同得到了不同的试验结果（表9-4、表9-5、表9-6）。

表 9-4　高强纤维耐水复合石膏配合比设计

试验编号	组　　分					70℃烘干（h）强度（MPa）		水中浸泡24h的强度（MPa）		30℃干燥24h强度（MPa）		$K_软$
	树脂(g)	纤维(g)	醇(g)	水(g)	酸(g)	抗折	抗压	抗折	抗压	抗折	抗压	
1	77（b）	10（m）	—	500	15（d）	4.65	19.4	2.1	16.86	2.87	17.51	0.87
2	100（b）	10（m）	—	550	10（d）	2.42	12.05	1.02	9.89	1.28	10.54	0.82
3	100（b）	—	50（s）	550	10（f）	2.70	16.50	1.78	10.92	2.25	11.66	0.66
4	100（c）	10（m）	25（s）	550	10（f）	4.37	16.38	2.57	9.60	2.68	9.70	0.59
5	100（b）	20（m）	—	500	15（e）	4.69	25.145	2.016	20.78	2.167	21.526	0.83
6	100（b）	20（m）	—	500	15（e）	4.62	20.09	1.686	17.05	2.786	18.43	0.85
7	100（b）	20（m）	50（s）	500	15（d）	5.077	22.597	2.24	19.32	2.69	19.723	0.86
8	100（b）	30（n）	—	500	15（d）	6.297	24.16	1.39	14.61	2.67	16.834	0.60
9	100（b）	30（n）	50（l）	500	15（f）	4.51	22.46	1.193	14.083	2.22	16.13	0.63
10	100（b）	30（n）	—	500	15（f）	5.53	20.54	1.517	16.729	2.626	18.623	0.81
11	100（b）	40（m）	50（l）	500	15（g）	4.185	16.66	1.56	11.76	2.563	13.55	0.71
12	100（b）	40（m）	—	500	15（g）	5.84	20.45	1.91	12.689	3.74	14.014	0.62
13	100（c）	40（m）	50（l）	500	15（d）	8.5	20.97	2.86	11.33	2.54	12.15	0.54
14	100（c）	40（n）	—	500	15（d）	8.2	22.47	3.66	12.51	3.55	15.87	0.56

续表

试验编号	组 分					70℃烘干(h)强度（MPa）		水中浸泡24h的强度（MPa）		30℃干燥24h强度（MPa）		$K_{软}$
	树脂(g)	纤维(g)	醇(g)	水(g)	酸(g)	抗折	抗压	抗折	抗压	抗折	抗压	
15	100 (c)	50 (n)	—	500		6.89	26.88	2.445	14.34	2.46	19.173	0.53
16				500		7.8	20.2	3.925	12.375	3.26	17.6	0.61
17				550		5.43	22.71	3.12	14.39	7.77	20.95	0.63
18	普通(a)	10 (m)	50 (s)	550	10 (e)	5.83	34.7	3.77	13.37	8.81	32.05	0.39
19	普通(a)	1 (n)	-	550	10 (f)	6.1	38.69	4.28	12.86	3.68	14.39	0.33

注：（a）采用普通建筑石膏1000g；（b）196树脂；（c）191树脂；（d）盐酸$1mol/dm^3$；（e）乙（醋）酸$0.5mol/dm^3$；（f）硫酸$0.5mol/dm^3$；（g）草酸$0.5mol/dm^3$；（h）在70℃下养护24h的强度；（l）乙醇；（m）"MAMF"纤维；（n）"中科院"纤维；（s）甲醇；（a）采用α型高强石膏1000g。（A）室温下在水中浸泡24h的强度；（B）30℃下干燥24h后的强度。

表9-5 高强乳液耐水复合石膏配合比设计及强度

试验编号	组 分						静置24h强度（MPa）		70℃烘干后强度（MPa）		浸水24h后强度（MPa）		30℃干燥24h后强度（MPa）		$K_{软}$
1	乳液(60r)		水(g)	石膏(g)	硬脂酸(g)	消泡剂(g)	抗折强度	抗压强度	抗折强度	抗压强度	抗折强度	抗压强度	抗折强度	抗压强度	
	树脂(g)	醋酸乙烯(g)													
	200 (b)	5 (j)	480	1200(h)	2 (i)	5 (x)	4.53	16.1	7.35	38.37	2.72	10.94	4.6	15.19	0.68
2	乳液(72r)		水(g)	石膏(g)	硬脂酸(g)	消泡剂(g)	抗折	抗压	抗折	抗压	抗折	抗压	抗折	抗压	
	树脂(g)	醋酸乙烯(g)													
	240 (b)	6 (j)	480	1200(a)	3 (i)	6 (x)	1.42	4.91	5.64	20.48	1.55	7.02	3.30	9.85	1.43
3	乳液(60r)		水(g)	石膏(g)	硬脂酸(g)	消泡剂(g)	抗折强度	抗压强度	抗折强度	抗压强度	抗折强度	抗压强度	抗折强度	抗压强度	
	树脂(g)	醋酸乙烯(g)													
	200 (b)	5 (j)	480	1200(h)	0	5 (x)	4.13	16.45	7.13	34.2	2.70	10.2	4.8	14.82	0.62

注：（b）196树脂；（h）高强模用石膏；（i）硬脂酸；（j）乙酸乙酯；（k）乳液；（x）有机硅系消泡剂。

表9-6 高强耐水复合石膏配合比设计及强度

试验编号	组 分					静置24h强度（MPa）		70℃烘干后强度（MPa）		浸水24h后强度（MPa）		30℃干燥24h后强度（MPa）		$K_{软}$
	树脂(g)	纤维(g)	水(g)	石膏(g)	防水粉(g)	抗折强度	抗压强度	抗折强度	抗压强度	抗折强度	抗压强度	抗折强度	抗压强度	
1	—	—	500	1100(a)	110 (l)	3.11	10.52	5.78	20.94	2.81	9.27	3.99	13.25	0.88
2	—	—	600	1000(a)	200 (l)	2.46	6.479	6.275	22.42	2.95	8.52	5.38	15.04	1.32

续表

试验编号	组分					静置24h强度(MPa)		70℃烘干后强度(MPa)		浸水24h后强度(MPa)		30℃干燥24h后强度(MPa)		$K_{软}$
	树脂(g)	纤维(g)	水(g)	石膏(g)	防水粉(g)	抗折强度	抗压强度	抗折强度	抗压强度	抗折强度	抗压强度	抗折强度	抗压强度	
3	—	—	600	950(a)	285(1)	2.58	8.02	3.86	17.6	2.467	7.825	5.28	15.375	0.98
4	—	—	550	1000(a)				5.43	22.71	3.12	14.39	7.77	20.95	—

注：(a) 普通建筑石膏；(1) 高效防水粉。

9.3.5 分析与讨论

(1) 纤维种类及掺量对力学性能的影响

在试验中添加了两种纤维。采用中国科学院研制的聚丙烯纤维（规格为12mm、6mm两种）和青海省新材料发展有限公司制造的"MAMF"纤维。在其他条件基本保持不变的条件下，加入MAMF纤维较中科院纤维对石膏力学性能的改善更为显著，石膏的耐水性能也有较大提高。

(2) 树脂种类对力学性能的影响

试验中加入了两种树脂，即191树脂和196树脂，从表9-4可以看出：在其他物质掺量基本不变的条件下，196树脂对石膏耐水性能的改善较191树脂明显。

(3) 酸的种类对力学性能的影响

根据掺加不同酸对石膏凝结时热效应的影响，得出如下结论：

硫酸、草酸、盐酸、乙酸或醋酸是石膏凝结的促凝剂，按其促凝作用的强弱，排列顺序为：H_2SO_4 > 草酸 > HCl > 乙酸；初凝时间排列顺序为：H_2SO_4（3min）< 草酸（3.5min）< HCl（4.5min）< 乙酸（5min）。这些酸的当量溶液和摩尔溶液，在一定程度上能加速石膏的凝结过程，但却降低了凝结石膏的强度，见表9-7。加入硫酸、草酸、盐酸、乙酸或醋酸后的抗折强度和抗压强度降低程度分别为（70℃烘干强度）：硫酸（4.51MPa）< 乙酸（4.69MPa）< 草酸（5.84MPa）< 盐酸（6.30MPa）；草酸（20.45MPa）< 硫酸（22.46MPa）< 盐酸（24.16MPa）< 乙酸（25.15MPa）。变化情况如图9-4和图9-5所示。当加入2.5%（按树脂质量计）的醋酸乙烯时，强度最高。静置24h强度16.1（MPa），70℃烘干后强度38.37（MPa），浸水24h后强度10.94MPa，30℃干燥后强度15.19MPa。

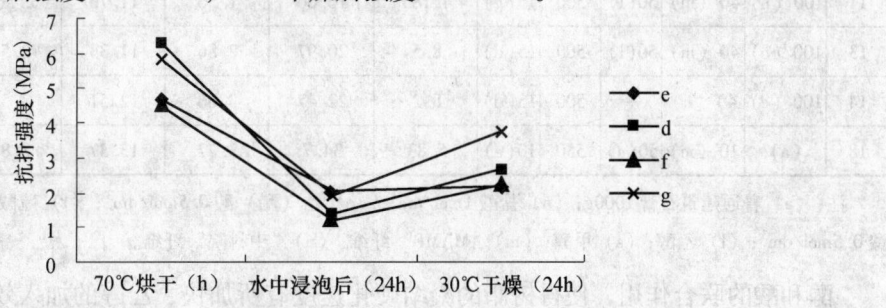

图9-4 酸对耐水复合石膏抗折强度的影响

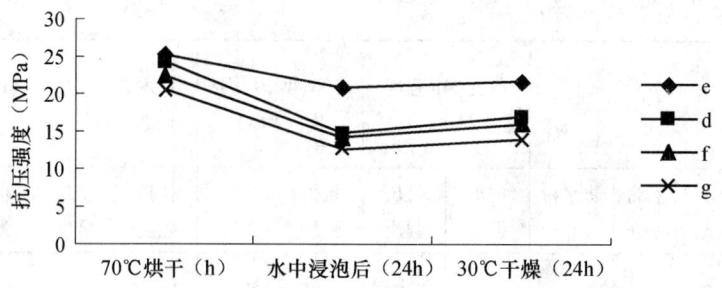

图 9-5 酸对耐水复合石膏抗压强度的影响

表 9-7 各种酸类对耐水复合石膏强度的影响

试验编号	组分					70℃烘干（h）强度（MPa）		水中浸泡24h的强度（MPa）		30℃干燥24h强度（MPa）		$K_{软}$
	树脂(g)	纤维(g)	醇(g)	水(g)	酸(g)	抗折强度	抗压强度	抗折强度	抗压强度	抗折强度	抗压强度	
5	100(b)	20(m)	—	500	15(e)	4.69	25.15	2.016	20.78	2.167	21.526	0.83
8	100(b)	30(n)	—	500	15(d)	6.30	24.16	1.39	14.61	2.67	16.834	0.60
9	100(b)	30(n)	50(l)	500	15(f)	4.51	22.46	1.193	14.083	2.22	16.13	0.63
12	100(b)	40(m)	—	500	15(g)	5.84	20.45	1.91	12.689	3.74	14.014	0.62

注：(d) 盐酸 1mol/dm³；(e) 乙（醋）酸 0.5mol/dm³；(f) 硫酸 0.5mol/dm³；(g) 草酸 0.5mol/dm³；(l) 乙醇；(m) "MAMF" 纤维；(n) "中科院" 纤维。

（4）醇掺量对力学性能的影响

表 9-8 高强纤维耐水复合石膏配合比设计

试验编号	组分					70℃烘干（h）强度（MPa）		水中浸泡24h的强度（MPa）		30℃干燥24h强度（MPa）		$K_{软}$
	树脂(g)	纤维(g)	醇(g)	水(g)	酸(g)	抗折强度	抗压强度	抗折强度	抗压强度	抗折强度	抗压强度	
3	100(b)	—	50(s)	550	10(f)	2.70	16.50	1.78	10.92	2.25	11.66	0.66
4	100(c)	10(m)	25(s)	550	10(f)	4.37	16.38	2.57	9.60	2.68	9.70	0.59
7	100(b)	20(m)	50(s)	500	15(d)	5.077	22.597	2.24	19.32	2.69	19.723	0.86
9	100(b)	30(n)	50(l)	500	15(f)	4.51	22.46	1.193	14.083	2.22	16.13	0.63
11	100(b)	40(m)	50(l)	500	15(g)	4.185	16.66	1.56	11.76	2.563	13.55	0.71
13	100(c)	40(m)	50(l)	500	15(d)	8.5	20.97	2.86	11.33	2.54	12.12	0.54
14	100(c)	40(n)	—	500	15(d)	8.2	22.47	3.66	12.51	3.55	15.87	0.56
18	(a)	10(m)	50(s)	550	10(e)	5.83	34.7	3.77	13.37	8.81	32.05	0.39

注：(a) 普通建筑石膏 1000g；(d) 盐酸 1mol/dm³；(e) 乙（醋）酸 0.5mol/dm³；(f) 硫酸 0.5mol/dm³；(g) 草酸 0.5mol/dm³；(l) 乙醇；(s) 甲醇；(m) "MAMF" 纤维；(n) "中科院" 纤维。

醇和酸的联合作用，使得树脂的凝结硬化速度有所加快，乙醇的加入效果不如甲醇。从表 9-8 可以看出：当掺入 5% 的甲醇和 1.5% 的盐酸时，水中浸泡 24h 时的抗压强度为

19.32MPa，30℃干燥时的恢复强度为19.723MPa，软化系数为0.86，耐水性大为提高，后期强度回升很快（图9-6和图9-7）。

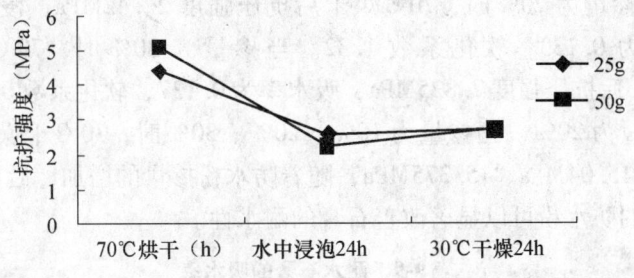

图9-6 醇的掺量对石膏抗折强度的影响

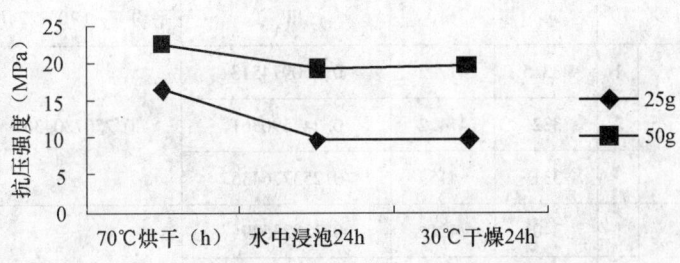

图9-7 醇的掺量对石膏抗压强度的影响

（5）硬脂酸对耐水性的影响

对建筑石膏，采用表9-5的配比时，当掺入3g硬脂酸后其软化系数为1.43，而掺量为0时，软化系数平均只有0.62。显然，加入硬脂酸可显著改善建筑石膏的耐水性。

（6）消泡剂对耐水性的影响

在建筑石膏乳液中加入适量消泡剂，可显著改善气泡产生较多带来的弊端，进而提高了石膏的耐水性。从表9-9可以看出，采用表9-9的试验方法，石膏的软化系数较不掺时有所提高。

（7）防水粉对耐水性的影响

加入防水粉后，石膏耐水性的变化如图9-8所示。由图可见，随着防水粉掺量的提高，

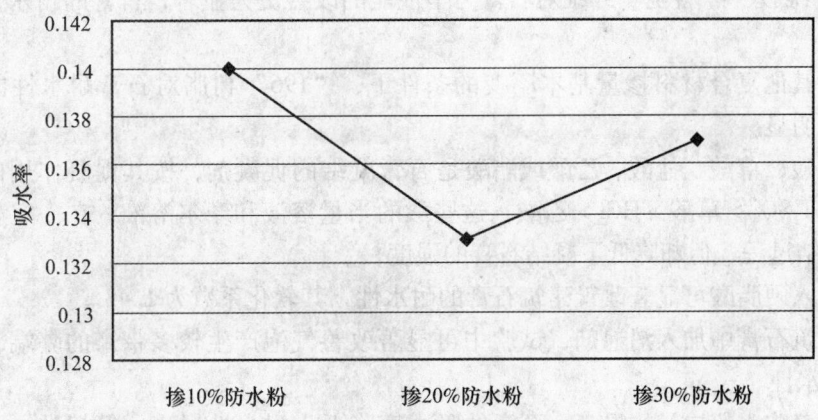

图9-8 防水粉掺量对石膏耐水性的影响

石膏的吸水率降低，耐水性提高，但超过一定掺量，石膏的耐水性又会降低。当掺量为10%时：70℃烘干后抗压强度20.94MPa，浸水24h后抗压强度9.27MPa，吸水率为0.140，软化系数0.90。当掺量为20%时，70℃烘干后抗压强度22.42MPa，浸水24h后抗压强度8.52MPa，吸水率为0.133，软化系数1.32。当掺量为30%时，70℃烘干后抗压强度17.6MPa，浸水24h后抗压强度7.825MPa，吸水率为0.137，软化系数0.98。由此可见，提高耐水性的最佳掺量为20%。当掺量为10%、20%、30%时，30℃干燥后的恢复抗压强度分别为13.25MPa、15.04MPa、15.375MPa，随着防水粉掺量的增加，后期强度也有所提高。因此，加入一定量的防水粉可以显著改善石膏的耐水性。

表9-9 耐水石膏的吸水率

试件编号		m_1	m_2	W_x	平均 W_x (70℃/24h)	W_x (45℃/24h)
掺10%防水粉	1	333.5	417.2	0.250974513	0.250780436	0.140
	2	332	414.2	0.247590361		
	3	331	415	0.253776435		
掺20%防水粉	1	340	421	0.238235294	0.238297168	0.133
	2	339	419.5	0.237463127		
	3	347	430	0.239193084		
掺30%防水粉	1	343.5	429	0.248908297	0.245846012	0.137
	2	343	424	0.236151603		
	3	343	429.6	0.252478134		

注：m_1 为干燥试件质量；m_2 为吸水饱和试件质量；W_x 为吸水率。

9.3.6 结论

（1）加入长度小于6mm，直径小于0.01mm的短纤维，增强了石膏的抗裂性。加入"MAMF"纤维较"中科院"纤维对石膏力学性能的改善更为显著，石膏的耐水性能也有较大提高。

（2）在其他复合材料掺量基本不变的条件下，"196"树脂对石膏耐水性能的改善较"191"树脂明显。

（3）硫酸、草酸、盐酸、乙酸或醋酸是石膏凝结的促凝剂，按其促凝作用的强弱，排列顺序为：H_2SO_4 > 草酸 > HCl > 乙酸；这些酸的当量溶液和摩尔溶液，在一定程度上能加速石膏的凝结过程，但却降低了凝结石膏的强度。

（4）加入硬脂酸可显著改善建筑石膏的耐水性，其软化系数为1.43。

（5）建筑石膏中加入消泡剂，试验中可显著改善气泡产生较多带来的弊端，进而提高了石膏的耐水性。

（6）随着防水粉掺量的提高，石膏的吸水率降低，耐水性提高，但超过一定掺量，石膏的耐水性又会降低。当掺量为20%时，吸水率仅为0.133，软化系数1.32。提高耐水性的最佳掺量为20%。随着防水粉掺量的增加后期强度也有所提高。因此，加入一定量的防水粉可以显著改善石膏的耐水性。

9.4　特殊防水剂对耐水石膏力学性能指标的影响

9.4.1　试验用原材料

（1）石膏粉

选用超特—2.0型石膏粉、普通建筑石膏粉，主要技术指标为：细度为220目筛余量0.3~0.7；流动度 > 260mm；颜色为白色。

（2）防水剂

博康特憎水型防水剂 Becannt FS-WG 是德国技术生产的一种新型高效环保型防水材料，具有憎水型防水和渗透结晶型防水等优越性能，可减少制品开裂和防止渗漏，能改善石膏的和易性、保水性，减少用水量，提高密实度与强度。

（3）外加剂

不饱和树脂、酸类等。

9.4.2　试验方法

9.4.2.1　抗折强度测试

（1）试件制备

试件尺寸：40mm × 40mm × 160mm。

普通石膏：3组×3块=9块。

耐水石膏：FS-WG1，掺量分别为1%、3%、5%，3组×3块=9块。

FS-WG2，掺量分别为1%、3%、5%，3组×3块=9块。

高强耐水石膏：FS-WG1，掺量分别为1%、3%、5%；FS-WG2，掺量分别为1%、3%、5%；增强剂，掺量分别为0.5%、1%、1.5%；12组×3块=36块。

（2）对以上三种方案分别测试其抗折强度并进行比较。

9.4.2.2　抗压强度测试

（1）试件制备

普通石膏：2组×9块=18块。

耐水石膏：2组×18块=36块。

高强耐水石膏：2组×36块=72块。

（2）对以上三种方案分别测试其抗压强度进行比较。

9.4.2.3　标准稠度用水量及凝结时间测试

试件制备：环模试件。

普通石膏、耐水石膏、高强耐水石膏：1+6+9=16块，分别测定标准稠度用水量及凝结时间（方法及步骤与水泥相同）。

9.4.2.4　结晶水含量测试

（1）将40mm×40mm×160mm试件在40℃±4℃的烘箱内加热1h，放入干燥器中冷至室温，称量。如此反复，直至恒重，冷却后立即测定含水量。

（2）计算：

$$W = \frac{m - m_1}{m} \times 100$$

9.4.3 数据测试与整理

对不同防水剂掺量情况下石膏的力学性能指标进行反复测试，取较为合理的一组数据分析，结果见表 9-10、表 9-11、表 9-12。图 9-9、图 9-10、图 9-11 分别表述了防水剂掺量与抗折强度的关系、防水剂掺量与抗压强度的关系、防水剂掺量与软化系数的关系。为了从另一角度观测石膏耐水性能的变化，对不同防水剂掺量情况下石膏的吸水率随时间的变化规律进行了测试，结果如图 9-12 所示。

表 9-10 试件吸水后重量测试表   g

FS-WG1 掺量（%）		0（h）	0.5（h）	1.0（h）	2.0（h）	3.0（h）	吸水率（%）
0.0	1号样	479	493	493	493	493	2.92
	2号样	485	497.5	497.5	497.8	497.8	2.64
	3号样	482	494	494	494.2	494.2	2.53
0.5	1号样	455	469	471	471	471	3.52
	2号样	464.5	477.8	480	480.2	480.2	3.38
	3号样	455	468.8	471	471	471	3.52
1.0	1号样	440	450	453.2	453.4	453.4	3.04
	2号样	440	453	456	456.3	456.3	3.70
	3号样	441	451	454	454.5	454.5	3.06
2.0	1号样	417	423.5	426	426.3	426.3	2.23
	2号样	424.5	430.5	433	433.4	433.4	2.10
	3号样	422.5	429.5	432	432.8	432.8	2.44
3.0	1号样	419	423.7	425	426.3	426.3	1.74
	2号样	424	428	429.4	430	430	1.42
	3号样	417	421.6	423.3	424	424	1.68

表 9-11 不同 FS-WG1 掺量情况下石膏的力学性能指标

FS-WG1 掺量（%）	标准稠度用水量（%）	凝结时间（min）		强度（MPa）			软化系数
		初凝	终凝	2h 抗折强度	2h 抗压强度	24h 饱水抗折强度	
0.5	36	6	10	6.61；6.38；6.45	23.54；24.15；23.36	5.66；5.72；5.70	0.86；0.89；0.88
1	36	9	13	6.62；6.26；6.35	25.87；23.99；25.09	5.90；5.67；5.69	0.89；0.91；0.90
2	37	15	22	6.03；5.85；5.78	22.76；21.88；22.35	5.45；5.27；5.23	0.90；0.90；0.91
3	37	22	33	5.00；4.82；5.15	18.03；18.03；17.64	4.57；4.43；4.75	0.91；0.92；0.92
5	38	32	44	3.92；4.00；3.85	14.70；13.72；12.94	3.65；3.61；3.58	0.93；0.90；0.93

表 9-12　不同 FS-WG2 掺量情况下石膏的力学性能指标

FS-WG2 掺量(%)	标准稠度用水量(%)	凝结时间 (min)		强度 (MPa)			软化系数
		初凝	终凝	2h 抗折强度	2h 抗压强度	24h 饱水抗折强度	
0.0	40	9	18	7.09	22.21	5.60	0.79
0.5	36	6	10	6.48	23.68	5.63	0.87
1.0	36	9	13	6.41	24.98	5.76	0.90
2.0	37	15	22	5.88	22.33	5.35	0.91
3.0	37	22	33	4.99	17.90	4.59	0.92
5.0	38	32	44	3.92	13.78	3.62	0.92

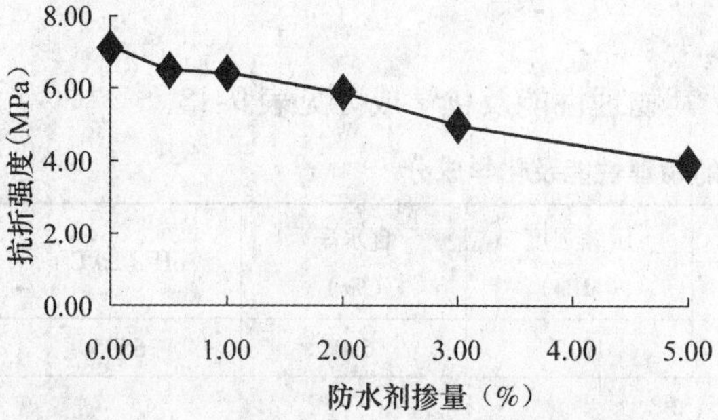

图 9-9　防水剂掺量与抗折强度的关系

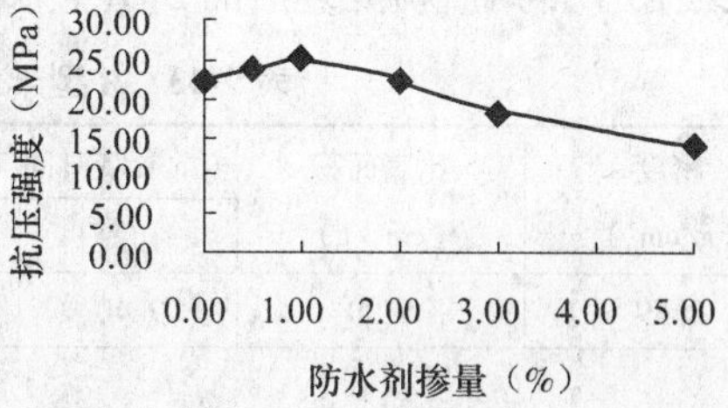

图 9-10　防水剂掺量与抗压强度的关系

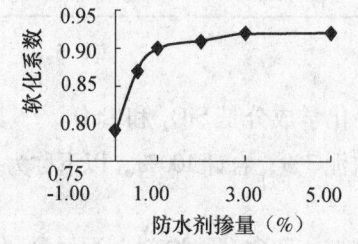

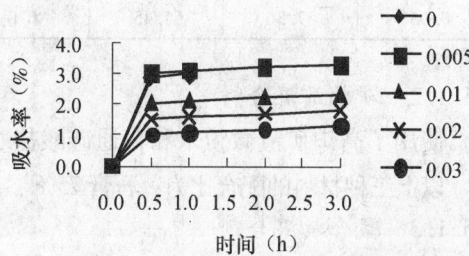

图 9-11　软化系数与防水剂掺量的关系

图 9-12　吸水率随时间的变化

9.4.4　结果分析

（1）随着防水剂掺量的增大，石膏的抗折强度值逐渐减小，抗压强度先增大后减小，凝结时间增长。原因是添加剂中含有缓凝剂的成分，使得试件在 2h 时尚未干燥，因而强度降低。当试件烘干后，强度有所增加。另外，室内温度较低对凝结时间和强度也有影响，最佳温度应为 25℃，相对湿度为 65%。

（2）随着防水剂掺量的增大，石膏的软化系数逐渐增大，耐水性有了一定提高。

（3）随着防水剂掺量的增大，石膏的吸水率逐渐减小，但吸水时间有所增长。原石膏材料在 0.5h 内基本达到饱水状态，掺加防水剂后，在 3h 内达到饱水状态。其原因是添加防水剂后，石膏孔隙表面形成了憎水膜，吸水速度变慢。

从研究结果来看，FS-WG 防水剂与石膏粉的最佳配合比为 1:100，此时，抗折强度基本不变，抗压强度有所增加，吸水率降低，软化系数有了明显提高。

综上所述，提高石膏的强度与降低吸水率、增强耐水性是一对矛盾。众所周知，石膏耐水性差的原因主要有：

①石膏有很大的溶解度,当受潮时,由于石膏的溶解,其晶体之间的结合力减弱,从而使强度降低。

②由于石膏体的微裂缝内表面吸湿,水膜产生楔入作用,从而对水产生吸附作用。

③石膏材料的高孔隙也会加重吸湿效果,使得石膏体在潮湿状态下强度降低。如何解决这个问题,将是今后研究的重点。

9.5 纤维补强增韧耐水性复合石膏

9.5.1 采用材料

9.5.1.1 石膏粉

使用了排烟脱硫处理后的 β 型半水石膏粉,其物理性能及化学成分见表9-13。

表9-13 β 型半水石膏粉的物理性能及化学成分

密度 (g/cm^3)	比表面积 (cm^2/g)	凝结时间(min-s)		压缩强度 (MPa)	含水率 (%)	pH (20℃)
		初凝	终凝			
2.59	5790	9-40	26-00	13.7	6.0	6.95
化学成分(%)						
Fe_2O_3	CaO	SO_3	H_2O	MgO	SiO_2	Al_2O_3	Total
0.05	37.36	55.45	6.0	0	0	0	98.86

9.5.1.2 矿物质混合材

使用了高炉矿渣微粉末和普通硅酸盐水泥,其主要化学成分是 SiO_2 和 CaO。

以上三种材料的配合比为:石膏75%、矿渣22%、水泥3%,合计100%,以下称为基本材。

9.5.1.3 聚合物混合剂

使用了称作 SBRL 的聚合物,其中有效硅成分占30%,且含有消泡剂,添加量(固体成分)为基本材的10%。

9.5.1.4 缓凝剂和减水剂

为了延长石膏的凝结时间和改善石膏的吸水率,分别添加了基本材的0.05%的缓凝剂和1.0%的高性能减水剂。

9.5.1.5 纤维

采用了纤维长度分别为3mm、4mm、6mm的维尼龙纤维(VF)以及长度为12mm的高性能维尼龙纤维(HVF12),性质见表9-14,外观如图9-13所示。

表9-14 纤维性能参数

纤维种类	平均直径(μm)	平均长度(mm)	密度(g/cm^3)	抗拉强度(MPa)	延伸率(%)	弹性模量(GPa)
VF3	14	3.0	1.3	1470	7.2	36
VF4	14	4.0	1.3	1470	7.2	36
VF6	14	6.0	1.3	1470	7.2	36
HVF12	37	12.0	1.3	1600	6.0	40

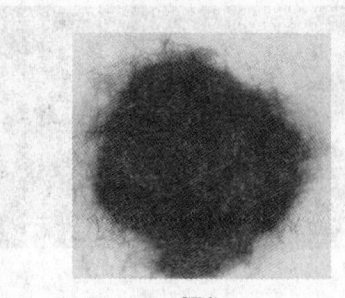

CF6　　　　　　　　　HVF12

图 9-13　纤维外观

9.5.2　试验方法

9.5.2.1　试件制作

根据设计的配合比，首先将石膏粉、矿渣微粉末和水泥进行 2min 低速搅拌；然后，将水、聚合物混合剂、减水剂、缓凝剂混合后加入，再进行 3min 搅拌，最后将纤维均匀放入，3min 高速搅拌后，形成试验用复合体，在进行了流动度测试后，分别制成 40mm×10mm×160mm 和 40mm×40mm×160mm 的试件（图 9-14）。放进温度 200℃，湿度 90% 的室内养护，24h 后脱模，再放入温度 200℃，湿度 60% 的室内，6d 养护后，作为试件进行相关测试。

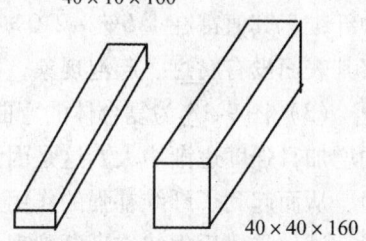

图 9-14　试件形状及尺寸（mm）

9.5.2.2　吸水率试验

根据 JIS1171（日本高分子水泥砂浆试验方法），将 7d 养护后的试件放入 80℃ 干燥箱内，48h 后取出，再放入 20℃ 的静水中浸泡，分别测出浸泡 0、1h、3h、5h、7h、9h、12h、24h、48h 后试件的质量，算出吸水率。试验结果，吸水率很小，低于 2%。

9.5.2.3　弯曲及压缩强度试验

利用电子万能试验机，载荷速度设定为 0.5mm/min，用中央集中荷载法进行弯曲强度试验。分别测出吸水前后试件的强度值，算出软化系数。利用弯曲试验后的试件进行压缩强度试验。

9.5.2.4　韧性试验

对 40mm×10mm×160mm 的试件，利用万能试验机，载荷速度设定为 0.2mm/min，三等分点集中荷载法（图 9-15）进行弯曲韧性试验，同时记录下试件中点的弯曲挠度值，画出荷载 – 变形曲线，由此曲线下的面积测算出韧性指数（Toughness）。

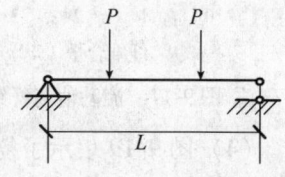

图 9-15　弯曲韧性试验荷载简图

9.5.2.5　微细结构观察

从强度试验后的试件体中，采取 0.5mm×0.5mm×0.5mm 试料，经干燥、真空处理后，用电子扫描显微镜观察微细构造（图 9-16），纤维与其他材料的结合情况不仅与材料本身有关，而且与试件制作时的搅拌情况有关。

 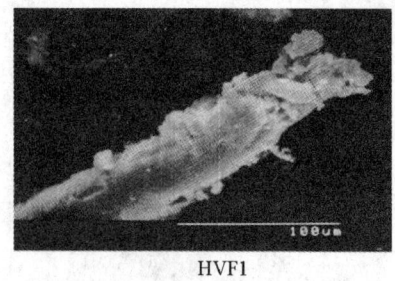

图 9-16　微细构造

(a) 絮状与纤维状混合；(b) 絮状

9.5.3　试验结果与分析

(1) 图 9-17 为纤维补强增韧耐水性石膏复合体的流动值与纤维混入率的关系图。不管纤维的种类和长度，流动值总是随着纤维混入率的增加而减小，且变化不大，说明具有良好的成型性。

(2) 复合体的吸水率在 0~3h 内随着时间的增加缓慢增大，之后，趋于稳定。无论哪种纤维，其值都在 1.5%~2.0% 之间，吸水率很小。将试件放在 20℃ 水中浸泡 30d 后，观察其表面没有腐烂、起泡现象，具有较强的耐水性。

(3) 图 9-18 为复合体的弯曲强度与纤维混入率的关系图。无论哪种纤维，随着混入率的增加，强度逐渐增大。这是因为随着纤维表面积的增大，混合材与纤维之间有良好的结合力，从而起到了纤维补强的作用。但是，当混合材与纤维搅拌不均匀时，不具有良好的结合力，试件受力后很快出现断裂现象，不能很好地发挥纤维补强的作用。

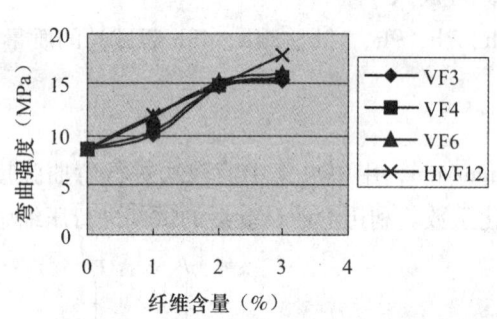 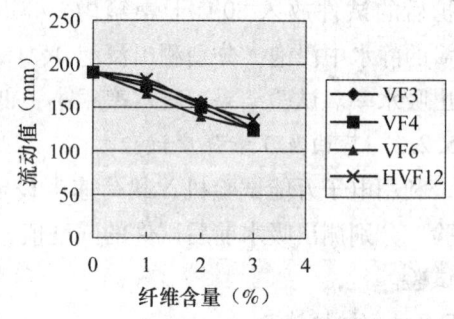

图 9-17　流动值与纤维含量关系图　　　图 9-18　弯曲强度与纤维含量关系图

(4) 图 9-19 表示了复合体软化系数与纤维含量之间的关系。从图可以看出：不论掺哪种纤维，软化系数均大于 0.60；HVF12 掺量达到 1.2%~1.5% 时，软化系数最大，达到 0.85；VF4 掺量为 1.2% 时，软化系数最小，达到 0.72。

(5) 图 9-20 为纤维混入率与复合体的韧性图。无论哪种纤维，随着纤维混入率的增加，韧性指数逐渐提高，且纤维越长韧性越好。

(6) 图 9-21 为弯曲荷载与试件中点挠度图。随着纤维混入率的增加，其最大荷载与挠度都相应增加，HVF12 混入后的试件最大挠度达 10mm，为跨度的 8%，具有良好的韧性，充分说明纤维起到了补强增韧的作用。

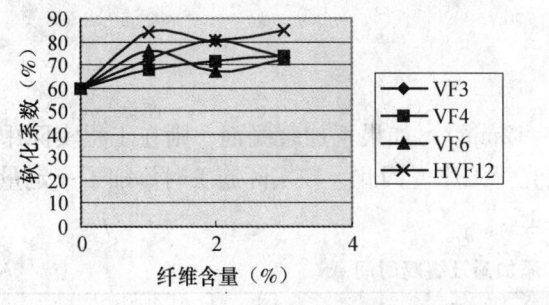
图 9-19 软化系数与纤维含量关系图

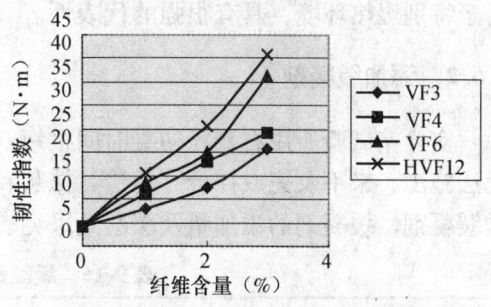
图 9-20 韧性指数与纤维含量关系图

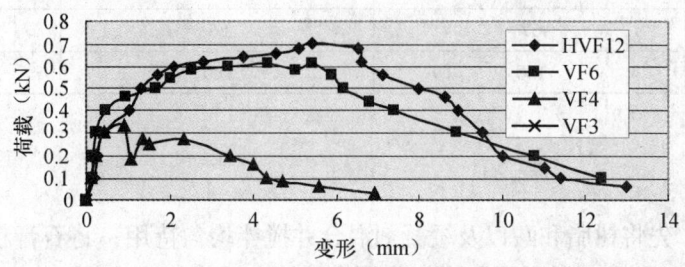
图 9-21 弯曲变形与荷载图

9.5.4 结论

从以上的试验结果可以看出：

（1）纤维补强增韧耐水性复合石膏硬化体的流动值，随着纤维混入率的增加而减小，具有良好的成型性。

（2）纤维补强增韧耐水性复合石膏硬化体的弯曲强度、耐水性以及弯曲韧性等随着纤维混入率的增加而提高。

（3）四种纤维中，HVF12 混入后的效果最佳，当纤维的混入率为 2%、3% 时，其强度和韧性均较为理想，纤维承担了部分拉伸应力，抑制了裂缝的产生，使得弯曲变形能力提高。

纤维补强增韧耐水性复合石膏硬化体除了抗拉、抗压、抗剪、抗弯、黏结强度高的优点外，具有较好的抗裂、阻裂性能；较好的耐磨和耐腐蚀性能；较好的抗渗和抗冻融性能；较好的抗疲劳性和抗碎裂性。毋庸置疑，纤维混入率再增加，韧性会更好，但经济与施工方面的问题不可忽视。

9.6 高强耐水石膏的工程应用

在实验室试验测试的基础上，选定了三种最佳配方，分别为表 9-4 中的 5 配方、表 9-5 中的 1 配方、表 9-6 中的 2 配方。将上述三种最佳配方付诸于工程实际应用，应用情况如下。

9.6.1 工程应用地点的选择

高耐水性石膏的主要特点在于突出"耐水"性能，因此，应用环境的选择是衡量该石膏是否具有耐水的重要因素。鉴于此，选择了"青海大学工科实验楼"的混凝土养护室内外墙墙面抹灰工程。该养护室长期处于潮湿环境，室内相对湿度 >93%，温度 20℃±2℃，属于特别湿热环境,具有很强的代表性。

9.6.2 添加缓凝剂

实验室试验所用石膏粉初凝时间很短(8~12min),如果不加缓凝剂,则在工程实际中无法施工,来不及完成拌合、运输、抹灰和收光等工序。因此,在实际施工时添加了一定量的缓凝剂。缓凝剂的添加量及缓凝效果见表9-15。

表 9-15 缓凝剂的添加量及缓凝时间

掺量(‰)	初凝时间(min)	终凝时间(min)	备注
1	33	65	室温15℃
1.2	67	86	室温15℃
1.5	150	180	室温15℃

9.6.3 拌合要点

对于5配方:先将树脂和酸以及缓凝剂混合并搅拌均匀待用;将石膏粉和纤维干拌3~5min,加水湿拌2~3min,然后再加入树脂混合液拌合至均匀。

对于1配方:先将树脂和醋酸乙烯酸混合成树脂乳液以备待用,再将水、硬脂酸、消泡剂以及缓凝剂混合并充分搅拌均匀成混合液待用;在石膏粉中先加入树脂乳液拌合3~5min,后加入混合液拌合至均匀。

对于2配方:先用1/2的水量将防水粉稀释均匀待用,将石膏粉和1/2水拌合3~5min,再加稀释的防水粉搅拌至均匀。

9.6.4 抹灰要点

为增加耐水石膏灰浆与基底的黏结能力,抹灰前对基底略做打毛处理,抹灰厚度控制在5~10mm,抹灰时间控制在初凝以前完成,并进行收光。

9.6.5 工程应用实况

9.6.5.1 施工过程

根据研究项目耐水的要求,将三种不同的配方在青海大学工科实验楼养护室(长期处于潮湿环境:相对湿度93%以上,温度20℃±2℃)墙面进行了实际应用,取得了良好的工程应用效果,如图9-22~图9-33所示。

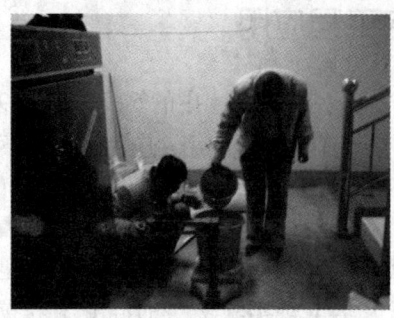

图 9-22 试验人员在配料(一)

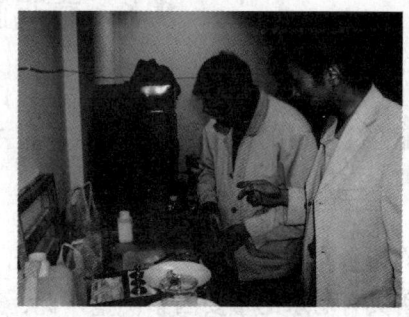

图 9-23 试验人员在配料(二)

图 9-24　试验人员在配料（三）

图 9-25　试验人员在配料（四）

图 9-26　施工应用（一）

图 9-27　施工应用（二）

图 9-28　工程技术人员观察抹面状态

图 9-29　讨论实验室配方和施工配方的异同

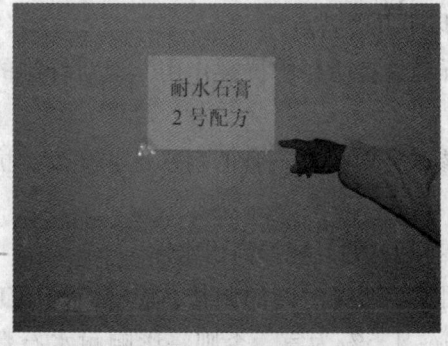
图 9-30　2 号配方墙面（表 9–5 的 1 配方）

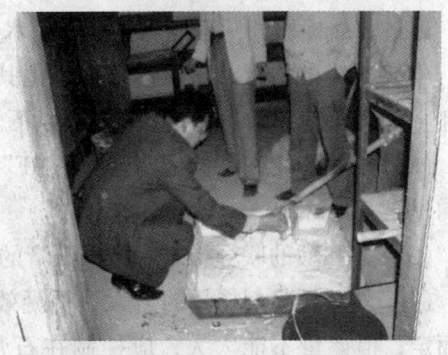
图 9-31　试验人员现场观察样品浆体

图 9-32　3 号配方墙面（表 9-6 的 2 配方）　　图 9-33　1 号配方墙面（表 9-4 的 5 配方）

9.6.5.2　产品检验

在研究的多种配方的基础上，选择了两种最佳配方，送交青海省建筑工程产品质量监督检验站进行检验（见表 9-16 和表 9-17），其结果如下：

FS-3 型：经浸水 4h 后在 30℃ 条件下烘干，抗折强度为 9.3MPa，抗压强度 25.7MPa，水膏比 46%，初凝时间 12min，终凝时间 38min，软化系数 0.89，吸水率 10.6%。

RY-3 型：经浸水 4h 后在 30℃ 条件下烘干抗折强度为 8.8MPa，抗压强度 29.2MPa，水膏比 47%，初凝时间 11min，终凝时间 34min，软化系数 0.87，吸水率 10.6%。

以上各项指标均达到或超过合同规定指标。

9.6.5.3　效果测试与分析

（1）水膏比在 40%～50% 时，灰膏的稠度及和易性均满足施工要求。

（2）抹灰 3～5h 后观察了表面变形与裂纹情况，掺纤维的一组配方没发现任何裂纹，其他两组有个别细微裂缝，经收光后再无裂纹出现和扩展，无空鼓现象。

（3）抹灰凝结硬化后，表面十分光滑，手感细腻，喷水后不沾水，可以用抹布擦拭，耐水性良好。

（4）12h 后用回弹仪测试表面强度，5 配方抗压强度达到 19.5MPa；1 配方达到 15.4MPa；2 配方达到 11.8MPa。

9.6.6　结论

通过产品检验和工程应用，高强耐水石膏具有以下几个特点：

（1）纤维的加入，对石膏结构，尤其是抹面石膏具有明显的抗裂作用，但对纤维的长度和直径应控制到 6mm 和 0.01mm 以下。

（2）工程应用和试验证明："MAMF"纤维的掺入，对提高石膏的耐水性、强度、抗渗性均优于其他纤维。

（3）醇和酸的联合掺入对增加石膏的早期强度有利，并且能提高耐水性。

（4）随着缓凝剂掺量的增大，缓凝效果十分明显。缓凝时间的调整，应视工地施工要求而定，但掺量不能太大，应控制在石膏量的 1‰～1.5‰ 为宜，否则将影响耐水石膏的强度。

（5）在施工中一定要注意各种添加剂掺入的先后顺序，否则可能引起不良作用。

表 9-16　石膏最佳配方检验报告

青海省建筑工程产品质量监督检验站

检验报告

委托单位：<u>青海大学建筑工程系</u>　　　　登记表编号：<u>2006099</u>

委托日期：<u>2006 年 05 月 11 日</u>　　　　报告填写日期：<u>2006 年 05 月 22 日</u>

石膏试块检验报告

检验编号	试样规格（mm）	抗折强度（MPa）		抗压强度（MPa）		
		个别值	平均值	个别值		平均值
FS-1 静置24h	40×40×160	4.9	4.8	18.1	15.9	16.6
	40×40×160	5.0		16.9	16.5	
	40×40×160	4.7		16.8	15.3	
FS-4 40℃烘干后	40×40×160	10.4	9.9	28.4	29.4	28.4
	40×40×160	9.4		25.6	30.0	
	40×40×160	6.7（剔除）		29.4	27.5	
FS-2 40℃烘干 后浸水4h	40×40×160	8.6	8.7	24.5	25.1	25.4
	40×40×160	8.9		25.7	24.7	
	40×40×160	8.5		25.7	26.5	
FS-3 30℃烘干后	40×40×160	9.4	9.3	28.1	24.7	25.7
	40×40×160	9.9		30.0	25.9	
	40×40×160	8.6		27.9	27.2	
水膏比（%）			47			
初凝时间（min）			12			
终凝时间（min）			38			
软化系数 K			0.87		0.89	
吸水率 W（%）			11.6			

试验单位：　　　　项目负责：　　　　审核：　　　　测试员：

表 9-17　石膏最佳配方检验报告

青海省建筑工程产品质量监督检验站

检验报告

委托单位：<u>青海大学建筑工程系</u>　　　　登记表编号：<u>2006098</u>

委托日期：<u>2006 年 05 月 11 日</u>　　　　报告填写日期：<u>2006 年 05 月 22 日</u>

石膏试块检验报告

检验编号	试样规格（mm）	抗折强度（MPa）		抗压强度（MPa）		
		个别值	平均值	个别值		平均值
RY-1 静置24h	40×40×160	5.1	4.8	17.0	16.2	16.6
	40×40×160	4.7		16.5	17.2	
	40×40×160	4.6		16.1	16.8	

续表

检验编号	试样规格（mm）	抗折强度（MPa）		抗压强度（MPa）		
		个别值	平均值	个别值		平均值
RY-4 40℃ 烘干后	40×40×160	8.0	8.1	30.3	30.0	31.8
	40×40×160	8.3		30.9	32.1	
	40×40×160	8.0		32.8	34.7	
RY-2 40℃ 烘干后浸水4h	40×40×160	7.2	7.2	27.3	28.0	27.8
	40×40×160	7.4		28.2	27.2	
	40×40×160	7.1		27.6	28.7	
RY-3 30℃ 烘干后	40×40×160	8.7	8.8	28.1	30.4	29.2
	40×40×160	8.6		30.0	28.1	
	40×40×160	9.0		27.9	30.7	
水膏比（%）		47				
初凝时间（min）		11				
终凝时间（min）		34				
软化系数 K		0.89		0.87		
吸水率 W（%）		10.6				

试验单位： 　　　项目负责： 　　　审核： 　　　测试员：

参考文献

[1] 关淑君. 耐水建筑石膏的试验研究 [J]. 新型建筑材料，2005.2.
[2] 刘连新. 浅谈西宁盆地石膏资源的开发与利用 [J]. 中国建材，1995.2.
[3] 余红发. 缓凝剂对建筑石膏物理力学性能的影响 [J]. 新型建筑材料，1999.4.

第 10 章 高原建材循环经济

大力发展循环经济，建立资源节约型和环境友好型社会，对于我国这样一个处于工业化和城市化加速阶段，人均资源占有不足，环境恶化趋势未得到根本性扭转的发展中国家来说，是一项带有全局性、紧迫性、长期性的战略任务，也是实现全面小康社会目标，保证国民经济全面协调持续发展，统筹人与自然的和谐关系，实现我国社会经济可持续发展的必然选择。

循环经济以经济有效、生态效率、环境友好、保护地球、技术跨越为宏观调控原则，以减量化、非物质化、再利用、再循环、绿色制造（再制造）、去毒物、可降解、无害化（零排放）等为循环操作原则，以资源的高效利用和循环利用为基本特征的社会生产和再生产活动；用这一理念重构经济运行过程，以实现最优化生产、最适度消费、最小量废弃。循环经济的实质是以尽可能少的资源消耗，尽可能小的环境代价实现最大的发展效益，是对传统工业化"大量开采、大量消费、大量废弃"发展模式的根本变革，是可持续的生产方式和消费方式、走新型工业化道路的必然要求。

本章将依据《青海省发展工业循环经济研究》课题之一的《青海省发展建材工业循环经济总体思路、方向及任务》项目，分别介绍水泥工业、石膏工业、石棉工业、玻璃工业循环经济发展的现状和前景。

10.1 青海省建材工业发展现状及循环分析

10.1.1 影响建材工业循环发展的气候资源条件

气候资源与国民经济及人类活动有着密切的关系，特别是与各种建筑材料的生产使用关系尤为密切，它直接影响着建材工业的循环发展。一个地区气候条件的好坏不仅要看光、热、水资源的数量是否适宜，更要看光、热、水三者的组合、分布是否协调。

由于受海拔、地形、纬度、大气环流等自然因素的影响，青海省形成了独具特色的高原大陆性气候。气温地区分布差异大，垂直变化明显，日照垂直变化明显，日照时数长，辐射强；全年冷冻期长；降水量少，降水分布地区差异显著；气象灾害多，危害较大；无霜冻期短；风多、风速大、含氧量少；太阳辐射强，日照时数多；上述气候特征对建材工业循环经济发展的矿山原料开采、运输、加工、存储以及洁净生产工艺、废物循环利用等都会在不同程度上产生影响，在循环经济的发展和实施工程中应加以考虑。

10.1.2 与建筑材料工业有关的矿产资源

（1）石棉矿

石棉矿是天然纤维状硅酸盐类矿物的总称，可分为蛇纹石石棉矿（温石棉矿）和闪石类石棉矿两大类。温石棉矿具有极好的可劈分性，较好的可纺性和较大的抗拉强度，并具有绝热、绝缘及耐酸碱性，主要用于生产纺织、制动、橡胶、水泥、保温等石棉制品，以及石棉沥青制品和石棉增强塑料制品等，在机械、交通、化工、冶金、建筑、电力等工业中也应用广泛，在国防和航天工业中亦有许多用途。

我国石棉资源较为丰富，全国经过正规地质勘探的矿产地有49处，保有总储量8947.2万t，其中A+B+C级3175.7万t(据地矿部矿产资源储量管理局2007年9月公布的数据，截至2006年年底，全国石棉保有储量为9061.5万t，其中A+B+C级为3205.7万t)。我国石棉资源储量统计见表10-1。

表10-1 我国石棉资源储量统计表　　　　储量单位：石棉纤维万t

省区	规模分类	截至2008年年底保有储量		
		矿区数	总储量	其中A+B+C
全国	大中型	15	8652.8	3160.9
	小型	34	294.4	14.8
	合计	49	8947.2	3175.7
陕西	大中型	2	1041.4	293.5
	小型	—		
	合计	2	1041.4	293.5
青海	大中型	4	5576.2	1864.7
	小型	3	39.8	—
	合计	7	5616.0	1864.7
新疆	大中型	2	198.8	22
	小型	4	67.1	2.6
	合计	6	265.9	24.6
四川	大中型	3	1685.4	963.5
	小型	3	64.1	—
	合计	6	1749.5	963.5
辽宁	大中型	1	13.2	3.3
	小型	—	—	—
	合计	1	13.2	3.3
山东	大中型	1	9.2	2.8
	小型	—	—	—
	合计	1	9.2	2.8
甘肃	大中型	—	—	—
	小型	1	18.7	6
	合计	1	18.7	6
河北	大中型	1	16.8	6.9
	小型	2	2	
	合计	3	18.8	6.9

续表

省区	规模分类	截至2008年年底保有储量		
		矿区数	总储量	其中A+B+C
山西	大中型	—	—	—
	小型	3	5	—
	合计	3	5	—
安徽	大中型	—	—	—
	小型	3	0.9	—
	合计	3	0.9	—
广东	大中型	—	—	—
	小型	2	2.9	0.4
	合计	2	2.9	0.4
云南	大中型	1	111.8	4.2
	小型	4	48.1	4.0
	合计	5	159.9	8.2
江西	大中型	—	—	—
	小型	2	2	0.1
	合计	2	2	0.1

我国石棉资源绝大部分为蛇纹石石棉矿，其储量占全国石棉总量的96.5%。我国蛇纹石石棉矿床分两类：①超基性岩型矿床，主要分布于四川、青海、陕西、新疆、甘肃等省区。矿床规模较大的有四川石棉、青海茫崖、陕西大安等重要矿区。②白云岩型矿床，主要分布在河北、辽宁、山西等地。我国的角闪石石棉矿床也分两类：一类是蓝石棉矿床，有陕西商南、河南淅川、湖北郧县等矿；另一类是阳起石、透闪石石棉矿床，有安徽宁国、河北赤城、四川康定等矿。

我国的石棉资源以短纤维石棉为主（主要是Ⅵ、Ⅶ级石棉），三级以上长纤维石棉仅占总储量的10.5%。我国石棉资源分布地域广，但主要成矿区域却很集中。全国保有储量中，西部地区占有90%，其余省份仅占2%；可采石棉总量中，西部地区占99%，其余地区仅占1%。按省份划分，储量最多的是青海省（占全国62.76%），其次是四川省（19.55%），陕西省居第三位（11.64%），三省合计占全国储量的94%。全国已探明的15个大中型矿区的储量占全国的96%。仅青海茫崖东、西矿区的保有储量就占全国的48.4%。

中国是一个发展中国家，在石棉的生产和应用方面与世界主要石棉生产和消费国相比还有很大的差距。虽然中国的石棉储量居世界第三位，但石棉产量只占世界产量的10%左右；从消费结构上看，世界石棉需求量的70%以上用于水泥制品，而中国仅为50%左右；其次，许多领域如地板砖、墙板、道路等方面尚未开发应用，由于应用领域狭窄，国外作为主要产品的短纤维石棉，中国至今仍未大量使用。因此，开发新的应用领域、加强粉尘治理，是中国石棉工业发展的两个关键问题。

中国主要石棉生产矿山及应用企业分布地域较广，但近年来，东部地区大多数石棉矿山经过几十年的开采已进入后期，石棉企业生产能力逐年下降；西部地区的石棉矿山生产发展较快,已成为中国当前主要的石棉生产基地。中国石棉的生产主要集中在新疆、青海、甘肃和四川等省(区),其产量占中国总产量的2/3左右。

石棉矿是青海省优势矿产之一,截至 2008 年年底,全省共发现石棉矿产地 26 处,其中上表矿产地 7 处,归并为矿床 3 处(计大型矿床 2 处、中型矿床 1 处),矿点 5 处,矿化点 18 处。累计探明石棉矿物储量 5978.6 万 t(其中 B+C 级储量 2079.8 万 t),保有储量 5834.2 万 t,占全国石棉矿储量的 64.3%,雄居全国第一位,潜在价值 355.89 亿元。

青海石棉矿主要分布在:阿尔金山及北祁连山两个超基性岩带中,构成两个相应的石棉成矿带;其次,散布于绿梁山、布尔汉布达山及拉脊山等地。在行政区划上主要分布于海西州茫崖行委及海北州祁连县。石棉矿绝大多数产于加里东期超基性岩体中,属横纤维蛇纹石石棉;仅在海西州五龙沟及沙柳泉等地发现少量碳酸盐型石棉矿。

青海省内已知石棉矿产地,几乎都是在 20 世纪 50 年末和 60 年代初、中期,在铬、镍矿地质勘察中发现,多数工作程度较低。后经补充勘察,已探明储量全部在海西州茫崖和海北州祁连县黑刺沟 - 双岔沟及小八宝三地。其中,初勘以上储量占 42.7%,详查储量占 56.9%,从全省超基性岩广泛分布、多数为工作程度较低的推测来看,石棉矿的资源前景较为乐观。据《青海省超基性岩地质特征及含矿性研究》估算,全省石棉资源总量为 1.69 亿 t。就目前看,现有资源量不仅可完全满足全省 2020 前建筑材料工业的发展需求,而且可大量支援兄弟省区。

青海省石棉矿产资源丰富,储量巨大,全为横纤维型石棉矿,以Ⅳ~Ⅶ级中短纤维棉矿为主,含棉率一般为 5%~8%,石棉性能优良,具有抗拉强度及电阻率高、酸失量大、碱失量小和导热系数低等特点,尤其是北祁连石棉矿更具有难得的湿纺性能,质量上乘。石棉在超基性岩体中矿化较均匀,矿体厚大,常直接裸露于地表或仅有薄层覆盖,水文地质条件简单,适于露天开采。矿床位置多较偏远,交通上都有简易公路与公路干线相接,实属方便。开发供水都可在当地或就近解决,发电多需自设机组,各类物资及劳力要依赖于外地。总的来看,矿床开发利用条件较好。

(2) 石灰岩矿

石灰岩是以方解石($CaCO_3$)为主要矿物的沉积岩石,用途十分广泛,是国民经济发展中占据重要地位的大宗矿产。主要工业用途是:在冶金工业中用作熔剂,在化学工业中用以制取电石和纯碱,在建材工业中是制造水泥和石灰的主要原料,又是制造玻璃的配料。此外,在化肥、造纸、制革、染料、陶瓷、印刷、制糖及石油都有广泛用途,还可用作饰面石材及建筑石料等。

石灰岩是地壳的主要组分之一,在全球各地广泛分布,资源量超过 3 万亿 t。我国石灰岩资源也极为丰富,探明储量约 657 亿 t。

青海石灰岩资源十分丰富,是全省优势矿产之一。全省已发现石灰岩矿产地 100 多处,其中上表矿产地 19 处,归并为矿床 16 处。计大型矿床 9 处,中型矿床 6 处,小型矿床 1 处。

(3) 石英岩矿

世界上石英岩分布很广,主要产于前苏联、日本及加拿大等地。我国石英岩资源丰富,探明储量约 32 亿 t。

石英岩是以石英(SiO_2)为主要成分的沉积变质岩石,为主要硅质原料,主要用途是:

在冶金工业上用以制作酸性耐火砖——硅砖和各种金属的熔剂，是冶炼铁合金和硅钢的主要原料；质纯者还可制作石英玻璃和提炼结晶硅——单晶硅，并可制硅铝和有机硅。在建材工业中是制作平板玻璃和器皿玻璃的主要原料。在化学工业中用以制造各种硅化合物和硅酸盐以及硫酸的充填物。此外还可用于研磨用磨石、油石等。

石英岩是青海省优势矿产之一。已知矿产地23处，其中，冶金用石英岩矿床7处（大型1处，中型4处，小型2处），矿点7处；玻璃用石英岩矿床5处（大型2处，中型3处），矿点4处。探明冶金用石英岩储量2.89亿t，潜在总价值86.84亿元；玻璃用石英岩储量16.47亿t，潜在价值823.34亿元，分别占全国探明储量的31.4%及73.0%，均居全国第一位。另据国家建材工业地质勘察中心青海总队统计，尚有未正式公布的地质储量近3亿t。

（4）黏土矿

黏土矿可依其用途不同分为耐火用黏土、铸型用黏土、陶粒用黏土、水泥配料用黏土及砖瓦用黏土等。耐火用黏土是指耐火度大于1580℃的黏土，主要用于冶金工业，其次用于机械、轻工、化工、建材及国防等部门；铸型用黏土是指具有黏结性能和热化学稳定性的黏土，主要用作铸型用砂的粘合剂；陶粒用黏土是指用于制造一种人造轻质骨料，即陶粒用的黏土；水泥配料用黏土是烧制水泥熟料主要配料之一，有黏土、红土、黄土及泥岩等不同种类；砖瓦用黏土是各种矿物岩石碎屑组成的细粒混合物，耐火度在1350℃以下，依所含杂质的不同，可分为普通黏土、砂质黏土、铁质黏土、泥灰黏土及黄土。

青海已知黏土矿产地47处，其中矿床13处，其中大型1处，中、小型各6处。按用途分，砖瓦用黏土2处（大、中型各1处），水泥配料用黏土6处（中型4处，小型2处），水泥配料用黄土3处（中型1处，小型2处），水泥配料用泥岩2处（全为小型），探明各类黏土储量、潜在价值在全国排前列。另有互助县关山、大通县新田堡等5处未上表水泥配料用黏土，地质储量8037万t。

（5）石膏矿

我国石膏资源丰富，已探明储量约600亿，居世界首位，2007年，全国石膏产量至少达到500万t，但我国的优质石膏资源只占储量10%左右。因此，充分利用资源，加大科技投入，调整化学石膏与天然石膏的平衡，我国的石膏产业才有生命力。

我国已经开采利用的矿产有67处（大型矿27处、中型矿15处、小型矿25处），共计保有石膏矿石储量72亿t，主要分布于青海、江苏、山东、河北、陕西等省。可供近期利用的矿产地68处（大型矿30处、中型矿15处、小型矿23处），保有储量97亿t，主要分布于内蒙古和宁夏，其次为河北、青海、安徽、河南、山西、广西、山东、湖南、云南等省、自治区。已利用和可供近期利用的矿产地共计有135处（大型矿57处、中型矿30处、小型矿48处），共计保有石膏矿石储量169亿t，主要分布于内蒙古、青海、湖南、湖北、宁夏、山东、江苏7省、自治区，保有储量各为10~32亿t；其次为河北、陕西、河南、安徽、云南、广西、甘肃、广东、吉林、四川、贵州11省、自治区，保有储量各为1~8亿t，此外，江西、辽宁、新疆3省、自治区保有储量各为0.1~0.7亿t。

10.1.3 建材工业发展现状

青海省有着丰富的建材矿产资源，石棉、玻璃用石英岩、硅灰石、石膏、岩棉等矿种的储量均列在全国前几位。青海的建材工业是在建国后才逐步发展起来的。20 世纪 50 年代末期，国家投资建设了茫崖石棉矿、青海毛家寨水泥厂等一批建材企业。此后，又陆续建了一批地方小水泥、砖瓦厂。自 21 世纪开始，为适应国家重点建设和西部大开发的需要，青海省又投资兴建了一批建材企业，并对原有的企业进行了扩建和技术改造，建材企业规模、技术装备、产品质量都达到了一定水平，为青海省经济的发展做出了突出的贡献。

10.1.3.1　水泥工业

2008 年我国水泥产能 18.7 亿 t，其中新型干法水泥 11 亿 t，特种水泥与粉磨站产能 2.7 亿 t，落后产能约 5 亿 t，当年水泥产量 14 亿 t。目前在建水泥生产线 418 条，产能 6.2 亿 t，另外还有已核准尚未开工的生产线 147 条，产能 2.1 亿 t。这些生产线全部建成后，水泥产能将达到 27 亿 t，市场需求仅为 16 亿 t，产能将严重过剩。国家对水泥工业的政策导向是：严格控制新增水泥产能，执行等量淘汰落后产能的原则，对 2009 年 9 月 30 日前尚未开工水泥项目一律暂停建设并进行一次认真清理，对不符合上述原则的项目严禁开工建设。各省（区、市）必须尽快制定三年内彻底淘汰落后产能的时间表。支持企业在现有生产线上进行余热发电、粉磨系统节能改造和处置工业废弃物、城市污泥及垃圾等。新项目水泥熟料烧成热耗要低于 105kg 标煤/t 熟料，水泥综合电耗小于 90kW·h/t 水泥；石灰石储量服务年限必须满足 30 年以上；废气粉尘排放浓度小于 50mg/m^3。落后水泥产能比较多的省份，要加大对企业联合重组的支持力度，通过等量置换落后产能建设新线，推动淘汰落后工作。

2008 年第 4 季度水泥需求下降，呈现旺季不旺，供需关系发生了变化，水泥的生产发生了变化，对 12 月份的水泥生产状况进行了分析，见表 10-2。

表 10-2　2008 年 12 月水泥企业生产状态　　　　　单位：万 t

企业规模	企业数（个）	占企业数（%）	停产、半停产企业数（个）	占企业数（%）
>200	78	1.60	5	0.10
100~199	219	4.48	16	0.33
80~99	87	1.87	18	0.37
60~79	159	3.25	22	0.45
40~59	290	5.93	51	1.04
20~39	805	16.46	144	2.94
<20	3252	66.50	853	17.44
全部	4890	100.00	1109	22.68

从表 10-2 中可以看出，停产半停产企业 1109 家，占生产企业总数的 22.68%，20 万 t 以下停产半停产企业 853 家，占停产半停产企业的 76.89%，40 万 t 以下停产半停产企业 997 家，占停产半停产企业的 89.90%，说明停产半停产企业集中在小企业范围，小企业的经营状态愈加困难。而 100 万 t 以上企业停产半停产企业数 21 家，其中一些企业地处北方，属于季节性停产，仅占企业总数的 3‰。

青海省水泥业经过四十多年的发展，已形成一定规模。截至 2003 年年底，全省现有水泥制造企业 24 户（年设计能力 40 万 t 以上的企业 7 户），主要分布在西宁、海东、海西地区，总资产约 13.8 亿元，从业人员达 0.6 万人，水泥总设计能力 550 万 t，其中回转窑 14

条（包括新型干法水泥生产线 6 条，湿法窑 1 条），设计能力为 325 万 t，占总设计能力的 59%，机立窑 34 条，设计能力为 225 万 t，占总设计能力的 41%，全省实际装置年平均生产能力为 7.0 万 t/套左右，是全国平均水平的 60% 左右，其中有 15 套年产能力约 67 万 t 机立窑生产装置已属国家明令淘汰的生产线。生产的主要产品有：42.5 级中热硅酸盐水泥、42.5 级高抗硫酸盐水泥、42.5 级道路水泥、52.5 级硅酸盐水泥、42.5 级普通硅酸盐水泥、32.5 级普通硅酸盐水泥、42.5 级矿渣水泥、复合水泥。现结合青海省黄河上游水电开发、盐湖资源开发和石油天然气资源开发，正在试制抗盐卤侵蚀水泥、A 级和 B 级油井水泥、HBC 新型水工水泥等新产品。高等级水泥、道路水泥产供矛盾突出，其中高等级水泥 70% 由邻近省运进。

截至 2008 年年底，青海省统计规模以上的水泥企业 20 家，水泥产量 457.75 万 t，较上年增长 5%。2008 年行业实现销售收入 13.75 亿元，同比增长 65%，完成利润 2.26 亿元，增长 31.42 倍。销售毛利率 26.50%，增长 13.57 个百分点，全国排名从 1997 年的 27 位上升到了第四位；销售利润率 18.35%，提高 17.51 个百分点，位居全国第一位。例如：青海水泥厂通过股份制改造，企业实力不断发展壮大，并跨地区整体兼并了宁夏青铜峡水泥厂和青海第二水泥厂，成为青海省实行"东西联合、强强合作"的成功典型。青海省乐都华夏水泥有限公司对水泥生产进行了技术工艺改造，原料系统安装了石灰石和无烟煤预均化设备，生料系统采用生料均化库装置，水泥配料系统采用了两台 $\phi 3m \times 11m$ 大型闭路磨机，并采用先进的微机控制预加水成球技术。该公司经过 3 期技术改造，由原来年产 2 万 t 生产规模发展成现在年产 50 万 t 的生产规模，产量扩大了 20 余倍，每年人均劳动生产率达到 2000t，公司固定资产投资已达 1.4 亿元以上。

10.1.3.2 石膏工业

（1）开发简况

我国目前国有石膏矿山企业 60 余家，其他经济成分石膏矿山企业 300 余家。我国石膏生产能力在 3000 万 t 以上。主要集中在山东、山西、湖南、湖北、江苏和广东等省。年产石膏 10 万 t 以上的大中型矿山企业约 30 家，其中生产规模在 40 万 t 以上的矿山企业有：湖北应城、湖南邵东、江苏南京、邳州、山东平邑、华鲁、山西西山等。

近几年，在建材工业、建筑产业的快速拉动下，我国石膏工业发展也非常迅速，自 2003 年起，出现了产销两旺的可喜局面，各石膏主要矿区产量持续增长，尤其是靠近交通主线和水运方便的区域，石膏矿山发展更为迅猛。但是，我国石膏区的发展并不均衡，优质石膏资源越来越少。因此，应该利用好工业副产石膏—脱硫膏、磷石膏、氟石膏等，对这些工业副产石膏加工与利用，不但可以解决其排放对环境的污染问题，同时也是二次资源的再利用，在某些程度上也是对我国天然石膏资源的有效补充。

我国目前有石膏制品企业千余个。其中，纸面石膏板已投入生产的有 17 个工厂 20 条生产线，总设计能力约 2 亿 m^2/a 左右。

青海省内石膏工业得到了快速发展，到 2008 年年底，生产企业达 31 个，年生产石膏矿 30.8 万 t。生产的石膏产品主要以普通石膏粉、高强石膏粉、纸面石膏板和石膏砌块为主。

（2）利用简况

目前，石膏工业的增长率随全球经济的复苏快速增长。这种状况是基于近 10 年来全球天然石膏的年开采量几乎没有改变的基础上。来自 USGS "矿物年鉴"的数据称，2004 年全球开采且消费的天然石膏达到 10600 万 t。美国的开采量最大，达到 1800 万 t，占全球开采量的 17%；其后依次为伊朗（10.8%），加拿大（8.5%），西班牙（7.1%），中国（6.5% 即 690 万 t，但根据中国有关部门统计为 2900 万 t，主要用于水泥生产），其他进入前 10 位的国家有泰国、澳大利亚、法国和德国，这 10 个国家的开采量加起来占全球的 72%。

根据德国 OneStone 咨询公司的资料，全球天然石膏开采量约 45% 被加工成熟石膏。世界熟石膏年产量大约 6650 万 t，其中 60% 即 4000 万 t 来自于天然石膏，40% 即 2650 万 t 来自于合成石膏及回收重复利用的废石膏。据估计世界合成石膏年产量大约 16000 万 t，其中，大约 3500 万 t 来自于发电站脱硫系统生产的脱硫石膏，约 11000 万 t 是磷肥生产的副产品磷石膏，约 1500 万 t 是钛石膏及其他化学石膏。石膏工业所利用的合成石膏有 90% 来源于脱硫石膏。

对于石膏工业来说，大约有 80% 的熟石膏被用来生产建筑墙板，约 20% 用来生产石膏抹灰料或其他石膏产品。

国内外石膏建材制品的前景相当广阔。石膏制品具有防火、隔热、吸声、伸缩率小、可钉、可锯、可黏结和没有虫害等特点，并具有良好的抗震性能，是理想的绿色环保轻型建筑材料。

据此，应充分利用西宁及海东地区丰富的石膏矿产资源，就地取材，在"十一五"末至 2015 年间，建立大、中型石膏矿山和相应的石膏板材加工企业，定会收到良好的经济效益和社会效益。

（3）青海省石膏产品应用状况

20 世纪青海省大部分石膏产品来自外地，尤其是石膏装饰产品，如纸面石膏板、天花板、吸声板、石膏压线、医用石膏和模型石膏、石膏空心条板等，并且价格较贵，运输成本高。自 21 世纪起，青海省政府十分重视石膏资源的开发与利用，随着新型石膏生产企业的建成，拓宽了石膏产品在建筑业和建材业中的应用范围，目前开发的产品有：

①石膏板：纸面石膏板、石膏纤维板、石膏刨花板、石膏空心条板和石膏空心大板。

②石膏砌块：实心砌块和空心砌块。

③装饰石膏：粉刷石膏、石膏天花板及装饰件和石膏线角等。

④其他产品：石膏黏结剂、水泥缓凝剂、加气混凝土外加剂和石膏模具等。

⑤高强石膏粉：α 型高强石膏粉。

（4）我国的石膏制品工业的发展趋势及应对策略

今后我国的石膏制品工业将有四大发展趋势。一是企业向专业化、规模化、集团化方向发展；二是产品向高科技含量、高质量、多功能方向发展；三是品种向环保型、节能型方向发展，其中低污染、低能耗乃是今后石膏制品的发展方向；四是竞争将趋向品牌化、规模化，产品逐步走出国门，参与国际竞争。我国石膏制品工业要顺应这一发展趋势，必须采取如下对策：

一是推进我国石膏制品企业的战略性重组，实行大公司、大集团战略，早日实现我国石膏制品企业的规模化、集团化和专业化，为我国石膏企业参与国际竞争奠定基础。企业的集团化有利于增强规模经济和范围经济的优势，可以更广泛地利用经济资源和市场空间，走上可持续发展的道路。我国石膏工业企业规模存在着极不经济的问题，数量多，分布面广，但规模小，缺乏抵御市场风浪的能力和参与国际竞争的能力。目前，除北新集团、东新集团以及几家外国公司外,纸面石膏板生产企业大多生产规模小,生产成本高,竞争乏力。我国已正式加入世界贸易组织,面对国外资本有可能加速投入国内石膏制品工业,进一步扩大市场份额的严峻挑战,亟须加速大企业集团的扶持和壮大,发挥资源优势,提高竞争能力。如果我们在结构调整和升级过程中,以市场为导向,以整个区域乃至于全国的资源配置为出发点,逐步实现石膏制品工业的规模经济,组建大企业集团,形成强有力的联合舰队,那么在国际竞争中就能处于有利地位。在这方面,山东拜尔集团的做法较为成功。该集团通过在异地建厂、增加生产线等形式,扩大了生产规模,现已拥有 6 条生产线,年总生产能力达到 5000 万~6000 万 m^2。据业内人士分析预测,不论是轻钢龙骨还是石膏板市场,目前都是国内众多中小型企业占据很大一部分市场份额。如在山东地区有许多石膏板行业的企业,特别是素有"中国石膏之都"之称的平邑,拥有丰富的天然石膏资源优势和区位优势,大小企业就有十多个并不断发展起来。在蒙山脚下的平邑拜尔建材有限公司,更是以实现产品品牌化、满足中高档市场需求为目标,为消费者提供一流的产品和服务,公司正以崭新的面貌在石膏板行业中崭露头角。因此,要搞活中小石膏制品企业,通过产权改革,股份制改造等形式使它们在市场竞争中得到发展。

二是对石膏制品产品结构进行战略性调整,走新型工业化的路子。要逐步淘汰落后的生产工艺,污染大的产品和旧的生产装置,采用先进的,适用的新工艺、新技术来改造传统的老产品。走拳头产品和国际品牌营销之路。如北新建材在对石膏制品产品结构进行战略性调整的同时,加快走新型工业化道路的步伐,逐步淘汰落后的生产工艺,走循环经济之路,准备大量采用成本低廉的脱硫石膏为原料,采用先进的、适用的新工艺、新技术和新设备,大力发展脱硫石膏板,提高产销能力,争取在 3 年左右的时间达到 3 亿 m^2 的生产能力和规模。

三是加大科研开发力度,提高生产装备技术水平,不断加速我国石膏制品工业科技进步。我国石膏制品工业的关键是应用技术与配套技术问题。如:吊顶系统,内隔墙系统,井道壁系统,贴面墙系统,吸声降噪系统,外围护结构系统等,要千方百计早日解决;同时工艺和设备落后制约着我国石膏制品工业的发展,因此,必须以加快先进工艺的发展促进落后工艺的淘汰,在不断对现有生产装置进行工艺技术改造的同时,要引进国外先进的生产装置和工艺技术,提高石膏制品生产企业整体水平。要不断加大科研的投入量,要加快具有特殊功能的防火、隔声、隔热、耐高温石膏制品的开发与研制。高等院校和石膏制品工业的科研、设计院以及大型石膏制品企业的技术中心应围绕生产实践中的问题积极进行研究和攻关,重点要突破需求量大,对国家建设有重大影响石膏制品产品的科研攻关项目。如:脱硫石膏的应用问题。在日本、美国和欧洲的许多国家都在利用化学石膏生产石膏制品,甚至全部用脱硫石膏生产纸面石膏板。不仅避免了损害农田耕地,而且可吸纳、利用大批工业副产物,改善生态环境;同时也可以降低石膏板的制造成本。

四是研究制定依靠法律、经济、市场和行政的新办法,引导企业从无序过度竞争向有序竞争转变。

10.1.3.3 石棉工业

(1) 开发利用简况

从总体上说,我国石棉资源开发条件比较差。东部各矿区大多属白云岩型矿床,矿床规模小,经过多年开发,可采资源已很少。而且很难通过勘探大幅度增加可采储量,因此扩大开发的前景很小,四川石棉县一带矿区由于矿石品位低,矿石混入黏土多,洗选难度大,成本高,但其含长棉比例较高,矿山基础条件较好,而且资源丰富,可依托现有石棉矿山进行扩建。西北地区各矿区矿床规模大,石棉质量较好,资源埋藏较浅适于露天开采。矿区水文地质条件简单,矿石易选,主要矿区地质勘察程度较高,探明可采储量大,增长前景乐观,目前已建成一批相当规模的石棉生产企业。但其含长棉比例低,自然环境恶劣,运输距离长,基础设施投入大。综合比较,西北地区石棉的开发条件相对来说是比较好的。

我国石棉资源虽然丰富,但由于中短棉比例较高,Ⅵ—Ⅶ级石棉所占比例过大,加之在实际应用中,Ⅵ级石棉仅有一半被利用,Ⅶ级石棉几乎没有利用,因而按目前的技术经济条件和资源状况测算,中国石棉的综合利用率仅为1/3左右,即每生产1t商品石棉约需消耗3t地质储量的石棉。从现有资源上看,可以满足2010年国民经济建设的需要。但目前长棉资源满足率不到50%,鉴于今后石棉生产将继续向西北转移,而西北石棉中的中短棉比例更高,因此,在我国国内石棉总供应量满足市场需求的情况下,长纤维石棉的产量肯定无法满足市场需求,仍须从国外适当进口。2006年国内石棉用量约为49万t,其中水泥制品约占80%,主要集中在东北、华南、西南、中原等地区。

(2) 国内外温石棉生产、市场状况

石棉是可剥分为柔韧的细长纤维的硅酸盐矿物的总称。按其成分和内部结构,通常分为蛇纹石石棉和角闪石石棉两大类。蛇纹石石棉又称温石棉,在矿物学上称为纤维蛇纹石,它占世界石棉产量的90%左右;角闪石石棉,包括角闪石系列的5种矿物:蓝石棉、铁石棉、直闪石石棉、透闪石石棉和阳起石石棉。现就目前国内外温石棉生产、市场等情况简介如下:

①世界温石棉历年产量。

世界上共有20多个国家生产石棉,温石棉的主要生产国有:俄罗斯、哈萨克斯坦、加拿大、巴西、津巴布韦和中国等,是规模开采较大的品种,差不多占世界石棉产量的99%以上。近年来,由于舆论界大肆宣传石棉纤维对人体和环境的危害,世界各国,特别是西方发达国家对石棉的生产与使用采取了严厉的限制措施,致使世界石棉产量逐年下降。1998~2005年世界主要温石棉生产国产量,见表10-3。

表10-3 1998~2005年世界主要温石棉生产国产量　　　万t

国别	1998	2001	2002	2003	2004	2005
俄国	60	75	77.5	87.8	87.5	87.5
中国	31.4	31	26.7	35	40	35
加拿大	30.9	27.7	24.1	20	20	24
哈萨克斯坦	15.5	27.1	29.1	25.5	34.7	35
巴西	19.8	17.3	19.5	19.4	19.5	19.5
津巴布韦	12.3	13.6	16.8	14.7	15	10
其他	28.1	4.9	9.9	13.3	11	8
总计	198	206	232	236	236	240

注:根据 USGS 统计。

②中国温石棉产量,见表10-4。

表 10-4　中国 2005 年主要温石棉生产企业产量　　　　万 t

企业名称	产量	备注
青海茫崖石棉矿	10.5	
新疆巴州石棉矿	3.5	
新疆若羌石棉矿	3	
阿克塞地区	13.56	
阿克塞县石棉矿	1.1	
四川宏洋石棉矿	0.84	
祁连纤维材料有限公司	1.2	
陕南石棉矿	0.23	
总计	32.93	实际生产约 35 万吨

注：资料来源为中国非金属矿工业协会信息部。

③ 中国温石棉产量占世界总产量的比例，见表 10-5。

表 10-5　中国温石棉产量占世界总产量比例　　　　万 t

年份	世界	中国	
		产量	占世界产量比例（%）
1998	198(181)	29.79	15.0
1999	185(183)	32.9	17.78
2000	211(190)	31.46	14.81
2001	216	31.00	14.35
2002	213	27.00	12.68
2003	206	35.00	16.99

注：资料来源为中国五矿总公司信息中心及石棉专委会，括号内为国土资源部信息中心资料。

（3）青海石棉

目前，全国已开发利用的矿区 28 处，保有储量 6339 万 t，其中可采储量 4270.9 万 t；内有大中型矿区 13 处，储量 6180 万 t，其中可采储量 4177.9 万 t；可供设计和规划利用的矿区有 6 处，保有储量 2485.4 万 t，其中可采储量 834.6 万 t；可供设计大型矿区 2 处，即青海茫崖石棉矿西矿区和陕西略阳煎茶岭石棉矿，两矿区储量合计有 2472.8 万 t，其中可开采储量 828.9 万 t；可供规划利用的大型矿区有 4 处，其中青海祁连小八宝石棉矿区，矿床有扩大储量的远景。

1958 年青海省石棉产量仅有 0.13 万 t，到 1965 年已发展到 0.8 万 t，之后经"十年动乱"的干扰破坏，至 1978 年方增加到 2.28 万 t。改革开放以来，青海省石棉开发的力度逐渐加大，石棉年产量稳步增长，先后于 1990 年、1992 年、1994 年及 2002 年分别跨上 4 万 t、5 万 t、6 万 t 及 8 万 t 四个台阶。2004 年石棉产量创历史最高纪录，达到 12 万 t。2008 年产量稳中有升，在质量方面上了一个新台阶。

国有矿山在全省石棉生产中居绝对主体地位。其中以茫崖石棉矿规模最大、机械化程度最高、管理最为规范，目前石棉年产量一般占全省年产量的 80% 以上。

现有石棉矿全为露天开采，茫崖石棉矿的露天开采由山坡型向凹陷型过渡，爆破、挖掘、运输全部机械化、采矿效率及开采回收率都较高；其他各矿山大都是人工掘坑土法开采，设备简陋，采矿效率及开采回收率低，选矿都采用干式风力吸选法，技术较成熟。但缺陷是车间粉尘浓度较高，往往超标，且严重污染环境，同时大量Ⅳ、Ⅶ级短纤维石棉不能回收等等。

地质勘探表明，茫崖矿区发育有全国最大的含棉超基性岩体群，其东西向延伸长达14km以上。茫崖石棉矿位于该岩体群的东端，资源得天独厚，矿体规模大，矿石品位高（含石棉2%～5%），石棉纤维属水泥制品级，物化性能好，迄今为止，其累计探明地质储量超过2100万t，占全国总探明储量的三分之一以上，位居全国首位。

茫崖石棉矿3万t/a选矿厂是1993年国家投资1.8亿元建设的，该厂采用了大型处理矿石能力的破碎设备、超大型内滤式负压布袋除尘室、大风机集中供风的先进技术、可编程序控制器的自动化控制系统，在国内同行业中属于领先的装备和技术。可生产部标、国标中的四个等级十七个牌号的产品。1993年茫棉产品被国家非金属矿制品质量监督检验中心评定为免检产品。由于茫棉具有纤维长、抗拉强度大等优良的物化性能，各项综合指标被广泛地用于石棉水泥、制动制品、保温、隔热、橡胶等多种石棉制品中。同时产品按用户的选择，可采用麻袋、塑编袋或压缩包装。目前，茫崖矿的产品质量和包装已完全达到了国际先进水平。

10.1.3.4 玻璃工业

（1）发展回顾及现状分析

我国玻璃工业在50多年的经济发展中起到了重要作用，首先是中国洛阳浮法玻璃的诞生和发展，从1971年建成了第一条浮法玻璃生产线，到2003年已发展为98条线，浮法总能力达到2.13亿重箱/a，逐步替代了弗克法等落后生产技术，促进了我国平板玻璃工业划时代的变革。其二是对外开放。通过外国著名玻璃公司的进入，在中国内地发展了合资与独资企业，引进了国外资金和先进的技术与管理经验，优化了产业结构；其三是国有企业深化改革，股份制、"三资"和民营企业的蓬勃发展，为我国玻璃工业的快速发展注入了强大的动力；其四是通过科研设计单位及企业的不断努力，依靠技术进步和长期实践总结，推动了我国玻璃工业技术水平和管理水平的提高。分析目前我国平板玻璃工业的经济运行和发展现状，有以下几个趋势和特点：

①生产技术不断提高，行业发展日趋完善。经过多年的发展和不断实践，我们对浮法玻璃生产、经营积累了丰富的经验，对浮法生产技术的认识和把握有了明显提高。建设周期、投资规模、技术经济指标等有了明显改善。建设周期由过去18～22个月缩短到一年，最短工期为6个月；建设投资大幅下降（与20世纪90年代中期以前相比约降低30%～40%）；能耗、成本、总成品率、劳动生产率、窑龄等技术经济指标不断改善。目前浮法能耗平均已达到7500kJ/kg玻璃液，总成品率可达80%以上，新建浮法线的劳动生产率可达到5000～6000重量箱/(人·a)，窑龄已普遍达到5～7年；利用国产技术生产19～25mm超厚玻璃和1mm以下超薄玻璃、彩色玻璃、镀膜玻璃、电子工业用液晶显示玻璃等方面也有了新的进展。

②产能增长与经济效益相互制约，并呈周期性变化。回顾我国经济转型及走向市场化以来平板玻璃的发展过程，其基本走势是经济效益提高促使产能增长，而产能的过度增长又严重制约了经济效益。我国从1971年建成第一条浮法玻璃生产线开始到目前为止，出现了三

次生产能力增长高峰,即1987~1990年、1994~1997年、1999~2002年。在每次高峰之后都伴随着出现市场供求失衡,产品价格下跌和企业利润大幅下降的局面。紧跟在1987年第一次生产能力增长高峰之后,1989~1991年行业出现第一次经济效益危机;紧跟在1994年第二次生产能力增长高峰之后,1997~1998年行业出现第二次经济效益危机;紧跟在1999年第三次生产能力增长高峰之后,2001~2002年行业出现第三次经济效益危机。产能的过度增长与经济效益大幅下降呈周期性变化。

③浮法玻璃生产线地区分布集中在原有生产基地和经济发达地区。截止2003年年底全国共有98条浮法玻璃生产线,总能力为2.13亿重箱/a,主要分布在河南、江苏、河北、辽宁、山东、浙江等地区,中西部地区较少。其中宁夏、青海、重庆、贵州、海南、新疆和西藏等七省市还没有浮法玻璃生产线。

④产品质量、结构不尽合理,结构性矛盾突出。2003年我国平板玻璃产量达到2.52亿重箱,其基本构成为:优质浮法玻璃0.25亿重箱,占9.92%;普通浮法玻璃1.84亿重箱,占73.02%;压延玻璃0.12亿重箱,占4.76%;格法玻璃0.16亿重箱,占6.35%;垂直引上、小平拉0.15亿重箱,占5.95%。浮法玻璃比例为83%,其中优质浮法玻璃仅为10%左右,深加工比率不足25%。平板玻璃的结构问题主要不是体现在工艺和规模上,而是体现在质量和品种上。从市场反馈的信息看,优质浮法玻璃短缺,普通浮法玻璃过剩。目前优质浮法玻璃年需求量为4000~4500万重箱,缺口近2000万重箱/a,每年尚需花费1亿多美元进口优质浮法玻璃及特殊品种的加工玻璃。

(2) 新技术、新产品不断发展

近年来,在浮法技术水平和管理水平不断提高的同时,我国也自行开发和研制了一些新技术、新品种。

①浮法拉薄技术。从国外看,英国皮尔金顿公司、日本旭硝子公司、法国圣戈班公司等居领先地位。熔化量一般在120t/d以下,厚度在0.5~0.7mm之间。国内洛玻集团在2001年利用"龙门线"冷修机会,改造为超薄玻璃生产线,成功地拉引出2~1mm优质浮法超薄玻璃,随后上海耀皮公司、深圳南玻等已建或在建250~400t/d级的浮法超薄玻璃生产线。

②低辐射玻璃(Low-E)。由于在线生产低辐射玻璃技术难度大,国外拥有此项技术的公司又进行技术封锁,以前只有上海耀皮和深圳南玻等少数几家公司能生产离线的软涂层低辐射玻璃。2003年11月耀华集团与美国阿托菲纳(Atofina)公司合作成功地开发出在线低辐射玻璃,尽管已获成功,但仍有很多工作要做,比如进一步提高优等品率、降低成本等,以进一步提高市场竞争力。

③自洁玻璃。国内已先后在上海复旦大学、武汉理工大学、三峡新材公司等单位研制开发成功,上述单位均采用溶胶-凝胶法离线生产。北京中科纳米技术工程有限公司已经研制成功常温常压进行纳米二氧化钛的涂覆技术,但尚未大批量推广。耀华集团在溶胶-凝胶法制备自洁净玻璃的基础上,借鉴在线低辐射玻璃技术,通过国家"十五""863"项目的支持。在国外,英国皮尔金顿公司、日本旭硝子公司、日本东陶机器株式会社、美国PPG公司等先后研制成功在玻璃表面镀制一层二氧化钛光催化剂膜层的"自洁玻璃、亲水玻璃、憎水玻璃、憎油玻璃以及杀菌玻璃"等,并批量推向市场。

由于我国经济和技术基础相对比较落后,对风险大、周期长、投入高的前瞻性课题的研发投入很少，所以在高新技术的研发方面进展较缓慢，有的只停留在起步阶段，与发达国家相比差距很大。

(3) 出口不断增加，同时面临国外反倾销问题也较为突出

我国玻璃工业发展不能脱开国际市场，近年来平板玻璃出口增长较快，特别是2002年以后有较大幅度增长。分析其原因除世界经济复苏、贸易量增加的因素以外，一是由于国内市场供大于求，迫使企业进一步开拓国际市场，增加出口；二是我国平板玻璃工业经过多年发展和市场锤炼，整体产品质量得以提高，市场竞争力得以增强。但在出口增长的同时，也面临国外反倾销问题。2002年遇到了美国和加拿大对汽车玻璃的反倾销；印度、澳大利亚对浮法玻璃的反倾销问题。2003年4月和5月菲律宾又先后对压花玻璃、浮法玻璃采取"保障措施"。由于信息渠道不畅通和企业应诉积极性不高（怕麻烦、怕花钱、宁愿丢掉市场）除加拿大汽车玻璃反倾销案胜诉外，大多都很被动。

(4) 与国外先进水平相比，仍有较大差距

一是在技术装备、管理、结构和生产力布局等方面存在的问题和差距。纵观我国近百条浮法玻璃生产线，大多数的技术装备水平和管理水平与国际先进水平相比仍有不小的差距，玻璃生产大国的美名更多地只是体现在数量上，优质浮法玻璃及其加工玻璃所占比例还很低；行业生产的集中度低，还没有一个可以在国际上"匹敌"的大企业集团；生产力的地区布局不平衡，东西部差距很大；市场机制不规范、不完善，行业的低水平重复建设和无序竞争还时有发生；劳动生产率偏低。原有行业平均水平仅为 $800 \sim 1000$ 重箱/（人·a），新建浮法厂水平可达到 $5000 \sim 6000$ 重箱/（人·a）左右，而国际知名公司平均水平是 $8000 \sim 10000$ 重箱/（人·a）。

二是创新能力低，核心竞争力弱。分析其原因，除了技术开发费投入少、从事技术开发人员水平有待提高外，还有一个原因就是我国市场消费水平比发达国家低，市场需求对高技术玻璃产品的牵引推动作用小。

三是资源、能源、生态环境代价高。国内浮法玻璃能耗为 $7500kJ/kg$ 玻璃液，而国际知名公司平均水平为 $6500kJ/kg$ 玻璃液，相差15%，按现有规模，每年多耗油45万t。国内锡耗 $3 \sim 4g$/重箱，国际知名公司平均水平为 $0.7 \sim 1g$/重箱，我国每年多耗锡624t。窑炉寿命国内平均水平是 $5 \sim 7$ 年，国际知名公司平均水平为 $8 \sim 12$ 年，平均少4年。熔窑的烟气排放缺乏强有力的法规政策要求，含尘量、硫化物、氮化物都明显高于发达国家的排放标准，工厂熔窑废气治理技术尚未普遍开展，仅少数企业实施了静电除尘和烟气脱硫技术。

青海省玻璃企业与资源状况：①企业状况：青海省原有玻璃企业2家，青海乐天玻璃制品有限公司和大通玻璃厂。目前只有青海乐天玻璃制品有限公司1家生产，年产约100万重量箱左右，产品为3mm、4mm、5mm、8mm、10mm的平板玻璃，销往青海、甘肃、新疆等地，销往国际市场的有吉尔吉斯斯坦和尼泊尔，出口势头较好。②资源状况：青海省生产玻璃的矿产资源丰富，储量大，其中探明冶金用石英岩储量2.89亿t，潜在总价值86.84亿元；玻璃用石英岩储量16.47亿t，潜在价值823.34亿元，分别占全国探明储量的31.4%及73.0%，均居全国第1位。另据国家建材工业地质勘察中心青海总队统计，尚有未上表地质储量近3亿t。纯碱：目前德令哈碱厂生产能力为7万t，2008年生产能力达到50万t，完全满足青海省玻璃工业的生产需求。白云石储量比例虽然较小，但仍然满足生产玻璃的需要。

10.1.4 建材工业循环状况分析

10.1.4.1 建材产业的循环经济发展价值

循环经济以资源的低消耗、高效利用和循环利用为核心，以"减量化、再利用、再循环"为原则，与此相对照，建材产业成为我国发展循环经济的关键产业之一。建材工业是固体废弃物综合利用的重要领域之一，循环经济在建材工业的实施，不但可以解决建材工业自身的可持续发展问题，还可以消纳和处理工业固体废弃物、建筑废弃物和城市生活垃圾等，对构建循环型社会具有重要的作用与意义。

首先，我国的建材产业是高投入、高消耗、高污染、低效益产业。我国建材行业万元产值耗煤2.7t、消耗矿山资源逾100t、排放二氧化碳20t，是发达国家平均水平的1.5~2倍；年能源消耗总量为2.4亿t标准煤，矿产资源消耗近40亿t，居全国各行业前列。就总量平均而言，我国水泥、平板玻璃、陶瓷砖、卫生陶瓷等主要建材产品单位能耗分别高于世界先进水平50%、68%、150%、200%。我国每年建成的新建筑中95%以上仍属于高耗能建筑，单位建筑面积采暖能耗为气候相近发达国家的3倍左右，我国建筑能耗占全国能源消耗的近30%。凡此种种表明，我国建材产业存在较大的减量空间。

其次，目前全国每年利用的各类固体废弃物数量在4亿t左右，约占工业部门固体废弃物利用总量的80%，而建材产业是工业废渣利用大户。自20世纪50~60年代以来，矿渣、煤矸石、磷渣、电石渣、赤泥、粉煤灰、钢渣、铜渣、糖渣、排烟脱硫石膏等工业废渣不但被用作建材混合材，也被作为建材生产配料等广泛采用，但与我国工业废渣的年排放量和累计堆存量相比，建材产业存在较大的再利用空间。

最后，我国建材产业的技术装备水平相对落后、技术的转化率较低以及技术标准调整相对滞后。目前，我国粉煤灰的综合利用技术有200项左右，而其中得到实施应用的只有70项左右；新型干法工艺代替落后工艺是水泥行业发展的必然趋势，但目前其应用率较低；耗用黏土资源多、能耗大的实心黏土砖在墙体材料中仍占据主导地位。与此同时，因技术、利润等因素的影响，我国建材行业的企业对资源的再循环利用热情也不甚高昂。

10.1.4.2 围绕提高资源效率青海省做了大量的工作

新中国成立以来，为了奠定自己的工业基础，青海省十分重视资源节约工作，确立了"节约优先"的战略方针。改革开放以来，青海省制定了一系列促进建材企业节能、节水、节地、节材以及节约一切资源的政策和管理措施，加大了以节能降耗为主要内容的结构调整和技术改造力度，开发推广先进适用的技术、工艺和设备，资源利用效率有了较大提高。统计数字显示：2004年青海省每万元GDP能耗比1980年下降了65.5%；每万元GDP取水量比1980年下降了84.7%；工业"三废"综合利用产值为1985年的14.6倍；废旧物资回收利用总值为1985年的12.4倍，取得了经济效益、社会效益和环境效益的有机统一。2008年，经青海省政府同意，省发展改革委、省统计局、省经委、省环保局分别会同有关部门制定的《单位GDP能耗统计指标体系实施方案》、《单位GDP能耗监测体系实施方案》、《单位GDP能耗考核体系实施方案》（简称"三个方案"）和《主要污染物总量减排统计办法》、《主要污染物总量减排监测办法》、《主要污染物总量减排考核办法》（简称"三个办法"）公布实施。到2010年，单位GDP能耗降低17%、全省化学需氧量排放总量控制在7.2万t（最大允许排放总量不得超过国家环境保护总局核定的8.5万t），二氧化硫排放量控制在

12.4万t(最大允许总量不得超过国家环境保护总局核定的14.6万t),以上是国家下达给青海省的重要约束性指标。据此,开展了如下几个方面的工作。

一是产业废弃物的综合利用。在国家政策扶持下,青海省资源综合利用规模不断扩大,技术水平显著提高,取得了较好的经济和社会效益。在税收减免等政策激励下,青海省一些建材企业通过矿渣的再冶炼、粉尘制砖或烧制水泥、下脚料的回收、冷却水的回用等措施,开展了企业内资源的再生利用或循环利用。2006年全省建材工业"三废"综合利用实现产值2.4亿元,工业固体废弃物综合利用率达到53%。其中粉煤灰综合利用率约为85%,煤矸石综合利用率约为56%。

二是废旧物资回收利用。青海省通过回收火电厂粉煤灰、废玻璃、硅灰、建筑物拆除垃圾等,初步建立了回收利用产业。这些初步形成的废旧物资回收和加工利用体系,不仅解决了部分人员的就业,也改善了一些地方和企业的财政状况。

三是生产和消费过程中的再利用。一些企业开展了包装物如玻璃容器、纸箱、周转箱的回收和循环利用。

四是建材工业环保意识增强。建材工业废水和生活污水治理市场化的进程在加快。水泥、玻璃和石膏企业采取了新的废水处理模式,废水及粉尘接近零排放。

10.1.4.3 青海省近年来加大了推进循环经济发展的力度

一是加强宣传。循环经济作为一个新的理念,有一个逐步认识和深化的过程。近年来,省有关部门、新闻单位加强了对循环经济概念、思想的宣传;特别是中央提出坚持以人为本、树立和落实全面协调可持续的科学发展观以来,人们对发展循环经济重要意义的认识逐步提高,各种媒体广泛宣传,为循环经济发展创造了良好的社会氛围。同时,绿色服务业(第三产业)、环境标志认证体系、绿色学校、绿色社区、政府绿色采购等,有力地推动了青海省循环经济的发展。

二是组织试点示范。青海省在三个层面上开展了循环经济试点工作。在企业层面大力推行清洁生产;在工业园区创建生态工业园;开展循环经济试点,并取得初步成效。

三是积极推行清洁生产。近几年,青海省利用国债和贷款项目在水泥、石棉、玻璃等行业开展清洁生产试点。通过不断改进设计、使用清洁的能源和原料、采用先进的工艺技术和设备、改善管理等措施,提高资源利用效率,减少或避免污染物的产生。重点支持了一批重大清洁生产技术开发及产业化示范项目,先后在3家企业开展了清洁生产审计,50多人次参加了不同类型的清洁生产培训,有效提高了企业污染预防能力。

四是推进生态工业发展。在工业集中地区、经济开发区,积极发展生态工业。在这些园区,根据生态学的原理组织生产,使上游企业的废弃物、边角料成为下游企业的原料,延长生产链条,实现区域或企业群间资源的有效配置,使废弃物产生量最小,甚至"零排放"。

五是开展生态省、市建材工业循环经济试点。在试点过程中,统一部署,做好规划,一些企业已形成特色。如:青海水泥股份有限责任公司、互助特种水泥厂、乐都玻璃厂等。

10.1.4.4 从法律法规和政策上为循环经济的发展创造制度环境

改革开放以来,青海省政府从法规、政策、标准等方面,初步出台约束和激励措施,构建有利于资源节约和环境保护的制度环境。

一是法律法规不断完善。改革开放以来，我国一直注意在工业生产中预防环境污染。1983年国务院颁布《关于结合技术改造防治工业污染的决定》，要求把"三废"治理、综合利用和技术改造有机地结合起来，采用合理的产品结构，发展对环境无污染、少污染的产品，并搞好产品的设计，使其达到环境保护的要求。2003年1月1日正式实施的《清洁生产促进法》第九条提出："调整产业结构，发展循环经济，促进企业在资源和废物综合利用等领域进行合作，实现资源的高效利用和循环使用。"《节约能源法》、《环境影响评价法》、《可再生能源法》，均提出了发展循环经济相关方面的要求。2008年修订的《固体废物污染环境防治法》第三条提出："国家对固体废物污染环境的防治，实行减少固体废物的产生量和危害性、充分合理利用固体废物和无害化处置固体废物的原则，促进清洁生产和循环经济发展"。为落实《清洁生产促进法》，国务院批转了国家发改委等部门关于推行清洁生产、发展环保产业等的意见。国家出台了节能中长期规划；《废旧家电及电子产品回收处理管理条例》、《清洁生产审核办法》、《中国节水技术大纲》、《建材工业环境保护工作条例》等法规相继出台。青海省也出台了一部分地方性法规，为青海省依法推进建材工业循环经济的发展奠定了基础。

二是通过优惠政策激励企业发展循环经济。作为循环经济的重要内容，资源综合利用、废旧物资回收、环保产业等，一直是国家鼓励和支持的工作。为调动企业开展资源综合利用的积极性和主动性，青海省制定并实施了一些鼓励开展资源综合利用的优惠政策。将资源综合利用确定为青海省国民经济和社会发展中的一项长远的战略方针。

青海省还采取了一些措施，促进发展与环境的协调：①调整建材产业结构，依法淘汰了一批技术落后、浪费资源、污染严重、没有市场、治理无望的生产工艺、设备和企业，减轻了工业污染负荷，缓解了结构性污染问题。②优化能源结构，尽可能减少煤炭在能源中的比例，提高煤炭利用效率，推广清洁煤技术，大力发展天然气，积极开发可再生能源。③严格控制新污染和生态破坏，对所有建设项目实行环境影响评价制度，努力做到增产不增污、甚至减污。总之，青海省采取了法律的、行政的、经济的和技术的措施，坚持"污染者付费"的原则，制定和实施了一些包括价格、税收等适应市场机制的经济政策，对促进建材工业循环经济的发展，转变生产方式发挥了积极作用。

10.1.4.5 水、能原材料的利用及废物排放及综合利用

加强对水泥、石棉等废弃物产生量大、污染重的重点行业的管理，提高废渣、废水、废气的综合利用率。综合利用各种建筑废弃物，积极发展生物物质能源，推广商品混凝土工程。推动不同行业通过产业链的延伸和整合，实现废弃物的循环利用。加快企业污水再生利用设施建设和垃圾资源化利用。充分发挥本行业废弃物消纳功能，降低废弃物最终处置量。

利用上游产业的废水、废气和废渣，降低生产成本。

（1）水泥

废气→CO_2→碳酸钙：目前青海省还没有实现循环CO_2的利用与深加工需要一定的设备，这是"十二五"期间必须重点解决的问题之一。

粉尘→水泥：已实现循环。

余热→供暖和发电：目前利用余热已实现了厂区的生产和生活供暖，但利用余热进行发电，还没有实现循环，在"十一五"末必须解决。水泥生产的循环利用如图10-1所示。

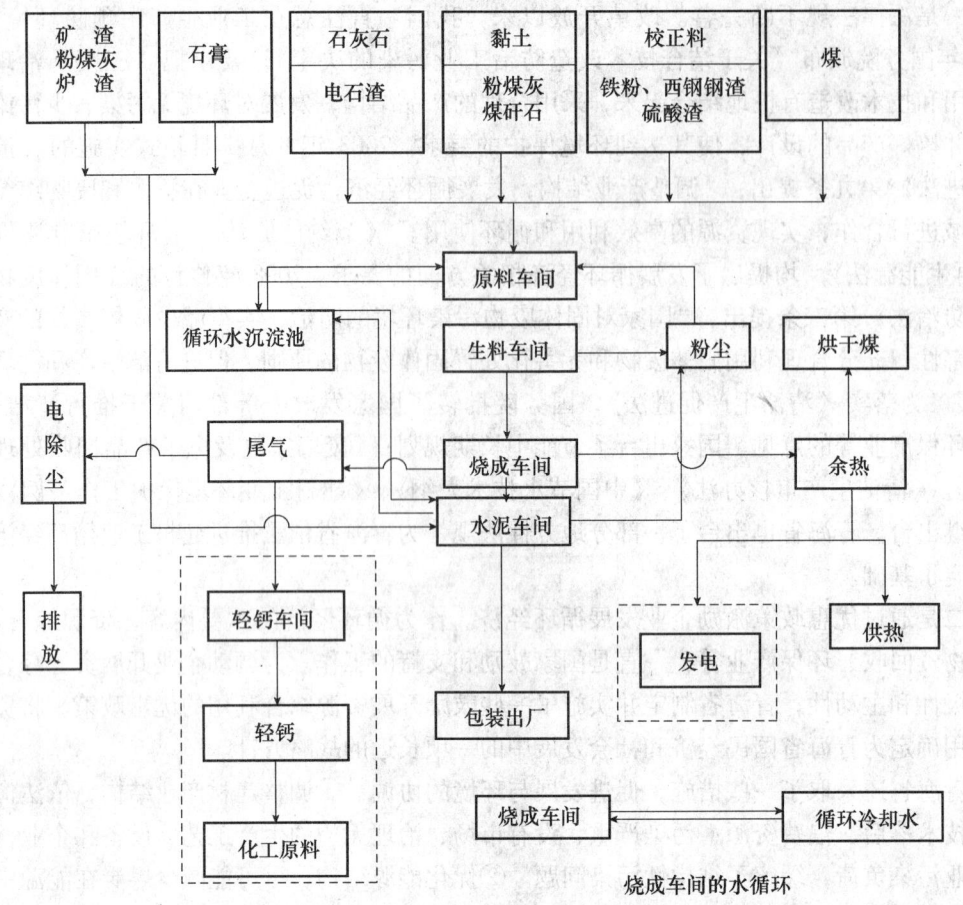

图 10-1 水泥生产的循环利用
说明：虚线框内表示现在未实现的循环利用

(2) 石棉

采用新技术生产石棉纤维，可在废弃的堆积物中提炼出纤维产品。建设5000万t/年水选改性纤维项目是必要的，条件已基本具备。石棉矿物纤维回收率不高，既造成矿产的浪费，又因生产过程产生的粉尘直接影响到生态环境，而应用"湿法浮选新工艺"生产的改性纤维，由于其独特的生产工艺，产品白度高，纤维比表面积达 $246 \sim 399 dm^2/g$（行业标准 $90 \sim 110 dm^2/g$），长径比成倍提高。上述石棉纤维由于直接利用尾矿生产，产品成本低，经济效益好，比用原生产方法从原矿中生产，一吨成品纤维直接成本低三分之一左右。石棉生产的循环利用按图10-2进行。

上述循环采用绿色环保工艺，生产过程中无粉尘产生，生产用水循环使用，不污染环境，改善了生产条件，有利于生产车间职工的身体健康，且尾矿经过湿法浮选改性处理后所含纤维基本回收取尽，粉尘基本淘洗干净，剩余的废渣（蛇纹岩）作为生产纳米白炭黑的优质原料（生产工艺已成熟）。

(3) 石膏

磷肥、盐田工业废弃物→石膏：还没有实现循环，原因是提取石膏的工艺和设备较为复杂，需要一定的投资。

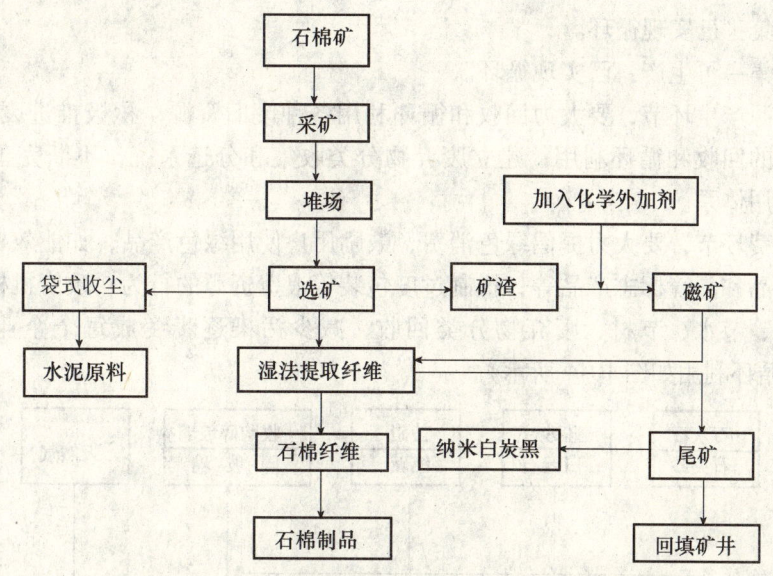

图 10-2 石棉生产的循环利用示意图

石膏矿渣及生产石膏过程中的废弃物→建筑制品的填料:没有实现循环,目前重视程度不够。

矿渣、粉煤灰、石膏→建筑制品:已基本实现循环(石膏生产的循环如图 10-3 所示)。

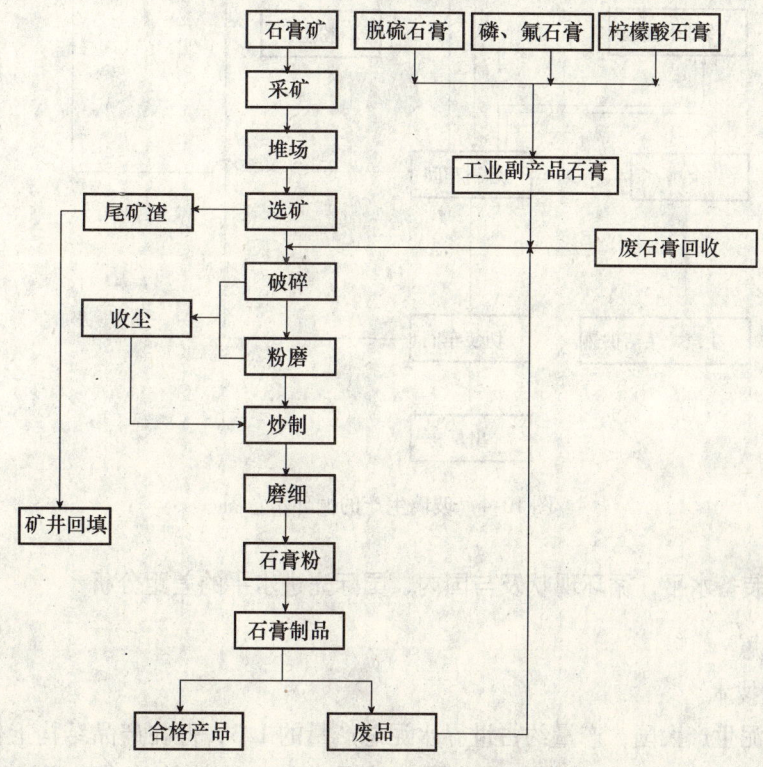

图 10-3 石膏生产的循环利用示意图

(4)玻璃

余热→供暖:已实现循环。

粉尘→收集：已实现循环。

废渣→收集→再生产：已实现循环。

在再生资源产生环节，要大力回收和循环利用各种废旧资源，积极推进废渣、废玻璃、包装废弃物等的回收和循环利用；建立废弃物分类收集和分选系统，不断完善再生资源回收、加工、利用体系。

在社会消费环节，要大力提倡绿色消费，鼓励用户使用绿色产品，如能效标识产品、节能节水认证产品和环境标志产品等；抵制过度包装等浪费资源的行为；政府机构要发挥带头作用，把节能、节水、节材、废弃物分类回收、减少污染逐步变成每个企业的自觉行动（玻璃生产的循环利用如图10-4所示）。

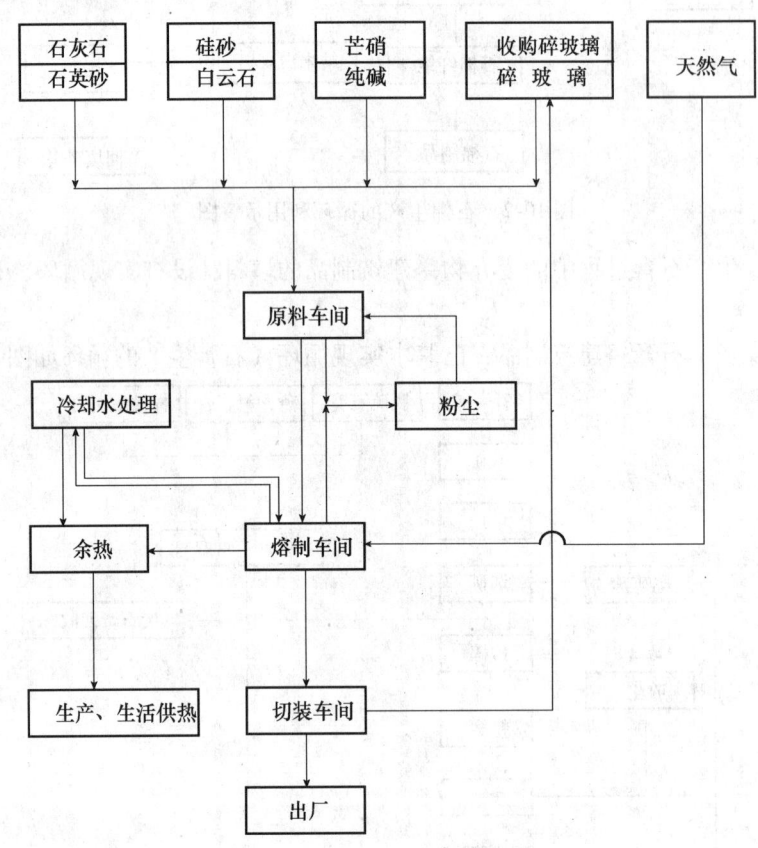

图10-4 玻璃生产的循环示意图

10.1.5 工艺装备水平，循环现状及与国内、国际先进水平的差距分析

10.1.5.1 水泥

（1）关键技术

我国是水泥生产大国，产量约占世界水泥总产量的1/3，但在产品结构上优质水泥所占比重较小，一些立窑水泥按欧洲标准衡量为废品，且经济效益差，能源浪费大，环境污染重。

为了改变这种状况，在新型干法生产技术的基础上，通过技术引进和自行开发相结合，应调整水泥工业结构，实现装备大型化、生产规模化，进一步降低投资和提高效益，在多年从事新型干法水泥生产技术及装备开发设计的基础上,尽快引进和开发出日产5000t新型干法水泥生产烧成系统及液压大型充气梁篦式冷却机、多通道煤粉燃烧器等。

日产5000t新型干法水泥生产关键技术与装备开发项目及工程化应用,其中包括根据煤粉燃烧特性试验,研究原燃料特性与预分解技术参数间的相关性关系,通过计算机数值模拟研究,开发出适应不同原燃料条件的分解炉系列;通过理论研究与工业性实践的结合,开发出大型液压传动带充气梁篦式冷却机,提高冷却效率及热回收率,确保预分解窑的高效运行;在三通道煤粉燃烧器的基础上,进一步开发新型多通道大推力煤粉燃烧器,满足熟料烧成工艺要求和降低耐火砖消耗的良好性能。

在篦冷机上采用液压传动装置:包括机械装置、液压系统和电气控制装置。多通道煤粉燃烧器,采用耐高温、抗高温氧化的特殊耐热钢铸件完全可拆分的喷嘴,易磨损部件采用抗磨损的渗化碳化钨技术处理,完全可拆分的易于更换的结构件,头部采用独特的稳燃保焰结构。该技术的实施,将有力地促进水泥工业技术进步和产业结构调整,具有显著经济效益和社会效益。

(2) 节能环保低投资型水泥生产工艺流程(图10-5)

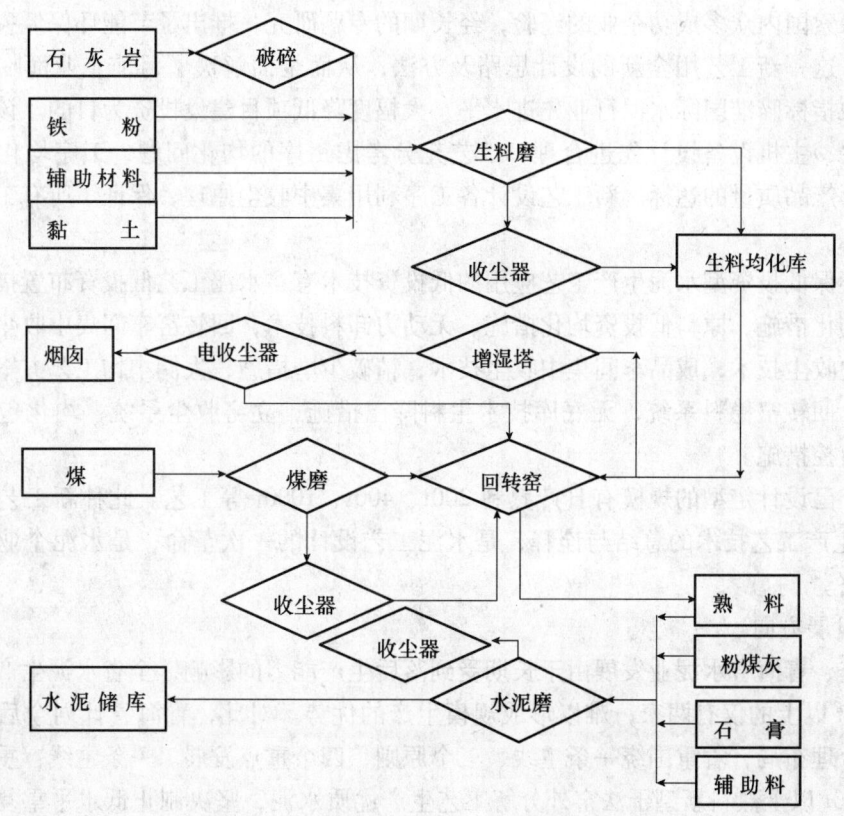

图10-5 水泥生产工艺流程图

目前,我国水泥企业面临着三大难题:其一是质量达标问题。由于新水泥标准的实施,众多的水泥企业特别是立窑企业将不能稳定生产42.5级(或以上)的水泥,水泥企业质量达标问题极为突出。另外,中小型水泥的质量波动极大,远远超过国家标准规定及用户对产品的要求。其二是环保达标问题。很多小规模企业被关、停、并、转的主要原因是对环境的严重污染，即使对工艺进行改造，也很难达到《水泥工业大气污染物排放标准》（GB 4915—2004）要求的排放限值。其三是市场竞争问题。市场竞争是企业长期而又棘手的问题之一，随着中国加入WTO，市场全球化的到来，企业面对的市场竞争将更加激烈。市场竞争的中心是效益竞争，竞争的手段是价格竞争。水泥行业同样要走彩电、汽车等行业已走过的价格战。

企业要想长期立于不败之地，应积极采用行业先进标准，生产工艺和各项技术指标，可参照以下标准：产品实物优等品达标率100%，28d强度波动值应小于±3MPa；吨水泥综合电耗70kW·h以下，熟料每千克热耗3762kJ以下；工艺各排放点污染物符合排放标准，对环境零污染，达到"绿色型"标准，不仅要求主机排放达标，还要岗位洁净达标；人均劳动生产率应大于2000t/(人·a)；工艺实现自动化，微机控制；吨水泥投资是目前水平的一半或更低，使投资回收期低于4年。这也就是21世纪世纪现代化水泥企业的标志，不管是立窑还是旋窑企业，达不到以上标准，这个企业就不是先进的，它应用的技术就是落后的。

一招一式不可能推动水泥企业走向现代化，整个工艺的创新才能使工艺走向现代化，才能提高企业的素质，提高企业的经济效益。南京立窑水泥技术研究所在多年水泥工艺改造的基础上，探索国内众多成功企业的经验，经长期的专题研究，推出了节能环保低投资型水泥生产工艺，这一新工艺用全新的设计思路及方法，从而全面解决了目前企业面临的三大问题，以各项指标瞄准国际水泥行业先进水平，大幅度降低项目建设投资为目的。该工艺具有辅机设备少，主机设备设计先进合理，工艺充分考虑工序的均化问题，工序均化链合理有效，确保了产品质量的达标。新工艺设计各工序利用集中收尘原理，保证了所有工艺排放点粉尘的达标。

节能环保低投资型水泥生产工艺应用的低投资技术有：水泥工艺低投资布置措施、石灰石低投资均化措施、原料低投资均化措施、无动力卸料技术，回转窑车间集中收尘技术，立窑车间集中收尘技术，成品车间集中收尘技术，精破少磨措施，大储小均工艺方案，生料双均化系统，回转窑稳料系统，无底库技术生料降温措施，立窑收尘系统，均化包装工艺措施，工艺监控措施。

目前，已设计定型的规模有日产熟料200t、400t、1000t等工艺。此种新工艺是对我国30年水泥生产工艺技术的总结与诠释，是水泥工艺设计的一次革命，是水泥企业走向先进的必由之路。

(3) 发展方向

据调查，青海省水泥业发展由于长期受到落后生产能力的影响，全省水泥生产装置能力达到75万t以上的仅有两家，难以形成规模生产的优势。对此，青海省计划今后水泥业依托资源、合理布局，着重围绕一条主线、三个原则、四个重点发展。一条主线：重点支持发展日产2000t以上熟料新型干法窑外分解工艺生产优质水泥，坚决制止低水平重复建设，逐步淘汰落后的生产能力。三个原则即产业集中原则、市场导向原则、环境保护与可持续发展并重原则。四个重点是加大力度改造和淘汰落后工艺；水泥业要向利废环保型、各类水泥制品及加气混凝土板材方向发展；大力发展散装水泥和优化布局。根据青海省石灰岩资源分布情况，在水泥业发展上按"三点一线"进行布局，即以西宁、海东、海西为发展重点，依托铁路运输线，通过企业组织结构调整，重点扶持优势龙头骨干企业，水泥年产量到2010年争取达到800万t。

为完成上述目标，必须加强工艺技术、信息化建设和重大装备的开发和创新，加强企业管理和人才培养不断推行优化设计。主要课题有：

（1）加强原料均化技术的研究，进一步扩大低品位原料和工业废渣的应用。进一步强化从原料矿山开采到原料粉磨前均化的措施和手段，减小磨后生料的均化和存储的投资。

（2）进一步提高预热预分解系统的技术性能，开发高性能回转窑（槽齿新结构轮带、摩擦传动等）和新一代熟料冷却机等关键烧成装备；进一步扩大燃料品种和替代燃料，加强低热值的劣质煤和废轮胎、废塑料等工业废料利用的研究。

（3）加大力度进行生料辊式磨系统以及用于水泥预粉磨、终粉磨的辊压机和辊式磨系统的开发和推广应用，使水泥综合电耗降至90kW·h/t以下（以P·O42.5级计）。

（4）在DOS系统和其他专用软件开发的基础上，研究开发工艺装备过程优化控制软件，并不断扩大信息技术在企业管理中的应用，推广企业资源计划（ERP）、客户关系管理（CRM）等现代管理技术。

（5）进一步做好个性化设计，力求以最低的投资、最小的资源消耗和最低的生产成本，最大限度地满足市场的需要。

（6）研究开发效率更高的除尘装备和降低NO_x、SO_2等排放浓度的技术和装备，以实现污染零排放。

（7）针对劳动生产率不高的现状，要加大技术装备的开发和应用。如物料储存输送、水泥成品包装、袋装及散装发运等。

（8）进一步研究生产工艺过程的优化，以满足各种功能水泥产品的生产要求，并最大限度地降低生产运行成本。

（9）加强功能材料的研究和应用，以提高装备的性能。如高性能的耐磨金属材料、金属陶瓷材料、耐火材料和隔热材料等。

（10）进行生态化工程设计的研究，力求在基建投资相当的前提下实现与环境的融合。

（11）在工艺技术和装备完善、提高的基础上，通过工程设计施工、管理的不断优化，进一步降低新型干法水泥生产线的建设投资。

（12）加强和水泥生产相关产品、环境保护、替代燃料、新装备、仪器、管理等方面标准的研究。

10.1.5.2 石膏

（1）关键技术

集中表现在我国石膏产业可持续发展、拓展石膏应用领域、研究天然石膏及工业产石膏在加工应用方面的新技术、新工艺和新产品等方面的内容。

①我国石膏工业深加工的发展方向及最新科研成果

就我国目前的市场状况看，我国石膏的使用领域主要有下述几个方面：①代替黏土砖和水泥作墙体材料。若按50%取代率计算，到2015年，石膏墙体制品的市场总量将可达到2~2.5亿t/a以上；石膏墙体制品的市场总量将可达到1.0~1.5亿t/a以上。②代替木制板。到2015年，石膏板总产量将达50亿m^2/a，折重约1~1.2亿t/a。③开发保温、节能、防水、吸声、装饰、抹灰、地坪及屋面新材料，测算年用量可发展到1.0~1.2亿t/a以上。④石膏在化工、轻工、机械、电气、食品、医药和农业等领域用途广泛，使用量亦将逐年发展。综上所述，到2015年，我国石膏市场需求量将达5亿t/a以上。

我国石膏工业当前开发的新技术与成果：①石膏制品，包括粉体材料（主要指 β 型石膏粉）中的气流制粉系统（如中国矿大开发的 QLM-12 型、QLM-15 型样机）、高强石膏生产系统（如立式和卧式蒸压釜生产系统，煮蒸法、全液相和干法生产系统）以及煅烧石膏生产系统（实现了小水泥煅烧窑的技术改造等）；代木板材，是现代石膏制品的核心产品（包括纸面板、纤维板和刨花板），亦已实现国产化；墙体板材（砌块、条板、大板），轻质、高强、耐水、保温，郑州煤机厂的砌块生产线为小型移动车载式的；石膏水泥，某些制品强度已达 8MPa 以上；化工材料中，晶须的制备已经完成装备和工程设计的前期工作。②石膏技术装备：制粉系统、制板生产线、墙材生产设备均已实现国产化。③化学添加剂：成熟的技术包括转晶剂、晶须改性剂、防水防渗剂、发泡剂、增强剂、增塑剂、保水剂、界面改良剂、防火剂、防腐剂等。此外，二水石膏经脱水、超细、提纯和改性制成的凯色粉，可以取代部分钛白料用于橡胶、塑料、涂料中的填料。

②工业副产石膏的开发与利用

最近的几年里，工业生产过程中的副产石膏的排放量正在逐年递增，综合利用工业副产石膏，不仅可以减少石膏矿山资源的开采量，而且对生态环境保护也有着十分重要的意义。世界各个国家已普遍重视对工业生产中副产品石膏的开发与利用，副产品石膏的综合利用将成为一种新的发展趋势。

工业副产石膏是指工业生产中由化学反应生成的以硫酸钙（含零至两个结晶水）为主要成分的副产品或废渣。工业副产石膏的主要来源有以下几种：①生产氟化氢的副产品，又称氟石膏。②磷素化学原料和复合肥料产生的工业副产石膏，又称磷石膏。③其他途径还包括发酵法制柠檬酸、烟气脱硫及钛白粉生产中产生的工业副产石膏等。来源途径较多，种类也较多，最主要的是氟石膏和磷石膏两种。氟石膏是氢氟酸制备过程中的副产品，由硫酸与萤石反应产出的以含硫酸钙为主的废渣，主要产自无机氟化物和有机氟化物生产厂及其他氢氟酸生产厂，产量相当可观。每生产 1t 氢氟酸就有 3.6t 无水氟石膏生成。氟石膏的活化技术是今后研究的重点课题。磷石膏是生产磷肥、磷酸时排放出的固体废弃物，每生产 1t 磷酸约产生 4.5~5t 磷石膏。预计到 2015 年，磷肥（P_2O_5）需求量将达 1.3 亿 t，届时磷石膏年排放量将超过 2000 万 t，而目前利用率仅为 2%~3%。堆放磷石膏不仅占用了大量土地，而且造成环境污染，因此有必要寻求磷石膏的合理利用途径，以实现磷肥工业的可持续发展和磷石膏的高度利用。

③天然石膏及其开发利用研究进展

近年来，随着国内外非金属深加工技术及市场的发展，天然石膏的应用领域正在不断拓宽和变化。与此对应，有关天然石膏的开发利用研究亦在不断深入，并取得了许多重要的理论研究成果以及新技术、新工艺和新产品。虽然我国石膏资源丰富，但开发利用程度较低，尤其是天然优质石膏的深加工技术与国外差距较大。因而，介绍其开发利用研究的一些新进展，对促进我国石膏工业的发展具有十分重要的意义。

根据目前国内外天然石膏市场及应用领域分析，在建筑及建材工业继续保持石膏用量第一的地位，但在具体应用上有较大变化。石膏建材已向质轻、高强、多功能、环保等方向发展，正在逐步取代黏土砖和水泥作为墙体材料，代替木制板作为装饰与装修材料，并开发了保温、节能、防水、吸声、装饰、抹灰、地坪及屋面新材料。发达国家 80% 的石膏用于建筑制品，如美国石膏板年产量达 19.17 亿 m^3，法国石膏砌块年产量达 1700 万 m^3。除建筑及建材工业外，目前天然石膏在化工、轻工、机械、电气、食品、医药和农业等领域的用途正在不断拓宽，用量也在逐年增加，其中超高强石膏材料、硫酸钙晶须、石膏超细粉等深加工产品的开发利用等大大增强了天然石膏的市场潜力。Peter磨及单转子锤式烘干机等先进煅烧设备的开发利用为石膏制品提供了优异的煅烧石膏原料，进一步提高了石膏制品的市场竞争力。纳米石膏（硫酸钙）材料的开发利用是近年来人们日益重视的发展方向之一，目前该领域的实验研究工作正在进行之中，并已取得了初步成果。随着工业技术进步和人类对物质文明不断增长的要求，天然石膏必将有更广阔的应用前景。

（2）节能环保低投资型石膏生产设备及工艺

①天然石膏煅烧设备研究进展

天然石膏经煅烧，脱除其部分结晶水，可以得到多种石膏变体，β-半水石膏是其中之一。由于β-半水石膏是石膏建筑材料的主要原料，因此，天然石膏的煅烧工艺与设备先进与否对提高各种石膏建筑材料的品质具有决定性意义。随着非金属矿深加工技术的发展，对煅烧设备的要求也越来越高，除了要求其能生产出稳定的熟料、能耗低、热效率高外，还要求其能将天然石膏的干燥、磨粉和煅烧工序融为一体。显然，回转窑、炒锅、煅烧炉、篦子炉等传统煅烧设备已不能满足新的要求。为此，先进的煅烧设备Peter磨及单转子锤式烘干机应运而生。

②Peter磨简介

图10-6为Peter磨直接煅烧系统简图。它将碾磨、干燥、煅烧和分级工序合成一体，同时进行。原料从侧面或中央进入磨体，落到下部磨环，离心力将原料推送到磨球和磨环之间磨细。在煅烧过程中，磨细了的石膏粉进入磨环的外缘，被热烟气气流煅烧并输送到分级器。较大的颗粒被分级器分离并返回再次碾磨，同时合格成品从煅烧磨排出与气流一起进入收尘装置。

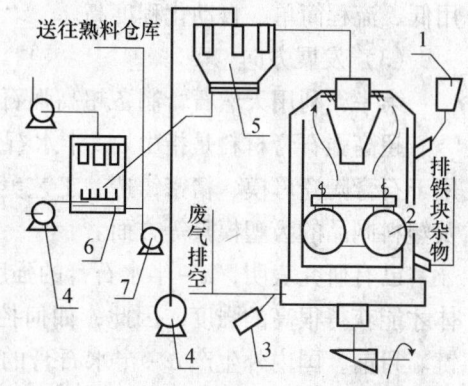

图10-6 Peter磨直接煅烧系统简图
1—料仓；2—Peter磨；3—燃烧器；4—风机；
5—除尘器；6—冷却器；7—罗茨风机

Peter磨的主要优点：①重型作业而设计简单，碾磨或分级室无轴承或润滑点，耐磨性能好，维修量少；②产品质量稳定，设计灵活，生产能力为2～80t/h熟石膏，能满足不同的需求；③结构紧凑，体积小，占地少，节省建筑面积及输送设备，可露天安装；④热效率高，其他类型的碾磨与煅烧系统无法与之相比；⑤既能用于天然石膏又能用于副产石膏，或两种原材料混合使用。

③单转子锤式烘干机简介

单转子锤式烘干机是铜陵化工研究设计院自主开发设计的一种新型高效石膏煅烧的专用设备，生产过程中与传统的气流干燥管配合使用，其能将打散、干燥、脱水、成品转型工序聚于一体，尤其适用于工业石膏的综合利用项目。单转子锤式烘干机石膏煅烧流程如图10-7所示。

单转子锤式烘干机为一"U"形容器类设备，底部装有转子，转子上设有锤头。该设备由混合腔、工作腔、分离腔三部分组成。其混合腔设有热气流、原料石膏的入口，工作腔内通过传动装置使转子以一定的转速旋转，混合气体入口处设有导流板，锤头上方设有挡料板，同时设有粗、细颗粒分离腔。

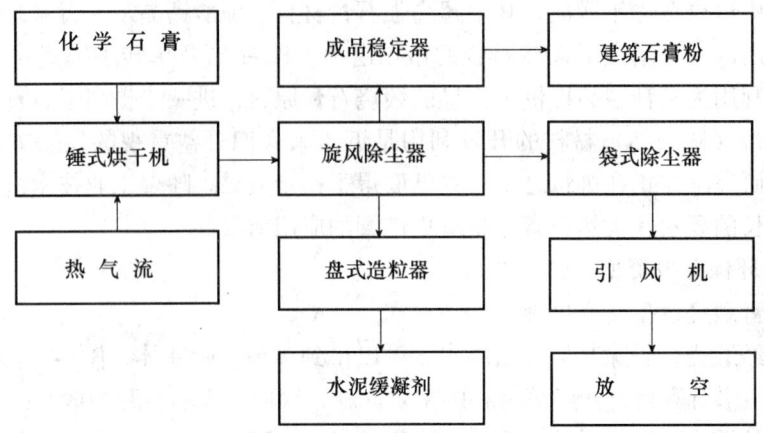

图 10-7 单转子锤式烘干机石膏煅烧流程示意图

与传统的工艺相比，单转子锤式烘干机+气流干燥管工艺具有如下特点：①占地面积小、生产能力大、装置易于大型化；②换热效果好、能耗低、产品质量稳定；③投资省、费用低、流程简单、自动化程度高。

(3) 发展方向

第一，利用天然石膏制备超高强石膏材料

超高强石膏材料是指由 α-半水石膏组成的、抗压强度大于 50MPa 的胶结材料，主要应用于石膏陶瓷母模、精密铸造、工艺美术品和玩具制造、永久建筑模板、装饰板、隔离板以及塑料制品的吸塑模具等方面。

已有研究表明，α-半水石膏的强度是由其结晶形态决定的，只有发育完整的短柱状晶体才能获得很高的强度。因此，如何控制 α-半水石膏的晶形是获得超高强石膏材料的关键。目前，国内外生产 α-半水石膏的技术方法有加压水蒸气法、加压水溶液法、陈化法、干闷法、液相蒸压法等工艺，由于这些技术方法不能有效地控制 α-半水石膏的结晶形态，均只能生产抗压强度低于 50MPa 的高强石膏材料，不能制备超高强石膏材料。经过长期探索，人们研究出采用外加剂控制 α-半水石膏晶形的技术来制备超高强石膏材料。其中段庆奎等人采用复合外加剂协同作用控制晶形技术获得了抗压强度达 100MPa 的超高强石膏材料，参与反应的复合外加剂有转晶剂（CM）、稳定剂（SM）和偶联剂（BM）三种，其中转晶剂为碱金属盐，对石膏晶体转变起主要作用，促使晶体朝短柱状转变；稳定剂为纤维醚类，具有稳定晶型、防止晶体发生逆向反应的作用；偶联剂为有机硅烷类，其能促使二水石膏晶体很快与转晶剂结合，加快反应速度。二水石膏在饱和水蒸气状态下进行晶体转变，晶体转化率达到 95% 以上。

该工艺流程为：石膏矿石→破碎→精选→分级→计量→蒸压→脱水→烘干→粉磨→包装。

目前，我国超高强石膏材料的研究与应用还处于相对落后的状况，完善和改进现有工艺与设备，开辟具有实际性突破的工艺路线和生产方法，采用先进技术，大力研制和开发强度更大的超高强石膏材料，为社会和经济发展提供一种多功能、高质量、技术性能优良的新型绿色建筑材料，意义深远。

第二，利用天然石膏制备硫酸钙晶须

硫酸钙晶须是无水硫酸钙的纤维状单晶体，具有耐高温、抗化学腐蚀、韧性好、强度高、易进行表面处理与橡胶塑料等聚合物的亲和力强等优点，既能用作塑料、尼龙、聚氨酯、橡胶等材料的增强组元，显著提高材料的抗张强度和弹性模量，也能代替石棉（石棉毒性大）用于摩擦材料、建筑材料、密封材料、保温材料等方面。而价格却仅为碳化硅等晶须的 $1/300\sim1/200$，是一种性能优良、价格低廉的绿色环保材料，具有很强的市场竞争力。利用天然石膏制备硫酸钙晶须的方法主要有水热法和常压酸化法。水压热法是将质量分数小于 2% 的二水石膏悬浮液加到水压热器中处理，在饱和蒸汽压下，二水石膏变为细小针状的半水石膏，再经晶形稳定化处理，得到半水硫酸钙晶须。该方法生产成本高，应用受到限制。常压酸化法是指在一定温度下，高浓度二水石膏悬浮液在酸性溶液中可以转变成针状或纤维状半水硫酸钙晶须。与水压热法相比，此方法不需要压热器，且原料的质量分数大大提高，成本大幅度降低，易于实现工业化生产。实际上，上海建筑科学院早在 20 世纪 90 年代初就采用水热法蒸压工艺制备出长径比（长度与直径之比）达 100 的硫酸钙晶须。之后，东北大学和沈阳昂立新材料公司用水热法制备出长径比为 20 左右的硫酸钙晶须，用作尼龙的增强材料，并建立了一条年产 600t 的生产线。武汉工业大学也研究出制备硫酸钙晶须的专利技术。由于人们对硫酸钙晶须还不了解、不会用，市场基本上是一片空白，使得利用天然石膏制备硫酸钙晶须的工艺束之高阁，未能得到应用和发展。

第三，利用天然石膏制备超细粉

石膏超细粉可作塑料和橡胶的填料，改善高聚物的机械强度、耐热性及变形性，也可作为造纸的白色涂料，改善纸张质量。国内已有专家将二水石膏经过脱水、超细、提纯和改性等一系列加工后，制备成石膏超细粉，并称之为凯色粉。它可取代立德粉、煅烧高岭土、滑石、重质碳酸钙（或轻钙）超细粉以及部分钛白粉，用作橡胶、塑料、涂料的填料。由于石膏超细粉与有机材料亲和力强，可大量掺入，掺入量为重钙或轻钙的 2 倍以上，使制品成本明显下降，而制品的强度、刚性、表面硬度、耐酸性、耐候性（老化）、热稳定性均有所提高。因此，凯色粉在山西晋城已建厂生产，并在江苏、上海、海南等地推广应用。目前，有关天然石膏开发利用的实验研究着眼点较多，如利用优质硬石膏加工用于橡胶、塑料及涂料中的微米级硫酸钙以及利用纳米技术制备纳米石膏材料等，但与上述较为成熟的新技术、新工艺和新设备相比，这些实验还处在探索性阶段，尚缺乏较理想的研究结果，故暂不作介绍。总之，要更好地开发利用天然石膏，必须大力发展深加工技术，研究新方法、新用途，拓宽新的应用领域。

10.1.5.3 石棉

（1）关键技术

关键技术：利用"石棉湿法浮选改性工艺"可从废弃的石棉尾矿中提取用途广泛的矿物纤维——CMS 改性纤维（水选改性石棉纤维）。在技术上利用化学方法和水力松解提高石棉纤维的松解度、比表面积和长径比，从石棉矿物中提取优等级的 CMS 改性纤维。

关键工艺：以水为选矿介质加入化学助剂和辅助材料，通过机械搅拌使 CMS 改性纤维从石棉矿中游离出来。

（2）生产工艺流程（图 10-8）

由尾矿场提供的尾矿经富集筛分其中大于 $3\sim5$mm 粒级作为废石丢弃，小于 $3\sim5$mm 的

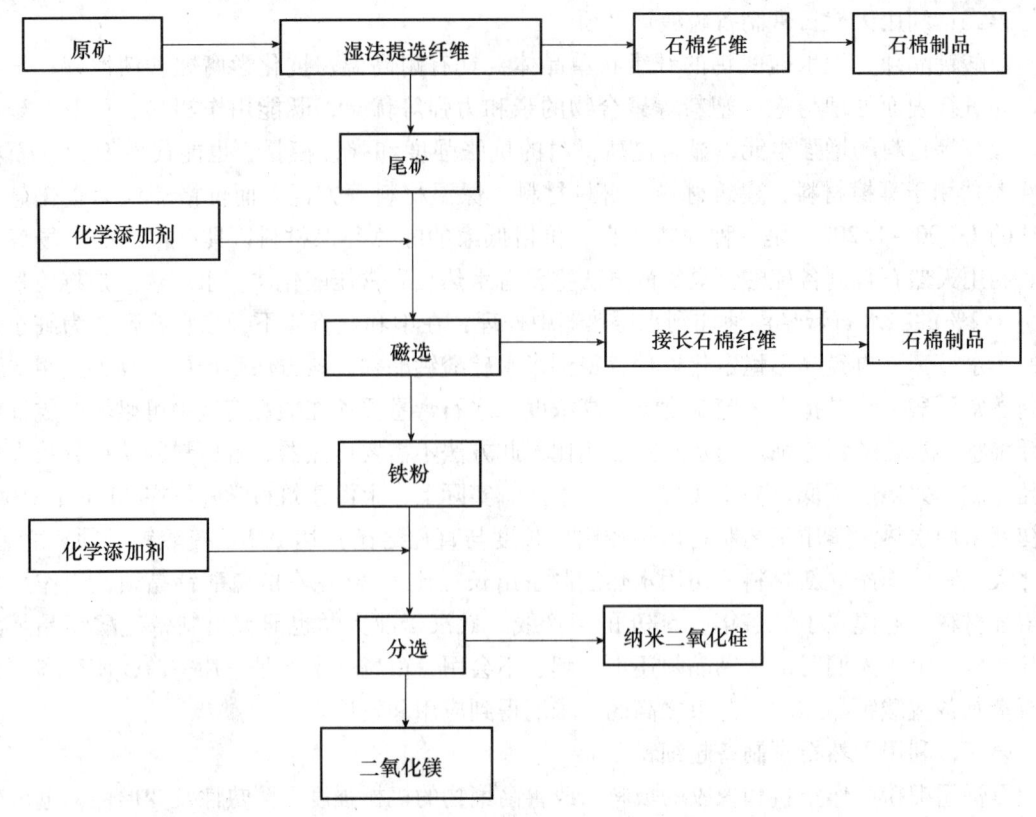

图 10-8 石棉纤维生产工艺流程

尾矿用皮带机或汽车运到湿选厂矿仓或堆场，湿选流程经加水药剂、辅助材料进行化学反应和水力松解脱水、干燥、送至精选。精选流程采用松解机平摇筛和高方筛除砂除尘、烘干，成品经检验包装入库，排出尾矿由带式输送机经再次浮选后并入原流程经风选后用皮带机或汽车运输至尾矿场排弃。湿选流程中及风选流程选别作业中筛下物都作为中矿回到矿仓再次进行水选和化学分解直至尾矿中纤维最大限度得到回收。精选厂设粗精纤维堆棚，烘干机可解决雨季原料的干燥问题，选矿车内入口设矿仓，便于控制作业线原料处理量。选矿流程采取分级吸选方法，纤维流程按产品级别分设除砂、除尘作业线，采用风机式松解纤维，流化床、新型圆角筛和平摇筛除砂除尘。设立检验室，对石料品位和成品纤维产品质量进行随时检验。各段吸选流程的扬尘口，都设置除尘装置，送布袋除尘室净化，正压式布袋工作尾气达到排放标准后排入大气，包装后的各级成品纤维用人力或机械运输到成品纤维库堆放，经再次检验合格后用汽车运输出厂。

(3) 发展方向

①最大限度地节省矿石的剥采量，减少破碎运输等生产环节的损失，努力降低生产成本。

②强化生产过程无粉尘产生，生产用水循环使用，无废水排出，有效控制环境污染，有利于职工健康。

③最大幅度松解石棉纤维，松解石棉含量达 57.6%，高于国标《温石棉》(GB/T 8071—2001)标准规定值 30%，纤维机械强度高。比表面积和长径比大幅度提高，比

表面积值达到 246~399（dm²/g），国家标准为 90~110（dm²/g）。

④可适应石棉制品行业对各等级石棉的搭配要求，直接提供商品石棉纤维，可取消石棉制品企业的原棉处理车间，避免环境二次污染，且可为其节约成本 500~1000 元/t。

⑤用经富集的 4t 左右尾矿中可回收 1t 五级石棉，其价格可达 1600 元/t 以上，大大提高了石棉回收利用率，既合理利用宝贵的矿产资源，又符合国家可持续发展战略。

10.1.5.4 玻璃

（1）关键技术

①浮抛介质的选择（用于浮抛玻璃的锡液，其纯度要求在 99.9% 以上）。

②浮法玻璃的自身抛光（抛光区的温度分布要求严格均匀，玻璃液经过抛光区，要有足够的时间）。

③玻璃厚度的控制（生产 6mm 以上厚度的玻璃比较容易，如何生产具有一定宽度的薄玻璃，一直是浮法生产需要解决的问题。目前的技术可以生产厚 1.7mm 的玻璃）。

（2）生产工艺流程（图 10-9）

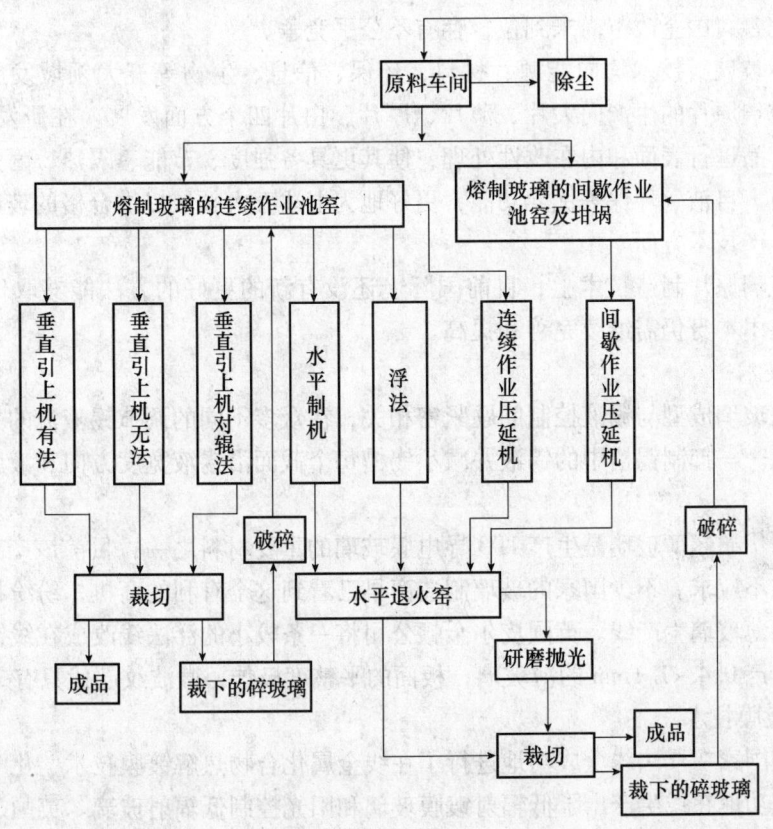

图 10-9　平板玻璃生产工艺流程

（3）发展方向

目前在建和拟建浮法玻璃生产线情况及特点。据初步统计，我国在建和拟建（含规划建设）的生产线共计约 67 条，平均建设规模为 550t/日，其中在建的有 30 余条线，2004~2005 年陆续建成投产。从新建线地区分布看，珠江三角洲地区最为集中，共有 13 条生产线，其次为江浙、河北、山东、福建、辽宁等地区，中西部地区较少。从浮法技术来源看,约有近20条线直接或间接采用国外技术,其余均采用中国洛阳浮法技术。新建浮法线的特点:一是投资主体以民营、合资、股份制企业为主,特别是民营企业最为活跃,资本构成主要是民营资本和外资;二是技术来源起点高,有的直接采用皮尔金顿技术或PPG技术,有的通过与斯坦因、燕华、台克曼等国外工程公司合作,间接采用国外技术;三是新建生产线规模较大、装备水平较高,很多使用进口设备,其中500t/d以上(含500t/d)生产线占建设总量的75%以上,有的生产线达到700t/d、900t/d,甚至1100t/d的规模。

从建线情况及特点可以看出,这一轮"建线"热潮有积极的方面:这次建线与过去低水平重复建设相比较,在规模、结构、资本构成等方面都有所不同,带有结构调整、产业升级和行业整体进步的因素,同时新线建设也挤压了落后工艺和劣势企业的生存空间,能促进优势企业的成长和淘汰落后生产能力,有利于企业和市场的整合,促进行业的健康发展;但也有负面影响:这次新线建设当中,有的也带有一定盲目性和重复建设的内容,同时由于新线建设过于集中,会导致供求严重失衡和市场的无序竞争。特别是目前玻璃行业企业分散,市场机制不完善,国企改革尚未到位,存有不公平竞争。

目前国际玻璃新技术均向能源、材料、环保、信息、生物等五大领域发展。在材料方面,主要指玻璃原片的生产向大片、薄片、厚片、白片四个方面发展。在研发新技术方面,通过对玻璃产品进行表面和内在改性处理,使其更具备强度、节能、隔热、耐火、安全、阳光控制、隔声、自洁、环保等优异功能,更好地为上述五大领域提供合格的玻璃产品。

①浮法生产技术方面

在平板玻璃原片制造技术上,目前国际上还没有新的更好的方法能够取代浮法成型工艺,但浮法技术本身仍需继续完善和提高。

a. 超薄技术

超薄浮法玻璃成型与锡液控制问题紧密相关,在众多不同的调节锡液流的方法中,有一个共同的趋势——抑制锡槽中的锡液并减小锡槽每个截面沿锡液宽度方向和液层厚度方向的温度梯度。

无色透明优质超薄玻璃是生产ITO导电膜玻璃的重要材料之一,目前该产品正走俏国际国内市场,供不应求。不少国家的玻璃制造商早已看到这个有利的商机,纷纷将原有的个别生产线改成超薄玻璃生产线。英国皮尔金顿公司将一条较小的浮法线改成在线镀膜超薄玻璃生产线,可生产0.4~1.1mm的薄玻璃,板面的平整度极佳,微波纹起伏只有30~50nm。

b. 在线镀膜技术

世界先进国家在浮法线上成功地进行了在线金属化合物热解镀膜技术、化学气相沉积镀膜技术,并成功地在线生产出了低辐射镀膜玻璃和阳光控制低辐射玻璃。英国、法国、比利时等国还能在线生产玻璃镜。

c. 浮法玻璃退火窑辊道技术

在退火窑的热端,为了解决"辊印"采用两种不同的方法和途径。一是开发一种非常硬的应用于金属辊的陶瓷表面涂层。它易于清洁并恢复到光滑的抛光表面。二是开发一种能阻止表面附着物形成的辊道包覆材料。目前所用的主要是热惯性低的铝硅酸盐或钙硅酸盐纤维辊道包覆材料。在退火窑的冷端,金属辊在不同工艺参数下仍然会有硫化物和锡等附着物。包覆辊道及采用硬质涂层辊道已基本解决了这一问题。

d. 一窑多线

国际上的玻璃商为适应市场需求,节约能源和控制生产总量,防止积压,设计建成了一窑两线(两个品种)的生产方式。美国加迪安公司获悉国际上对压花玻璃有可观的需求量,公司在美国南卡罗来纳州的浮法玻璃工厂进行技术改造使之成为一窑两线,改造后的600t/d级浮法线新增设100t/d压花玻璃生产线,可同时生产浮法玻璃及压花玻璃。美国另一家公司为了占领中东压花玻璃市场,在沙特阿拉伯建设550t/d级浮法线的同时建有100t/d级压花玻璃线。日本旭硝子公司在本国建设一条500t/d浮法玻璃生产线的同时,也建造了100t/d级压花玻璃生产线。欧洲的玻璃制造商也在改造建设浮法及压花一窑两线生产线,英国皮尔金顿公司已经发明了一窑三线的专利。

e. 计算机模拟技术在玻璃工业中的应用

我国目前一些浮法玻璃企业通过设备引进,虽然在装备上已接近国际水平,但就其整体技术水平和产品质量与国际先进水平比尚有不小差距。究其原因,问题主要在于对浮法成型的机理和稳定控制认识上还不到位,工艺调整主要靠经验进行,没有理论依据做支持。二十多年来,国外利用计算机模拟技术对熔化、成型和退火进行了大量研究,已取得了可喜成绩。荷兰 TNO 组织开发的"玻璃池窑三维数学模型"已被美国福特公司、PPG 公司以及比利时格拉威伯尔等十几家公司应用,取得了良好效果。而国内三维模拟只对生产电真空玻璃熔窑进行过试用,对玻璃熔窑的仿真模拟一般只限于二维,有的公司虽然做过三维的模拟,但不够深入,还不足以真正指导生产。所以采用计算机数学模拟技术加强对浮法玻璃的熔化、成型和退火控制,以进一步提升国内浮法玻璃整体水平和产品质量至关重要。

f. 节能工艺技术

玻璃熔窑的各种氧气燃烧技术,包括富氧燃烧、喷氧、富氧空气补给、纯氧燃烧助燃、全部纯氧燃烧五种形式正成为研究试用的热点之一。

另外,严格控制热交换、设备配置的标准化、玻璃带的加宽等,可以大大提高浮法工艺的生产能力和经济效益。传统工艺规定在锡槽的头部和中部区域加热,在尾部区域强烈冷却。新的观点则要求锡槽中的热交换调节不仅要减小加热功率,而且要减小冷却强度,这样可节约热能。为此而采用更为准确调节锡槽热制度的新方法,例如采用安置在锡槽窥孔上的专用加热器以及可调节选择温度的工艺冷却器等。为了节省锡液及合理利用锡槽,在玻璃带宽度和板根宽度比例不断增大的趋势中通过改进拉边机,以及有效加热和冷却,可以生产宽度接近于板根宽度的玻璃带。

g. 环保技术

玻璃熔窑废气中的硫氧化物 SO_x、氮氧化物 NO_x 和烟尘是污染大气环境的主要有害成分,为了保护大气环境,国际上许多国家相继制定了严格的玻璃熔窑废气排放标准和相应的排污收费标准,建立了较为完善的环保管理体系,对 SO_x、NO_x 和烟尘等有害物质的排放作了严格限制,有关玻璃生产企业积极开发和推广应用新的玻璃熔窑废气治理技术。一是静电除尘技术:静电除尘器有板状和管状两种。二是降低硫氧化物排放量的技术:硫氧化物 SO_x 主要指 SO_2 和 SO_3,可与碱性吸收剂反应而生成硫酸盐和亚硫酸盐。废气脱硫,根据吸收工艺的不同,可以分为湿法、干法和半干法等,目前蚌埠院等已有此项技术。三是降低氮氧化物排放量的技术:氮氧化物 NO_x 主要指 NO 和 NO_2。一次治理措施有:氧助燃技术、分层燃烧技术、采用低的空气过剩系数、选用低氧喷枪等。二次治理措施有:选择性催化还原法、非选择性催化还原法等。

②发展新品种方面

随着建筑业、交通业、信息业、装饰装修业的发展和人民生活水平的不断提高，同时为适应节能、环保、安全和改善环境舒适度的要求，平板玻璃在品种、规格、内在和表面功能等方面都有了很大发展，应用范围也越来越广泛。人们对平板玻璃的要求已由过去单纯的采光和挡风雨发展到控光、调温、节能、隔声、安全、舒适等功能。从长远来看，根据可持续发展的要求，建筑材料必须具有与生态环境的适应性、资源能源消耗少、对生态环境污染少、可再生资源利用率高、与生态环境相协调的生态环境建筑材料。

a. 利用太阳能发电的平板玻璃

与平板玻璃有关的太阳能发电系统有两类。第一类是在单体建筑物的屋顶和幕墙上安装的光伏发电系统。它是利用硅光电池、硒光电池、碲光电池等在阳光照射下能产生一个定向电动势（即光伏效应）的半导体元件，拼接黏合在超透明平板玻璃上成为光电板，将光能转换成电能并经整流、升压后供建筑物内部直接使用。第二类是大面积集热式太阳能发电系统。由以色列索来尔公司开发成功的以太阳能作为热源带动传统的大型蒸汽涡轮发电机发电的新型太阳能技术，就是以数座通体透明的大型玻璃建筑物作为集热装置的。

b. 电致变色玻璃

近10年来，美国、英国、意大利、德国及其他国家就最新的玻璃产品——电致变色玻璃窗进行了深入广泛的研究并获得了令人满意的结果。起初，此种玻璃窗主要是为汽车工业而开发的，最近，人们又开始探讨此种玻璃窗的大规格化及其在建筑上的应用。尽管此种玻璃窗还没有完全实现工业化生产，但具有很好的市场前景。目前，已推出了新型的用户控制型电致变色玻璃窗。

c. 光致变色玻璃

光致变色玻璃是含卤化银等胶体光敏剂的玻璃，受到光照射就会变暗或着色，停止光照射又能恢复到原来的透明状态。目前国内已经开发出有机光致变色材料以及用其做成的光致变色太阳镜和光致变色夹层玻璃，但在色调的搭配等方面还有待进一步提高。

d. SUNERGY——世界首创的硬镀膜多功能玻璃

比利时格拉威伯尔集团生产的全球唯一的新型镀膜产品——SUNERGY，集热反射和Low-E玻璃功能于一体。由于其优越的通透性和低反光性能，满足了现代建筑潮流所需。其优点是：没有特殊的运输需求，玻璃表面不容易划伤，没有堆放和储存的问题，可以进行钢化、热弯、夹胶等，可以单片使用，也可制作中空玻璃，可以在其非膜面上釉和丝网印刷处理。

e. 自洁净玻璃

在玻璃表面镀一层TiO_2纳米膜，在紫外线照射下就可把污物分解，不用擦洗玻璃也能长期洁净。这种玻璃的制作方式主要有以下几种：一是在常温常压下涂镀一层有机钛膜；二是采用工艺较成熟的凝胶-溶胶镀膜工艺；三是浮法在线化学气相沉积法（CVD）。目前国内前两种工艺已基本成熟，并有部分产品面世，但都有耐久性和成本等方面的不足。从国外发展趋势来看，采用在线CVD法生产自洁净玻璃，很有发展前景。

f. 信息产业玻璃

CD玻璃（玻璃光盘）、HDMD玻璃（PC用玻璃磁盘）、STN（超扭曲向列型）液晶显示器玻璃、TFT薄膜液晶显示器玻璃、PDP等离子显示板、ELD场致发光显示板、VFD真空荧光显示板、TCD 热致变色调光玻璃、DPS 微粒子分级配向玻璃、BM 彩色滤光玻璃。

g. 计算机硬盘用玻璃基板

目前，世界范围内计算机硬盘的 75% 以上用铝材制造。以表面镀磷化镍铝盘（简写为 NiP/Al）为代表的硬盘有存储器密度高、旋转速度快、磁头浮动高度低、便于数据的记忆和检索的特点，所以占有相当大的市场。随着信息产业的发展，市场要求高性能、大容量、快速存取的袖珍便携式数据存储机型，相应要求薄而结实的磁盘。玻璃材料具有这种特点，它能比 NiP/Al 盘具有更高的存储密度，能经得起频繁的取上取下，能保证长期使用性能不减。因此玻璃基板作为计算机硬盘基板的一种新型材料，以其信息记录密度大幅度增加、信息存取速度快、符合硬盘技术发展的趋势，将成为取代铝基板的新产品。

h. 折光玻璃

把太阳光折射到房间的阴暗角落，使处于室内的人能享受阳光的温暖。对那些光线不足的房间，它是一种节电的用品。这种玻璃是因涂上了一种能折射光线的涂层，因此具有折射光线的作用。

i. 防静电和抗电磁波干扰玻璃

防静电和抗电磁波干扰玻璃是具有导电性和屏蔽或吸收各种电磁波功能的玻璃。

j. 天线玻璃

这种玻璃内层嵌有很细的天线，可作为无线电广播和电视天线。安装后，室内电视机就能呈现更为清晰的画面。

k. 蓄光玻璃

在可吸收光能的玻璃中掺入了稀土元素铽（Tb），经过 1~30min 照射后它可发光 1~10h。

l. 防盗玻璃

这种玻璃为多层结构，每层之间嵌有极细的金属丝，而金属丝与报警装置相连接，当玻璃被打破时，会立即响起警报声。

10.2 青海省建材工业发展循环经济的难点和制约因素分析

青海省建材工业发展循环经济面临的主要难点和制约因素存在以下几个方面：

一方面是传统产业从观念到技术需求得到大的提升。目前看来水泥、石棉、玻璃、石膏四类产业都在向精细化、多样化、人性化的方向发展，其产品的种类、行业跨度都有了空前的提高。因此，青海省建材行业要实现大的发展，首先是在观念上要有突破，以科学发展观和和谐社会创建为指针。其次，是在技术上需要有大的提升。要努力引进新的技术、管理经验来改造老企业，建设新企业，使企业在机制上发挥灵活性，从而在宏观上实现行业的进步。

另一方面是对于发展循环经济的企业，要从税收上、各项政策保障上予以倾斜和支持。企业发展循环经济，从资源利用、社会效益和环境保护几个方面着手势在必行。发展循环经济企业的生产成本提高，企业一般不会主动地从事循环经济的相关活动，要推动循环经济的合理发展，政府要加大扶持的力度。

最后是妥善解决资金渠道、资金布局两大问题。青海省经济不发达，这就需要动员社会各方面的资源。尤其是借助中央西部大开发的政策优势，努力获得中央财政的支持。另一方面，在资金获得以后，不能一哄而上，对于资金的使用，要根据全省的经济战略、地方经济发展主导、经济潜力与和谐社会统筹建设等问题进行通盘考虑。

10.2.1 水泥工业

青海省对小水泥的淘汰较困难。大部分水泥企业没有自备矿山，矿石来源全部靠民采，乱采、乱挖现象严重，对资源和生态的破坏严重（全国平均立窑水泥企业石灰石资源利用率只有40%，青海省虽未做统计，但预计不会好于全国）。此外，大部分立窑小企业的生产设施简陋，几乎没有环保设施，造成的污染相当严重。

青海省未来新建和改造的预分解窑水泥生产线，其技术水平应达到国际较先进水平，装备国产化率90%以上；积极开发高性能、高耐久性的水泥品种。大力推进清洁生产，无论大、小企业，环保必须达标，否则不允许生产。积极鼓励综合利用，水泥生产因其工艺特性，具有消纳多种工业及可燃废弃物的能力，未来在布局方面，应根据循环经济的原理，在原料和燃料的使用上，尽可能地利用可燃废弃物，促进可持续发展。

10.2.2 石棉工业

由于石棉产业是小产业，因此在对其的规范管理方面缺乏力度，产品质量、档次良莠不齐，竞争不规范。为了该产业的健康发展，建议制定质量准入、技术准入、环境保护标准等准入制度。

10.2.3 玻璃工业

原燃材料价格上涨，玻璃成本提高。价格涨幅较大的一是纯碱，从2007年第四季度以后价格节节攀升，上升幅度近80%，达到1800元/t；二是煤炭价格，几乎翻了一番；三是运输，目前火车运输十分紧俏，汽车运输由于控制超载，实际价格增加了近60%。因此使玻璃销售成本上升了近8%~10%。

新线建设过于集中，新增能力过快。自2006年以来平板玻璃进入了一个新的增长高峰，根据以往经验，在每次生产能力增长高峰之后都伴随着出现市场供求失衡，产品价格下跌和企业利润大幅下降的局面。

特别值得注意的是，随着玻璃行业市场好转和利益驱动，不仅是新建浮法生产线较多，小玻璃生产线也在扩能改造。普通平板玻璃增速达49.78%，远远高于浮法玻璃增速16.0%的水平。

按照科学发展和循环经济要求，环保问题愈来愈突出。国家对硫化物、烟尘等废弃物排放要求愈来愈严，特别像上海、深圳等人口密集地区，给企业环境治理带来新的压力。

10.2.4 石膏工业

中国的石膏板工业要想赶上世界水平，主要问题不在于扩大石膏板的生产规模，而在于要解决好石膏板的应用技术和配套技术。石膏板属于装饰材料，是隔墙和吊顶装修工程中的主要材料。它必须与龙骨、配件等配套材料一起配合使用，才能发挥最佳的效果。石膏板在建筑中不同的部位，都应该有其规范的做法。但到目前为止仍有许多施工单位没有完全掌握纸面石膏板的施工技术。这也是没有规范的施工技术标准所致。虽然有关部门早就在做这方面的工作，但也只是有一些简单的节点和构造，并没有形成完善的全国通用的技术文件。目前我国石膏板的应用技术主要是北新和几个外资企业各自所推广的体系。仅仅靠这些有限的投入，我国石膏板市场的规范发展，将会受到很大的制约。

一些不规范的小企业扰乱了市场秩序。目前，一些小企业发展非常迅速，大部分是生产能力在 200~400 万 m^2/a 的小生产线。这些企业利用其投资成本低、生产成本低的优势，迅速在靠近市场或原材料丰富的地方建厂，既没有品牌也没有质量保证，但由于价位低，极具诱惑力。于是质次价低、假冒伪劣产品打入市场，使整个纸面石膏板行业呈现出一种无序发展的状态，既损害了优质品牌石膏板的声誉，也影响了石膏板行业的健康发展。

这些小型石膏板生产线的产品质量绝大多数不符合国家标准。历次抽检中的不合格产品大多是小型生产线的非标准产品，也正是这些非标产品搅乱了纸面石膏板市场。应该看到，石膏板产品的市场价格一滑再滑，产品以次充好，在伤害了消费者利益的同时，也伤害了行业的整体利益，阻碍了行业的健康发展。

10.3 建材工业发展循环经济的总体思路和重点方向

20 世纪 90 年代之后，发展知识经济和循环经济成为国际社会的两大趋势。建材工业循环经济要求以最小的代价利用自然资源和环境容量，实现经济活动的生态化转向。青海省地处三江源头，发展经济和保护生态的任务十分艰巨。面对人口、资源和环境压力以及未来快速发展的前景，改变传统的经济增长方式，走新型工业化道路，加快发展建材工业循环经济，实现经济与自然、经济与社会的可持续发展，是青海省今后建材工业经济与社会发展必须解决的难题。因此，开展青海省建材工业循环经济研究，对进一步转变经济增长方式，实现经济、社会的可持续发展，建立节约型社会，具有十分重要的意义。

10.3.1 总体思路

坚持"以人为本、全面协调、可持续发展"的科学发展观，依靠科技创新，转变经济增长方式，实现建材工业与资源、环境的协调发展，促进优势资源转化，建立比较完善的建材工业循环经济法律法规体系、政策支持体系、体制与技术创新体系和激励约束机制，大幅度提高资源能源再生与利用效率，减少废物最终处置量，污染物力争达到零排放，形成一批符合循环经济发展要求的典型建材企业。

10.3.2 建材工业发展循环经济的重点方向

在当前和今后一个时期，青海省发展建材工业循环经济的重点方向为：在"十二五"及今后较长时期内应紧密结合本省建材矿产资源优势，优先考虑水泥、石棉、玻璃、石膏四大建材产业的循环发展，应从以下几个方面着手。

10.3.2.1 在资源开采环节，要大力提高资源综合开发和回收利用率

对矿产资源开发要统筹规划，加强共生、伴生矿产资源的综合开发和利用，实现综合勘察、综合开发、综合利用；加强资源开采管理，健全资源勘察开发准入条件，改进资源开发利用方式，实现资源的保护性开发；积极推进矿产资源深加工技术的研发，提高产品附加值，实现矿业的优化与升级；开发并完善适合我国矿产资源特点的采、选、冶工艺，提高回采率和综合回收率，降低采矿贫化率，延长矿山寿命。大力推进尾矿、废石的综合利用。

10.3.2.2 在资源消耗环节，要大力提高资源利用效率

加强对水泥、石棉、石膏、玻璃四大行业的能源、原材料、水资源等消耗管理，实现能量的梯级利用、资源的高效利用和循环利用，努力提高资源的产出效益。要从产品设计入手，优先采用资源利用率高、污染物产生量少以及有利于产品废弃后回收利用的技术和工艺，尽量采用小型或重量轻、可再生的零部件或材料，提高制造技术水平。产品包装要大力压缩无实用性材料消耗。

10.3.2.3 完善和建立建材工业的洁净生产体系

（1）首先对新建厂房的设计必须严格执行《洁净厂房设计规范》（GB 50073—2001），洁净厂房设计必须做到技术先进、经济适用、安全可靠、确保质量，并应符合节约能源、劳动卫生和环境保护的要求。

（2）研究和开发以工业废弃物、城市生活垃圾和建筑垃圾为主要原料的生态建材产品生产工艺技术，建材窑炉节能与环保技术等。

（3）拓展新型墙体材料成套技术装备开发：重点是高强承重混凝土空心砌块、建筑板材成套设备国产化。

（4）加强无机非金属矿深加工技术及产品：重点是石棉矿、石灰岩矿、石英岩矿、黏土矿、石膏矿的洁净生产制备技术、系列产品产业化技术。

（5）信息技术在建材行业中的推广应用：重点是水泥、浮法玻璃、陶瓷等热工窑炉燃烧系统优化控制技术；原料自动配料技术与产品生产全过程信息化控制管理系统开发。

（6）重视与建材工业相关的建设配套问题。

住宅现代化与建筑节能技术：重点是建筑工业化新型结构体系的建立；住宅小区节能改造综合成套技术、建筑节能新材料与墙体保温成套技术的实施。推广工业固体废弃物资源化技术。

（7）先进环保技术与装备。重点是工业废水处理技术与设备；废渣处理技术与设备；烟气脱硫、除尘成套设备及水循环净化装置。

（8）加快生产厂区绿化速度。

10.3.3 发展循环经济的模式与途径

发展建材工业循环经济的模式有两种：一种是自然产品废物再生资源；另外一种是资源废物反馈式的模式。由于我国所处的发展阶段，与德国、日本等发达国家不同，资源消耗高、浪费大、利用率低。因此，现阶段在中国推行循环经济发展，应将减量化放在突出的位置。减量化是指在生产和服务过程当中，尽可能地减少资源消耗和废物产生。再利用是指产品或拆解后的零部件继续使用，或者修复、翻新，再制造，尽可能延长其使用时期。建材工业循环经济是以"减量化、再利用、资源化"为原则，以资源的高效利用和循环利用为核心，以减少自然资源消耗，降低废物处置，提高资源生产率为目标，以低排放、高效率为基本特征，实现以尽可能少的资源消耗和环境成本，获得尽可能大的经济和环境效益，使经济系统与自然生态系统相结合。

在微观层面上，要求建材企业节约降耗，提高资源利用效率，实现资源消耗和废物产生减量化；对生产过程中产生的废物综合利用，根据资源条件和产业布局，合理延长产业链，促进产业间的共生组合；对生产和消费过程中产生的各种废旧物资回收和再生利用，减少废物最终处理量。

在宏观层面上，要求将循环经济发展的理念贯穿于产业发展、技术改造、产品销售等企业发展的各个环节、建立和完善资源循环利用体系，逐步形成低投入、低消耗、低排放、高效率的节约型方式。发展循环经济必须树立和落实以人为本、全面协调可持续的科学发展观，以提高资源生产率和减少废物排放为目标，以技术创新和制度创新为动力，强化节约资源和保护环境意识，加强法制建设，完善政策措施，发挥市场机制作用，坚持推进结构调整、技术进步、深化改革、强化管理相结合，坚持以企业为主体，政府调控、市场引导、公众参与相结合，形成促进循环经济发展的政策体系和社会氛围。

10.3.3.1 水泥行业

发展思路：依据国家提出的"鼓励地方和企业以淘汰落后生产能力的方式，发展新型干法水泥"现行产业政策和青海省水泥产需平衡状况，综合预测2005～2010年青海省固定资产投资总额按年均380亿元计，考虑周边省区部分市场水泥消费量可达到年均递增9%左右，根据"十一五"期间各类建设项目的需要，2009年度青海省年水泥需求量约在560万t左右，现有实际生产能力减去即将淘汰的落后生产能力，以及地处高原，生产能力发挥低于正常设计能力的15%的因素，"十二五"期间须新增200万t设计能力，方可满足本省经济建设对水泥的需要。"十二五"期间，随着青海省铁路电气化改造和重点工程的投资力度增大，水泥使用将会呈现一个高峰，在淘汰落后生产能力的同时，预计需新增设计能力370万t。重点支持发展日产2000t以上熟料新型干法窑外分解工艺生产优质水泥，引导立窑企业向新型干法预分解窑生产工艺方向改造，坚决制止低水平重复建设，逐步淘汰落后的生产能力，为发展先进生产力腾出空间。

生态产业链水泥生产的基本原料是石灰石和黏土。由于粉煤灰主要有硅铝玻璃、微晶矿物颗粒和未燃尽的残炭微粒所组成，其化学成分以氧化硅和氧化铝为主，和黏土相似，因而可代替黏土生产水泥。此外，硫酸渣、电石渣等主要成分是CaO等，通过改进工艺和设备，这些工业废渣可作为生产水泥的辅料。

水泥生产主要产品链：

石灰石、黏土、铁矿粉、石膏→水泥→水泥制品。

工业废渣（炉渣、粉煤灰、电石渣、硅灰等）→水泥→水泥制品。

水泥生产过程中产生大量废气和粉尘，其中经除尘器处理后回收的粉尘可重新回到水泥生产过程，CO_2被净化后可直接排放或用于制造碳酸钙。石灰窑运行中产生的余热可用于供暖和发电（图10-10）。

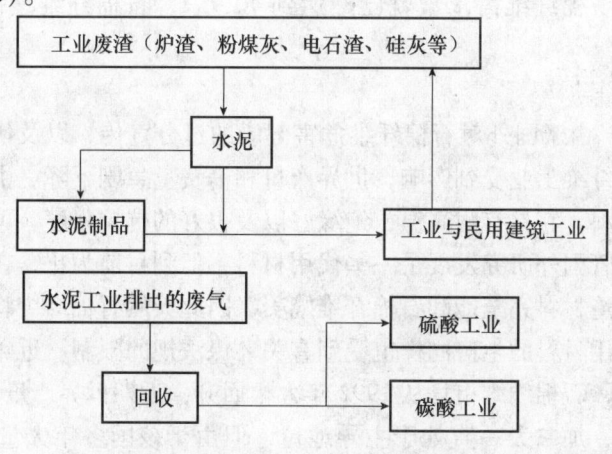

图10-10 水泥工业外循环

10.3.3.2 石棉行业

石棉纤维作为一种重要的天然矿物纤维，以其丰富的资源和良好稳定的理化特性，而被广泛地应用于机械、石油、化工、军工和民用等领域，在国民经济和社会生活中发挥着十分重要的作用。长期以来，在石棉纤维的采选过程中一直存在着难以克服的几个问题：

第一，资源浪费大。表现在采矿方面，一些企业在盲目追求利润的利益驱动下，无视采矿设计进行了无序和弃贫采富的掠夺性开采，以矿压矿的现象使低品位矿石难以被合理地开发和利用，在客观上极大地缩短了矿山的使用年限。表现在选矿方面，因现有工艺水平所限，全国各选矿企业在生产分选出石棉纤维的同时，弃之不用且已成为公害的石棉尾矿就多达数十亿t。

第二，环境污染严重。表现在生态环境方面，贫矿、尾矿被随处堆放在低洼处及河床附近，形成了潜在而严重的污染源。表现在劳动环境方面，干式机械选矿无法克服的高粉尘作业环境，成为危害劳动者健康的主要因素。

第三，在机械轮碾的物理选矿过程中，很大程度上损伤了矿物的纤维。实验证明，过度和不合理的机械开松，会使纤维的抗拉强度下降75%~80%，弹性模量下降50%~60%。因此，这也成为生产高质量石棉纤维制品的不利因素。

综上所述，采用新颖、先进和实用的新技术、新工艺（湿法浮选改性工艺）来改善石棉纤维的质量，消除生产过程的环境污染，保护矿产资源和生态环境是十分必要的。

作为工业原料或材料的石棉纤维，主要利用较高级的纤维织成纱、线、绳、布、盘根等，作为传动、保温、隔热、绝缘等部件的材料或衬料，在建筑工业上广泛应用的中低品级的纤维，主要用来制成保温管和窑垫以及保温、防热、绝缘、隔声等材料。纤维还可与水泥混合制成瓦、板、屋顶板、管等水泥制品，代替大量钢材广泛用于各种建筑工程。与沥青掺合可以制成沥青板、布（油毡）、纸、砖以及液态漆、嵌填水泥路面及膨胀裂缝用的油灰等，作为高级建筑物的防水、保温、绝缘、耐酸碱的材料和交通运输工程必不可少的材料。因此建设5000万t/a水选改性纤维项目是必要的，条件也是具备的。

根据有关部门预测，到2010年我国汽车工业石棉纤维需求量在20~25万t，机械工业用量4~5万t，石棉纤维水泥制品用量14~16万t，另外加上保温材料及其他行业，如大坝、高速公路等方面的新用户，销售领域将进一步拓宽，估计每年石棉纤维需求量在48~56万t。2004年国内石棉纤维需求量就已经达到40万t，石棉纤维量需求缺口在10~20万t。

(1) 国际市场及其展望

20世纪80年代，由于国外对石棉纤维危害健康的过分宣传，以及代用材料的发展和世界经济萧条，使石棉纤维工业受到影响，世界产量和消费量急剧下降。由于石棉纤维是一种有价值的工业矿物原料，它具有耐高温，绝缘好以及很好的抗拉强度，可挠性、吸附性好等一系列优异性能，尽管国外研究发展了一些代用材料，但到目前为止，在技术成本和综合性能方面还没有一种人造材料完全能和石棉纤维媲美，因此天然石棉纤维将仍然被广泛应用于各种领域。另外，代用材料的生产同样也受到有关环保法规的限制。近年来，由于国际经济发展和建筑业的复苏，石棉纤维市场从1992年大幅回升，近期世界产量一直维持在400万t左右。在世界贸易中，加拿大一直处于主导地位，但由于该国多年大量开采，资源日趋枯竭，加上俄罗斯等国的冲击，产量逐步下降，而南非、津巴布韦、巴西等生产量一时也无法提高，致使国际市场供需日趋紧张，价格不断看涨。据中非总公司预测，我国周边的印度、泰国、越南、韩国等国每年需石棉纤维 60 万 t，欧洲瑞士一家客商的需求量每年为 20～50 万 t。我国具有丰富的矿产资源，廉价的劳动力，特别是利用尾矿生产的改性石棉纤维，由于其低廉的生产成本和优越的产品性能和质量，可按国内外标准生产，满足用户不同生产质量的要求，因此说改性石棉纤维在国际、国内的销售市场是非常广阔的。

（2）石棉生产循环链

石棉矿尾矿处理生产链及生产工艺如图 10-11 所示。

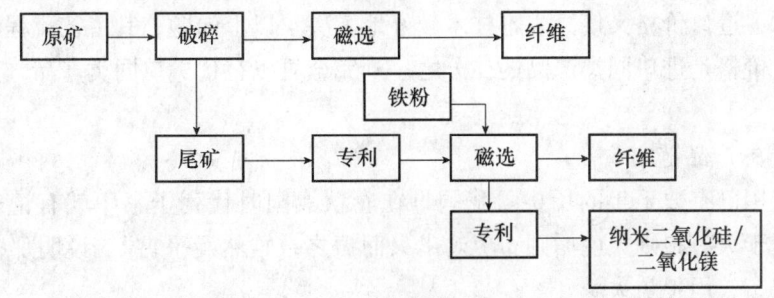

图 10-11　石棉矿尾矿处理生产链

纤维→保温材料/刹车片/混凝土添加剂/沥青添加剂。

纳米二氧化硅→纳米白炭黑（号称"工业味精"）。

上述循环采用绿色环保工艺，生产过程中无粉尘产生，生产用水循环使用，不污染环境，改善了生产条件，有利于生产车间职工的身体健康，且尾矿经过湿法浮选改性处理后所含纤维基本回收取尽，粉尘基本淘洗干净，剩余的废渣（蛇纹岩）作为生产纳米白炭黑的优质原料（生产工艺已成熟），"石棉制备纳米硅、镁系列化合物粉体材料的试验研究"科技成果，2000 年由四川省科技厅组织专家组鉴定，鉴定证书编号：川科委鉴定【2000】第 88 号。鉴定结论：研究成果达到国内领先、国际先进水平，中试成果可以满足工业生产建厂设计要求，可实现废渣零排放，消除了环境污染。

纳米二氧化硅微粉又称"超微细白炭黑"，带有表面羟基和吸附水，具有粒径小、比表面积大、化学纯度高、分散性能好、热阻、电阻等方面的特异性能，以及优越的稳定性、补强性、增稠性和触变性。纳米二氧化硅微粉能提高材料和产品固有的物理属性和化学性能，是橡胶、化工、轻工、纺织、电子、机械、食品、医药、农业等行业提高产品质量指标所需要的"工业味精"。广泛应用于催化剂、催化剂载体、石油化工、脱色剂、消光剂、橡胶补强剂、塑料充填剂、油墨增稠剂、金属软性磨光剂、绝缘绝热填充剂、高级日用化妆品填料及喷涂材料等各种领域。

纳米二氧化硅微粉技术在我国是一项新兴技术，在国际上该种材料已经成为材料科学中最能适应时代要求，发展最快的品种之一。纳米二氧化硅超微精粉具有粒径小，比表面积大，表面吸附能力强，表面能大等特殊性能，在众多科研、工业领域有着不可取代的作用。目前，国内主要采用气相法工艺生产，所用原料来源受限，导致产品价格偏高，影响了该材料的使用范围。普通沉淀法生产的产品粒径较大，达不到超精微粉级别，无法满足市场需要。由于技术条件限制未形成大规模生产。进口国外同类产品价格偏高。目前，国内生产纳米二氧化硅微粉（粒径 15～20nm，纯度达到 99.9%）售价为 5～7 万元/t。

纳米二氧化硅是重要的高科技超微细无机新材料，广泛应用于工业产品的高补强添加剂。用于橡胶、塑料、造纸、油漆、陶瓷、制鞋、树脂、农药、日用化工等行业，享有"材料科学的原点"、"工业味精"之美誉。世界发达国家在工业品中大量使用白炭黑，德国高达64%，而我国不到1%，我国的工业生产质量普遍提高有赖于超微细白炭黑在我国的大规模生产。我国生产白炭黑具有丰富的原料优势，有条件大力发展白炭黑产品，白炭黑为相关工业领域的发展提供了新材料基础和技术保证。由于国内传统生产方法受原料限制导致产品价格偏高，且生产的产品达不到超精微粉级别，无法满足市场需要。国外限制向中国转让微粉生产技术，进口价格又偏高。本技术较好地解决了以上问题，其工艺流程短，生产耗能低，成本低，价格是进口同类产品的二分之一，完全可以替代进口同类产品，具有明显的市场竞争优势。

（3）石棉的产品链

石棉的应用已有数千年的历史。我国早在春秋战国时代列子书中就有记载："火浣之布，浣之必投于火，布则火色垢则布色。出火而振之，皓然疑乎雪"。说明那时我国劳动人民就用石棉织布，用于防火。

经过几千年人类科学技术的发展，作为工业原料或材料的石棉，其应用就更加广泛和重要了。目前石棉制品或含有石棉的制品有近3000种，为20多个工业部门所应用。其中较为重要的是汽车、拖拉机、化工、电气设备等制造部门。主要利用较高品级的石棉纤维织成纱、线、绳、布、盘根等，作为传动、保温、隔热、绝缘等部件的材料或衬料，在建筑工业上广泛应用中低品级的石棉纤维，主要用来制成石棉板，石棉纸防火板，保温管和窑垫以及保温、防热、绝缘、隔声等材料。石棉纤维可与水泥混合制成石棉水泥瓦、板、屋顶板、石棉管等石棉水泥制品，代替大量钢材广泛用于各种建筑工程。石棉和沥青掺合可以制成石棉沥青制品，如石棉沥青板、布（油毡）、纸、砖以及液态的石棉漆、嵌填水泥路面及膨胀裂缝用的油灰等，作为高级建筑物的防水、保温、绝缘、耐酸碱的材料和交通运输工程必不可少的材料。国防工业上石棉与酚醛、聚丙烯等塑料粘合，可以制成火箭抗烧蚀材料、飞机机翼、油箱、火箭尾部喷嘴管以及鱼雷高速发射器，大小船舶、汽车车身以及飞机、坦克、舰舶中的隔声、隔热材料，石棉与各种橡胶混合压模后，还可做成液体火箭发动机连接件的密封材料。石棉与酚醛树脂层压板，可做导弹头部的防热材料。石棉还可作防化学、防原子辐射的衬板、隔板或者过滤器及耐酸盘根、橡胶板等。现根据制品的制造工艺及用途不同，将石棉制品划分为以下八大类：

①石棉水泥制品

这一类制品的种类繁多，常见的如石棉水泥管、石棉水泥瓦、石棉水泥板和各种石棉复合板等。这类制品的石棉用量占石棉总消耗量的75%以上，它们的共同特点是：

密度和表观密度都较小。密度平均为2.75，表观密度为1600~2200kg/m³，是很好的轻质材料。

导热系数为0.198~0.244W/(m·K)，因敷设石棉水泥管的深度可以比敷设铸造铁管浅得多，故可大量节省基建投资。

电导率低。石棉水泥管埋在地下不会腐蚀，其寿命比铸铁管长，机械强度高，能承受较大压力，是一种较好的电绝缘材料。

容易切削加工。用钉子也能很好地将石棉水泥制品凿通，这点与木材性质相似。

化学性质稳定。石棉水泥管虽不耐酸，但在矿物水中比混凝土管耐久。石棉水泥管可用于煤气管、下水管、烟道、油管、通风管、井管及地下电缆保护管，可节省大量钢材，延长使用寿命，节约电力等。

石棉水泥瓦适应于防火条件要求比较高的厂房、仓库等建筑物，具有成本低，屋面轻，施工方便、快捷等优点。随着涂料工业的发展，各种彩色石棉瓦、彩色石棉板等将为建筑行业提供更优质的材料。

石棉板用于建筑物的隔热、隔声墙板等。生产石棉水泥制品一般选用硬结构的针状棉，级别要求不甚高，4~5级石棉即可满足使用要求。

②石棉纺织制品

石棉纤维质地柔软，机械强度高，可纺织成各种规格的石棉纱，而后捻线、搓绳、织布、织带，再制成各种制品。

但是石棉纤维的表面平直光滑，不易纺成纱，因此需掺合一定数量的植物纤维（如棉花等）混合纺织。不过这类纤维也不能掺得太多，以免影响制品性能。近年来发展起来的无尘湿式纺纱，采用纯石棉。

石棉纱纺制品一般都用温石棉制造，防酸制品则用青石棉。所用石棉的等级一般为块棉及长纤维棉。

主要的石棉纺织制品有石棉布、石棉绳。石棉布的主要用途，除了制造各种耐热、防腐、耐酸、碱等材料外，还利用它做化工过滤材料及电解工业电解槽上的隔膜材料以及锅炉、机件的保温隔热材料，在特殊场合用它做防火幕。在冶金厂、玻璃厂、渗碳厂、化工厂等都需要用石棉布作成石棉衣、石棉手套、石棉靴等劳保用品，防止高温火花及有毒液体对人体的损害。

③石棉保温隔热制品

在一般蒸汽锅炉的外壁和蒸汽导管中的热能，因辐射和传导作用，在输送过程中热能损失很大，蒸汽热效率降低很多。因此在锅炉外壁和导管上常用石棉制作保温层，这种保温层能提高锅炉的热效率，降低热能损耗。此外，由于对蒸汽设备隔热，降低了车间的温度，改善了劳动条件。对于石油精炼等易燃、易爆部门亦可减少事故。冷藏设备采用石棉隔热，可以提高冷藏效果。用于车、船等交通工具的锅炉室隔热，可防止提高车厢或船舱的温度。

为了充分利用短纤维石棉和低质量石棉以降低成本，把石棉和其他材料配合制成以下保温材料用于有关设备中。如碳酸镁石棉粉、硅藻土石棉泥、碳酸钙石棉粉、陶土石棉粉等都是比较廉价的石棉保温材料。近年来，国内又开发出了一种比较高级的石棉保温材料——泡沫石棉，该产品导热系数低、保温性能好、节能效果显著，而且装卸方便，正在全国迅速推广。

④石棉橡胶制品

石棉橡胶制品主要用于各种设备的密封、衬垫。主要品种包括：油浸石棉盘根、油浸石棉石墨盘根、其他石棉盘根、石棉橡胶板，耐油板等。生产量最大的是普通石棉橡胶板（高、中、低压）及耐油板，其牌号见表10-6，石棉橡胶制品一般用温石棉制造，根据牌号不同选择不同级别。

表 10-6 石棉橡胶制品一般用温石棉制造，根据牌号不同选择不同级别

石棉橡胶板性能

品种	牌号	表面颜色	使用条件
普通石棉橡胶板	XB-450 XB-350 XB-200	棕黑色 红 色 本 色	普通介质，压力 588×10^4 Pa 温度 450℃ 普通介质，压力 392×10^4 Pa 温度 350℃ 普通介质，压力 147×10^4 Pa 温度 200℃
耐油石棉橡胶板	400 号 300 号 250 号	红棕色 天蓝色 黑棕色	油介质，压力 392×10^4 Pa 温度 400℃ 油介质，压力 294×10^4 Pa 温度 300℃ 油介质，压力 147×10^4 Pa 温度 200℃

⑤石棉制动（传动）制品

石棉传动和制动制品是任何传动机械和现代交通工具所不可缺少的，这是因为石棉有较高的机械强度和耐热性，有良好的摩擦性能。

制动产品：有制动带、制动片或叫刹车带、刹车片。国产刹车带有三种类型：一是石棉编制刹车带，分树脂和油浸两种，多用于矿山机械和拖拉机；二是橡胶石棉布刹车带，多用于城市汽车制动；三是石棉纤维橡胶刹车带，多用于轻型机械的制动。

国产刹车片主要用石棉为增强材料，以酚醛树脂为粘合剂，以填料为摩擦性能调节剂，经膜塑而制成的三元复合材料，主要用于载重汽车的制动刹车。另外，还有人工合成的火车闸瓦，钻机闸瓦等，也属于制动产品。

传动制品：主要用于各种机动车辆和工程机械的动力传动。主要品种为各种规格的离合器片、阻尼片等。石棉离合器的主要成分与刹车片相近。石棉制动材料对石棉的要求不很高，只要石棉纤维充分松解，Ⅴ、Ⅵ级石棉已能满足制品性能要求。

⑥石棉电工材料

利用石棉纤维与酚醛树脂塑合而制成各种电工绝缘材料。在电工上做高压器材的底板，高压开关把手，电话耳机柄及其军用器材以及配电盘、配电板、仪表板等。

在造纸机上，用精选的石棉制成厚度为 0.2mm 以下的绝缘石棉纸，这是用在电机线圈的一种绝缘材料。

温石棉用于制造电工绝缘材料时，必须充分注意纤维中所含铁的存在形式。这种铁若是以磁铁矿细粒分散在纤维中，则其制品的绝缘性显著降低，甚至不能做电工制品。因此，必须经过特殊处理除去此类杂质，方可用于制造电绝缘制品。碳酸盐岩型石棉矿含铁量少，绝缘性能极佳，最适宜制造石棉电工材料。

角闪石石棉中的磁铁矿细粒则要经过酸处理后方可使用。

⑦石棉沥青制品

石棉纤维掺合在天然沥青或人造沥青中便可制成石棉沥青制品，石棉纤维在沥青中可以提高沥青的软化温度及降低其在低温下的脆性。

石棉沥青制品有很多种，如薄型的石棉沥青板、石棉沥青布（石棉油毡）、石棉沥青纸、石棉沥青砖、液态的石棉漆和软性嵌填水泥路面及膨胀用的油灰等，作为高级建筑物的防水、保温、防潮、嵌填、绝缘、耐碱等材料。它是现代交通和建筑业不可缺少的材料。如

在筑路用的沥青中掺入2%的短纤维石棉即可提高路面质量，使之冬天不龟裂，夏天不变软。

石棉沥青制品对石棉的要求不高，甚至不需任何加工而直接加入沥青中使用，所以成本低廉，很有发展前途。

⑧石棉的新用途和彩色石棉水泥制品

随着现代技术的发展，石棉在国防工业上的应用越来越广泛，并出现了许多新用途。如石棉与陶瓷纤维制成的复合绝缘材料，用于火箭的燃烧室。石棉与石墨的复合材料，用作导弹喷管的喉部和导弹发动机机体的封闭绝缘材料。石棉与金属复合材料用于高温防护，它可以避免火箭发动机火舌和高速飞行时由于高温引起的破坏作用。石棉与玻璃纤维、尼龙纤维交织制成的复合材料也用于火箭和导弹工业。

武汉工业大学非金属矿系制品教研室研制成功了具有弹性的泡沫石棉、石棉硅钙板，都是很有发展前途的新型建筑材料。

彩色石棉瓦和各种石棉复合材料的彩色石棉板在20世纪70年代就已经投入生产，泰国已有十余年历史，俄罗斯投产五年，近年在北京、广州、昆明、福建等地也已推出了不同品种的彩色石棉瓦、板等。该产品不仅在外观上打破了传统产品单一的格局，更重要的是将石棉纤维和粉尘完全的固化，对避免环境污染等起到良好作用。

10.3.3.3 玻璃行业

多年来，我国玻璃工业在党的改革开放政策的指导下，发生了翻天覆地的巨大变化，目前已成为世界上规模最大的平板玻璃生产国。浮法技术主导了平板玻璃的发展，2008年平板玻璃总产量已达到46614.51万重量箱，其中"浮法"产量已占总量的83%以上；加工玻璃发展较快，基本满足了建筑业和汽车业的需要，平板玻璃及加工玻璃工业已成为我国国民经济发展和提高人民生活水平所不可或缺的重要材料工业。

青海省生产玻璃的矿产资源如前所述，生产玻璃的主要原料是石英砂、纯碱、白云石、回收的废玻璃等。主要产品为平板玻璃，以此为基础，可考虑开发新的下游玻璃制品，如：利用太阳能发电的平板玻璃、电致变色玻璃、光致变色玻璃、硬镀膜多功能玻璃、自洁净玻璃、信息产业玻璃、计算机硬盘用玻璃基板、折光玻璃、防静电和抗电磁波干扰玻璃、天线玻璃、防盗玻璃、蓄光玻璃等。

综上所述，青海生产玻璃的前景十分广阔，应重点考虑发展。

玻璃生产主要产品链：

石英砂、纯碱、白云石、回收的废玻璃→平板玻璃→下游玻璃制品。

石英砂、纯碱、白云石、回收的废玻璃→玻璃瓶及工艺玻璃。

玻璃生产废物链：余热→供暖。

10.3.3.4 石膏行业

青海省内石膏矿资源丰富，分布很广，尤其是西宁盆地和海东地区，储量巨大，上表矿床全在其内。上述区域内交通运输方便，经济基础好，水、电、燃气供应充分，矿床开发条件优越。

据此，应充分利用上述地区丰富的石膏矿产资源，就地取材，在"十二五"期间，建立大中型石膏矿山和相应的石膏板材加工企业，定会收到良好的经济效益和社会效益。

目前，青海省政府将把利用石膏资源生产纸面石膏板项目、高强石膏粉项目作为和"十一五"末和"十二五"期间的重点建设项目，除此之外，还考虑了一些投资小，见效快、销量大、符合循环经济政策的系列产品项目。

石膏产品链：

天然石膏矿、硬石膏矿→石膏→石膏制品。

工业利用链：

石膏、硬石膏→水泥工业辅料、农用、建筑制品、模型、医用、食品工业、硫酸、造纸工业、油漆填料。

工业废渣利用链：

磷肥、盐田工业废弃物、电厂脱硫化学石膏→石膏→石膏制品。

石膏矿渣及生产石膏过程中的废弃物→建筑制品的填料。

矿渣、粉煤灰、石膏→建筑制品。

化学石膏是指工业生产中由化学反应生成的以硫酸钙（主要为无水和二水硫酸钙）为主要成分的副产品或废渣。例如：在磷素化学肥料和复合肥料、各类添加剂的生产过程中会产生磷石膏、大型燃煤设施采用石灰湿法脱硫产生的脱硫石膏、发酵法制柠檬酸的过程中产生柠檬酸石膏、用硫酸分解萤石制氟化氢的过程中产生的氟石膏，还有其他各化工生产中产生的盐石膏等均为化学石膏的主要品种。

10.3.4 青海省建材工业发展循环经济的生产布局

10.3.4.1 水泥产业

青海省属青藏高原，地广人稀，市场除西宁地区外，其他很分散，几大区中西宁市的消费占总用量的46%，其他地区只有几吨到几万吨。因此，根据产品的特点，除西宁可建设大中型生产线外，其他地区的单厂规模不宜过大。

关于生产能力的布局。青海省的水泥工业发展应主要以现有企业为依托，根据资源和市场，水泥生产主要布局在西宁附近的湟源、湟中、海东等地区建设高等级及大坝水泥等特种生产基地，装备可考虑2500t/d及以上规模；西宁市及周边地区应尽快淘汰。其次是海西地区的格尔木市或西宁到格尔市的铁路沿线可适当考虑建设2000t/d左右的预分解窑生产线；在其他用量少，分散，交通也不方便的地区，可根据情况对现有企业进行改造。

10.3.4.2 石棉产业

虽然石棉工业在国民经济中不占重要地位，但石棉资源和石棉产业无论对于青海还是全国来说都是特色产业。青海省石棉资源储量5978.6万t，居全国首位，占全国储量64.3%。青海茫崖石棉矿是中国最大的石棉矿，其技术力量，装备水平也在国内领先，产品世界知名。石棉工业在青海省是具有特色和不可替代性的产业；加大高附加值石棉保温材料、摩擦材料新产品的开发力度，提高产品技术含量和企业经济效益，也是发展石棉产业的重要目标。

10.3.4.3 玻璃产业

对青海省发展玻璃工业的建议：

2006年全国浮法玻璃产量增长速度高于普通玻璃，浮法玻璃比重略有增加，浮法玻璃产量3.56亿重量箱，比2005年增长6.09%；西北地区平板玻璃产量1024万重量箱，比上年同期增长43.38%，是全国增长最快的地区。西北最大的平板玻璃生产企业为兰州玻璃厂，现有两条浮法玻璃生产线，生产能力570万重量箱。此外，陕西有两家生产企业，总能力约600万重量箱。宁夏、青海、新疆均无浮法玻璃生产线。

青海目前只有一家规模较小的平板玻璃企业，平拉法生产，规模为100万重量箱/年左右，该企业是兰州玻璃厂的分厂，位于青海省的乐都县。据了解，该厂的附近虽然有石英砂矿，但由于缺水，开采困难，目前石英原料主要来自兰州附近，且由于缺水，生产和生活均较困难。目前青海省所需的玻璃主要来自兰州玻璃厂。

浙江玻璃集团现正在青海投资建设纯碱项目，因此，青海省未来将拥有作为玻璃生产的重要原料之一的纯碱原料。但据专家介绍，青海省拥有石英原料的地区基本都缺乏水资源，因此，对于青海是否发展浮法玻璃生产，建议慎重考虑。如果要搞，不宜再新设企业，建议可吸引有实力的大企业到青海投资，厂址可在靠近主要消费市场的西宁附近及水源较充足的地区选择。

10.3.4.4 石膏产业

在消费领域，西部地区的石膏产品消费量远小于东部地区，消费比例约为1∶10。据业内专家的统计，整个西部地区的石膏板年消费量仅有1000万m^2左右。据了解，银川现有一个生产能力为400万m^2的纸面石膏板生产厂，目前在建一个规模为2000万m^2的纸面石膏板生产厂，预计很快投产。

有关人士建议，由于西北地区目前纸面石膏板的消费量不高，因此，新建此类项目宜慎重。如果确有市场，建议按照循环经济的理念来发展该产业，考虑与电厂相结合，以电厂脱硫的化学石膏为原料。这样不仅可以变废为宝，而且免除了开采矿山的成本，还由于利用了废渣而享受免增值税等各类税收的优惠，增强了企业的竞争能力。

10.3.5 青海省建材工业发展循环经济的阶段目标

10.3.5.1 水泥工业"十一五"（2006~2010年）发展目标

通过企业组织结构调整，重点扶持优势龙头骨干企业，形成2~3户年产100万t以上规模的公司。

(1) 产量目标：到2010年，预分解窑熟料年产量800万t，水泥年产量720万t。其中高等级水泥占50%（含特种水泥）。

(2) 产品结构调整目标：到2010年，实现预分解窑生产水泥比重达到90%，特种水泥比重达到20%，水泥散装率达到30%。

(3) 技术创新和技术进步目标：到2010年，规划中新建的日产2500t和日产4000t预分解窑生产线技术水平达到20世纪90年代国际水平，装备国产化率达到90%以上。扩大混合材掺量，开发高性能、高耐久性水泥品种。

(4) 预分解窑主要技术经济指标：到2010年，吨熟料标准煤耗120kg；吨水泥综合电耗130kW·h；热耗降到3000kJ/kg；全员劳动生产率1000t/（人·a）。

(5) 环保目标：到2010年，水泥生产企业积极推进清洁生产，达到环保要求。

10.3.5.2 水泥工业"十二五"(2011~2015年)发展目标

(1) 产量目标：到2011年，熟料年产量：850万t；水泥年产量：800万t，其中预分解窑水泥年产量：750万t。

(2) 结构调整目标：预分解窑水泥比重100%；特种水泥比重：20%；水泥散装率：50%；企业平均规模大于200万t。

(3) 技术创新和技术进步目标：新建日产4000t和日产5000t级预分解窑生产线达到20世纪90年代末国际水平、装备国产化率达到90%以上。扩大混合材掺量，开发高性能、高耐久性水泥品种及生产技术。开发低品位原燃料及工业废渣利用技术。开发再生能源利用技术。

(4) 预分解窑主要技术经济指标。吨熟料标准煤耗115kg；水泥综合电耗105kW·h；热耗降到2970kJ/kg；全员劳动生产率：2000t/(人·a)。

(5) 环保目标：水泥生产企业全部达到环保要求。

(6) 淘汰落后目标：在淘汰"小水泥"生产能力基础上，继续淘汰落后的生产能力。使水泥工业技术结构、产品结构以及企业的组织结构和规模结构得到有效调整，行业竞争能力得到增强。不仅可以有效缓解优质旋窑水泥不足的矛盾，同时可节约能源，减少粉尘排放量。

10.3.5.3 到2010年建材工业发展的预期目标

——工业增加值年平均增长15%；

——新型干法水泥比重达到68%，水泥消费量可达到年均递增9%左右；

——水泥散装率达到30%；

——新型墙体材料比重达到33%；

——玻璃年均递增5%左右；

——石棉年均递增8%左右；

——石膏年产2000万m^2纸面石膏板，5万t高强石膏粉。

10.3.5.4 发展环境

——全社会固定资产投资仍将保持一定规模。

——消费结构加快升级，拓宽了建材产业发展的空间。

——区域发展不平衡，仍有市场开拓潜力。

——每年城乡新建房屋建筑面积近20亿m^2。

——全国既有建筑近400亿m^2。

——煤电油运等支撑条件比较紧张。高耗能工业发展过快，引起能源、资源约束矛盾日益突出。

——新线建设过于集中，产量增速过快，可能导致市场供求关系失衡。

——生产资料价格上涨，成本和经营压力加大。

——总量和结构性矛盾仍然存在。优质建材及深加工比率较低。

——产业集中度不高，创新能力和竞争能力需进一步提高。

——安全、节能、环保等功能性玻璃的推广应用需进一步开拓。

10.3.6 青海省建材工业发展循环经济的重要任务

青海省建材工业的发展与宏观经济背景密切相关。青海经济多年来保持较快增长速度；全社会固定资产投资规模不断扩大；房地产和建筑业持续繁荣；居民生活及城市化水平不断提高等对建材消费产生巨大的需求和市场拉动。

青海省建材工业已进入结构调整的加速期。尤其水泥、石棉、玻璃及石膏行业的快速发展，企业实力的逐步增强，将促进建材工业结构的进一步改善。随着新增生产能力的逐步释放，局部区域市场竞争将趋于激烈，企业分化、重组、整合的进程可能加快。在"十二五"及今后较长时期内青海省发展建材工业循环经济的重要任务是：应紧密结合建材矿产资源优势，优先考虑水泥、石棉、玻璃、石膏四大建材产业的循环发展。具体有以下几个方面：

（1）在资源开采环节，要大力提高资源综合开发和回收利用率。
（2）在资源消耗环节，要大力提高资源利用效率。
（3）完善和建立建材工业的洁净生产体系。

10.4 循环经济发展的指标评价体系的构建

10.4.1 指标评价体系构建的思路及原则

根据循环经济发展的指导思想及国家建材行业标准，依据青海建设矿产资源开发利用的现状及前景，本着节约资源、节约能源、保护环境、经济可持续发展的原则，将指标评价体系分为四大部分：降低能耗、控制排放量、资源综合利用和资金投入。水泥、石膏、石棉和玻璃循环指标的比较见表10-7～表10-9。

表10-7 水泥、石膏、石棉、玻璃循环指标

序号	指标体系		水泥行业	石膏行业	石棉行业	玻璃行业
1	单位GDP污水排放量（t/万元）		1.12	0.30	1.34	0.08
2	工业废水排放达标率（%）		100	100	100	100
3	单位GDP用水量（t/万元）		32	6.5	38	4.5
4	万元产值能耗	煤耗（t）	7.23	3.75	1.68	0.58
		电耗（kW·h）	4420	2461	2492	1489
		油耗（t）	—	—	—	—
		燃气（万m^3）	0	0	0	0.71
5	本行业单位产值能耗削减率（%）		20	16	17	25
6	本行业中水利用率（%）		80.6	83.4	19	97
7	本行业节水设备使用比例（%）		100	98	93	100
8	本行业垃圾及废弃物资源化比率（%）		90	78	62	93
9	本行业环保投资总额（万元）		2400	115	1650	320
10	本行业"三废"综合利用产品产值（万元）		5600	97	4950	2370
11	本行业"三废"综合利用利润（%）		83	24	54	92

续表

序号	指标体系	水泥行业	石膏行业	石棉行业	玻璃行业
12	本行业工业粉尘排放达标率（%）	99.3	97	63	100
13	本行业废气排放达标率（%）	96	100	100	98.5
14	SO_2 排放量（t/a）	79	57	25	172
15	氮氧化物排放量（千克/t）	2.5	1.6	0	2.0
16	工业固体废弃物产生量（万t/a）	29.80	17	37	6.0
17	工业固体废弃物排放量（万t/a）	0.20	0.27	19	0.08
18	工业固体废弃物综合利用率（%）	98	96	50	99
19	污染治理资金总额（万元）	8013	150	2400	280

注：指标计算方法见表10-9备注说明。

表10-8　"十一五"期间水泥、石膏、石棉、玻璃循环指标测算

序号	指标体系		水泥行业	石膏行业	石棉行业	玻璃行业
1	单位GDP污水排放量（t/万元）		0.96	0.24	1.25	0.05
2	工业废水排放达标率（%）		100	100	100	100
3	单位GDP用水量（t/万元）		28	5.5	35	4.0
4	万元产值能耗	煤耗（t）	6.58	3.52	1.54	0.54
		电耗（kW·h）	4350	2450	2480	1450
		油耗（t）	—	—	—	—
		燃气（万 m^3）	0	0	0	0.68
5	本行业单位产值能耗削减率（%）		20	15	18	25
6	本行业中水利用率（%）		81.7	85.4	20	98
7	本行业节水设备使用比例（%）		100	98	95	100
8	本行业垃圾及废弃物资源化比率（%）		92	80	65	98
9	本行业环保投资总额（万元）		2500	120	1800	350
10	本行业"三废"综合利用产品产值（万元）		5800	100	5000	250
11	本行业"三废"综合利用利润（%）		84	25	58	95
12	本行业工业粉尘排放达标率（%）		99.8	99	65	100
13	本行业废气排放达标率（%）		98	100	100	100
14	SO_2 排放量（t/a）		78	56	23	170
15	氮氧化物排放量（kg/t）		2.4	1.5	0	1.8
16	工业固体废弃物产生量（万t/a）		29.60	15	35	5.5
17	工业固体废弃物排放量（万t/a）		0.18	0.25	18	0.05
18	工业固体废弃物综合利用率（%）		99	98	49	99
19	污染治理资金总额（万元）		8323	160	2500	300

注：指标计算方法见表10-9备注说明。

表 10-9 "十二五"期间水泥、石膏、石棉、玻璃循环指标测算

序号	指标体系		水泥行业	石膏行业	石棉行业	玻璃行业
1	单位 GDP 污水排放量（t/万元）		0.77	0.19	1.00	0.04
2	工业废水排放达标率（%）		100	100	100	100
3	单位 GDP 用水量（t/万元）		22.4	4.4	28	3.2
4	万元产值能耗	煤耗（t）	5.26	2.82	1.23	0.43
		电耗（kW·h）	3480	1960	1984	1160
		油耗（t）	—	—	—	—
		燃气（万 m^3）	0	0	0	0.55
5	本行业单位产值能耗削减率（%）		25	20	23	30
6	本行业中水利用率（%）		86.7	90.4	25	99
7	本行业节水设备使用比例（%）		100	98	96	100
8	本行业垃圾及废弃物资源化比率（%）		95	83	68	98
9	本行业环保投资总额（万元）		2750	132	1980	385
10	本行业"三废"综合利用产品产值（万元）		6380	110	5500	275
11	本行业"三废"综合利用利润（%）		92.4	27.5	63.8	96
12	本行业工业粉尘排放达标率（%）		99.8	99	85	100
13	本行业废气排放达标率（%）		98	100	100	100
14	SO_2 排放量（t/a）		62.4	44.8	18.4	136
15	氮氧化物排放量（kg/t）		1.92	1.2	0	1.44
16	工业固体废弃物产生量（万 t/a）		23.68	12	28	4.4
17	工业固体废弃物排放量（万 t/a）		0.14	0.20	14.4	0.04
18	工业固体废弃物综合利用率（%）		99	98	59	99
19	污染治理资金总额（万元）		9155	176	2750	330

注：指标计算方法说明：

1. 本行业单位 GDP 污水排放量（t/万元）
   单位 GDP 污水排放量 = 排放量 ÷ 年产量 × 单价
2. 本行业工业废水排放达标率（100%） 按具体行业要求。
3. 本行业单位 GDP 用水量（t/万元） 单位 GDP 用水量 = 耗量 ÷ 年产量 × 单价
4. 本行业万元产值能耗 万元产值能耗 = 耗量 ÷ 年产量 × 单价
5. 本行业单位产值能耗削减率
6. 本行业中水利用率
   本行业中水利用率 =（每天总耗水量 – 每天排放量）÷ 每天总耗水量 × 100%
7. 本行业节水设备使用比例
   本行业节水设备使用比例 = 本行业节水设备使用企业数 ÷ 本行业企业总数 × 100%
8. 本行业垃圾及废弃物资源化比率
   本行业垃圾及废弃物资源化比率 = 垃圾及废弃物资源化数量 ÷ 垃圾及废弃物数量 × 100%
9. 本行业环保投资总额
10. 本行业"三废"综合利用产品产值
11. 本行业"三废"综合利用利润
12. 本行业工业粉尘排放达标率

排放达标率=各排放源点达标除尘效率平均值
13. 本行业废气排放达标率
14. 本行业 SO_2 排放量

    SO_2 排放量=每年 SO_2 排放量= SO_2 排放强度×实际生产日
15. 本行业 CO_2 排放量

    本行业 CO_2 排放量= CO_2 产生量×排放率
16. 本行业工业固体废弃物产生量

    本行业工业固体废弃物产生量=单位产量×废弃物产生率
17. 本行业工业固体废弃物排放量

    固体废弃物排放量=固体废弃物产生量×排放率
18. 本行业工业固体废弃物综合利用率

    固体废弃物综合利用率=(本行业工业固体废弃物产生量-本行业工业固体废弃物排放量)本行业工业固体废弃物产生量
19. 本行业污染治理资金总额：按每年递增10%计。

10.4.2 指标评价体系构建的依据

在构建指标评价体系时，参照了目前继续沿用的几个主要依据文件：

（1）国务院环境保护委员会、国家计委、国家经济委员会（1986）国环字第003号《关于颁发〈建设项目环境保护管理办法〉的通知》及《建设项目环境保护管理条例》（中华人民共和国国务院令第253号）（1998）；

（2）青海省人民政府青政［1996］110号文《关于进一步加强环境保护工作的决定》；

（3）青海省环境保护局、青海省计划委员会、青海省财政经济委员会青环管字（1994）第012号文《关于进一步做好建设项目环境保护管理工作的通知》；

（4）青海省人民政府办公厅转发省发展改革委《关于进一步加强全省项目建设工作意见的通知》（青政办［2004］169号）；

（5）青海省环境保护局、青海省计划委员会、青海省经济贸易委员会、青海省建设厅、中国人民银行青海省分行青环监字（1995）第096号文《关于重申建设项目执行环境保护管理程序及落实有关政策的通知》；

（6）《环境影响评价技术导则》（HJ/T 2.1—93，2003）；

（7）国家建材工业局1986年发布的《建材工业环境保护工作条例》；

（8）青海省人民政府关于贯彻《国务院关于落实科学发展观加强环境保护的决定》的实施意见（青政［2006］58号）。

10.5 青海省建材工业发展循环经济的重要项目

10.5.1 青海省水泥工业发展目标

（1）规模

水泥质量重、价格低，不适于长距离运输。青海省的东临甘肃是水泥大省，省内水泥供大于求。其他如新疆、西藏等与青海相邻处人烟稀少，对水泥的需求有限，新疆维吾尔自治区的水泥近年来竞争也十分激烈，西藏自治区目前在拉萨和山南都在兴建先进的预分解窑生产线，2009 年增加 100 万 t 能力。

根据上述情况，青海的水泥工业的发展应立足本省，以满足省内的社会经济发展为目标，可考虑少量外运供应藏北等地区。

根据需求预测，到 2010 年青海省的水泥生产能力可考虑发展到 720 万 t 左右；2020 年 1000 万 t 左右。各地区水泥需求量见表 10-10。

表 10-10　2010 年、2020 年青海省各地区水泥需求量

地 区	水泥需求量（万 t）		地 区	水泥需求量（万 t）	
	2010 年	2020 年		2010 年	2020 年
全　省	370	720	黄南州	10	30
西宁市	170	330	果洛州	5	10
海东地区	60	110	玉树州	10	30
海北州	20	30	海西州	75	140
海南州	20	40			

（2）技术指标

考虑到青海省地处高原，压力损失大，能耗高及冬季寒冷且时间长的具体情况，确定未来青海预分解窑的主要技术指标为：

2010 年：热耗：3000kJ/kg；电耗 130kW·h/t；窑系统运转率 80%；劳动生产率：800~1000t/(人·a)。

2020 年：热耗：2970kJ/kg；电耗 100kW·h/t；窑系统运转率大于 85%；劳动生产率：3000t/(人·a) 以上。具体数据见表 10-11。

表 10-11　预分解窑技术经济指标对比

项　目	国际一般水平	国际先进水平	全国预分解窑平均水平	全国 2010 年目标	青海 2020 年目标
热耗（kJ/kg）	2970	2800	3100	3010	3200
水泥综合电耗（kW·h/t）	95~100	85	100~130	90	100
窑系统年运转率（%）	85~90	>95	85	>90	>85
劳动生产率[t/(人·a)]	8000~10000	15000	3000	4000	>2970

10.5.2　青海省石棉工业发展目标

10.5.2.1　茫崖石棉的几大优势

（1）茫崖石棉未损伤状态时的纤维平均抗拉强度为 $404kg/mm^2$，极限抗拉强度达 $600kg/mm^2$，位居世界第一位。

（2）茫崖石棉在水泥制品中的疏水速度在世界上是最快的。

（3）茫崖石棉矿的储量在世界各矿山企业中排名第三位。

（4）2009 年，茫崖石棉的产量在世界的排名将提升到第四位。

在采矿方面，茫崖石棉采用了大型处理矿石能力的破碎设备、超大型内滤式负压布袋尘室、大风机集中供风的先进技术、可编程序控制器的自动化控制系统，在国内同行业中属于

领先的装备和技术。

在产品质量和检验手段方面,拥有国内最完善、最先进的石棉检验设备、手段和高素质的专业人员,设有专门的质量控制机构和质量管理方法及体系,可以对石棉产品进行多种类型的试验和研究,是国内同行业中唯一具备提供石棉检验全套数据的企业。从而保证了"中国茫棉"这一知名品牌,可生产五个等级二十五个牌号的产品,涵盖了石棉水泥制品、保温制品、摩擦制品、密封制品及特殊制品。尤其是超短纤维产品的开发,填补了国内空白,为今后石棉应用于面砖、公路沥青路面提供了产品准备。

在产品包装和出品方面,拥有国内唯一的石棉压缩包装生产线,在国内率先推广国际统一的石棉压缩包装,所有包装袋使用内胆涂膜,防止了石棉在运输过程中的飞扬。茫崖石棉矿也是国内唯一出口石棉产品的企业。

10.5.2.2 石棉工业发展趋势

(1) 需求量稳中有升

关于石棉制品的致癌问题,国际上已争论了近30年,至今尚无明确定论,但在总趋势上,世界对石棉的消费在下降,尤其是欧美国家,但近年来发展中国家和一些亚洲国家的用量在上升,尤其是处于热带的一些国家,认为这种产品是炎热潮湿气候条件下最好、最经济的建筑材料,用量较大。虽然世界各国都在研究石棉的替代品,但至今在世界范围内尚未开发出令人满意的替代品,石棉的许多优良性能及价格优势使替代品无法与之相竞争。

我国的基础设施建设仍将持续一段时间,建筑业正蓬勃发展,石棉水泥制品、彩色石棉瓦和各种复合板需求量不断增长,形成石棉市场主体需求;据有关方面对汽车工业发展的预测,2010年我国汽车保有量将接近5000万辆,对石棉制动摩擦材料需求会大量增加;石油工业的迅速发展,对石棉保温材料需求会大量增加。预计未来10~15年,中国石棉的年需求量将在50万t以上。

(2) 产品有待于进一步开发

我国在石棉的生产和应用方面与世界主要石棉生产和消费国相比还有很大的差距,虽然石棉储量占世界第三位,但石棉产量只占世界产量的15%左右;从消费结构上看,世界石棉需求量的85%以上用于水泥制品,品种多样应用广泛,而中国许多领域,如彩板、瓦、地板砖、道路等方面尚未开发应用或有待提高;由于应用领域狭窄,国外作为主要产品的短纤维石棉,中国至今仍未利用。因此,开发新的应用领域、加强粉尘治理,是中国石棉工业发展的两个关键问题。

(3) 规范石棉市场

由于石棉产业是小产业,因此在对其的规范管理方面缺乏力度,产品质量、档次良莠不齐,竞争不规范。为了该产业的健康发展,建议制定质量准入、技术准入、环境保护标准等准入制度。

(4) 循环发展

①开发新的应用领域、加强粉尘治理;

②加大尾矿治理的力度,使周边环境的污染程度降到最低。利用高科技手段和方法,进行二次提取石棉纤维和尾矿的综合利用;

③产品的生产达到零排放。

10.5.3 青海省玻璃工业发展目标

随着玻璃市场的看好和利益驱动,自 2003 年以来,行业出现了新一轮的投资热潮。在"十二五"期间,将进一步调整与改善产品结构。

2010 年以前,新建浮法玻璃生产线一条,生产能力达到 200 万重量箱。

加大生产玻璃原料的开发力度,解决依赖外省的问题。加快投资建设纯碱项目,使纯碱原料成为青海省未来将拥有作为玻璃生产的重要原料之一的生产基地。

按照科学发展观和循环经济的要求,要十分注意生产的环境保护问题,使硫化物、烟尘等废弃物的排放达到国家要求标准,力争达到零排放。加大碎玻璃及其他废物的二次利用。

10.5.4 青海省石膏工业发展目标

(1) 加大脱硫石膏的综合利用力度

用脱硫石膏生产石膏板,一要解决石膏板的原材料问题,二要解决燃煤电厂中二氧化硫大气污染和脱硫石膏没法存放的问题,避免损害农田耕地。

(2) 加大石膏系列产品的开发力度

①石膏板系列产品

纸面石膏板、碾压石膏板、石膏天花板、装饰石膏板。

②石膏粉系列产品

高强石膏粉、粉刷石膏粉、模型用石膏粉、食品添加剂石膏粉、医用石膏粉、超高强耐水石膏粉。

③石膏砌块系列产品

石膏砌块、石膏空心条板。

(3) 强调循环、可持续发展

在循环发展方面,应重点考虑解决好石膏产品的应用技术和配套技术。未来的石膏产品应尽量以工业副产石膏为主要原料,如化学石膏的综合利用,吸纳和利用大批工业副产物,改善生态环境,以降低石膏产品的制造成本。

10.6 青海省建材工业发展循环经济的政策建议

到 2010 年青海省建材工业发展循环经济的总体目标大体是:建立比较完善的循环经济法律法规体系,政策支持体系,体制与技术创新体系和激励约束机制,资源能源利用效率大幅度提高,废物最终处置量减少,形成一批符合循环经济发展要求的典型企业。发展循环经济是一项长期的任务,建议重点推进以下几项工作。

10.6.1 进一步转变发展的观念

发展循环经济,实现经济增长方式的根本性转变,必须更新发展观念,理清发展思路。必须辩证地认识物质财富的增长和人的全面发展的关系,转变重物轻人的发展观念;必须辩证地认识增长和经济发展的关系,转变把增长简单地等同于发展的观念;辩证地认识人与自然的关系,转变单纯利用和征服自然的观念。在发展思路上要彻底改变重开发、轻节约,重速度、轻效益，重外延发展、轻内涵发展，片面追求 GDP 增长，忽视节约资源和保护环境的倾向。

10.6.2 加强宣传引导

开展社会宣传活动，提高公众的参与意识，也是政府发挥引导作用的一大途径。例如，利用电视、报刊、网络等媒体广泛宣传循环经济，鼓励建材企业更多地生产含有循环物质的产品；加强各级学校相关课程的教授，培养公民的循环经济观；利用"循环日"或"循环月"大规模造势等。

10.6.3 要加强宏观指导

应把发展建材工业循环经济作为编制"青海省建材工业十二五"规划的重要指导原则，用循环经济理念指导编制规划。加强对发展建材工业循环经济的专题研究，加快节能、节水、资源综合利用、再生资源回收利用等循环经济发展重点领域专项规划的编制工作。研究制定发展循环经济的战略目标及分阶段推进计划。

10.6.4 要健全法规体系

发达国家的经验都表明推动循环经济发展，必须有法律保障，我国已经颁布了《清洁生产促进法》，在新修订的环保法规当中也包含一些发展循环经济的内容。但总体上看，法制建设仍然不能适应发展循环经济的要求。加快循环经济立法进程，依法推进循环经济的发展。一是建立促进循环经济发展法律法规框架；二是省人大环资专委会应研究组织起草《青海省循环经济促进条例或办法》；三是要建立促进循环经济发展的相关制度，如生产者责任制、延伸制等等。

10.6.5 国家和省政府应尽快制定和实施强化节约资源的激励政策

（1）国家发改委制定的《节能中长期专项规划》中提出："国家对一些重大节能工程项目和重大节能技术开发、示范项目给予投资和资金补助或贷款贴息支持。政府节能管理、政府机构节能改造等所需费用，纳入同级财政预算"。《青海省实施〈中华人民共和国节能能源法〉办法》第九条规定"省人民政府应当在基本建设、技术改造资金中安排节能资金。州、市、县人民政府应当根据实际情况安排节能资金"。因此，政府应加大节能改造专项资金的投入，对节能、节水、节材新产品、新设备和先进技术的开发、推广和应用项目；采用先进技术改造现有生产系统、工艺装置等，能够达到节能、降耗、减污目的的项目；废弃资源处理和综合利用以及废旧物资循环利用技术、产品和设备的开发、推广和应用项目；采取改进设计、改善管理，使用清洁的能源和原料，采用先进的工艺技术、设备等手段，从而实现清洁生产的项目；新能源、可再生能源技术、产品的开发推广和应用项目给予资金支持。

（2）应鼓励节能新产品、新技术、新设备的推广使用，凡对使用节能新产品、新技术、新设备的企业应得到国家财、税优惠政策的扶持。

（3）根据国务院批转国家经贸委、财政部，国家税务总局《关于进一步开展资源综合利用的意见》（国发［1996］36号）的有关规定和财政部、国家税务总局《关于部分资源综合利用及其他产品增值税政策问题的通知》（财税〔2001〕198号）精神，在全省范围内贯彻执行国家发展和改革委员会、财政部、国家税务总局《关于印发〈资源综合利用目录（2003年修订）〉的通知》（发改环资〔2004〕73号），享受下列优惠政策。

①企业在原设计规定的产品以外，综合利用本企业生产过程中产生的，在《资源综合利用目录》内的资源作主要原料生产的产品所得，五年内免征所得税。企业利用本企业外的大宗煤矸石、炉渣、粉煤灰为主要原料生产建材产品的所得，自生产经营之日起免征所得税五年。

为处理利用其他企业废弃的，在《资源综合利用目录》内的资源而兴办的企业，经税务机关批准后，可减征或免征所得税一年。

②在开发自然资源过程中，对共生、伴生矿物进行综合利用和在生产、流通、消费过程中，对废渣、废水（液）、废气等废弃物加工利用生产的产品及所需固定资产投资项目，除办公、生活设施外，固定资产投资方向调节税适用零税率。

③对企业生产的原料中掺有不少于30%的煤矸石、石煤、粉煤灰、烧煤锅炉的炉底渣（不包括高炉水渣），其他废渣的建材产品，免征增值税。

（4）青海省政府也应完善政策机制。目前，在政策和机制上，还存在一些制约循环经济发展的问题，因此，应加快资源性产品价格市场化改革的进程，建立和完善能够反映资源稀缺程度的价格形成机制，逐步理顺资源性产品价格。重点推进阶梯式水价、超计划、超定额用水加价制度。加大实施峰谷分季电价力度，扩大执行范围，对高效能行业中国家淘汰类和限制类项目继续实行差别电价政策。改革天然气价格形成机制，理顺天然气与其他产品的比价关系。鼓励建材企业使用天然气。

10.6.6　要突破技术瓶颈

发展循环经济需要技术支撑，近十年来青海省在资源节约和循环经济利用上虽然取得突破，但总体上看工艺装备水平仍然比较落后，缺乏高效利用和循环经济的关键技术，企业自主创新的能力还不够强，组织开发和示范有重大推广意义的减量技术、替代技术、能量梯级利用技术、延长产业链和相关产业链技术、零排放技术、回收处理技术、绿色再制造技术以及降低再利用成本的技术等，努力取得关键技术的重大突破。在中央和青海省政府投资当中，继续支持一批循环经济重大项目及技术开发和产业化示范项目。支持建立循环经济信息系统和技术咨询服务体系，推动国际交流与合作。

10.6.7　充分发挥建材企业核心作用

企业在生产中运用"减量化"、"再利用"、"再循环"原则，应成为实现循环经济的主力。具体做法包括：

减少能源使用量。首先就是更多使用可再生能源，要求耗能大户制定节能方案，确定阶段性节能目标，并鼓励它们改造生产技术，加大对可再生能源的利用。另外，企业还通过大力开发节能产品减少能源的消耗。

提高物资的使用效率。在政府相关政策的刺激下，建材工业企业应重新设计更简洁实用的包装，省去两层包装。

减少垃圾的产生。通过放弃或减少对某些有害环境化学物质的使用和对本企业产品的回收，减少废弃物、空气污染物排放量。

提高循环利用率。在设计阶段就应重视产品的可降解性、循环利用性。

企业间倡导物资循环。生态工业园区的建设已成为世界循环经济发展的一个新潮流，其基本设计思想是：各企业通过购买的方式将其他企业生产的废弃物和副产品作为自己的生产原料，在整个园区内实现封闭的物质循环链，最终实现园区的污染"零排放"。

10.6.8 发挥社团组织的促进作用

在循环经济的建设过程中，半官方、行业、社区、民间监察等社会团体扮演着十分活跃的角色，其中包括：

负责废物回收。一些非盈利性组织专门经营废物回收。这些组织一般由行业协会与大包装公司进行协商后组成，运作资金主要靠会员企业缴纳的会员费和回收费，当年盈余或返还给企业，或用来资助相关领域的研究。

协助政府立法。一些民间组织应有全职的工作人员，有明确的近、中期目标。他们往往能够形成圈外压力集团，在政府各个层级对决策的制定产生影响，并参与和帮助相关法律的起草。

开展培训与宣传。一些民间组织定期与其他机构（如科研机构）共同举办短期培训和研讨会，对各企业提供培训和技术支持，向企业分发宣传册、指导手册等。

10.6.9 建立信息网络，提供各类循环信息

如政府和企业都应建立"建材工业循环经济信息数据库"，建立热线和网站，并定期对内容进行更新。

10.6.10 进一步加大建材企业整合的力度，营造良好的外部与内部循环环境

（1）加强对新线建设的引导与调控

为了防止新一轮的投资热潮演变成行业问题，做到有效发展、持续发展，政府、协会、企业要共同努力，做好有效安排与调控。一是新建线要符合产业政策和未来的市场需求，把发展重点转到调整结构、转变增长方式、提高增长质量上来，克服盲目投资和低水平重复建设；二是发展要根据自身条件和能力。有些企业新上项目过于依赖银行贷款，负债较多，造成项目建成后，财务费用负担很重、产品成本上升、缺乏竞争力；三是对新线建设，一方面建设单位要把握好工程进度和投产时机，另一方面应通过多方协调，从施工进度和投产时间上做好统筹安排与调控，以免造成市场的大起大落；四是发挥信息引导和政策引导的作用。政府及协会及时发布行业市场供求信息和在建能力的情况，有效引导地方和企业的投资方向。制定和完善行业准入的技术、质量、环保、安全、能耗等标准，严格市场准入制度。对质量低劣、污染严重的企业，要坚决依法予以关停。

当前由于市场机制还不十分规范，建材行业"无序竞争"和"低水平重复建设"还时有发生。企业需客观分析和把握市场、严格自律。"重复建设"、"无序竞争"、"价格大战"和导致国外"反倾销"等都会对企业和行业造成很大损害。在市场经济条件下正常竞争是不可缺少的，但要力争做到公平、有序、有效。

（2）强化企业战略管理和营销管理，加快国企改革、改制当前处在行业激烈竞争和大

变革时期，行业的市场格局和所有制正在发生明显变化，企业两极分化，重组联合趋势增强，特别是入世以后企业、行业正在不断融入国际市场。在这关键时刻，搞好企业战略管理尤为重要。要深入分析了解本企业所处的竞争环境，竞争对手和市场需求，要把企业纳入国内外大环境中去决策发展模式，根据自身优势、特点选择一个适宜的发展空间，确定企业合理的市场定位，使企业做到长久兴旺，不断发展；要进一步强化营销管理，建立现代市场营销体系，目前行业内很多企业还都是沿用计划经济时期的销售模式，营销方式大多是把产品批发给经销商，由经销商再把产品卖给用户，企业缺乏最终客户、缺乏对市场的调研；营销机构也基本沿用了计划经济的旧有模式，传统的营销理念和职能，没有实质性转变。为此应进一步加强营销机构和营销队伍建设，强化研究市场、开拓市场的职能，提高营销人员素质，力争多采取直销、连锁经营、代理配送等现代营销方式。

建材行业的企业"两极分化"，以后竞争将会更加激烈，很多国有企业将面临更大困难。特别是一些机制转换尚未到位和负担沉重的企业将失去竞争力，只有加快改革、改制，使其尽快从旧体制中解脱出来，建立起与市场接轨的全新机制，才能求得生存、发展和不断提高市场竞争力。

(3) 鼓励收购、兼并，促进行业重组联合

近年来，随着我国建材工业迅速发展和生产能力的超常发挥，市场竞争日趋激烈。企业面临严峻的市场压力和竞争现实，使其认识到调整结构、资产重组和管理改革的迫切性，奠定了行业整合的思想基础；在当前严峻的竞争形势下和转轨过程中，一些企业发展迅速，势头强劲，步入良性循环，而有些企业则困难重重、举步维艰，这种发展的不平衡和"两极分化"，为企业间收购、兼并创造了条件。

政府、协会应抓住机会予以推动、牵线、搭桥、支持有实力的优势企业、上市公司收购兼并，实现重组；积极引入外资和民营资本，实现股权多元化；促进大型企业的强强联合。

(4) 不断提高生产技术水平，发展新品种

水泥：优先发展的主要产品有32.5级普通硅酸盐水泥，32.5R级普通硅酸盐水泥和42.5级普通硅酸盐水泥，42.5R级普通硅酸盐水泥、52.5级I型硅酸盐水泥、52.5级中热硅酸盐水泥、52.5级高抗硫硅酸盐水泥、52.5级道路水泥、27.5级砌筑水泥、32.5级公路路面基础专用水泥、32.5级复合硅酸盐水泥、52.5级中抗硫硅酸盐水泥等多个品种。结合青海省黄河上游水电开发、盐湖资源开发和石油天然气资源开发，研制抗盐卤侵蚀水泥、A级和B级油井水泥、HBC新型水工水泥等新产品。

石棉：优先发展石棉水泥制品、石棉纺织制品、石棉保温隔热制品、石棉橡胶制品、石棉制动（传动）制品、石棉电工材料、石棉沥青制品、彩色石棉水泥制品。

石膏：优先发展高强石膏粉及相应的系列产品。

玻璃：随着建筑业、交通业、信息业、装饰装修业的发展和人民生活水平的不断提高，同时为适应节能、环保、安全和改善环境舒适度的要求，平板玻璃在品种、规格、内在和表面功能等方面都有了很大发展，应用范围也越来越广泛。人们对平板玻璃的要求已由过去单纯的采光和挡风雨发展到控光、调温、节能、隔声、安全、舒适等功能。

优先发展的品种：浮法玻璃、利用太阳能发电的平板玻璃、电致变色玻璃、光致变色玻璃、自洁净玻璃、信息产业玻璃、折光玻璃、防静电和抗电磁波干扰玻璃、蓄光玻璃、防盗玻璃等。

(5) 实施走出去战略，建立产业损害预警机制，做好反倾销预警工作

目前我国建材行业在发展中国家的中档产品市场中还是有较强竞争力。除在现有基础上进一步扩大出口外，应大力发展对外工程设计、技术和成套设备输出及劳务合作，有条件的可以直接到国外合资建厂。

目前由于我国出口不断增加，贸易逆差加大，一些国家贸易保护加强。我国是"反倾销"受害最多的国家之一，"反倾销"案件占到全世界的11%。同时由于我们"应诉"不力大多较为被动，形势很严峻。美国是世界上最频繁运用反倾销措施的国家，而中国又是遭受美国反倾销调查案件较多的国家，中国对美国的出口仅占美国总进口的1%左右，而美国对中国的反倾销案件却占其总案件的10%以上，而且有继续上升的趋势。我们须有效建立产业损害预警机制，做好反倾销预警工作。首先在观念上、政策上要调整，彻底建立市场经济机制，减少和杜绝政府干预，争取国际贸易中的"市场经济待遇"；二是多方建立信息渠道，扩大信息来源，构筑行业的信息平台。包括利用好国家统计局、海关等信息渠道。加强与出口企业联系，建立企业信息渠道。加强与商务部的合作，以及重视从国外获取信息的渠道（国外官方网站、行业网站、驻外商务处、律师事务所、相关行业协会等）。同时建材协会要加强数据统计分析和出口产品的调研工作；三是积极做好应诉工作和采取降低倾销幅度的措施。企业要积极参与，行业要组织联合应诉，认真回答所有问题，要争取政府、商会、协会、律师事务所等多方面支持，特别要动员进口国积极参与，要提高谈判技巧和采取降低倾销幅度的有效措施；四是克服在国际市场上的短期行为，加强出口价格协调，合理确定出口价格，不应按国内价格，定出口价格，而是贴着国际市场来定价。同时要提高产品深加工率，扩大加工产品的出口；五是加强企业的基础管理、财务管理工作，不断提高出口产品的国际竞争力。

10.6.11 几项具体措施

（1）加强技术创新，大力发展先进生产能力。以企业为主体，提高技术创新能力，把开发研究和引进、消化、吸收相结合，加强高新技术成果转化，鼓励发展新型干法水泥、新型建筑材料、石棉精细产品等。水泥工业须加大投入，不断向高新技术领域渗透，注重产品组合策略，积极研制开发高附加值水泥产品，研制开发抗盐卤水泥、镁水泥、混凝土外加剂等高技术产品，新上项目必须是技术先导型、规模效益型的项目。

（2）充分利用西部大开发所带来的机遇，打破地区界限，突出重点，通过企业上市、招商引资等多种渠道，增加投资规模，着力培育实力雄厚、竞争力强的大型企业和企业集团。"十二五"期间，在建材行业通过多元化的投资结构和资本市场，重点培育3~4户上市企业。在省内形成二至三个大型水泥集团。同时，按照"积极扶持、合理规划、分类指导、依法管理"的要求，加强对中小企业发展的引导，紧紧依靠科技进步，向"专、精、特、新"方向发展，形成与大企业大集团分工协作、专业互补的关联产业群体。

（3）加大执法力度，加快淘汰落后技术装备的步伐，"十二五"期间全部淘汰国家限定的落后工艺及装备。依据国家有关法律、法规，加大对落后生产工艺和装备的淘汰力度，坚决制止低水平重复建设，特别是水泥工业要严禁东部淘汰的落后装备和技术向我省转移。

（4）支持和鼓励企业加大对再生资源的综合利用。建材行业在再生资源的有效利用方面，要不折不扣的落实国家在基本建设、技术改造、税收等方面的优惠政策，支持和鼓励企

业增加煤矸石、粉煤灰、高炉渣等工业废渣在水泥生产中的使用量,利用粉煤灰和锅炉废渣等开发新型墙体材料。

(5) 集中力量支持重大项目的建设和投入。按照"扶优扶强"的原则,重点抓好符合国家产业政策的大型建材项目建设。对起点高规模大、高档次、突出技术创新的重大技术改造项目,给予重点支持。对各项条件符合要求、具有特色和优势的项目,全力争取国家的资金和政策支持。充分发挥政府的宏观调控职能,在政策导向、项目立项、政策性资金投入等方面对新型干法水泥、新型墙体材料、非金属矿采选及其制品等优质建材产品建设项目给予重点支持。大力支持具有规模经济效益、采用先进技术装备的骨干企业的发展。

(6) 充分发挥行业协会的作用。"十二五"期间,建材行业要尽快建立健全各专业性和行业协会组织,发挥行业协会在企业和政府之间的桥梁和纽带作用,实施行业管理,增强行业发展自律能力,维护企业的合法权益,促进建材行业健康发展。

(7) 用高新技术和先进适用技术改造传统产业,淘汰落后工艺、技术和设备。严格限制高耗能、高耗水、高污染和浪费资源的建材产业,以免盲目发展。用循环经济理念指导发展、产业转型和工艺改造,促进产业布局合理调整。建材工业要按循环经济模式规划、建设和改造,充分发挥产业集聚和工业生态效应,围绕核心资源发展相关产业,形成资源循环利用的产业链。

(8) 要研究建立完善的建材工业循环经济法规体系,应抓紧制定用能设备能效标准、重点用水行业取水定额标准、主要耗能行业节能设计规范以及强制性能效标识和再利用品标识等发展循环经济的标准规范。加大执法监督检查的力度,逐步将循环经济发展工作纳入法制化轨道。同时,通过深化改革,形成有利于促进循环经济发展的体制条件和政策环境,建立自觉节约资源和保护环境的机制。结合投资体制改革,调整和落实投资政策,加大对循环经济发展的资金支持;进一步深化价格改革,研究并落实促进循环经济发展的价格和收费政策;完善财税政策,加大对循环经济发展的支持力度;继续深化企业改革,研究制定有利于企业建立符合循环经济要求的生态工业网络的经济政策。

(9) 要组织开发和示范有普遍推广意义的资源节约和替代技术、能量梯级利用技术、延长产业链和相关产业链接技术、"零排放"技术、有毒有害原材料替代技术、回收处理技术、绿色再制造等技术,努力突破制约建材工业循环经济发展的技术瓶颈。

(10) 政策取向

——改革投资体制,扩大企业投资自主决策权,建材项目由审批制改为备案制。

——加强产业政策引导,严格市场准入制度。

——适度总量调控,推进结构调整和优化升级。

——加强环境和资源保护,走循环经济和可持续发展的道路。

——开拓市场,扩大建材的应用领域。

——发挥协会等中介组织作用。

参考文献

[1] 罗朝阳. 青海省发展工业循环经济研究 [M]. 西宁:青海人民出版社,2006.9.
[2] 李爱玲. 天然石膏及其开发利用研究进展 [J]. 矿产与地质,2004.10.